21世纪高等职业教育建筑装饰与环境艺术规划教材

TArch 2013天正建筑设计实例教程

+Building Design

○刘德强　耿晓武　主编

○计景新　王庆月　副主编

人民邮电出版社

北京

图书在版编目（C I P）数据

TArch 2013天正建筑设计实例教程 / 刘德强，耿晓武主编. -- 北京 : 人民邮电出版社，2014.2（2020.6 重印）
21世纪高等职业教育建筑装饰与环境艺术规划教材
ISBN 978-7-115-33569-2

Ⅰ. ①T… Ⅱ. ①刘… ②耿… Ⅲ. ①建筑设计－计算机辅助设计－应用软件－高等职业教育－教材 Ⅳ. ①TU201.4

中国版本图书馆CIP数据核字(2013)第269528号

内 容 提 要

本书以天正建筑软件为操作主体，从建筑绘图的流程来介绍软件的实际应用，全面介绍天正建筑软件在实际使用中的流程和操作技巧，使读者快速掌握建筑制图技术，并熟练使用软件。

全书共分为 9 章，第 1 章为天正建筑入门，第 2 章至第 4 章为建筑平面图、建筑立面图和建筑剖面图，第 5 章为图块图案，第 6、第 7 章为通用工具和输出设置，第 8、第 9 章为综合案例，包括多层建筑施工图和商业建筑施工图。本书以行业应用为切入点，内容系统，案例实用，专门针对将来从事建筑设计的初学人员或从事建筑行业的初、中级用户编写。随书光盘中收录了书中的练习文件和完成文件。

本书内容力求全面详尽、条理清晰、图文并茂，讲解由浅入深、层次分明。本书可作为艺术院校室内设计、建筑设计类课程的专业教材，也可作为相关技术人员和自学者的学习和参考用书。

◆ 主　　编　刘德强　耿晓武
　副 主 编　计景新　王庆月
　责任编辑　桑　珊
　责任印制　焦志炜

◆ 人民邮电出版社出版发行　　北京市丰台区成寿寺路 11 号
　邮编　100164　　电子邮件　315@ptpress.com.cn
　网址　http://www.ptpress.com.cn
　北京七彩京通数码快印有限公司印刷

◆ 开本：787×1092　1/16
　印张：15.75　　2014 年 2 月第 1 版
　字数：382 千字　　2020 年 6 月北京第 2 次印刷

定价：45.00 元（附光盘）

读者服务热线：(010)81055256　印装质量热线：(010)81055316
反盗版热线：(010)81055315
广告经营许可证：京东市监广登字20170147号

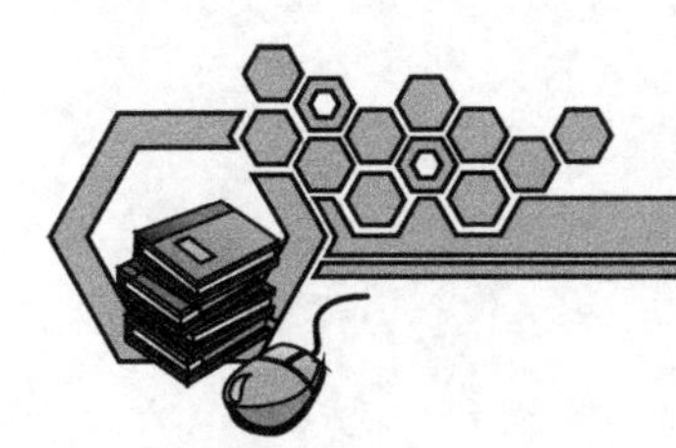

前　言

AutoCAD 是由美国 Autodesk 公司推出的计算机辅助绘制软件，经过 20 多年的版本更新和性能完善，现被广泛应用于机械、建筑、电子、运输、城市规划等领域的工程设计工作中。

天正建筑（TArch）是在 AutoCAD 软件基础平台上开发的功能强大且易学易用的建筑设计软件，可在绘制二维平面图的同时自动生成三维模型，快速生成平面图、立面图、剖面图以及节点大样图。天正建筑软件可以发挥 AutoCAD 在建筑设计方面的优势，是众多建筑设计人员的最佳选择。

本书内容以天正建筑 2013 为操作主体，围绕建筑制图展开。全书共分为 9 章，第 1 章至第 7 章为软件的基本操作，第 8 章为多层住宅综合实例，第 9 章为商业建筑综合实例。本书的编写有以下特色。

1. 作者实践经验丰富

本书作者有十多年的建筑设计工作经验和教学经验。本书是作者总结多年的设计经验以及教学的心得体会，多次改版，精心编著的，力求全面细致地展现出天正建筑软件在建筑设计应用领域的各项功能和使用方法。

2. 案例专业

本书中引用的案例都来自建筑设计工程实践，案例典型实用。通过这些案例的讲解和练习，广大读者不仅能掌握各个知识点，更重要的是能够掌握实际的操作技能。

3. 内容全面

本书在有限的篇幅内，介绍了天正建筑 2013，涵盖了建筑基础绘图、平面图、立面图、剖面图等方面的内容，以提升绘图技巧和绘图效率为核心，将作者多年的经验融入其中。

本书由刘德强、耿晓武任主编，计景新、王庆月任副主编。广大读者在学习技术的过程中不可避免地会碰到一些难解的问题，我们真诚地希望能够为读者提供力所能及的后续服务，尽可能地帮大家解决一些学习与实践中遇到的问题。如果读者在学习过程中需要我们的帮助，请加入我们的微博（http://weibo.com/wumoart）或通过 13959260@qq.com 邮箱与我们联系，我们将尽可能给予及时、准确的解答，本书教学资源可登录人民邮电出版社教学服务与资源网（www.ptpedu.com.cn）免费下载。

由于编者水平有限，书中难免有欠妥之处，恳请读者批评指正。

编　者

2013 年 8 月

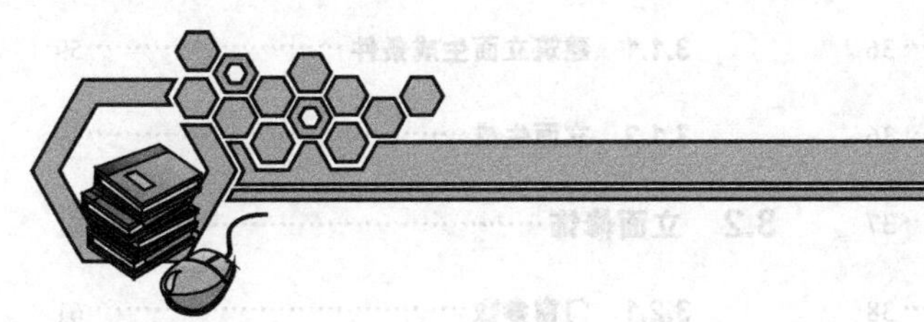

目 录

第5章

第6章

第7章

第 8 章

第 9 章

第 1 章

天正建筑软件入门

天正建筑软件是在 AutoCAD 软件基础上开发的功能强大且易学易用的专业建筑设计软件。它将以前复杂的建筑绘制功能进行了改良和革新，在进行二维绘制的同时，提供了自动生成三维轴测图形的功能，还可以根据建筑施工的要求，方便地生成建筑立面、建筑剖面和三维组合等建筑图纸方案。

本章要点：

- 天正建筑
- 属性设置
- 工程管理
- 制图流程

1.1 天正建筑软件简介

天正建筑软件是由北京天正软件公司推出的一款专业的建筑施工图设计软件，是以 AutoCAD 软件为基础平台进行的二次软件开发。天正软件公司同时还开发了天正日照、天正节能、天正结构、天正给排水、天正暖通、天正电气、天正市政道路、天正市政管线、天正规划、天正交通、天正土方等针对不同领域的设计应用软件。

1.1.1 软件安装

天正建筑软件的安装，需要匹配合适的 AutoCAD 的版本，两者结合起来，才能正常使用天正建筑软件，本书以 AutoCAD2013 和天正建筑 2013 为基础进行讲解。

1. 运行安装程序

运行软件安装程序包中的 Setup.exe 文件，在弹出的界面中，选择“我接受许可证协议中的条款”，如图 1-1 所示。

2. 选择安装路径

单击“下一步”按钮，在弹出的界面中，选择软件安装的路径位置，如图 1-2 所示。

根据提示选择安装位置，安装软件的试用版，安装完成后，进行软件注册。

注意事项：在选择软件安装路径时，尽量将软件安装到根目录文件夹中，如 C:\Tangent\TArch9 或 D:\Tangent\TArch9，安装路径太长或存有中文名称时，软件运行容易不稳定。

正确安装完成后，运行天正建筑软件，在屏幕的左侧显示天正建筑的屏幕菜单，如图 1-3 所示。

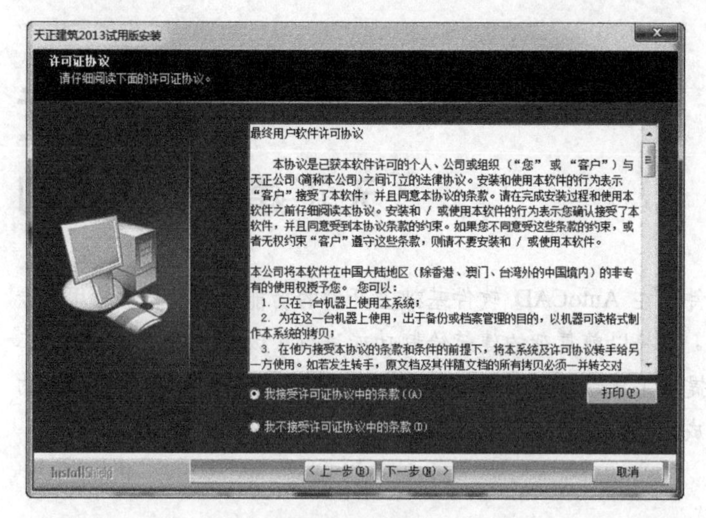

图 1-1　安装协议

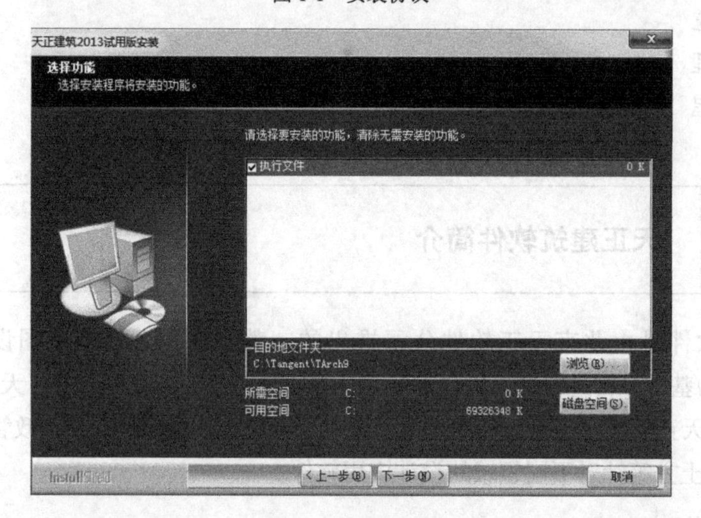

图 1-2　安装路径

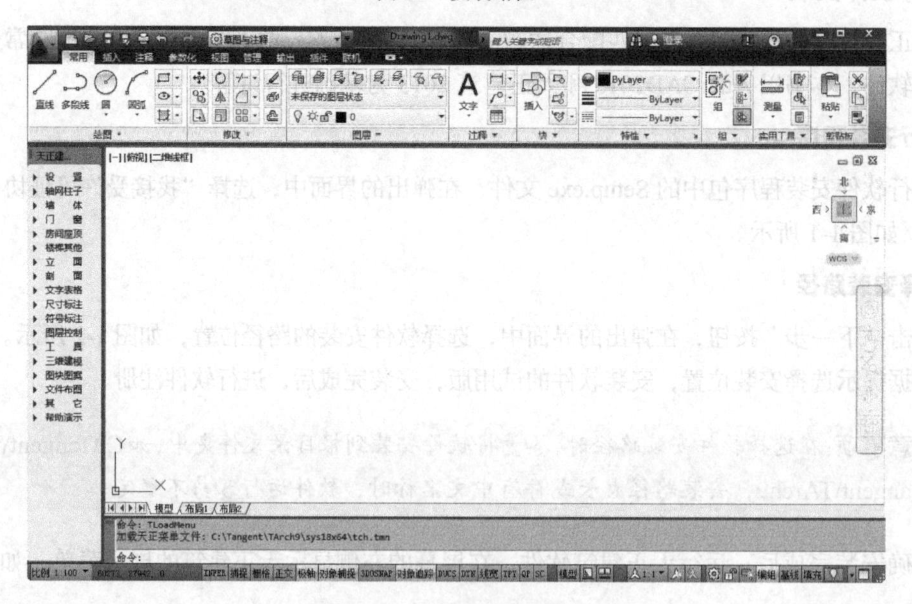

图 1-3　天正建筑屏幕菜单

该屏幕菜单可以通过按【Ctrl】+【+】组合键，实现屏幕菜单的开启和隐藏操作。

1.1.2 功能概述

天正建筑软件是以 AutoCAD 为基础开发的建筑绘制软件，在绘图思路和顺序方面更符合中国人的使用习惯，以先进的建筑对象概念服务于建筑施工图设计，成为建筑 CAD 的首选软件，同时天正建筑对象创建的建筑模型已经成为天正日照、天正节能、天正给排水、天正暖通、天正电气等系列软件的数据来源，很多三维渲染图也基于天正三维模型制作而成。天正建筑软件在建筑绘制方面的优势包含以下几个方面。

1. 图层自动管理

在使用天正建筑软件进行绘图时，可自动生成图层并对图层进行管理，包括图层名称、图层颜色和线型等基本属性信息，如图 1-4 所示。

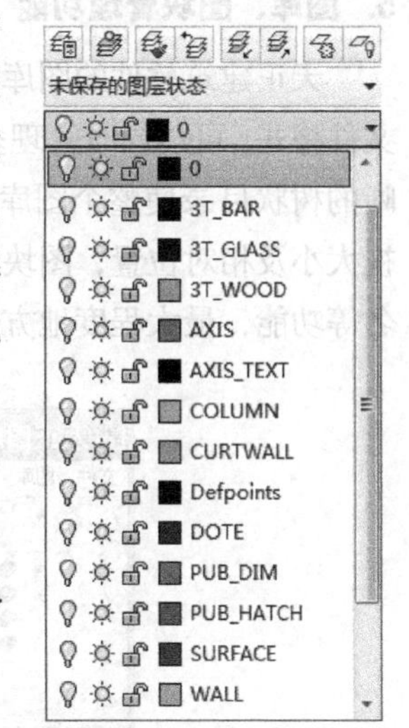

图 1-4 图层

2. 汉语拼音快捷键

使用天正建筑软件，在选择命令时，除了单击相关的命令按钮来选择工具外，还可以在命令行中输入该命令汉语拼音的首字母，如“绘制轴网”命令，可以在命令行中输入“hzzw”并按【Enter】键，完成命令输入，如图 1-5 所示。

```
命令: hzzw
T91_TAXISGRID
点取位置或 [转90度(A)/左右翻(S)/上下翻(D)/对齐(F)/改转角(R)/改基点(T)]<退出>:
```

图 1-5 汉语拼音快捷键

3. 先进的专业化标注系统

天正建筑软件专门针对建筑行业图纸的尺寸标注开发了专业化的标注系统，轴号标注、尺寸标注、符号标注、文字标注都使用对建筑绘图最方便的自定义对象进行操作，取代了传统的尺寸、文字对象。按照建筑制图规范的标注要求，对自定义尺寸标注对象提供了前所未有的灵活编辑方式。由于天正建筑软件专门为建筑行业设计，在使用方便的同时简化了标注对象的结构，节省了内存，减少了命令的数目，如图 1-6 所示。

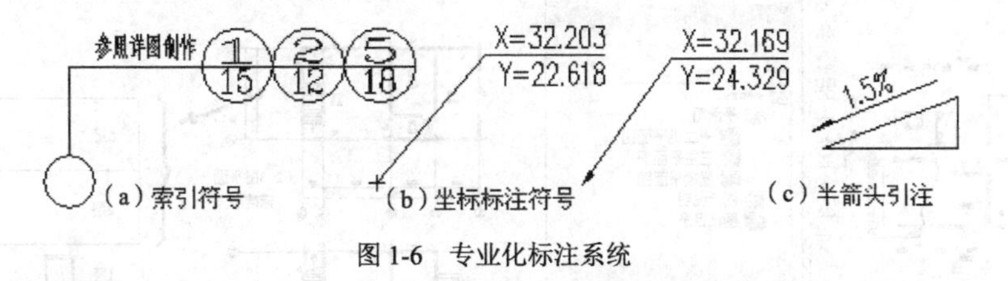

图 1-6 专业化标注系统

4. 全新文字表格功能

天正建筑软件的自定义文字对象，可方便地实现中西文混排文字的编排和修改，变换文字的上下标、输入特殊字符、书写加圈文字等操作都变得更加便捷。文字对象可分别调整中西文字体各自的宽高比例，修正 AutoCAD 所使用的两类字体（*.shx 与*.ttf）在使用过程中存在的英文实际字高不等的问题，使中西文字混合标注的样式符合国家制图标准的要求。此外，天正文字还可以设定对背景进行屏蔽，获得清晰的图面效果，如图 1-7 所示。

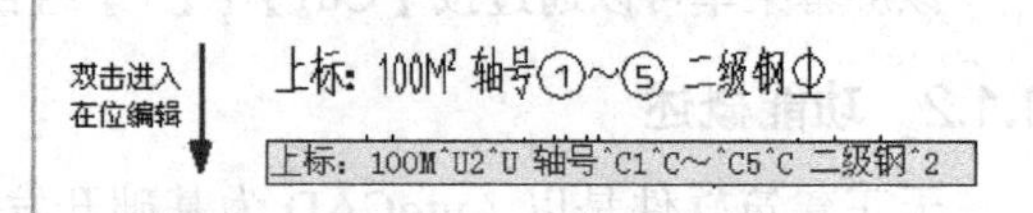

图 1-7 文字编辑

5. 图库、图块管理功能

天正建筑软件的图库系统采用图库组 TKW 文件格式，可以同时管理多个图库，通过分类明晰的树状目录使整个图库结构一目了然。类别区、名称区和图块预览区之间可随意调整最佳可视大小及相对位置，图块支持拖曳排序、批量改名、新入库自动以“图块长*图块宽”的格式命名等功能，最大程度地方便用户使用，如图 1-8 所示。

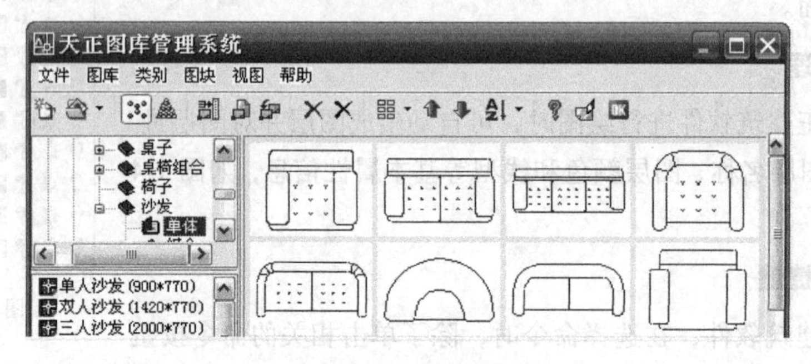

图 1-8 图库管理系统

6. 工程管理

天正建筑软件引入了工程管理概念，工程管理器将图纸集和楼层表合二为一，将与整个工程相关的建筑立剖面、三维组合、门窗表、图纸目录等功能完全整合在一起，无论是在工程管理器的图纸集中，还是在楼层表中双击文件图标都可以直接打开图形文件，如图 1-9 所示。

7. 自动生成立面图、剖面图

天正建筑软件可以随时从各个楼层平面图中获得三维信息，按楼层表组合，消隐生成立面图与剖面图，使生成步骤得到简化，成图质量明显提高，如图 1-10 所示。

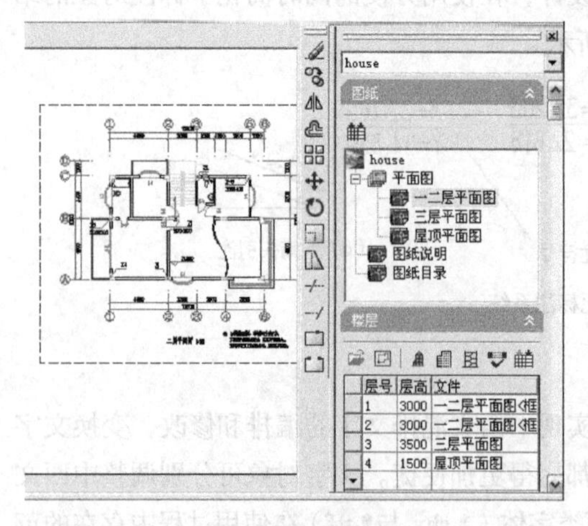

图 1-9 工程管理

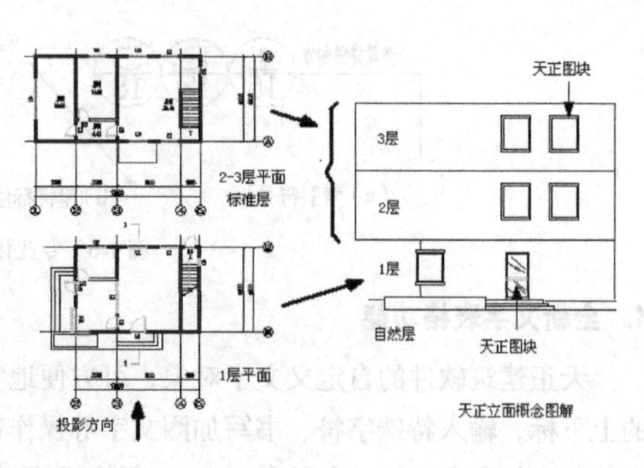

图 1-10 立面、剖面

1.2 属性设置

天正建筑软件使建筑设计人员简化了图纸的绘制工作，可以让设计人员将更多的时间和精力用在建筑设计方面。每一个软件在正式使用前，都需要对其属性进行相关的设置，以达到建筑绘制的行业标准和施工要求，天正建筑软件的属性设置也不例外。

1.2.1 图层设置

在使用 AutoCAD 软件进行正式绘图前，首先，需要对图层的默认属性进行相关的设置，包括新建、命名、更改颜色和线型等属性。使用天正建筑软件时，简化了这些图层设置的工作，在绘制图形的同时，自动创建图层并统一进行命名和属性设置。天正建筑软件的图层属性设置是以黑色界面为标准进行的，更改工作区域背景时，需要对默认的图层属性进行设置。

1. 图层管理

执行【设置】/【图层管理】命令，弹出“图层管理”对话框，如图 1-11 所示。

图层管理

图层标准：TArch　置为当前标准　新建标准

图层关键字	图层名	颜色	线型	备注
轴线	DOTE	1	CONTINUOUS	此图层的直线和弧认为是平面轴线
阳台	BALCONY	6	CONTINUOUS	存放阳台对象，利用阳台做的雨蓬
柱子	COLUMN	9	CONTINUOUS	存放各种材质构成的柱子对象
石柱	COLUMN	9	CONTINUOUS	存放石材构成的柱子对象
砖柱	COLUMN	9	CONTINUOUS	存放砖砌筑成的柱子对象
钢柱	COLUMN	9	CONTINUOUS	存放钢材构成的柱子对象
砼柱	COLUMN	9	CONTINUOUS	存放砼材料构成的柱子对象
门	WINDOW	4	CONTINUOUS	存放插入的门图块
窗	WINDOW	4	CONTINUOUS	存放插入的窗图块
墙洞	WINDOW	4	CONTINUOUS	存放插入的墙洞图块
防火门	DOOR_FIRE	4	CONTINUOUS	防火门
防火窗	DOOR_FIRE	4	CONTINUOUS	防火窗
防火卷帘	DOOR_FIRE	4	CONTINUOUS	防火卷帘
轴标	AXIS	3	CONTINUOUS	存放轴号对象，轴线尺寸标注
地面	GROUND	2	CONTINUOUS	地面与散水
道路	ROAD	2	CONTINUOUS	存放道路绘制命令所绘制的道路线
道路中线	ROAD_DOTE	[illegible]	CENTERX2	存放道路绘制命令所绘制的道路中心线
树木	TREE	[illegible]	CONTINUOUS	存放成片布树和任意布树命令生成的植物
停车位	PKNG-TSRP	83	CONTINUOUS	停车位及标注

图层转换　颜色恢复　关 闭

图 1-11 图层管理

从“图层管理”界面中，可以更改图层关键字所对应的图层名、颜色、线型等基本属性。在后面的备注列表中显示当前设置的范围。

置为当前标准：可以将“图层标准”下拉列表中出现的名称置为当前文件所使用的图层标准。

新建标准：单击该按钮后，在弹出的界面中输入名称，方便快速新建另外标准的图层属性设置文件。

图层转换：单击该按钮后，将使用“图层标准”下拉列表对应的图层属性设置，对当前文件的图层进行快速转换。

颜色恢复：单击该按钮后，将非天正建筑系统提供的图层属性设置中的颜色进行恢复操作。

2. 新建图层标准

在图层管理界面中，单击“新建标准”按钮，在弹出的界面中，输入图层标准名称，在界面中将图层关键字对应的图层进行更改，创建符合行业标准和输出要求的图层标准，如图 1-12 所示。

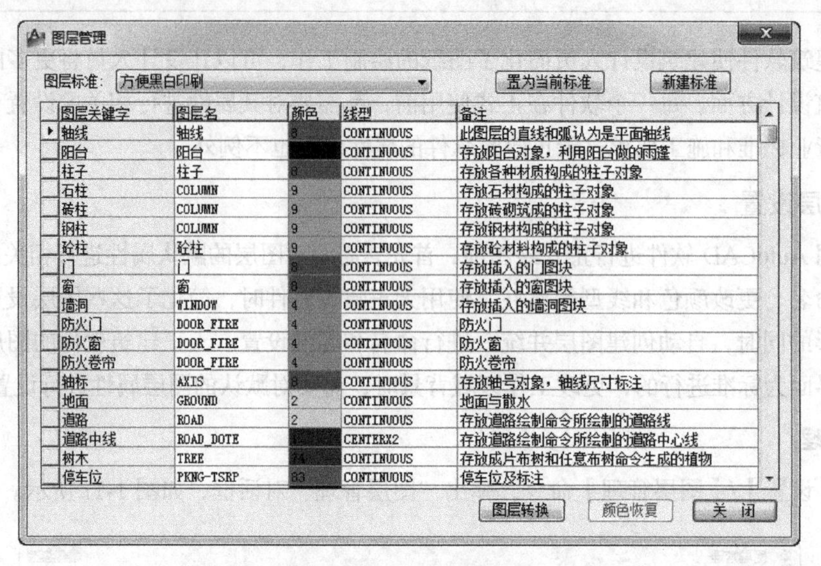

图层关键字	图层名	颜色	线型	备注
轴线	轴线	8	CONTINUOUS	此图层的直线和弧认为是平面轴线
阳台	阳台		CONTINUOUS	存放阳台对象，利用阳台做的雨蓬
柱子	柱子	8	CONTINUOUS	存放各种材质构成的柱子对象
石柱	COLUMN	9	CONTINUOUS	存放石材构成的柱子对象
砖柱	COLUMN	9	CONTINUOUS	存放砖砌筑成的柱子对象
钢柱	COLUMN	9	CONTINUOUS	存放钢材构成的柱子对象
砼柱	砼柱	9	CONTINUOUS	存放砼材料构成的柱子对象
门	门	8	CONTINUOUS	存放插入的门图块
窗	窗	8	CONTINUOUS	存放插入的窗图块
墙洞	WINDOW	4	CONTINUOUS	存放插入的墙洞图块
防火门	DOOR_FIRE	4	CONTINUOUS	防火门
防火窗	DOOR_FIRE	4	CONTINUOUS	防火窗
防火卷帘	DOOR_FIRE	4	CONTINUOUS	防火卷帘
轴标	AXIS	8	CONTINUOUS	存放轴号对象，轴线尺寸标注
地面	GROUND	2	CONTINUOUS	地面与散水
道路	ROAD	2	CONTINUOUS	存放道路绘制命令所绘制的道路线
道路中线	ROAD_DOTE	[illegible]	CENTERX2	存放道路绘制命令所绘制的道路中心线
树木	TREE	74	CONTINUOUS	存放成片布树和任意布树命令生成的植物
停车位	PKNG-TSRP	83	CONTINUOUS	停车位及标注

图 1-12　新建图层管理

1.2.2　选项

在天正建筑软件中，选项的设置包括“自定义”和“天正选项”两部分。

1. 自定义

自定义选项用于设置天正建筑软件的屏幕菜单、操作配置、基本界面、工具条和快捷键等基本操作，如图 1-13 所示。

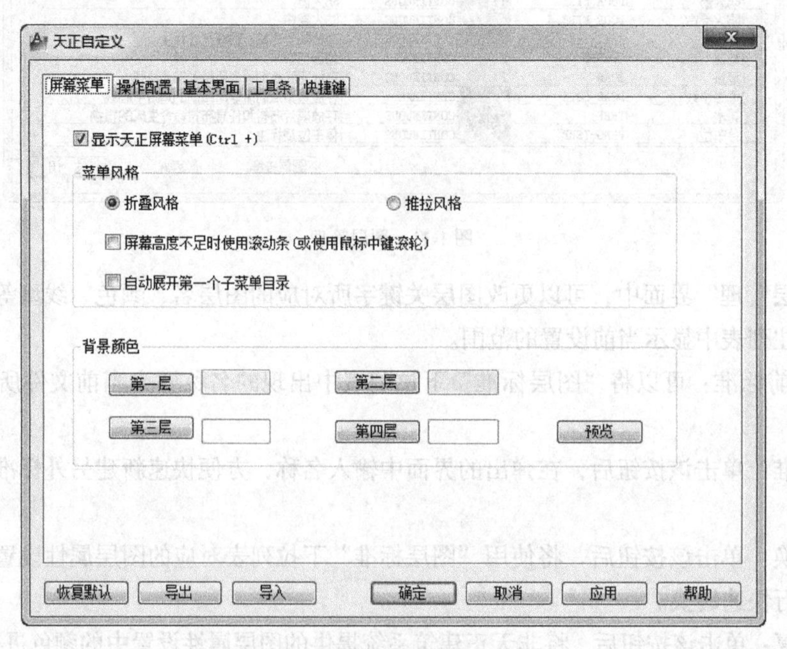

图 1-13　自定义

屏幕菜单：用于设置屏幕菜单的风格、背景颜色等常规属性。

操作配置：用于设置执行天正建筑操作的快捷键、鼠标样式等常规属性。

基本界面：用于界面设置和在位编辑时，天正建筑的外观样式。

工具条：用于对设置选项中包含的内容进行添加或移除管理。

快捷键：用于设置天正建筑操作常用的快捷键。

2. 天正选项

“天正选项”功能用于设置天正建筑的常规选项，包括当前比例、当前层高、楼梯样式等属性。在正式绘制建筑图形时，根据实际需要先进行当前比例和当前层高的设置，特别是当前层高的设置，当前层高设置完成后，创建的墙体高度就是当前层高设置的数值。

执行【设置】/【天正选项】命令，在弹出的“天正选项”界面中，更改基本命令参数，如图 1-14 所示。

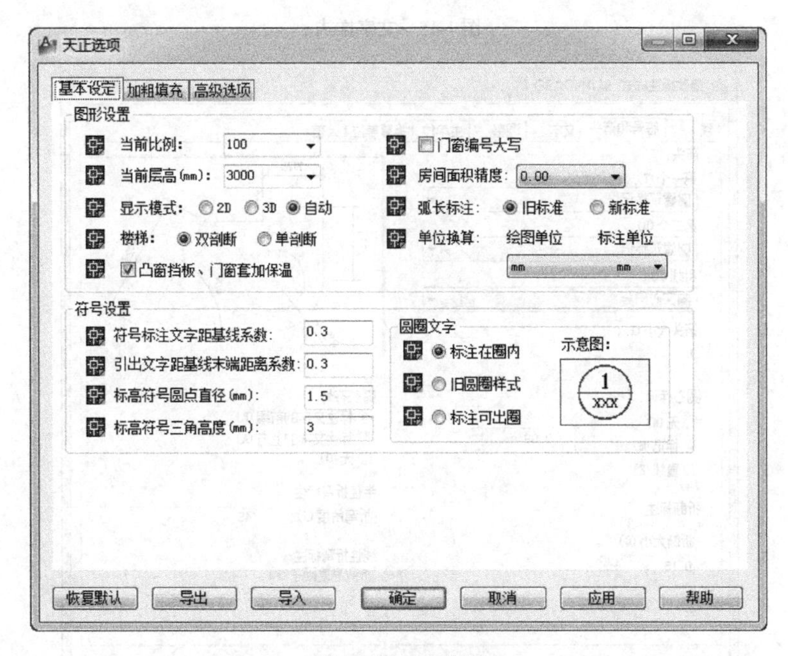

图 1-14 天正选项

1.2.3 样式

在正式绘制图形之前，需要设置的样式包括文字样式和尺寸样式。

1. 文字样式

在建筑制图标准中，对于输入的汉字字符，需要使用粗细一致的“长宋体”，在使用天正建筑软件绘制时，输入的文字样式应该采用标准的“GBCBIG”字体，如图 1-15 所示。

2. 尺寸样式

尺寸样式用于设置尺寸标注的样式。在使用 AutoCAD 软件进行绘制时，尺寸标注是在图形绘制完成后进行的操作，而在天正建筑软件中，尺寸标注是根据绘制进程来进行的，如轴网绘制完成后，进行轴网标注；门窗创建完成后，进行门窗标注。进行尺寸标注时，尺寸样式需要符合建筑行业规范和输出比例的标准，如图 1-16 所示。

图 1-15 文字样式

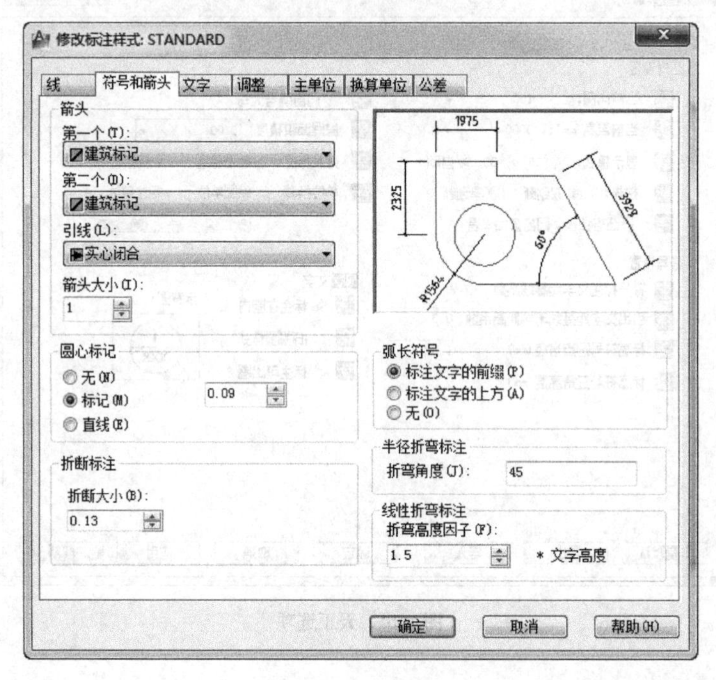

图 1-16 尺寸样式

1.3 工程管理

天正建筑软件中的“工程管理”与 AutoCAD 软件中的“图纸集”命令功能类似，通过“工程管理”的操作，将用户所设计的大量图形文件按“工程”或者“项目”的方式区别开来。根据作者多年的绘图经验，在创建项目或工程时，首先需要对“工程管理”进行设置，将绘制的平面图、立面图、剖面图等图形文件都置于同一个文件夹下进行管理，既符合用户日常的工作习惯，又方便以后对图形文件进行管理。

1.3.1 新建工程

在正式绘制工程或项目前，需要在电脑磁盘中新建存储该项目的文件夹，以便创建工程时，将其存储在文件夹中。

执行【文件布图】/【工程管理】命令，在弹出界面的“工程管理”下拉列表中选择“新建工程”命令，如图 1-17 所示。

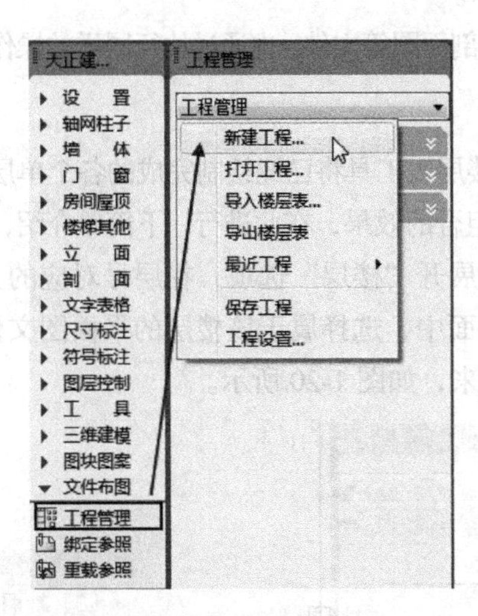

图 1-17　新建工程

在弹出的界面中，选择当前新建工程存储的位置并输入工程名称，单击“保存”按钮，完成工程的新建操作，如图 1-18 所示。

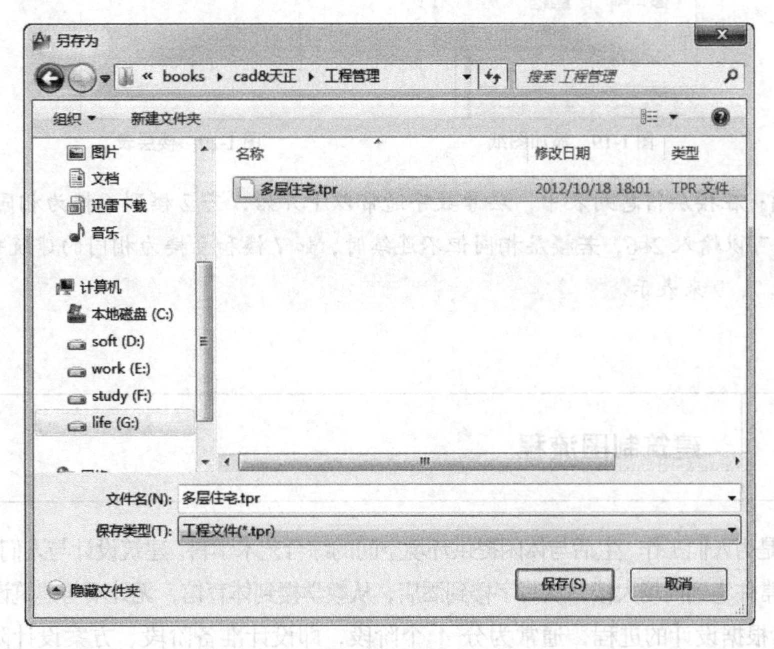

图 1-18　工程存储

1.3.2 工程管理

工程创建完成后，对当前工程创建的平面图文件或生成的立面图、剖面图等文件，均保存到当前工程文件夹中，方便建立楼层表和生成三维组合的效果。创建的平面图、立面图或剖面图文件，需要手动添加到当前工程管理文件中。

1. 向工程管理中添加文件

在“工程管理”操作界面中，将“图纸”选项展开，选择相应的文件组，单击鼠标右键，在弹出的屏幕菜单中，选择“添加图纸”命令，选择工程文件夹中的文件，将其加载到当前工程管理项目中，如图 1-19 所示。

对于当前项目中的立面图、剖面图等文件，也通过执行同样的操作，将其添加到工程管理项目中。

2. 楼层表

在天正建筑软件中，通过楼层表工具将已经绘制完成的各个单层平面图关联起来，方便生成建筑立面图、建筑剖面图和三维组合的效果，在此进行一下简单介绍，后面通过案例进行综合讲解。

在“工程管理”界面中，展开“楼层”选项，在层号对应的文本框中输入数字，单击文件下方对应的按钮，在弹出的界面中，选择属于该楼层的平面图文件，获取平面图文件信息后，自动识别层高的数据并显示出来，如图 1-20 所示。

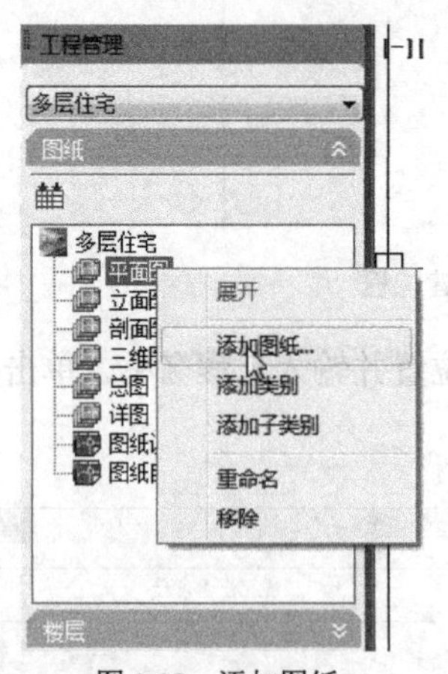

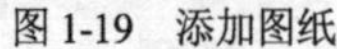
图 1-19 添加图纸

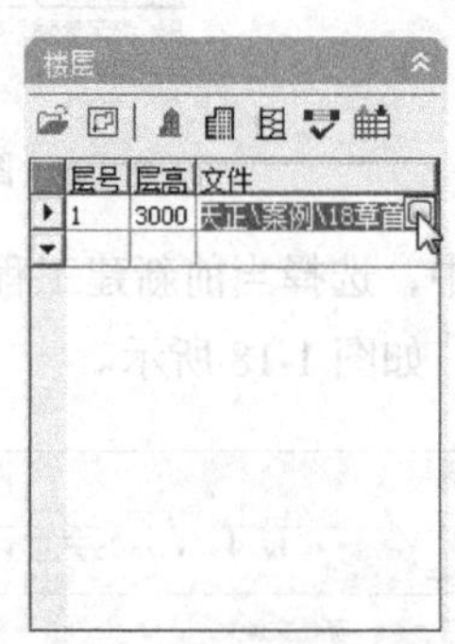

图 1-20 楼层表

注意事项：在楼层信息列表中，层号数字通常以 1 开始，若 2 楼到 6 楼为相同的建筑平面图，则层号中可以输入 2~6，若楼层相同但不连续时，如 7 楼和 9 楼为相同的建筑平面图，则层号中可以输入 7、9 来表示。

1.4 建筑制图流程

建筑设计是为人们工作、生活与休闲提供环境空间的综合艺术学科。建筑设计与人们的日常生活息息相关，从日常住宅到商场大楼，从写字楼到酒店，从教学楼到体育馆，无处不与建筑设计紧密联系。

建筑设计根据设计的进程，通常为分 4 个阶段，即设计准备阶段、方案设计阶段、施工图设计阶段和设计实施阶段。

设计准备阶段主要是接受委托任务书，签订合同，或者根据标书要求参加投标；明确设计任务和要求，如建筑设计任务的使用性质、功能特点、设计规模、等级标准、总造价，以及根据任务的使用性质所需创造的建筑室内外空间环境氛围、文化内涵或艺术风格。

方案设计阶段是在设计准备阶段的基础上，进一步收集、分析、运用与设计任务有关的资料与信息，构思立意，进行初步方案设计，进而深入设计，进行方案的分析与比较。确定初步设计方案，提供设计文件，如平面图、立面图和透视效果图。

施工图设计阶段是提供有关平面、立面、剖面、构造节点大样图，以及设备管线图等施工图纸，满足施工的需要。在这个阶段要求图纸绘制人员按照项目的要求和特点，绘制标准的各个项目的施工图。

设计实施阶段也就是工程的施工阶段。建筑工程在施工前，设计人员应向施工单位进行设计意图说明及图纸的技术交底；工程施工期间需要按图纸要求核对施工实况，有时还需要根据现场实况提出对图纸的局部修改或补充；施工结束时，会同质检部门和建设单位进行工程验收。

一套工业或民用建筑的建筑施工图通常包括平面图、立面图、剖面图、节点大样图、建筑效果图等内容。

1.4.1 平面图

建筑平面图简称为平面图，是按照一定比例绘制的建筑水平剖切图。通俗来讲，就是从顶视图中观察的建筑平面分布，用于表达建筑平面的各个布局和空间效果，建筑平面图一般比较详细，通常采用较大的比例，如 1:100、1:200、1:500，并标出实际的尺寸数据，如图 1-21 所示。

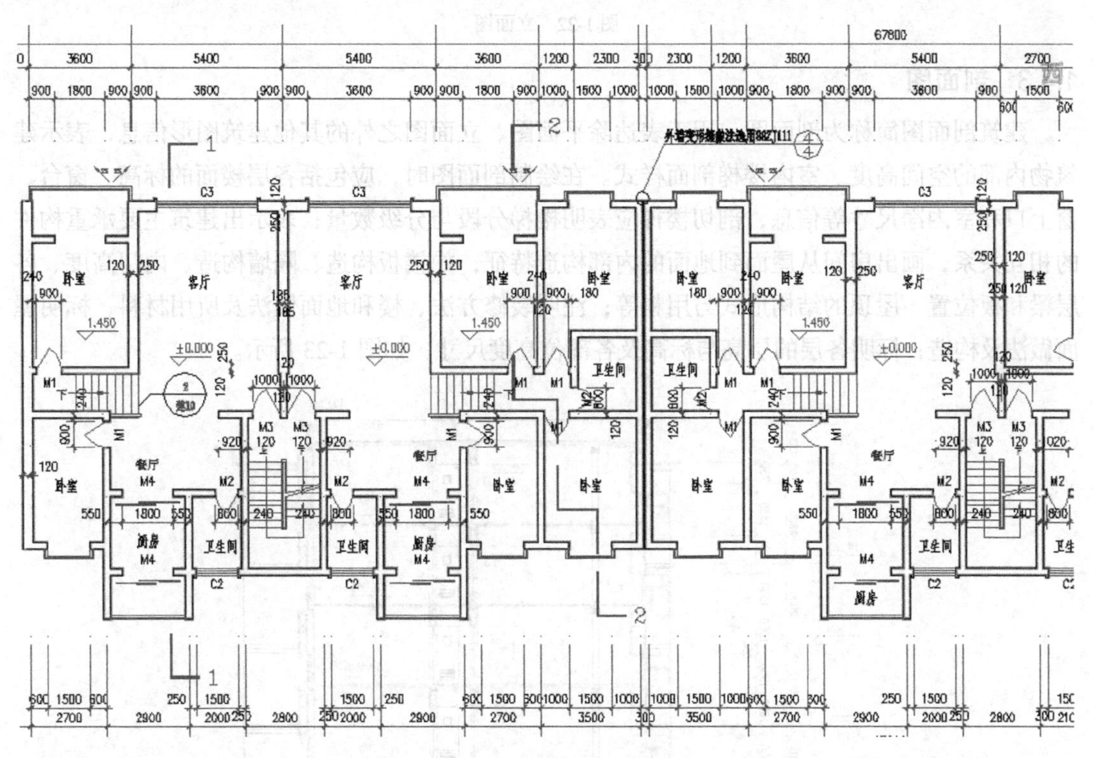

图 1-21 建筑平面图（局部）

1.4.2 立面图

建筑立面图简称为立面图，用于表达建筑物各个立面的形状和外墙面的装饰效果。在天正建筑软件中，建筑立面图可以根据平面图和楼层表的信息，快速生成建筑立面图的大体效果，再对其进行简单的绘制和修饰，就可以达到建筑立面图的要求和标准。立面图用于说明建筑物的正面、背面和侧面的形状图，表示建筑物的外部形式，说明建筑物长、宽、高的尺寸，表现楼地面标高、屋顶的形式、阳台位置和形式、门窗洞口的位置和形式、外墙装饰的设计形式、材料及施工方法等，如图 1-22 所示。

图 1-22 立面图

1.4.3 剖面图

建筑剖面图简称为剖面图，用于表达除平面图、立面图之外的其他建筑图形信息，表示建筑物内部的空间高度、室内楼梯剖面样式。在绘制剖面图时，应包括各层楼面的标高、窗台、窗上口和室内净尺寸等信息，剖切楼梯应表明楼梯分段与分级数量；表示出建筑主要承重构件的相互关系，画出房间从屋面到地面的内部构造特征，如楼板构造、隔墙构造、内门高度、各层梁和板位置、屋顶的结构形式与用料等；注明装修方法、楼和地面做法及所用材料，标明屋面做法及构造；标明各层的层高与标高及各部位高度尺寸，如图 1-23 所示。

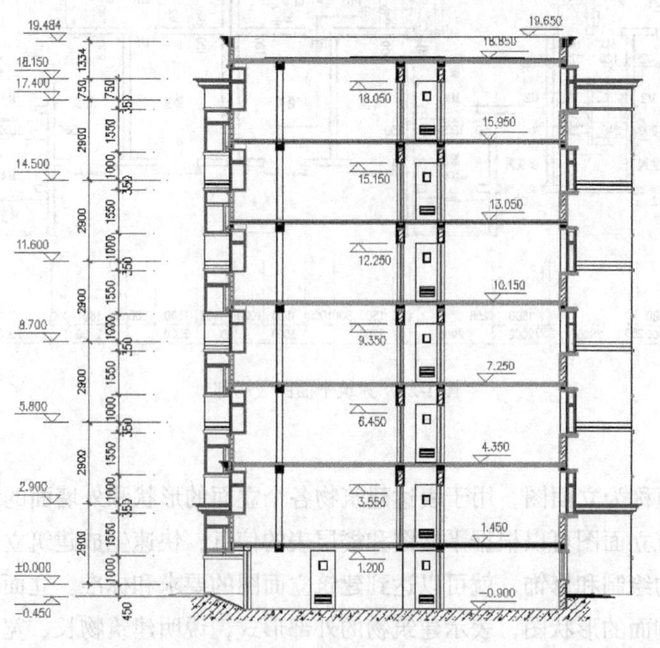

图 1-23 剖面图

1.4.4 节点大样图

节点大样图简称详图，主要用以表达建筑物的局部构造、节点连接形式以及构件、配件的形状大小、材料、做法等。节点大样图要用较大的比例绘制，如1:10、1:20、1:50、1:75等，尺寸标注要准确齐全，文字说明要直观详细，如图1-24所示。

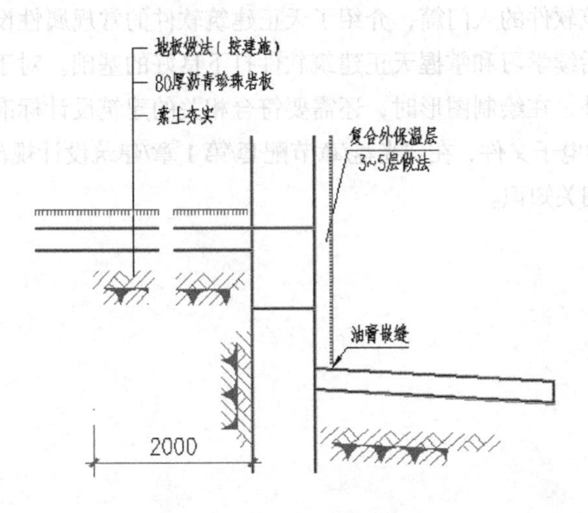

图1-24 节点大样图

1.4.5 建筑效果图

除了上述类型的图形之外，在实际工程实践中还经常绘制建筑效果图。建筑效果图具有强烈的三维空间透视效果，非常直观地表现了建筑的造型、空间布置、色彩和外部环境等多方面的内容。从高处俯视的透视图又称为“鸟瞰图”或“俯视图”。建筑效果图一般要按一定比例进行绘制，并进行绘制上的艺术加工，使建筑物具有很强的艺术感染力，如图1-25所示。

图1-25 建筑效果图

1.5 本章小结

本章作为天正建筑软件的入门篇，介绍了天正建筑软件的常规属性设置、工程管理和基本的建筑制图流程，为后续学习和掌握天正建筑软件打下良好的基础。对于建筑图纸的绘制，除了要学会软件绘制以外，在绘制图形时，还需要符合相关的建筑设计标准。本书配套光盘中附带“建筑设计规范”的电子文件，在“光盘/章节配套/第 1 章/建筑设计规范”中，请读者学习并了解建筑设计规范的相关知识。

第2章
建筑平面图

建筑平面图简称为平面图，是按照一定比例绘制的建筑水平剖切图。通俗地讲，就是从顶视图中观察的建筑平面效果，用于表达建筑平面的格局分布和空间效果，建筑平面图一般比较详细，按照绘制的基本流程依次为轴网柱子、墙体、门窗、楼梯等环节，最终完成当前建筑平面图的绘制。

本章要点：

- 轴网柱子
- 墙体
- 门窗
- 楼梯其他

2.1 轴网柱子

轴线是建筑物各组成部分的定位中心线，是图形定位的基础参考线，网状分布的轴线称为轴网。轴线绘制完成以后，可以方便地创建柱子或墙体对象，轴网和柱子是整个建筑绘制的基础部分。

2.1.1 绘制轴网

绘制轴网命令可以创建直线轴网和圆弧轴网。在“绘制轴网”界面中，通过选项卡来切换绘制轴网的类型。

1. 直线轴网

直线轴网用于生成正交轴网、斜交轴网和单向轴网。

执行【轴网柱子】/【绘制轴网】命令，在弹出的界面中，选择“直线轴网”选项，分别设置开间和进深的尺寸，如图 2-1 所示。

单击“确定”按钮后，根据命令行的提示，选择轴网的置入位置，通常输入“0，0”并按【Enter】键，在坐标原点处置入轴网对象，如图 2-2 所示。

2. 参数说明

轴间距：用于设置开间或进深的尺寸数据，单击右侧下拉列表中的尺寸数据即可选中，若下拉列表中没有所需要的尺寸数据，也可以直接手动输入轴间距尺寸。

个数：用于设置相应轴间距数据的重复次数，若个数为 1 时，输入完轴间距数值后，可以直接按【Enter】键完成轴间距的输入。

夹角：用于设置开间与进深轴线之间的夹角数据，当夹角为 90° 时，生成的直线轴网为正交轴网，其他夹角时为斜交轴网。

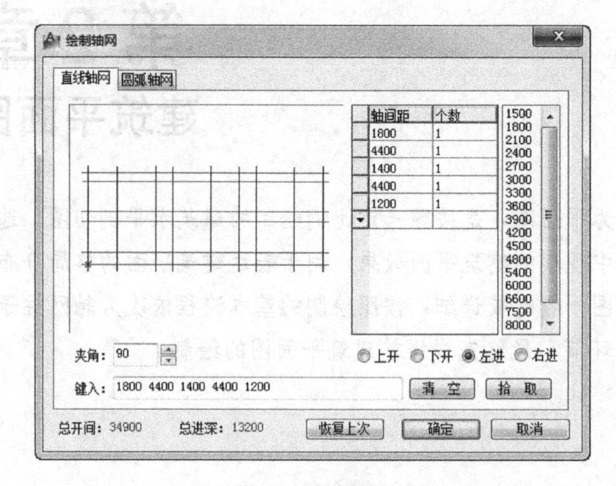

图 2-1　直线轴网

```
命令: T91_TLayerManager
命令: T91_TAxisGrid
点取位置或 [转90度(A)/左右翻(S)/上下翻(D)/对齐(F)/改转角(R)/改基点(T)]<退出>:0,0
```

图 2-2　轴网命令行

清空：单击该按钮后，将界面中已经设置或选择的参数全部清除，恢复到界面打开时的状态。

拾取：单击该按钮后，可以在当前图形中拾取轴现有的轴网，将数据作为开间或进深的尺寸。要想获取直线轴网中的全部数据，需要分别拾取开间和进深的尺寸数据。

恢复上次：单击该按钮后，将上一次直线轴网的数据恢复到当前对话框中。

开间：在绘制直线轴网时，开间尺寸为垂直方向轴线与轴线之间的尺寸距离，输入轴间距时，从左至右输入。开间分为上开间和下开间，若上开间与下开间尺寸相同，选择其中一个进行输入即可。通常情况下，商业建筑上、下开间是相同的，住宅建筑上、下开间需要单独输入。在圆弧轴网中，开间参数转换为轴线与轴线之间的夹角角度。

进深：在绘制直线轴网时，进深尺寸为水平方向轴线与轴线之间的尺寸距离，输入轴间距时，从下往上输入。进深分为左进深和右进深，若左进深与右进深尺寸相同时，选择其中一个进行输入即可。在圆弧轴网中，进深参数转换为圆弧与圆弧之间的距离。

3. 圆弧轴网

圆弧轴网是由弧线和径向直线组成的定位轴线，方便创建圆弧形建筑的轴网。

执行【轴网柱子】/【绘制轴网】命令，在弹出的界面中，选择圆弧轴网选项，分别设置轴线夹角和进深尺寸，如图 2-3 所示。

设置参数后，单击“确定”按钮，根据命令行提示，选择圆弧轴网的位置即可。

4. 参数说明

圆心角：该参数由直线轴网中的开间转换而来，用于设置轴线与轴线之间的夹角。

进深：该参数用于设置圆弧轴线与圆弧轴网之间的距离。

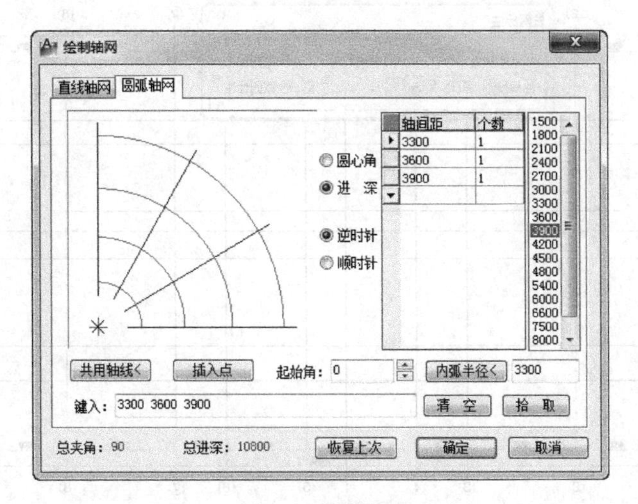

图 2-3　圆弧轴网

顺/逆时针：用于设置圆心角数值计算的方式为顺时针还是逆时针。

共用轴线：用于设置与其他已存在的轴网共用同一轴线，单击该按钮后，可以将当前圆弧轴网与另外的轴网进行连接。

插入点：单击该按钮可以改变圆弧轴网的插入基点位置。

内弧半径：用于设置由圆心起算的最内侧环向轴向半径，可以从图上获得，也可以直接手动输入。

2.1.2　轴网标注

轴网对象创建完成以后，需要及时进行轴网标注。轴网标注可以根据单击的起始轴线与结束轴线自动标注轴号和尺寸。

执行【轴网柱子】/【轴网标注】命令，弹出轴网标注对话框，设置标注的内容为单侧或双侧，如图 2-4 所示。

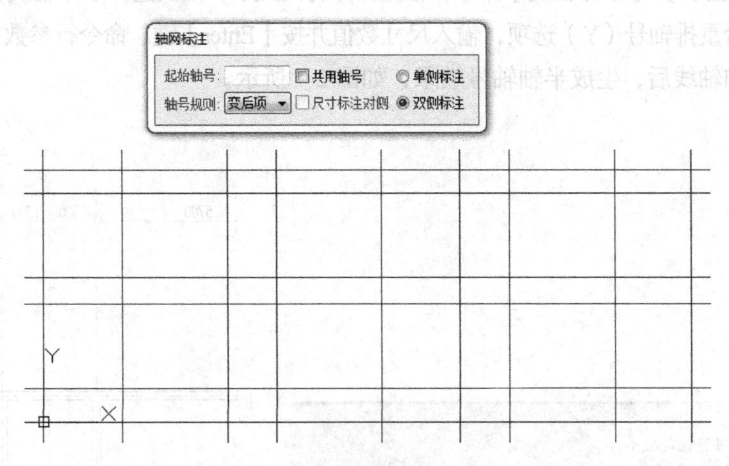

图 2-4　轴网标注

根据命令行的提示，依次单击开间轴线或进深轴线的起始轴和终止轴，自动出现轴号和尺寸，如图 2-5 所示。

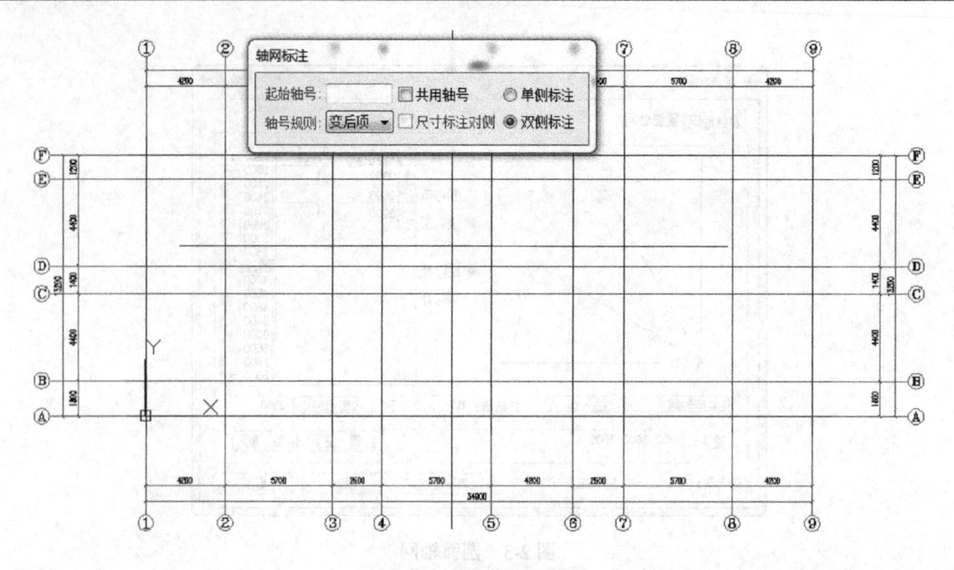

图 2-5　轴网标注结果

注意事项：在进行轴网标注时，开间或进深的起始与终止轴线单击的顺序不能颠倒，其中开间单击的顺序为左侧垂直轴线和右侧垂直轴线，进深单击的顺序为底端水平轴线和顶部水平轴线。轴号内容由天正建筑软件自动生成，不需要进行手动设置。

2.1.3　添加轴线

添加轴线命令用于对当前已经存在的轴网对象单独添加轴线，通常用于添加带有半轴轴号的轴线。

注意事项：在绘制建筑图纸时，非承重墙或单独的拐角墙所在的轴线通常用半轴轴号来表示，对于这一类的轴线，通常是在绘制完墙体对象以后，使用添加轴线命令实现。

执行【轴网柱子】/【添加轴线】命令，根据命令行的提示，依次选择参考轴线，输入是否为附加轴（Y）、是否重排轴号（Y）选项，输入尺寸数值并按【Enter】键。命令行参数如图 2-6 所示。

添加完附加轴线后，生成半轴轴号效果，如图 2-7 所示。

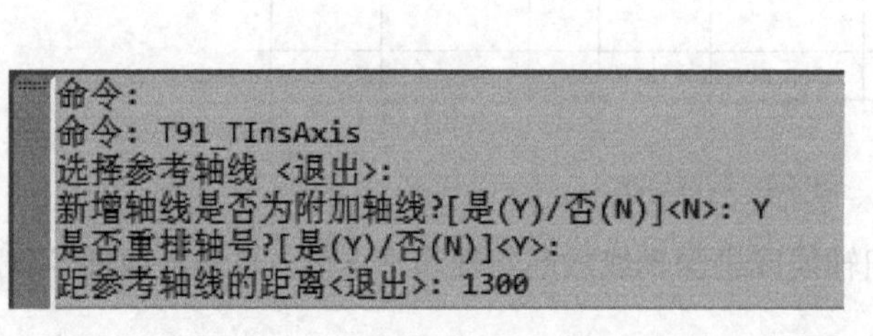
```
命令:
命令: T91_TInsAxis
选择参考轴线 <退出>:
新增轴线是否为附加轴线?[是(Y)/否(N)]<N>: Y
是否重排轴号?[是(Y)/否(N)]<Y>:
距参考轴线的距离<退出>: 1300
```

图 2-6　添加轴线命令行

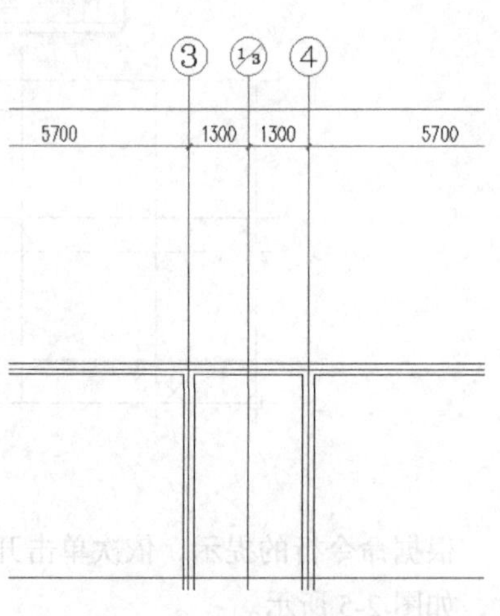

图 2-7　半轴轴号效果

注意事项：添加完半轴轴线并自动重排轴号，会得到正确的半轴轴号效果，若在创建轴线时没有选择自动重排轴号，那么需要选中轴号对象，单击鼠标右键，在弹出的屏幕菜单中选择“重排轴号”命令来实现。

2.1.4 墙生轴网

墙生轴网命令用于在已经存在的墙体上，根据墙体基线生成定位轴网，平时应用相对较少。

执行【轴网柱子】/【墙生轴网】命令，在当前工作区域内单击或框选墙体对象，单击鼠标右键，完成轴网生成，如图 2-8 所示。

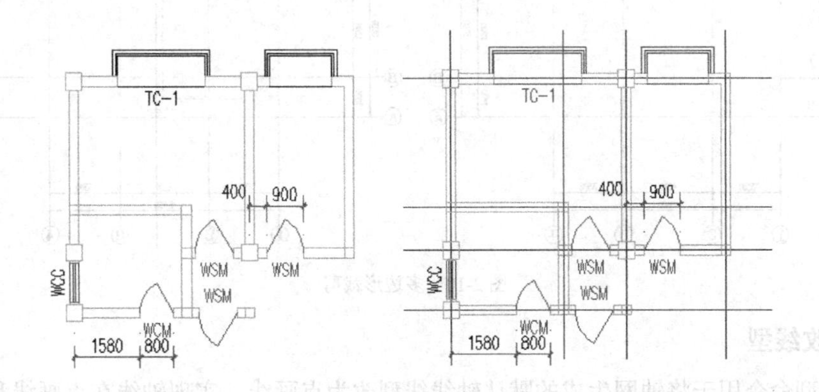

图 2-8 墙生轴网

2.1.5 轴网裁剪

轴网裁剪命令类似于 AutoCAD 软件中的“修剪”命令，用于将已经存在的轴网根据框选区域快速剪除。根据命令行提示可以实现多边形裁剪或轴线选取的方式进行裁剪。

1. 轴网裁剪

执行【轴网柱子】/【轴网裁剪】命令，在工作区域中依次单击两点，确定矩形裁剪区域，实现轴网裁剪，如图 2-9 所示。

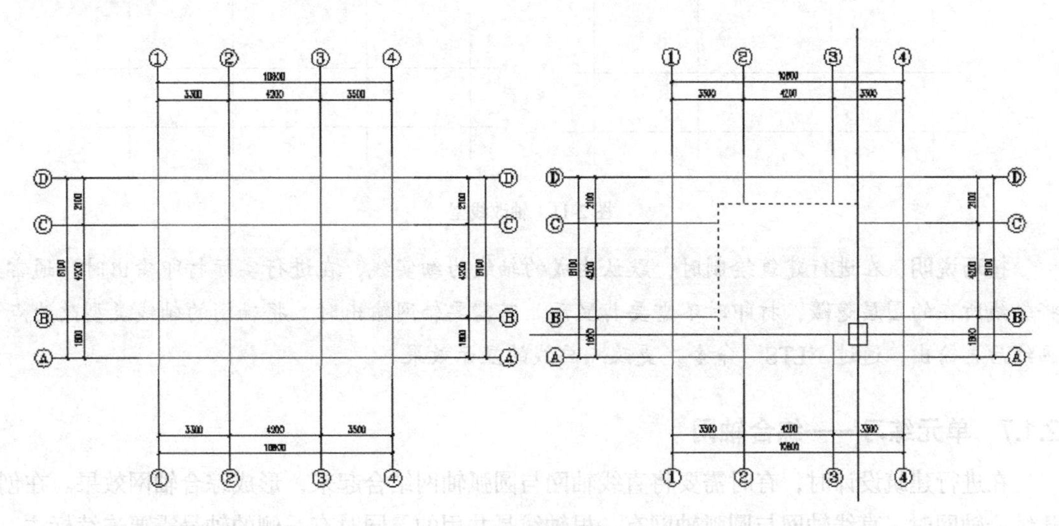

图 2-9 轴网裁剪

2. 多边形裁剪

执行【轴网柱子】/【轴网裁剪】命令，按下“P”键，依次单击鼠标左键，确定裁剪多边形的角点，单击鼠标右键或按【Enter】键，完成多边形裁剪，如图 2-10 所示。

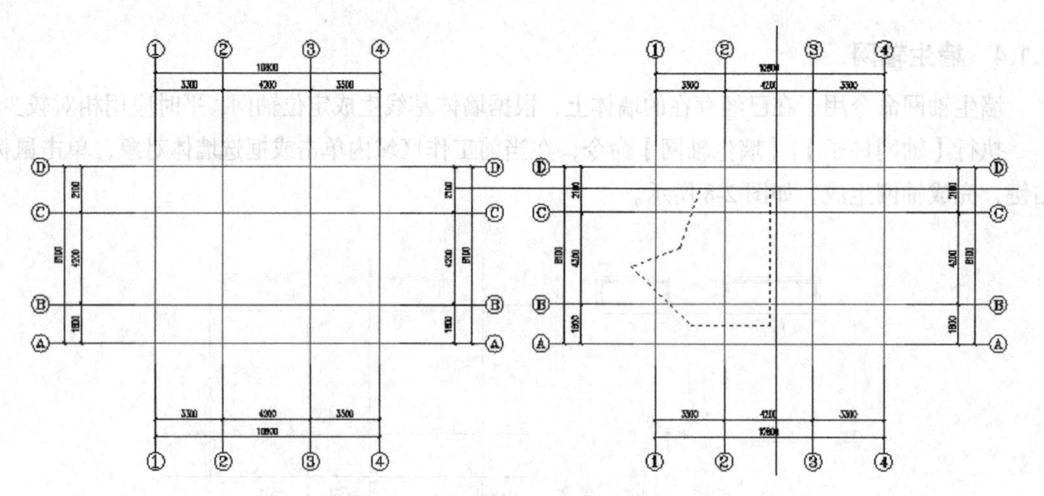

图 2-10 多边形裁剪

2.1.6 轴改线型

轴改线型命令用于将轴网生成的默认轴线线型改为点画线，实现轴线在点画线和连续线之间的转换。

执行【轴网柱子】/【轴改线型】命令，当前工作区域中的轴线类型自动进行切换显示，如图 2-11 所示。

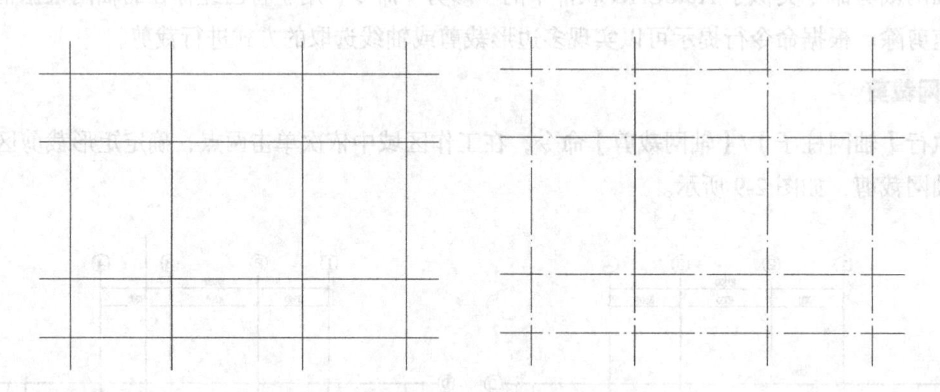

图 2-11 轴改线型

技巧说明： 在进行建筑绘制时，默认生成的轴线为细实线，在进行实际打印输出时，通常将轴线所在的图层隐藏，打印时不需要其显示。若需要轴网输出时，将轴网的轴线类型改为点画线后再输出，通过“LTS”命令，更改点画线的显示效果。

2.1.7 单元练习——综合轴网

在进行建筑设计时，有时需要将直线轴网与圆弧轴网结合起来，形成综合轴网效果。在创建综合轴网时，直线轴网与圆弧轴网有一根轴线是共用的，同时有一侧的轴号需要连续标注。利用直线轴网和圆弧轴网工具创建综合轴网效果，如图 2-12 所示。

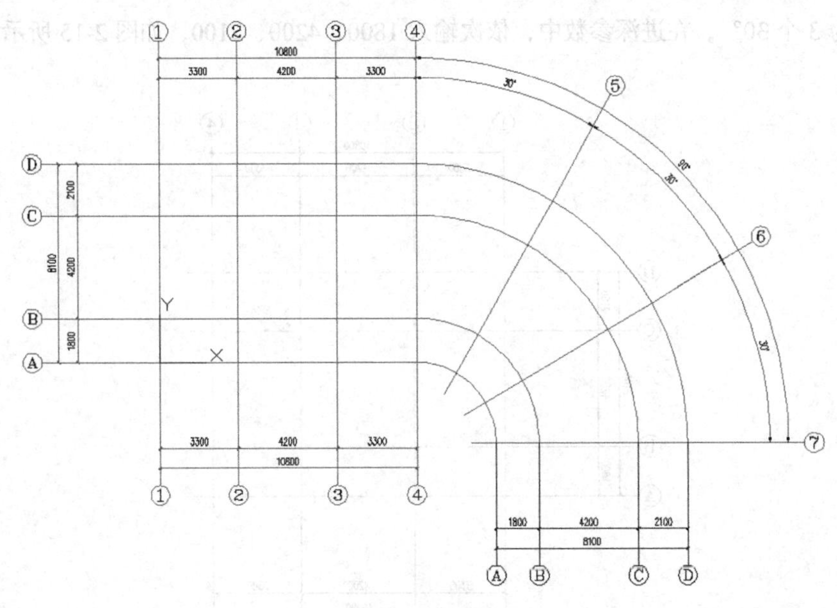

图 2-12　综合轴网

1. 创建直线轴网

执行【轴网柱子】/【绘制轴网】命令，在弹出的界面中，输入直线轴网参数，如图 2-13 所示。上/下开间尺寸依次是 3300mm、4200mm、3300mm，左/右进深尺寸依次是 1800mm、4200mm、3300mm。

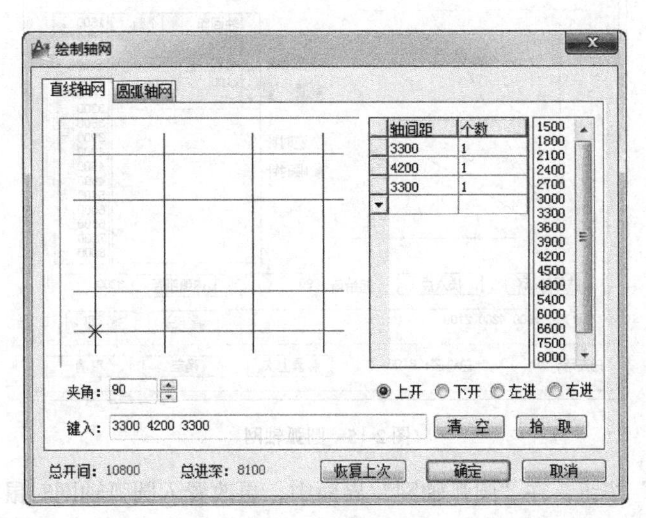

图 2-13　直线轴网

单击“确定”按钮后，在命令行中输入“0，0”并按【Enter】键，完成直线轴网对象创建。

2. 轴网标注

执行【轴网柱子】/【轴网标注】命令，在弹出的界面中，设置“单侧标注”或“双侧标注”，依次进行轴网标注。其中开间进行双侧标注，进深只对左侧进行单侧标注，如图 2-14 所示。

3. 圆弧轴网

执行【轴网柱子】/【绘制轴网】命令，在弹出的界面中，切换到“圆弧轴网”选项卡，设置圆心角为 3 个 30°，在进深参数中，依次输入 1800、4200、2100，如图 2-15 所示。

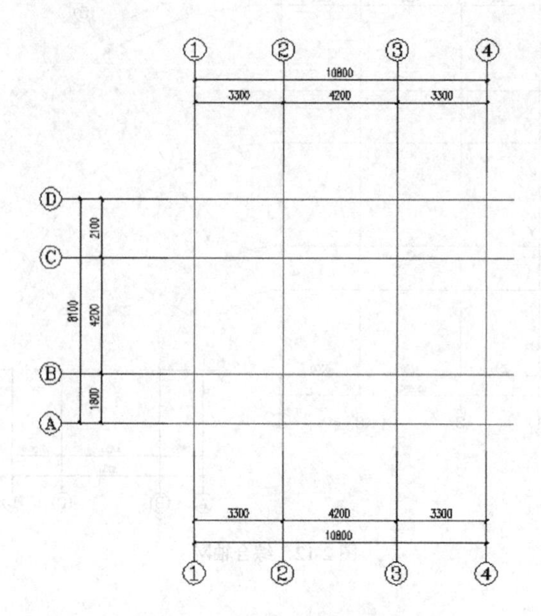

图 2-14　直线轴网标注完成

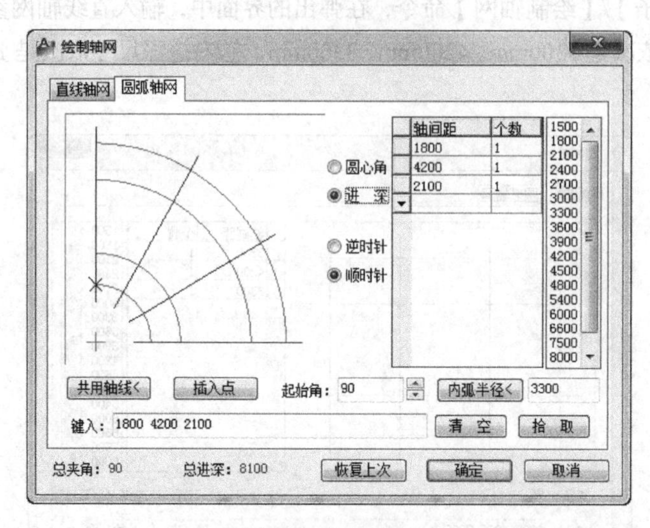

图 2-15　圆弧轴网

单击“插入点”按钮，在“圆弧轴网”界面中，更改置入圆弧轴网时鼠标的控制基点，单击“共用轴线”按钮，在当前工作区域中，单击选择轴号为 4 的轴线，用鼠标选择拼接的方向，如图 2-16 所示。返回对话框后，单击“确定”按钮，完成圆弧轴网的拼接。

4. 圆弧轴网标注

执行【轴网柱子】/【轴网标注】命令，在弹出的界面中，选择“单侧标注”和“共用轴号”选项，如图 2-17 所示。

在绘图区域依次单击 4 号轴和圆弧轴网最下面的轴线，根据命令行提示，完成圆弧轴网标注。参考命令行提示如图 2-18 所示。

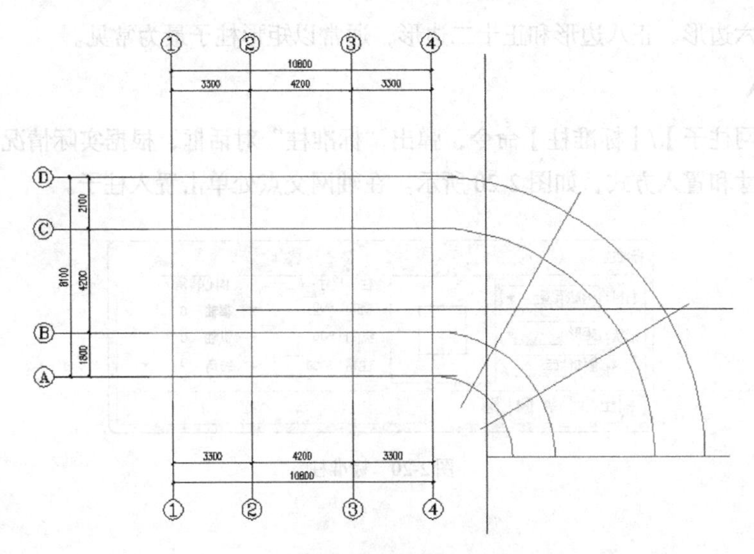

图 2-16　共用轴线

图 2-17　选中单侧标注和共用轴号

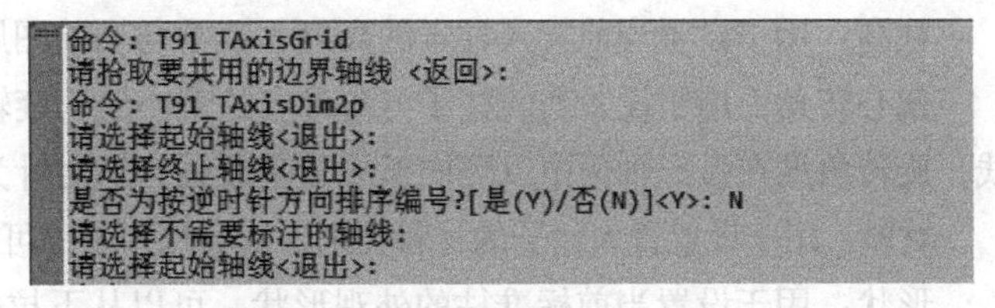

图 2-18　参考命令行

再次执行【轴网柱子】/【轴网标注】命令，在弹出的界面中，选择“单侧标注”并输入起始轴号“A”，依次单击右下角的圆弧轴网，如图 2-19 所示。

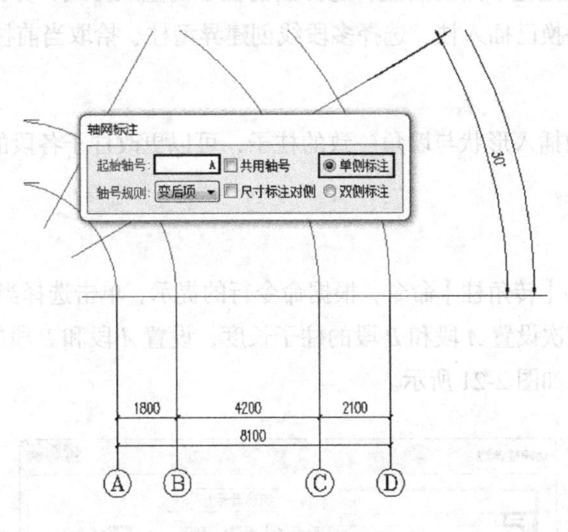

图 2-19　输入起始轴号

最后，在命令行中输入“TR”并按两次【Enter】键，对相交处多余的轴线进行修剪，得到最终的综合轴网效果。

2.1.8　标准柱

标准柱可以在轴线交点处或任意位置置入，柱子的形状可以分为矩形、圆形、正三角形、正五边形、正六边形、正八边形和正十二边形，通常以矩形柱子最为常见。

1. 标准柱置入

执行【轴网柱子】/【标准柱】命令，弹出“标准柱”对话框，根据实际情况设置柱子的材料、形状、尺寸和置入方式，如图 2-20 所示。在轴网交点处单击置入柱子。

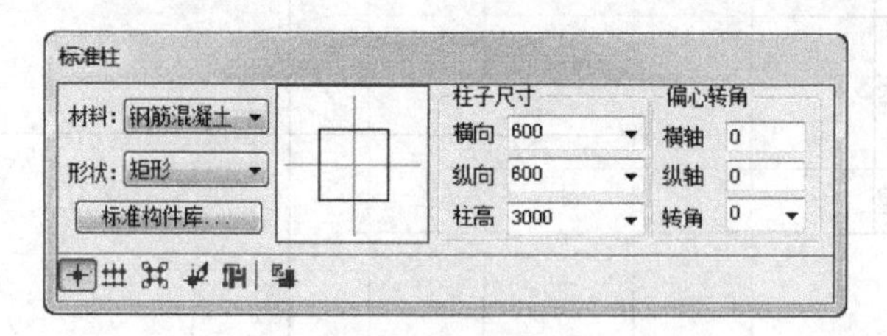

图 2-20　标准柱

2. 参数说明

柱子尺寸：可以通过下拉列表选择柱子尺寸，也可以手动输入柱子尺寸。

柱高：用于设置当前置入柱子的高度，通常与当前图层层高保持一致。

偏心转角：用于设置当前柱子与参考点的偏心值，旋转角度是在矩形轴网中以 *X* 轴为基准线，旋转角度在弧形轴网中以环向弧线为基准线，逆时针为正，顺时针为负。

材料：用于设置置入柱子的材料类别，从下拉列表中可以选择金属、钢筋混凝土、石材和砖。

形状：用于设置当前标准柱的外观形状，可以从下拉列表中选择矩形、圆形、正三角形、正五边形、正六边形、正八边形和正十二边形。

标准构件库：用于设置常见柱子的构件样式，创建完成以后，可以对柱子样式进行编辑。

柱子置入方式：通过左下角的按钮，选择当前柱子的置入方式，分为点选、沿一根轴线布置、矩形区域布置、替换已插入柱、选择多段线创建异型柱、拾取当前柱子等方式。

2.1.9　转角柱

转角柱用来在墙角插入形状与墙角一致的柱子，可以更改柱子各段的长度和宽度，并且能够自动适应墙角的形状。

1. 转角柱置入

执行【轴网柱子】/【转角柱】命令，根据命令行的提示，单击选择当前转角柱所在的墙角，弹出转角柱对话框，依次设置 *A* 段和 *B* 段的柱子长度，设置 *A* 段和 *B* 段的尺寸，单击“确定”按钮完成转角柱置入，如图 2-21 所示。

图 2-21　转角柱

2. 参数说明

材料：从下拉列表中选择当前转角柱的材料类型。

取点 A/B/C/D：设置当前柱子各段对应的长度和宽度，根据当前转角柱所在位置和形状设置不同的参数。如在十字相边的墙段上置入转角柱时，可以设置 *A*、*B*、*C*、*D* 四段的参数。

2.1.10 构造柱

构造柱可以在墙角和墙内插入，以所选择的墙角形状为基准，输入构造柱的具体尺寸，指出对齐方向。由于生成的为二维尺寸仅用于二维施工图，因此不能用对象编辑命令修改。

1. 构造柱置入

执行【轴网柱子】/【构造柱】命令，在墙体拐角处单击鼠标左健，弹出“构造柱参数”对话框，如图 2-22 所示。

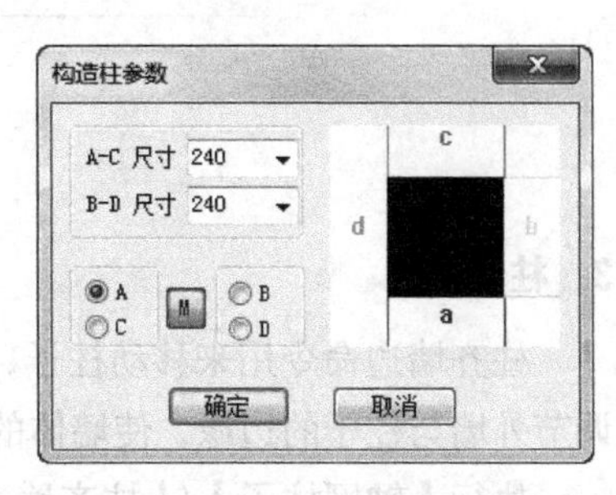

图 2-22 构造柱

2. 参数说明

A—C 尺寸：用于设置沿着 *A*—*C* 方向的构造柱尺寸，尺寸数据可以超过墙体厚度。

B—D 尺寸：用于设置沿着 *B*—*D* 方向的构造柱尺寸，尺寸数据可以超过墙体厚度。

M：用于设置当前构造柱的对齐方式，当按钮为灰色时，柱子实现居中对齐。构造柱默认材料为混凝土。

2.1.11 柱子编辑

按照轴网的排列方式，置入完成柱子以后，有时需要根据实际情况对柱子进行再次编辑。在对柱子进行编辑时，常用的命令为柱子替换、特性编辑、柱齐墙边等。

1. 柱子替换

执行【轴网柱子】/【标准柱】命令，在弹出的对话框中，设置柱子的另外样式，单击按钮，在视图中依次单击需要替换的柱子即可完成柱子替换，如图 2-23 所示。

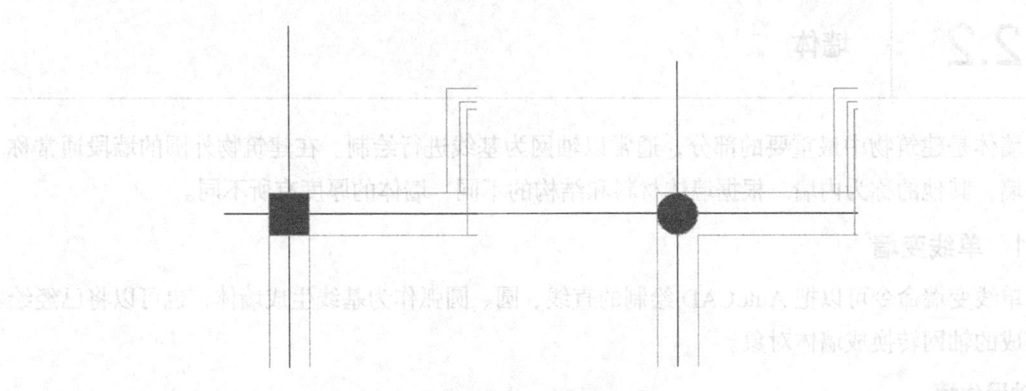

图 2-23 柱子替换结果

2. 柱子的特性编辑

在天正建筑软件中，对于柱子以及后续涉及的墙体、门窗、楼梯等对象，均支持在空命令状态下，双击鼠标左键，在弹出的对象特性窗口中进行参数编辑，在此统一介绍，后面不再赘述。

在鼠标为空命令状态下，双击柱子对象，弹出柱子的对象特性对话框，如图 2-24 所示。

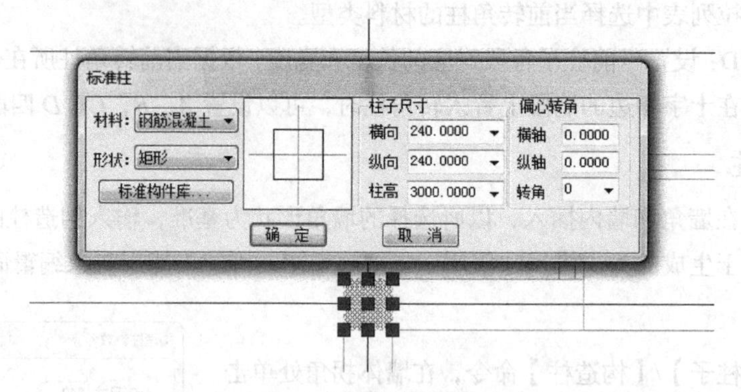

图 2-24　柱子特性编辑

3. 柱齐墙边

柱齐墙边命令用来移动柱子，使其与墙体的边线进行对齐。通常适合于墙体绘制完成后，调节外墙与柱子的边缘，使墙体的外边缘马柱子进行对齐。

执行【轴网柱子】/【柱齐墙边】命令，单击选择调节柱子所要参考的墙体边缘，单击选择需要偏移的柱子对象，单击鼠标右键或按【Enter】键完成柱子选择，单击柱子边缘即可移动柱子位置，如图 2-25 所示。

```
命令: *取消*
命令: T91_TAlignColu
请点取墙边<退出>:
选择对齐方式相同的多个柱子<退出>:找到 1 个
选择对齐方式相同的多个柱子<退出>:
请点取柱边<退出>:
请点取墙边<退出>:
```

图 2-25　柱齐墙边

2.2 墙体

墙体是建筑物中最重要的部分，通常以轴网为基线进行绘制。在建筑物外围的墙段通常称为外墙，其他的称为内墙。根据墙体材料和结构的不同，墙体的厚度有所不同。

2.2.1 单线变墙

单线变墙命令可以把 AutoCAD 绘制的直线、圆、圆弧作为基线生成墙体，也可以将已经绘制完成的轴网转换成墙体对象。

1. 轴网生墙

首先，在工作区域中创建轴网对象并进行轴网标注。

其次，执行【墙体】/【单线变墙】命令，在弹出的“单线变墙”对话框中，选择“轴网生墙”选项，依次设置外墙宽、内墙宽、高度、材料等墙体参数，如图 2-26 所示。

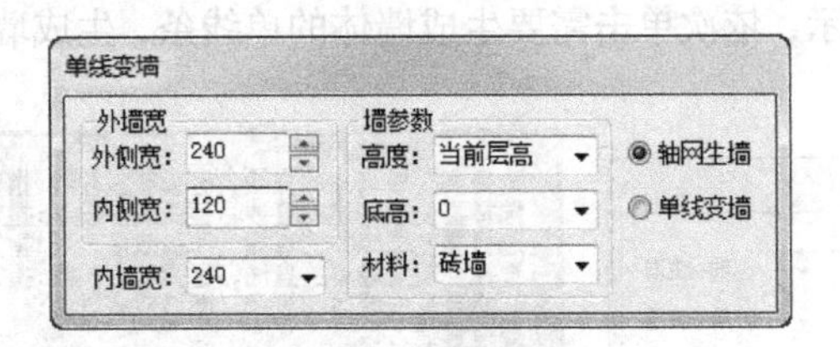

图 2-26　轴网生墙

最后，在工作区域中单击并拖动鼠标，再次单击完成框选区域，单击鼠标右键或按【Enter】键完成墙体创建，如图 2-27 所示。

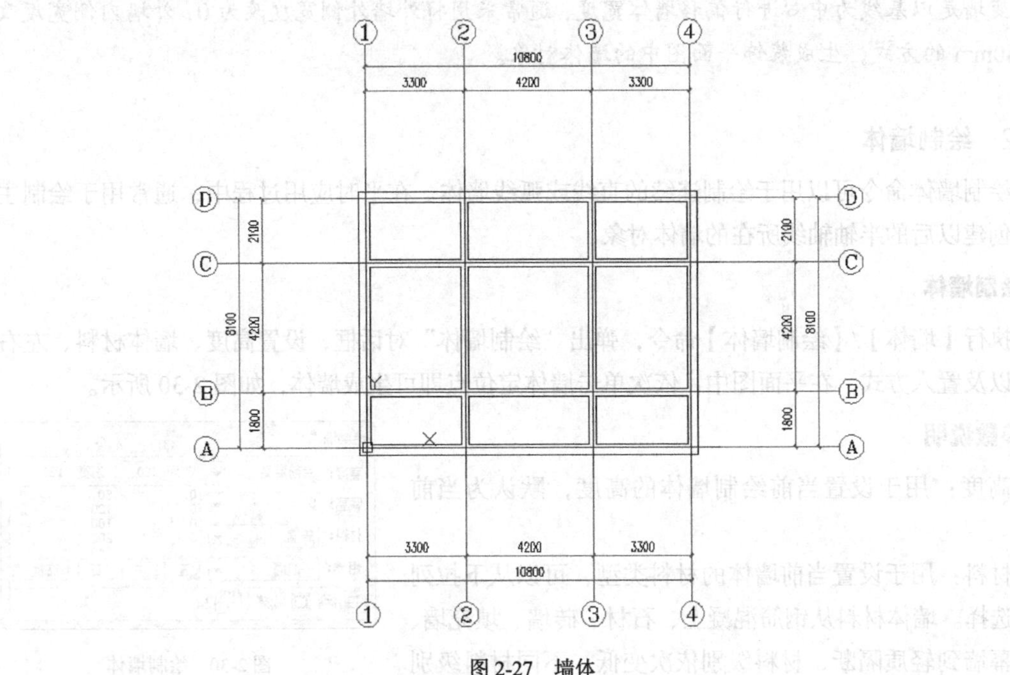

图 2-27　墙体

参数说明如下。

外墙宽：外墙宽包括外墙外侧宽和外墙内侧宽，数据是以基线为准偏移的墙体距离。

内墙宽：用于设置内墙的宽度，以基线为中心向两侧偏移，可以从下拉列表中选择，也可以手动输入内墙宽数据。

高度：用于设置单线变墙生成的墙体高度，默认与当前层高一致。

材料：用于设置轴网生墙命令建立的墙体材料类型，从下拉列表中选择即可。

行业规范：*在进行建筑墙体创建时，若外墙宽为 360mm 时，外墙外侧宽为 240mm，外墙内侧宽为 120mm；若外墙宽为 240mm 时，外墙外侧宽为 120mm，外墙内侧宽为 120mm。*

2. 单线变墙

首先，在工作区域绘制直线、圆弧或多段线对象。

其次，执行【墙体】/【单线变墙】命令，在弹出的单线变墙对话框中，选择“单线变墙”选项，设置参数，如图 2-28 所示。

最后，根据命令行提示，依次单击需要生成墙体的单线条，生成墙体对象，如图 2-29 所示。

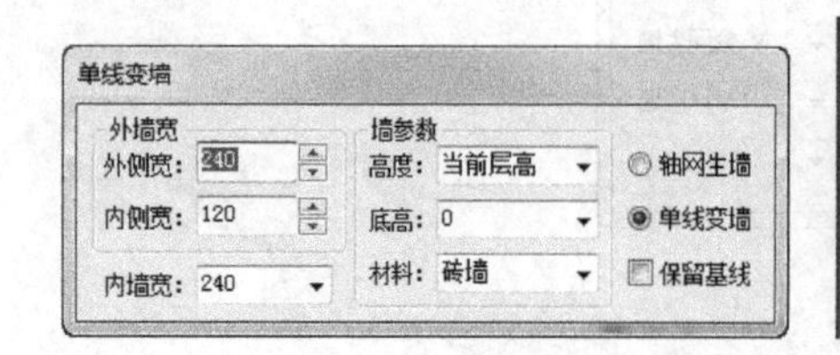

图 2-28　单线变墙

```
命令: T91_TSWall
选择要变成墙体的直线、圆弧或多段线:指定对角点: 找到 4 个
选择要变成墙体的直线、圆弧或多段线:指定对角点: 找到 1 个, 总计 5 个
选择要变成墙体的直线、圆弧或多段线:指定对角点: 找到 2 个, 总计 7 个
选择要变成墙体的直线、圆弧或多段线:指定对角点: 找到 1 个, 总计 8 个
选择要变成墙体的直线、圆弧或多段线:
处理重线...
处理交线...
识别外墙...
```

图 2-29　参考命令行

技巧说明：在使用单线变墙的方式生成墙体时，根据需要选择“保留基线”复选框，由于单线变墙是以基线为中心进行偏移墙体宽度，通常采用将外墙外侧宽度改为 0，外墙内侧宽度改为 240mm 的方式，生成装饰平面图中的墙体对象。

2.2.2　绘制墙体

绘制墙体命令可以用于绘制连续的直线或弧线墙体。在平时应用过程中，通常用于绘制主墙体创建以后的半轴轴线所在的墙体对象。

1. 绘制墙体

执行【墙体】/【绘制墙体】命令，弹出“绘制墙体”对话框，设置高度、墙体材料、左右宽度以及置入方式，在平面图中，依次单击墙体定位点即可生成墙体，如图 2-30 所示。

2. 参数说明

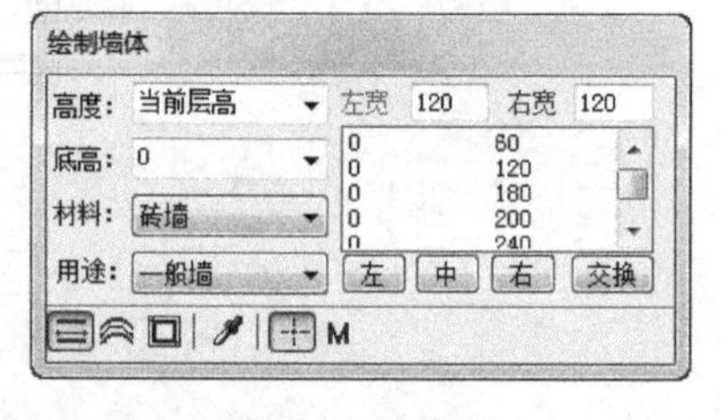

图 2-30　绘制墙体

高度：用于设置当前绘制墙体的高度，默认为当前层高。

材料：用于设置当前墙体的材料类型，可以从下拉列表中选择。墙体材料从钢筋混凝土、石材、砖墙、填充墙、玻璃幕墙到轻质隔断，材料级别依次变低，不同材料级别的墙体在连接时，材料级别高的墙体材料会遮住材料级别低的墙体材料。

用途：用于设置当前墙体的类型，包括一般墙、卫生间隔断、虚墙和矮墙等。

左、右宽：用于设置以基点为准的左右墙体的宽度，可以手动输入，也可以从下拉列表中选择。

绘制直墙：根据单击鼠标的位置，绘制直线墙体对象。

绘制弧墙：根据圆弧起点、端点和圆弧上一点的方式绘制弧形墙体对象。

绘制矩形墙：根据矩形的两个对角点，直接生成矩形区域的墙体对象。

2.2.3　等分加墙

等分加墙的方式与 AutoCAD 软件中的定数等分的功能类似，在选择的两个墙段之间，等分添加相同材料类型的墙体对象。

执行【墙体】/【等分加墙】命令，根据命令行提示，单击选择等分加墙的参照墙体，弹出等分加墙对话框，设置参数，如图 2-31 所示。单击等分加墙的另外墙段，完成等分加墙，如图 2-32 所示。

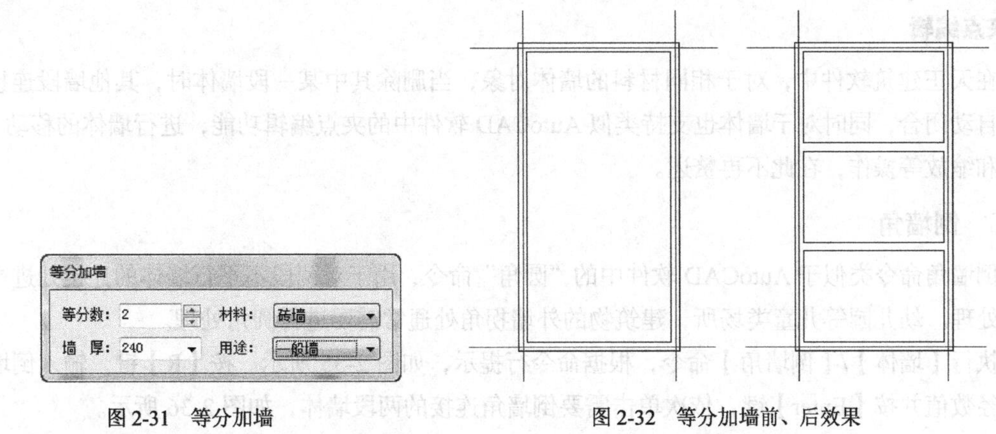

图 2-31　等分加墙　　　　图 2-32　等分加墙前、后效果

2.2.4　净距偏移

净距偏移命令类似于 AutoCAD 软件中的“偏移”命令，根据设置的偏移数值对选中的墙体进行偏移复制。偏移的数值为墙体内侧到墙体内侧之间的距离，根据这个特点，可以绘制装饰平面图中的内部墙体。

执行【墙体】/【净距偏移】命令，根据命令行提示，设置偏移数值，单击偏移墙体，如图 2-33 所示。

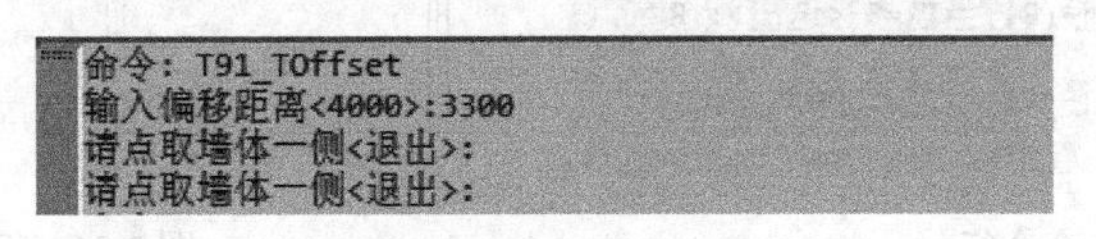

图 2-33　净距偏移

2.2.5　参数编辑

在天正建筑软件中，对于构件对象，如墙体、门窗、楼梯等，提供了双击对象进行直接编辑的方式，方便对构件对象进行参数更改。

1. 常规参数更改

直接使用鼠标双击墙体对象，弹出“墙体编辑”对话框，在界面中直接更改相应的参数即可，如图 2-34 所示。

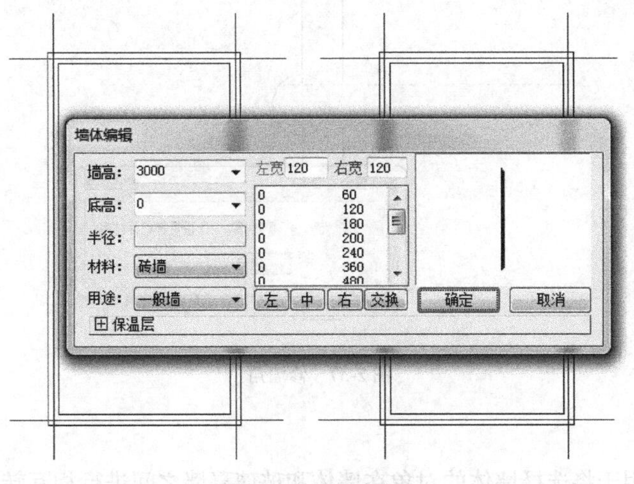

图 2-34　墙体编辑

2. 夹点编辑

在天正建筑软件中，对于相同材料的墙体对象，当删除其中某一段墙体时，其他墙段连接处会自动闭合，同时对于墙体也支持类似 AutoCAD 软件中的夹点编辑功能，进行墙体的移动、拉伸和缩放等操作，在此不再赘述。

2.2.6 倒墙角

倒墙角命令类似于 AutoCAD 软件中的“圆角”命令，用于对两段不平行墙体的连接处进行圆角处理。幼儿园等儿童类场所，建筑物的外墙拐角处通常需要进行圆角处理。

执行【墙体】/【倒墙角】命令，根据命令行提示，如图 2-35 所示。按【R】键，输入倒墙角半径数值并按【Enter】键，依次单击需要倒墙角连接的两段墙体，如图 2-36 所示。

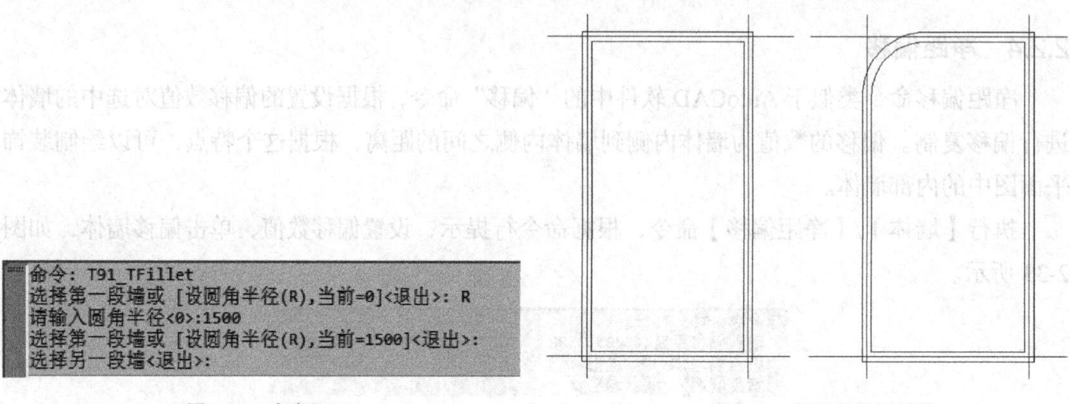

图 2-35 命令行

图 2-36 倒墙角前后效果

2.2.7 修墙角

修墙角用于属性相同的两段墙体，对于相交部分的墙体清理功能，当使用某些编辑命令造成墙体相交部分未打断或打通时，可以采用修墙角命令进行清理。

执行【墙体】/【修墙角】命令，在工作区域中单击并拖动鼠标，再次单击鼠标左键，完成要修墙角的区域，弹出修墙角对话框，根据提示选择修墙角方式，如图 2-37 所示。

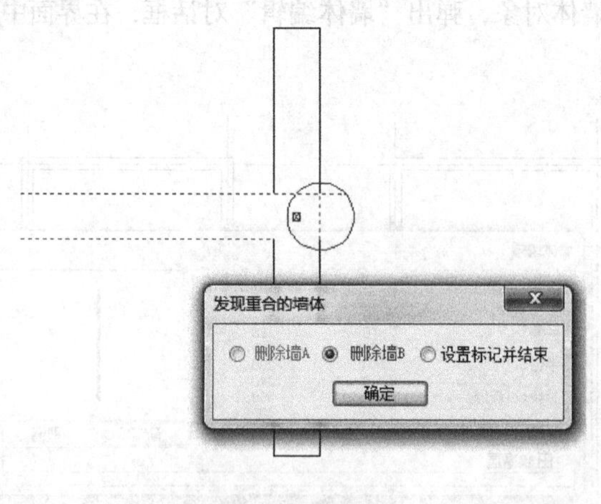

图 2-37 修墙角

2.2.8 幕墙转换

幕墙转换命令用于将选择墙体的对象在墙体和玻璃幕墙之间进行相互转换。

1. 墙体转换为玻璃幕墙

执行【墙体】/【幕墙转换】命令，在工作区域中单击或单击并拖动选择墙体，单击鼠标右键或按【Enter】键完成转换，如图 2-38 所示。

图 2-38 幕墙转换效果

2. 玻璃幕墙转换为墙体

执行【墙体】/【幕墙转换】命令，根据命令行的提示，按【Q】键，单击或单击并拖动鼠标，选择要转换为墙体的玻璃幕墙，单击鼠标右键或按【Enter】键完成，参考命令行，如图 2-39 所示。

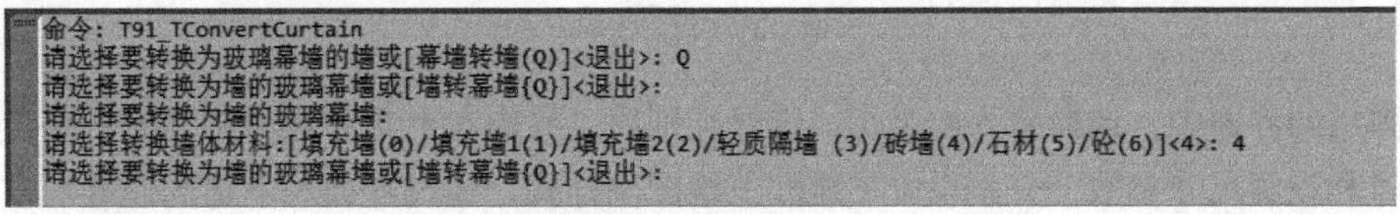

```
命令: T91_TConvertCurtain
请选择要转换为玻璃幕墙的墙或[幕墙转墙(Q)]<退出>: Q
请选择要转换为墙的玻璃幕墙或[墙转幕墙(Q)]<退出>:
请选择要转换为墙的玻璃幕墙:
请选择转换墙体材料:[填充墙(0)/填充墙1(1)/填充墙2(2)/轻质隔墙 (3)/砖墙(4)/石材(5)/砼(6)]<4>: 4
请选择要转换为墙的玻璃幕墙或[墙转幕墙(Q)]<退出>:
```

图 2-39 幕墙转换为墙体

2.2.9 边线对齐

边线对齐命令用于保持墙体基线不变，将墙体偏移到指定参考点。通常用于校对外墙宽度不一致时，使用边线对齐命令进行调整。

执行【墙体】/【边线对齐】命令，根据命令行提示，单击选择墙体偏移需要通过的点，再次单击需要移动位置的墙体，如图 2-40 所示。

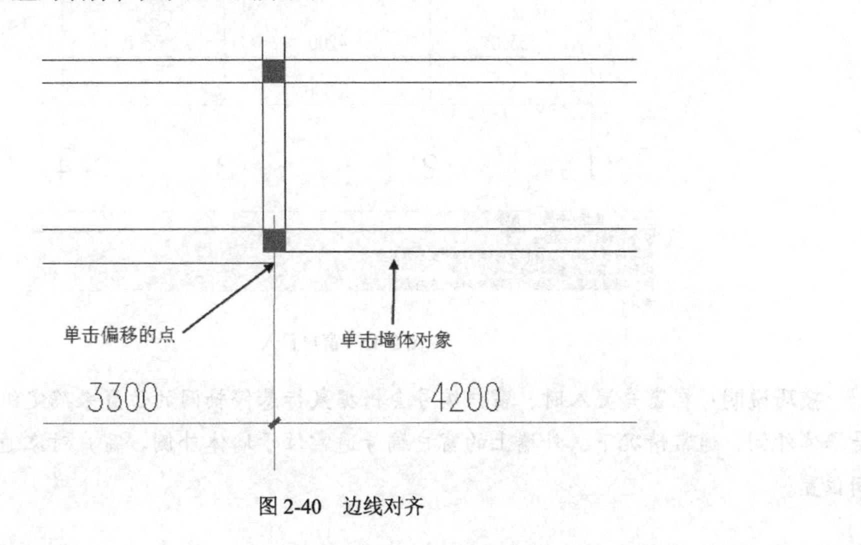

图 2-40 边线对齐

2.3 门窗

门窗是建筑物中重要的组成部分，在天正建筑软件中，创建完墙体对象以后，就可以在其基础上创建普通门窗、组合门窗、带型窗、转角窗等窗户对象。

2.3.1 窗户置入

天正建筑软件的窗户分为普通门窗与特殊门窗两类自定义门窗对象，在窗户创建时，在弹出的界面中选择窗户对象样式即可创建。

1. 窗户置入

执行【门窗】/【门窗】命令，弹出“窗”对话框，如图 2-41 所示。

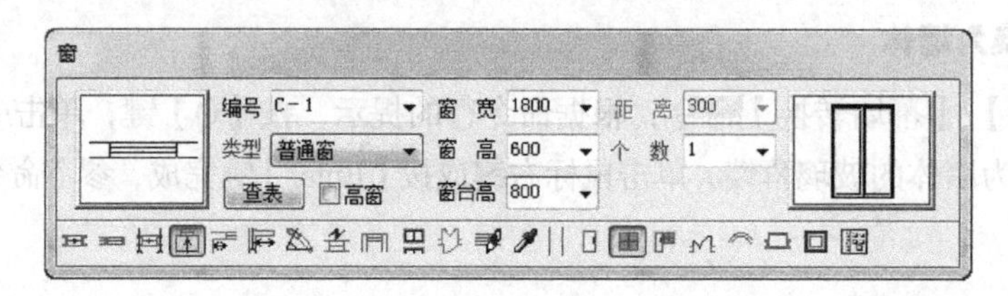

图 2-41　窗对话框

在弹出的界面中，选择置入的类别，选好类别后，界面左上角会显示相应的名称，输入窗户的编号和设置尺寸参数，分别设置二维和三维图例样式，通过界面左下角选择置入方式，将光标靠近需要置入窗户的墙体，单击鼠标左键即可实现窗户置入，根据命令行提示，设置窗户置入的基本参数，如图 2-42 所示。

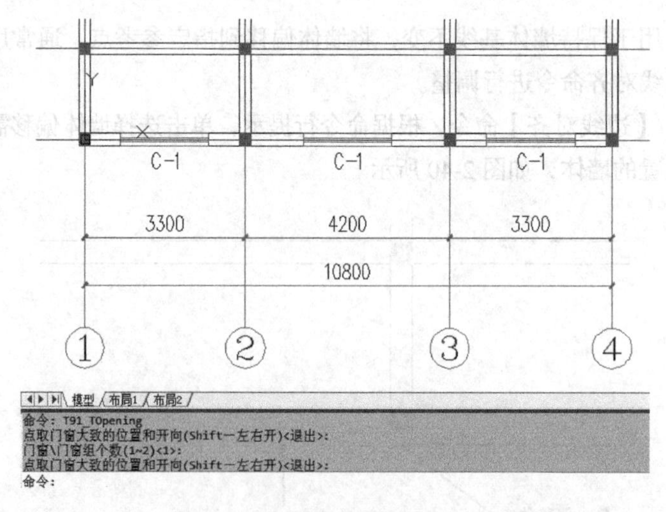

图 2-42　窗户置入

技巧说明：在窗户置入时，窗户编号会根据鼠标悬停轴网的位置来确定编号在墙体内侧还是墙体外侧，通常情况下，外墙上的窗户编号通常位于墙体外侧。窗户对象通常位于墙段的中间位置。

2. 参数说明

自由插入：选择当前置入方式时，可以在当前墙段上自由地插入门窗对象。

顺序插入：选择当前置入方式时，可以在当前墙段上顺序插入多个门窗对象。

轴线等分：选择当前置入方式时，依据单击位置两侧轴线进行等分插入门窗对象。

墙段等分：选择当前置入方式时，依据单击位置的墙段进行等分插入门窗对象。

在日常绘图中，根据实际情况通常使用“轴线等分”或“墙段等分”的方式置入窗户对象。

垛宽定距：选择当前置入方式时，以最近的墙边线顶点作为基准点，根据指定的宽度插入门窗对象。

轴线定距：选择当前置入方式时，以最近的轴线交点作为基准点，根据指定的宽度插入门窗对象。

在日常绘图中，根据实际情况通常使用“垛宽定距”或“轴线定距”的方式置入门对象。

角度定位：选择当前置入方式时，方便在弧形墙上置入带有一定角度的门窗对象。

快速置入：选择当前置入方式时，可以根据鼠标的位置居中或定距插入门窗对象。

充满墙段：选择当前置入方式时，置入的门窗对象充满当前选择的整个墙段。

上层门窗：选择当前置入方式时，可以在同一墙段已有门窗的上方插入宽度相同、高度不同的窗户对象。

编号：用于设置当前窗户的编号，同一类型或参数的窗户，编号是一致的，以 C-1 开始来按类型置入窗户对象。

查表：单击该按钮后，弹出“门窗编号验证表”对话框，用于查看当前文件中已经置入的门窗，包括编号、数量、宽度、高度以及显示样式等信息。

高窗：选中该按钮后，可以在当前墙体上插入标高在 1600mm 以上的窗户对象，通常适合于卫生间、沐浴室或盥洗室的窗户造型。

窗台高：用于设置当前窗户的窗台高度，可以手动输入也可以从下拉列表中选择。

2.3.2 门置入

在天正建筑软件中，门对象的置入方式与窗户对象类似，在选择的墙段上根据置入方式来快速地插入门对象。

1. 门置入

执行【门窗】/【门窗】命令，在弹出的门窗对话框中，选择“门”类别，如图 2-43 所示。

图 2-43 门对话框

在对话框中，单击选择门类型，设置编号、尺寸参数、二维和三维样式，在界面左下角中选择置入方式，通常为“垛宽定距”或“轴线定距”，鼠标靠近墙体对象，单击鼠标左键，完成门对象置入，如图2-44所示。

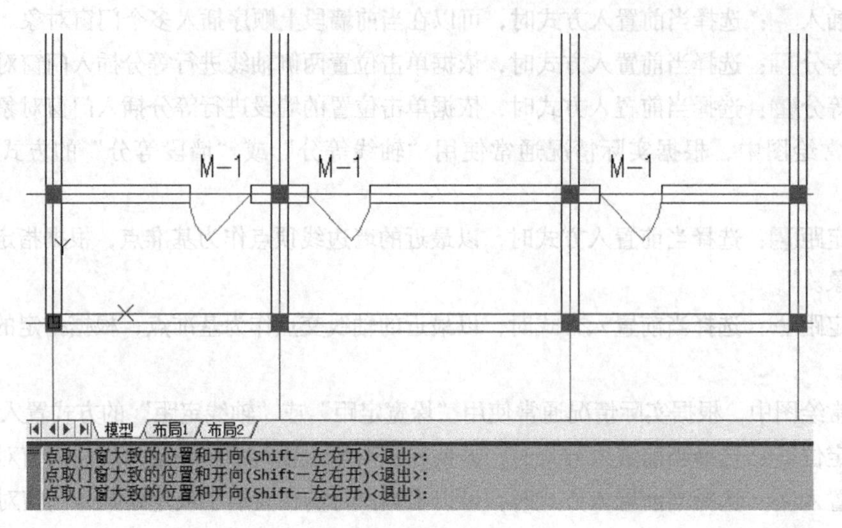

图2-44 门对象置入

2. 参数说明

门宽：用于设置当前门的宽度。

门高：用于设置当前门的高度。

其他参数与窗户参数类似，在此不再赘述。

行业规范：在住宅建筑设计中，单扇入户门宽度通常为1100mm，卧室或书房门宽度通常为900mm，卫生间或厨房门的宽度通常为700~800mm，当门的宽度超过1100mm时，通常采用子母门或是双扇门的类型。

2.3.3 门连窗

在天正建筑软件中，普通门窗类型中提供门连窗对象，即门与窗口连接在一起，通常用于传达室建筑的门窗造型。

执行【门窗】/【门窗】命令，在弹出的门窗对话框中，选择“门连窗”，如图2-45所示。

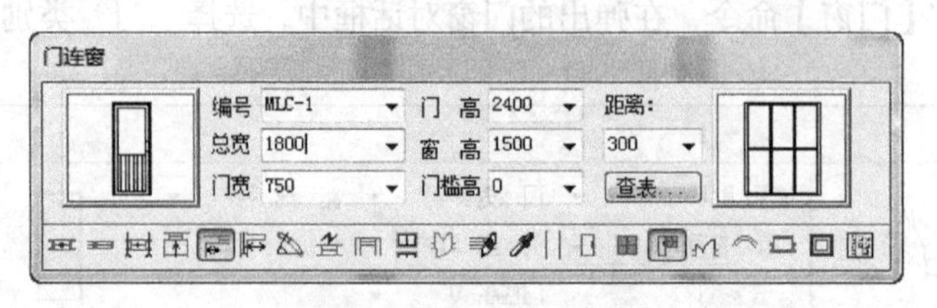

图2-45 门连窗对话框

在对话框中，输入编号，分别设置门和窗户的尺寸参数，设置左下角的门连窗置入方式，鼠标靠近墙体对象，单击置入门连窗造型，如图2-46所示。

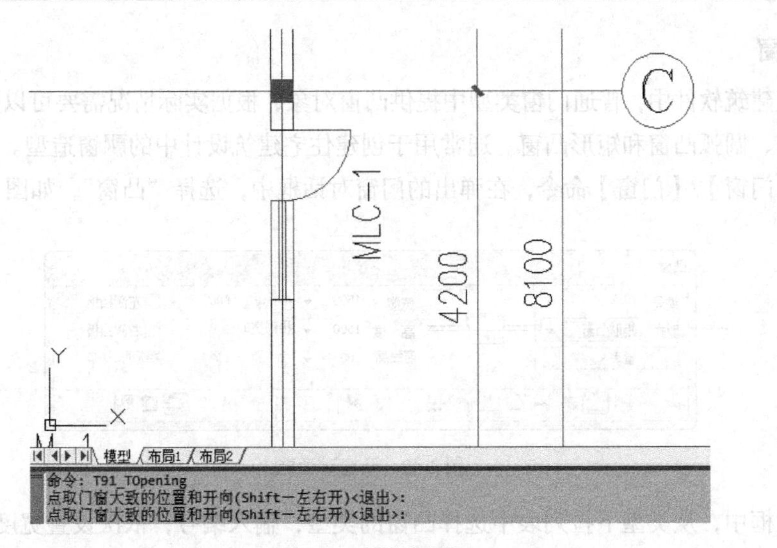

图 2-46　门连窗置入

2.3.4　子母门

在天正建筑软件中，普通门窗类型中提供子母门对象，方便在建筑绘制中置入非对开的双扇门造型。

执行【门窗】/【门窗】命令，在弹出的门窗对话框中，选择“子母门”，如图 2-47 所示。

图 2-47　子母门对话框

在对话框中，输入子母门编号，设置总门宽、大门宽和门高等参数，分别设置大门样式和小门样式，在界面左下角选择置入方式，鼠标靠近墙体对象，单击置入子母门对象，如图 2-48 所示。

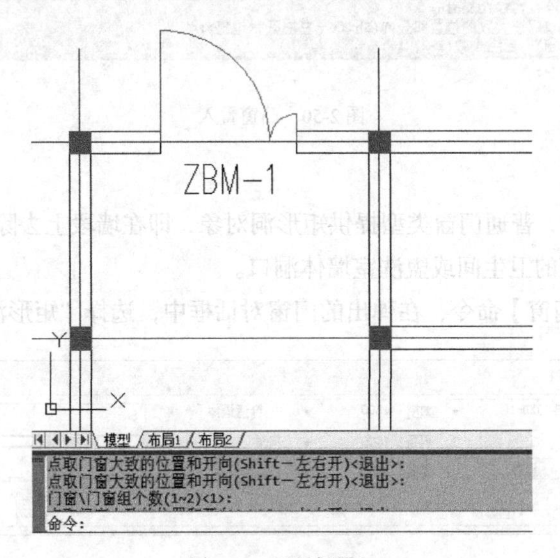

图 2-48　子母门置入

2.3.5 凸窗

在天正建筑软件中，普通门窗类型中提供凸窗对象，根据实际情况需要可以生成梯形凸窗、三角形凸窗、圆弧凸窗和矩形凸窗。通常用于创建住宅建筑设计中的飘窗造型。

执行【门窗】/【门窗】命令，在弹出的门窗对话框中，选择“凸窗”，如图 2-49 所示。

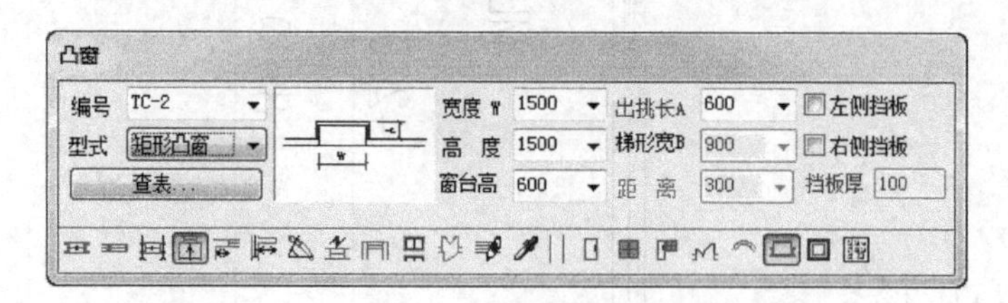

图 2-49　凸窗对话框

在对话框中，从类型下拉列表中选择凸窗的类型，输入编号，依次设置宽度、高度、窗台高、出挑长 A 和梯形宽 B 等参数，在界面左下角选择凸窗置入方式，鼠标靠近墙体对象，单击置入凸窗造型，如图 2-50 所示。

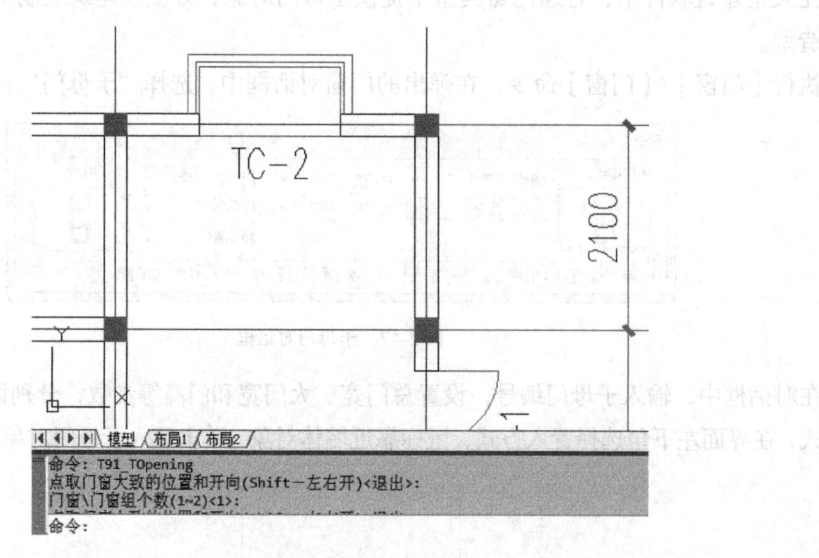

图 2-50　凸窗置入

2.3.6 矩形洞

在天正建筑软件中，普通门窗类型提供矩形洞对象，即在墙段上去除设定洞口距离的墙体。通常用于实现干湿分离的卫生间或盥洗室墙体洞口。

执行【门窗】/【门窗】命令，在弹出的门窗对话框中，选择“矩形洞”，如图 2-51 所示。

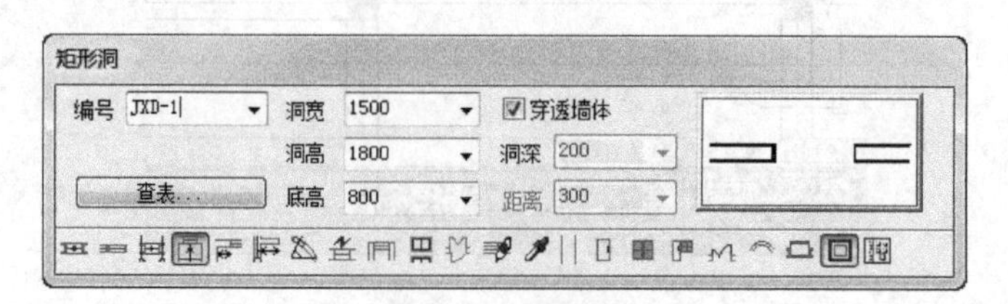

图 2-51　矩形洞对话框

在对话框中，输入编号，设置洞宽、洞高、底高等参数，根据需要选择是否“穿透墙体”选项，鼠标指针靠近墙体对象，单击置入矩形洞对象，如图 2-52 所示。

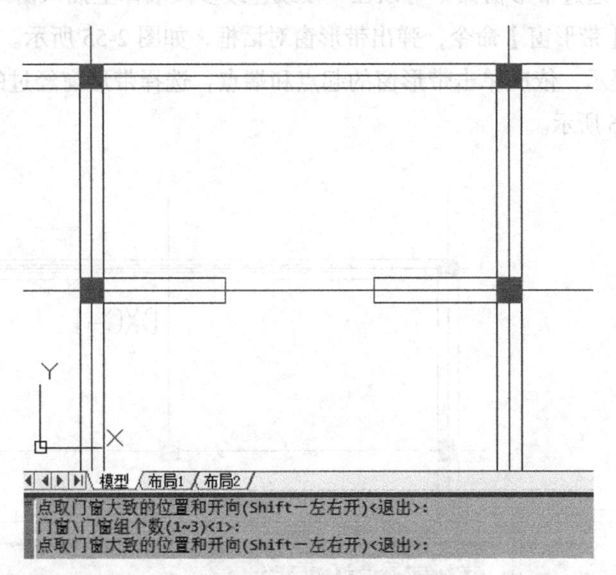

图 2-52　矩形洞置入

2.3.7　组合门窗

组合门窗用于将同一墙段上的多个门或窗生成同一编号的组合门窗造型，这个命令平时应用较少。

首先，在平面图中创建门和窗对象，如图 2-53 所示。

其次，执行【门窗】/【组合门窗】命令，依次单击选择要进行组合的门窗编号，单击鼠标右键或按【Enter】键完成选择，在命令行中输入新的编号并按【Enter】键，生成组合门窗，如图 2-54 所示。

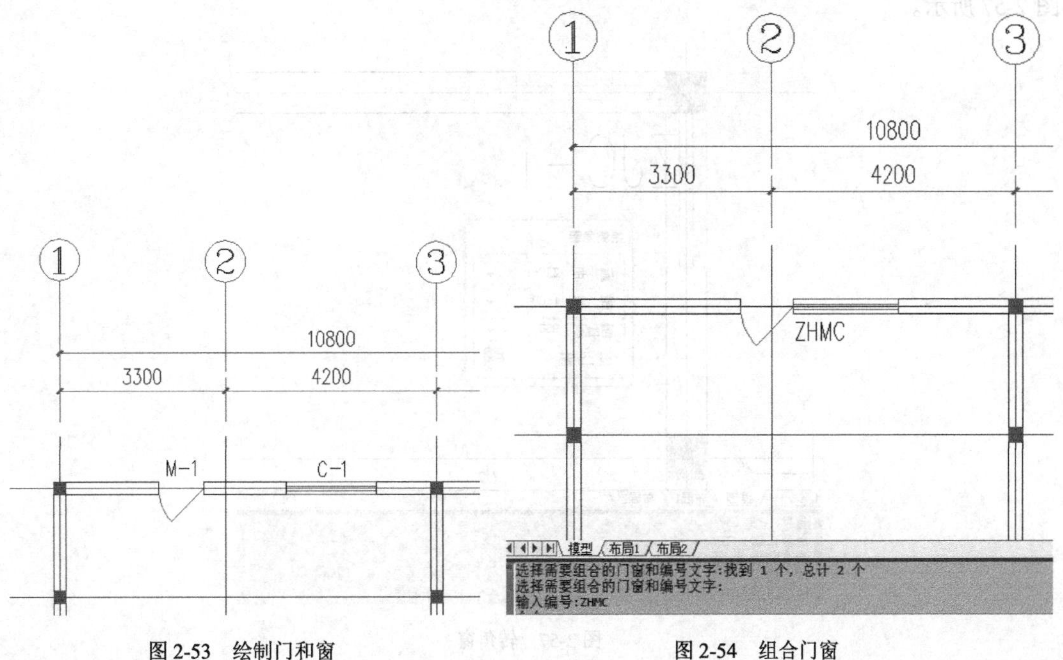

图 2-53　绘制门和窗　　　图 2-54　组合门窗

2.3.8 带形窗

在天正建筑中，通过带形窗命令可以在一段或连续多段墙体上插入窗户造型。

执行【门窗】/【带形窗】命令，弹出带形窗对话框，如图 2-55 所示。

根据命令行的提示，依次单击带形窗的起点和端点，选择带形窗经过的墙体对象，生成带形窗效果，如图 2-56 所示。

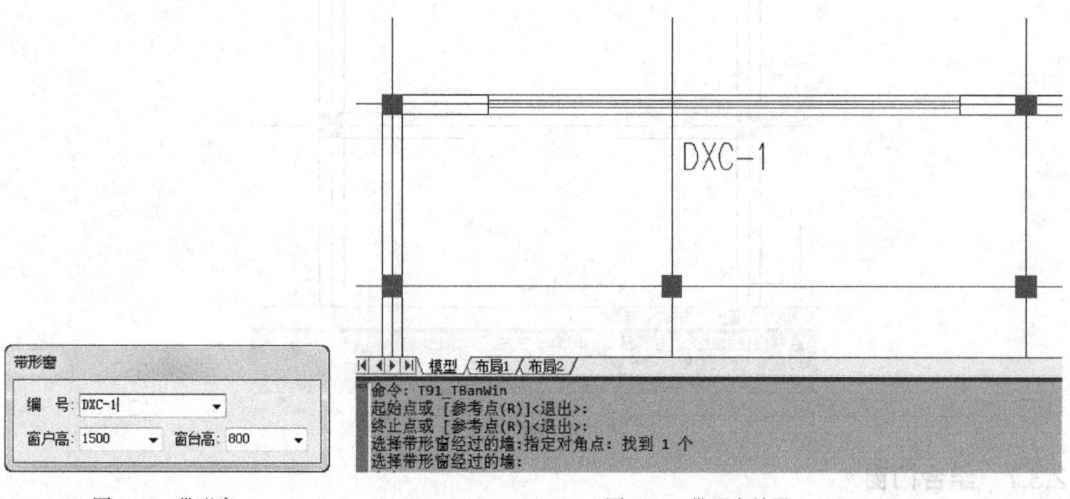

图 2-55　带形窗　　　　图 2-56　带形窗效果

2.3.9 转角窗

在天正建筑软件中，提供转角窗造型，可以在墙角两侧插入与窗台和窗等高的连续窗户对象。转角窗包括普通角窗和角凸窗两种形式，经过一个墙角窗的起点和终点都在相邻的墙段上。

执行【门窗】/【转角窗】命令，在弹出的转角窗对话框中，设置编号和尺寸等参数，根据命令行提示，单击转角窗所在的墙角，分别设置距离 1 和距离 2 的尺寸，生成转角窗造型，如图 2-57 所示。

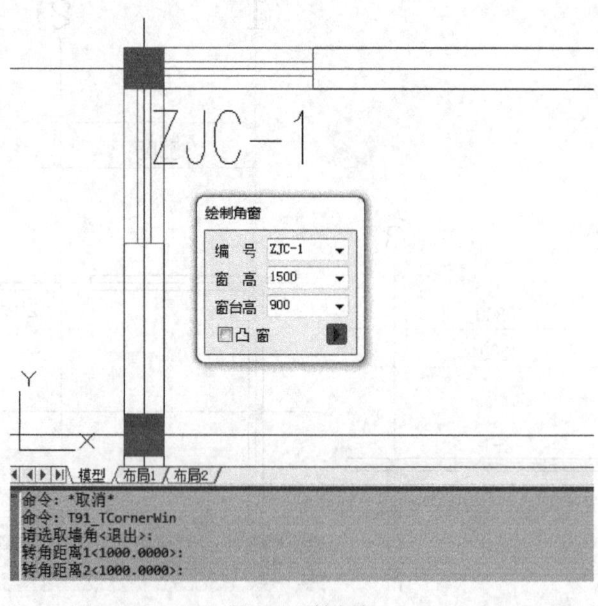

图 2-57　转角窗

在转角窗对话框中，当选中“凸窗”选项时，可以置入带有凸窗的转角窗效果，如图 2-58 所示。

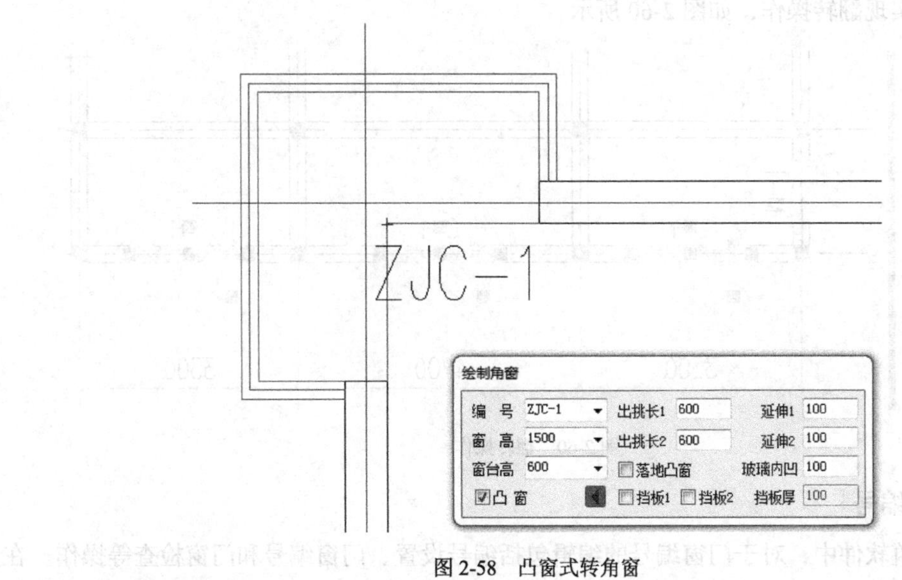

图 2-58 凸窗式转角窗

2.3.10 门窗编辑

在天正建筑软件中，门窗与前面介绍的墙体对象类似，也是作为一个构件对象，在进行编辑时，同样支持构件的对象编辑。

1. 属性编辑

鼠标为空命令状态时，双击需要编辑的门或窗对象，在弹出的对象属性窗口中，可以直接进行参数更改，如图 2-59 所示。

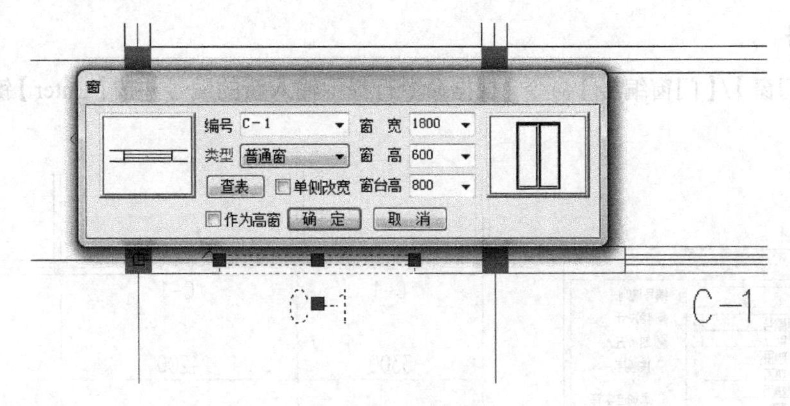

图 2-59 属性编辑

2. 夹点编辑

在天正建筑软件中，对于门窗对象也支持类似 AutoCAD 软件中的夹点编辑，选择夹点对象后，可以直接更改编号位置、开启方向、单侧改宽等操作，在此不再赘述。

2.3.11 门窗翻转

对于门窗对象，除了在置入的时候通过【Shift】键更改开启方向以外，也可以通过翻转工具实现内外翻转或左右翻转等操作。

选择平面图中的单个或多个门窗对象，执行【门窗】/【内外翻转】或【左右翻转】命令，门窗对象即可实现翻转操作，如图 2-60 所示。

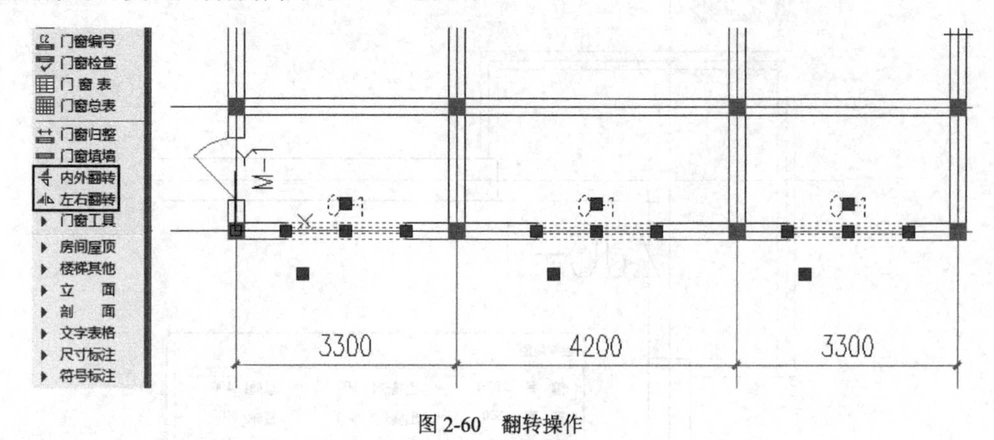

图 2-60　翻转操作

2.3.12　门窗编号

在天正建筑软件中，对于门窗编号的编辑包括编号设置、门窗编号和门窗检查等操作。在门窗置入时，保持编号统一和标准操作，这样就会少很多后续的编号更改操作。因此，建议用户在进行建筑绘制时，门窗编号保持统一和标准。

1. 编号设置

编号设置用于根据门窗类型预先设置对应门窗编号的前缀，使编号设置符合建筑设计的基本规范。

执行【门窗】/【编号设置】命令，弹出“编号设置”对话框，可以从中查看不同类型的门窗对应的编号，如图 2-61 所示。

2. 门窗编号

执行【门窗】/【门窗编号】命令，根据命令行提示输入新的编号并按【Enter】键，如图 2-62 所示。

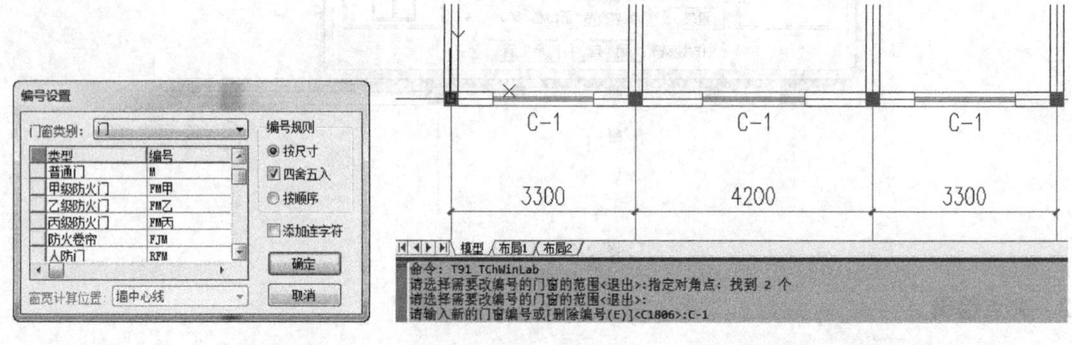

图 2-61　编号设置　　　　图 2-62　门窗编号

根据命令行提示，输入快捷字母“E”并按【Enter】键，可以对门窗编号执行删除操作。

3. 门窗检查

在天正建筑软件中，门窗检查命令用于将当前平面图中的门窗参数以表格的方式进行显示，对于有冲突或是有错误的，直接标识显示，如图 2-63 所示。

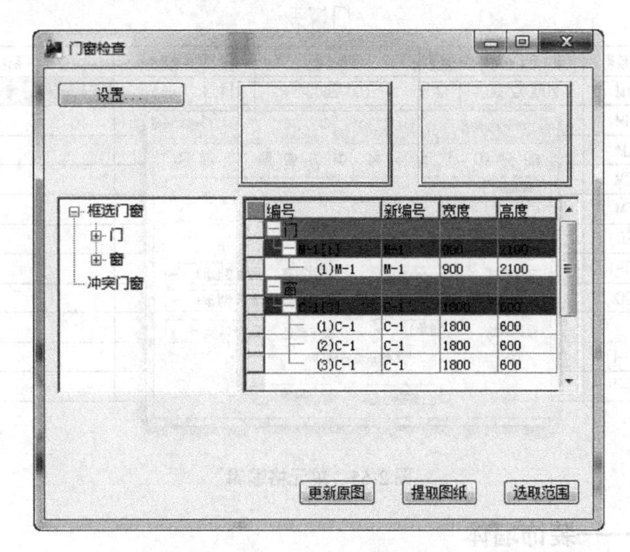

图 2-63　门窗检查

2.3.13　门窗表

在进行建筑设计和施工时，需要将当前平面图或工程中的门窗进行汇总，生成门窗表格，方便门窗加工部门提前下料制作，门窗表分为门窗表和门窗总表两类。

1. 门窗表

门窗表命令用于统计当前平面图中的门窗参数并形成表格对象。

执行【门窗】/【门窗表】命令，在当前平面图中单击并拖动鼠标实现框选，再次单击鼠标左键，使框选区域包含整个平面图，单击鼠标右键，在工作区域中单击选择门窗表的左上角置入位置，生成门窗表表格，如图 2-64 所示。

门窗表

类型	设计编号	洞口尺寸(mm)	数量	图集名称	页次	选用型号	备注
普通门	DYM	2000X2100	2				
	RHM	1200X2100	3				
	TLM	2400X2100	6				
	WCM	800X2100	6				
	WSM	900X2100	9				
普通窗	CFC	900X1500	2				
	CFC-1	1800X1500	1				
	WCC	900X600	6				
凸窗		1500X1500	2				
	TC-1	1500X1500	1				
	TC-1	2100X1500	6				

图 2-64　门窗表

选择门窗表对象，单击鼠标右键，在弹出的屏幕菜单中选择“单元格编辑”，输入图集名称、页次、选用型号和备注等门窗表内容，如图 2-65 所示。

2. 门窗总表

门窗总表命令可以根据当前工程的“楼层表”信息，生成整个工程的门窗信息，通常位于整个图纸目录的首页中。

门窗总表的制作方法与门窗表类似，在此不再赘述。

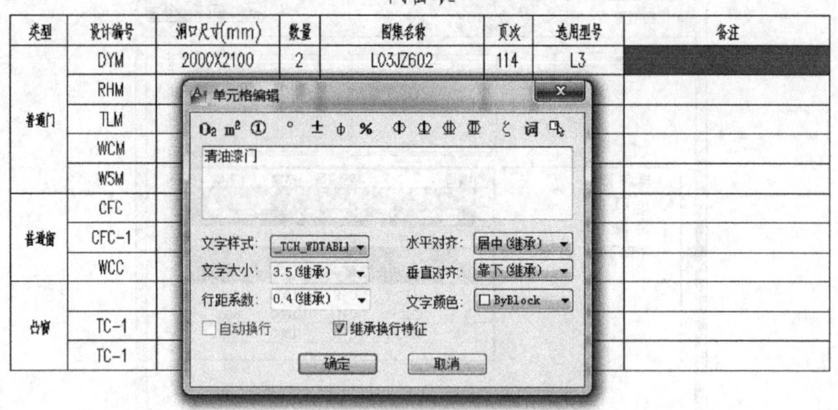

图 2-65　单元格编辑

2.3.14　单元练习——装饰墙体

根据前面墙体创建与编辑的操作，实现装饰墙体的效果，如图 2-66 所示。参考文件在“光盘/章节配套/第 2 章”文件夹中。

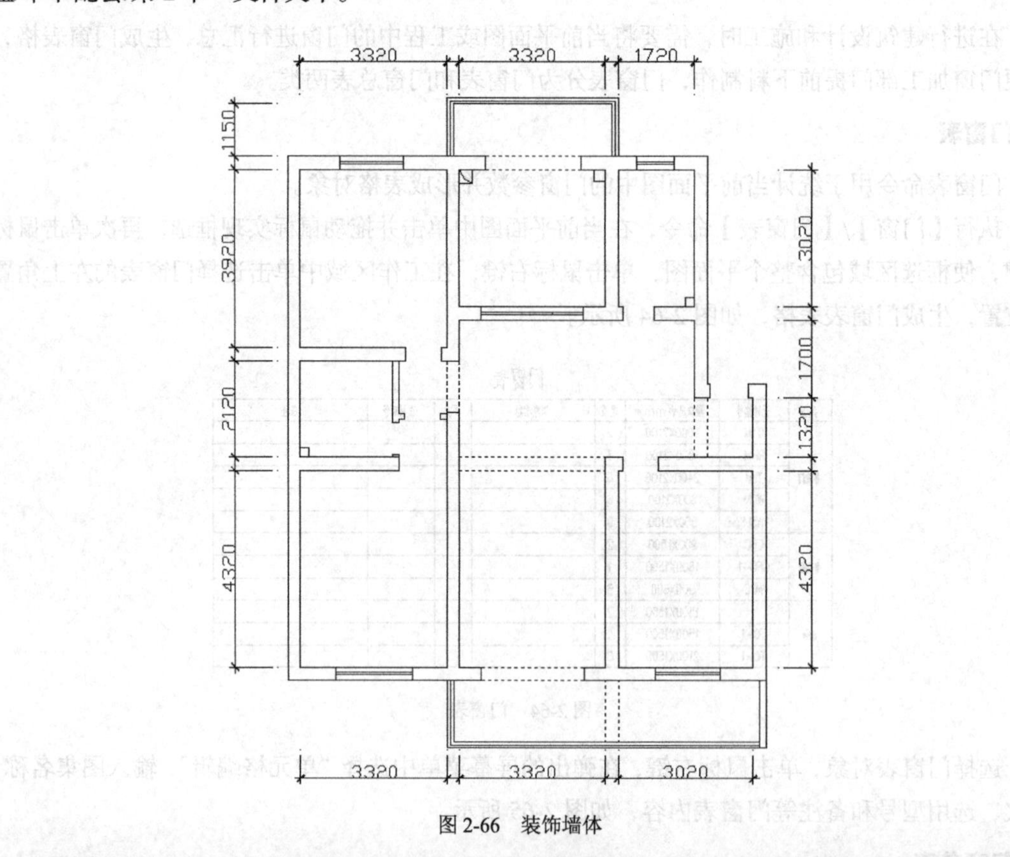

图 2-66　装饰墙体

技巧说明：在绘制装饰平面图纸时，尺寸数据通常是由实际测量而得到的墙体内部到墙体内部之间的距离，在绘制时不需要测量墙体厚度。作者结合多年的绘制经验，为用户介绍用“单线变墙”的方式快速生成装饰墙体。

1. 创建外墙内侧单线条

在命令行中输入“L”并按【Enter】键，在页面中单击鼠标左键，确定外墙单线左下角的点，作为直线的起点，水平向右绘制底边直线，长度为10140mm，即为(3020+240+3320+240+3020)mm数据的总和，中间的两段墙体厚度均为240mm。垂直向上绘制长度为5880mm的直线，即为(4320+240+1320)mm数据的总和；水平向左绘制任意长度的直线，单击鼠标右键结束绘制。按“空格”键重复执行直线命令，单击左下角直线的端点，水平向上绘制长度为10840mm的直线，即为(4320+240+2120+240+3920)mm数据的总和；水平向右绘制长度为8840mm的直线，即为(3320+240+3320+240+1720)mm数据的总和，垂直向下延伸直线，在命令行中输入“F”并按【Enter】键，形成闭合的多边形，如图2-67所示。

2. 单线变墙

执行【墙体】/【单线变墙】命令，在弹出的“单线变墙”对话框中，选择“单线变墙”选项，设置外墙外侧宽度为240mm，外墙内侧宽为0，单击选择线条，生成外墙体对象，如图2-68所示。

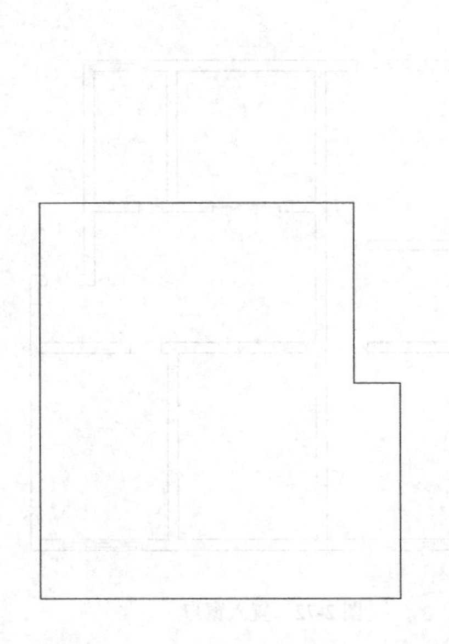

图2-67 外墙单线

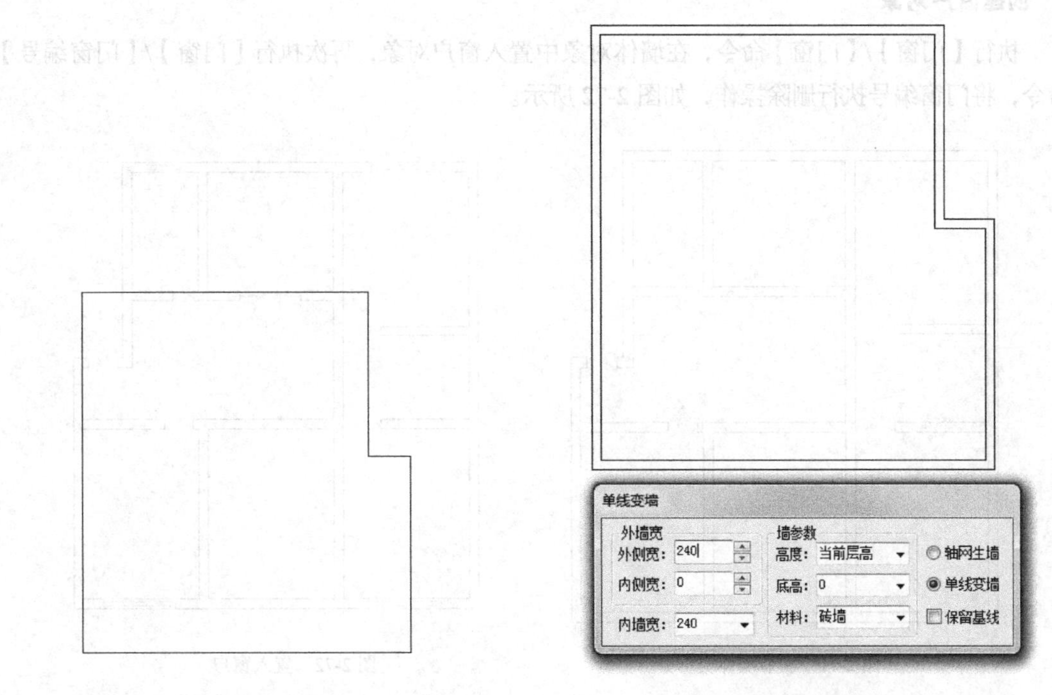

图2-68 生成外墙

3. 净距偏移

执行【墙体】/【净距偏移】命令，在命令行中输入3320mm并按【Enter】键，单击垂直左侧外墙内侧，再次单击生成之后垂直方向墙体的右侧，生成中间墙段，如图2-69所示。

继续使用“净距偏移”命令，依次生成水平方向的其他墙体，得到装饰图形的墙体效果，如图2-70所示。

4. 夹点编辑调节墙体

通过夹点编辑的方式，调节部分墙段尺寸，如图2-71所示。

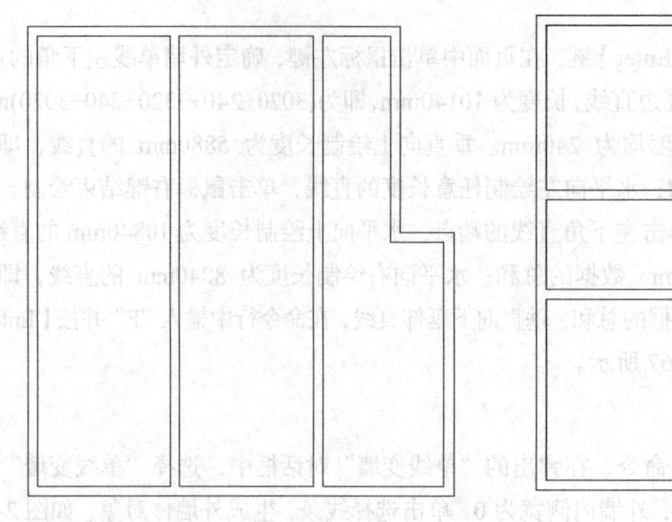

图 2-69　生成垂直墙体　　　　图 2-70　墙体结果

5. 创建窗户对象

执行【门窗】/【门窗】命令，在墙体对象中置入窗户对象，再次执行【门窗】/【门窗编号】命令，将门窗编号执行删除操作，如图 2-72 所示。

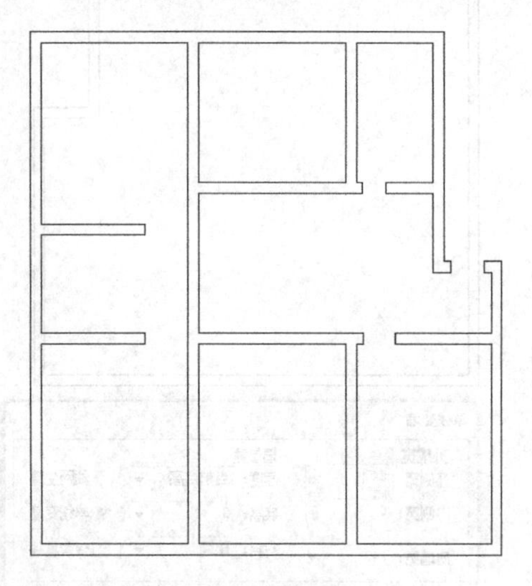

图 2-71　调节墙体

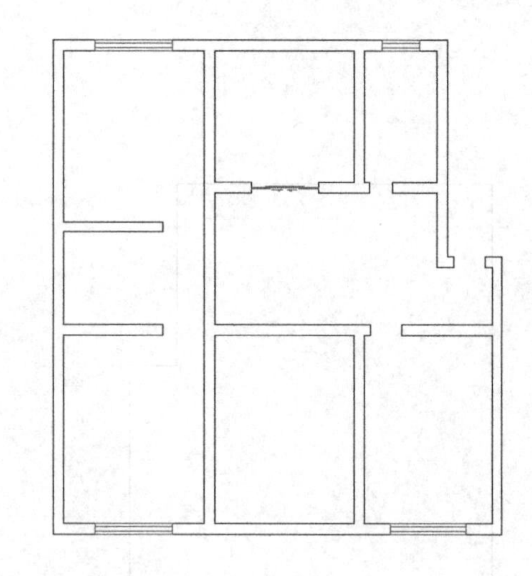

图 2-72　置入窗户

6. 创建阳台和尺寸标注

利用“多段线”命令绘制阳台单线条，添加“偏移”命令，实现阳台效果，执行【尺寸标注】/【两点标注】命令，对于墙体进行尺寸标注，如图 2-73 所示。

7. 其他图形

将两点标注的内容删除，去掉 240 数据，绘制其他图形，如图 2-74 所示。

8. 设置虚线作为横梁

可以直接将横梁所在的墙段删除，绘制矩形，双击矩形，在弹出的对象属性对话框中，更改线型，如图 2-75 所示。最后生成装饰平面图的墙体造型。

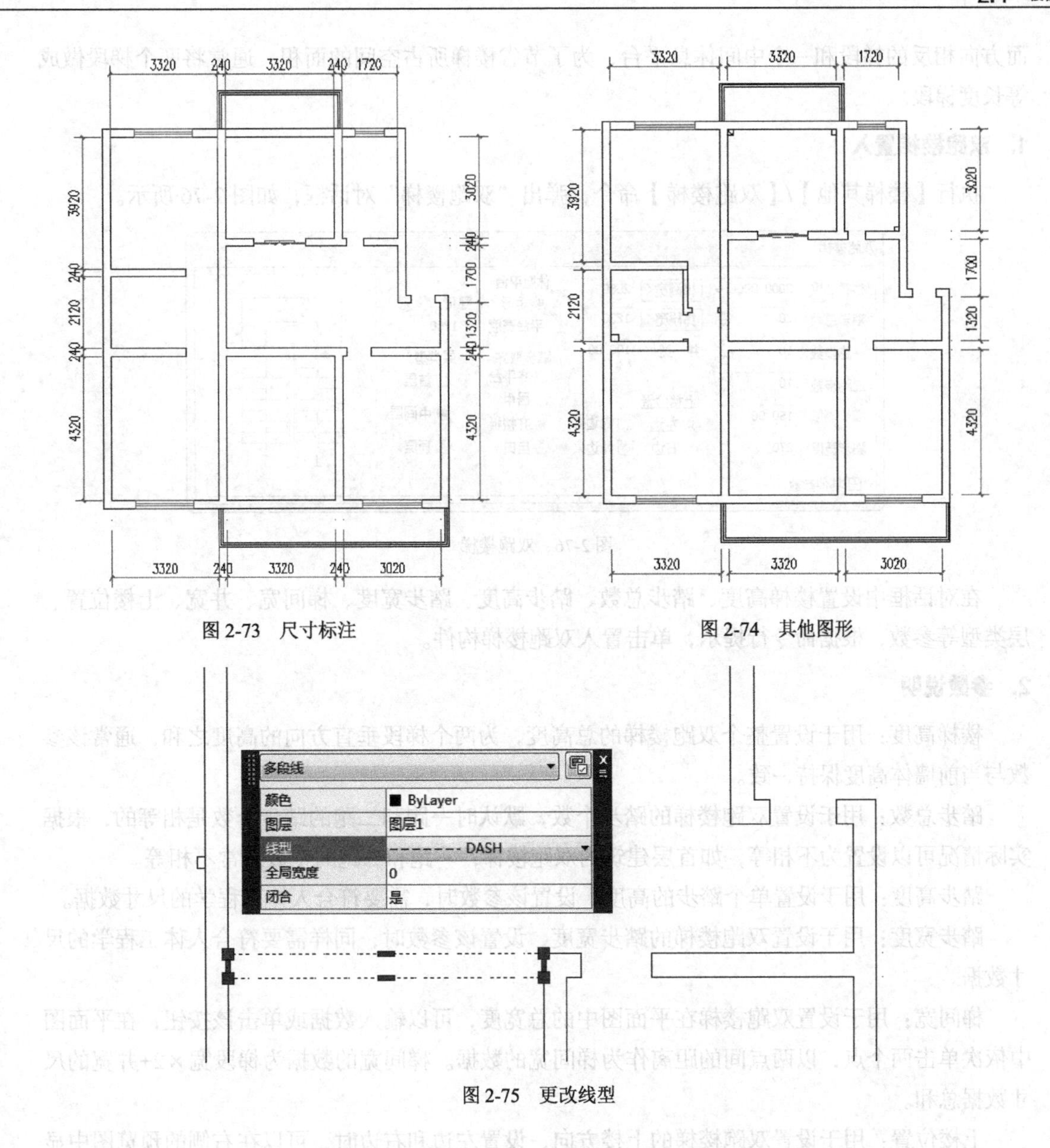

图 2-73 尺寸标注

图 2-74 其他图形

图 2-75 更改线型

2.4 楼梯其他

楼梯作为建筑物中楼层与楼层之间垂直交通用的构件，用于楼层之间和高差较大时的交通联系。在设有电梯、自动梯作为主要垂直交通手段的多层和高层建筑中也要设置楼梯，供火灾时逃生之用。

楼梯包括双跑楼梯、多跑楼梯、双分平行、双分转角、交叉楼梯、剪刀楼梯、电梯和自动扶梯等楼梯对象。在日常绘制时，通常使用双跑楼梯、多跑楼梯、电梯和自动扶梯等造型。

2.4.1 双跑楼梯

双跑楼梯在建筑设计中是应用最为广泛的一种形式。用于连接两个楼板层，包括两个平行而方向相反的梯段和一个中间休息平台，为了节省楼梯所占空间的面积，通常将两个梯段做成等长度梯段。

1. 双跑楼梯置入

执行【楼梯其他】/【双跑楼梯】命令，弹出“双跑楼梯”对话框，如图 2-76 所示。

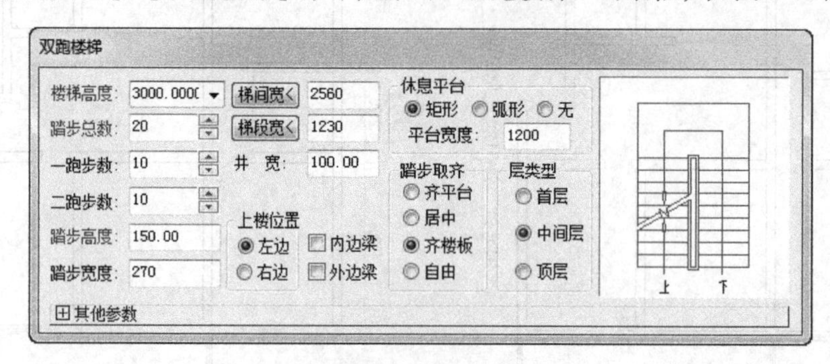

图 2-76　双跑楼梯

在对话框中设置楼梯高度、踏步总数、踏步高度、踏步宽度、梯间宽、井宽、上楼位置、层类型等参数，根据命令行提示，单击置入双跑楼梯构件。

2. 参数说明

楼梯高度：用于设置整个双跑楼梯的总高度，为两个梯段垂直方向的高度之和，通常该参数与当前墙体高度保持一致。

踏步总数：用于设置双跑楼梯的踏步个数，默认时一跑和二跑的踏步个数是相等的，根据实际情况可以设置为不相等，如首层建筑的双跑楼梯，一跑和二跑的个数通常不相等。

踏步高度：用于设置单个踏步的高度。设置该参数时，需要符合人体工程学的尺寸数据。

踏步宽度：用于设置双跑楼梯的踏步宽度，设置该参数时，同样需要符合人体工程学的尺寸数据。

梯间宽：用于设置双跑楼梯在平面图中的总宽度，可以输入数据或单击该按钮，在平面图中依次单击两个点，以两点间的距离作为梯间宽的数据。梯间宽的数据为梯段宽×2+井宽的尺寸数据总和。

上楼位置：用于设置双跑楼梯的上楼方向，设置左边和右边时，可以在右侧的预览图中显示效果。

休息平台：用于设置双跑楼梯休息平台的形状和尺寸参数。

层类型：用于设置双跑楼梯属于的楼层类型，共有三种显示类型，可以通过预览图查看双跑楼梯平面图效果。

其他参数：单击其他参数前面的“+”，显示双跑楼梯的其他参数，如图 2-77 所示，可以设置双跑楼梯的另外参数，读者可以自行学习，在此不再赘述。

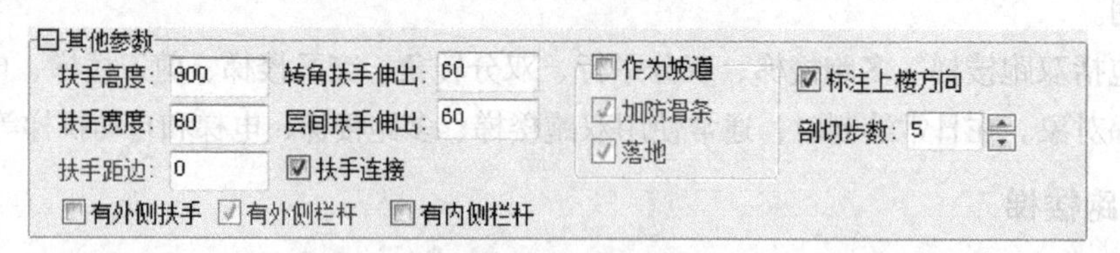

图 2-77　其他参数

2.4.2 多跑楼梯

多跑楼梯可以建立由多个梯段和休息平台组合在一起的多跑楼梯造型。在创建多跑楼梯时可以根据输入的关键点，也可以通过拾取已存在的路径线条来创建多跑楼梯造型。

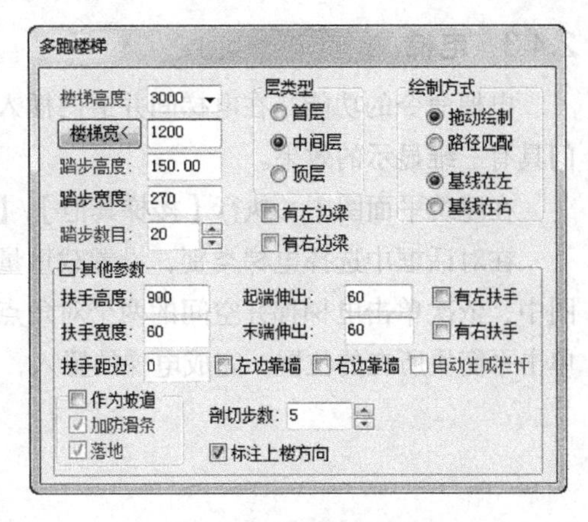

图 2-78 多跑楼梯对话框

1. 拖动绘制

执行【楼梯其他】/【多跑楼梯】命令，弹出“多跑楼梯”对话框，如图 2-78 所示。

根据命令行提示，在页面中依次单击多跑楼梯的关键点，根据命令行提示，切换梯段和休息平台，生成多跑楼梯造型，如图 2-79 所示。

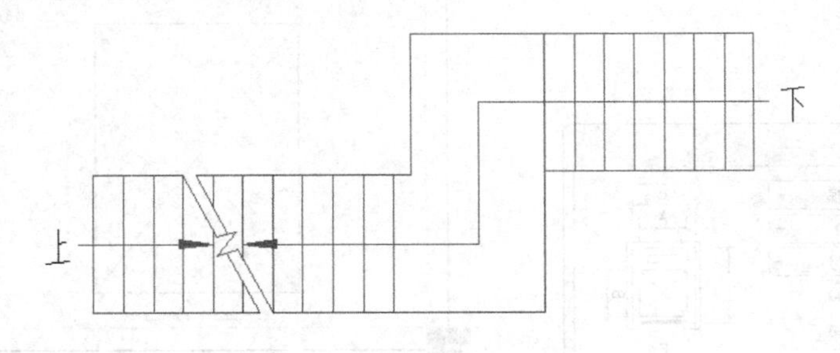

图 2-79 多跑楼梯造型

2. 路径匹配

首先，在平面图中绘制多段线对象，作为多跑楼梯的匹配路径。

其次，执行【楼梯其他】/【多跑楼梯】命令，在弹出的“多跑楼梯”对话框中，选择“路径匹配”选项，单击选择多跑楼梯左侧路径，生成多跑楼梯造型，如图 2-80 所示。

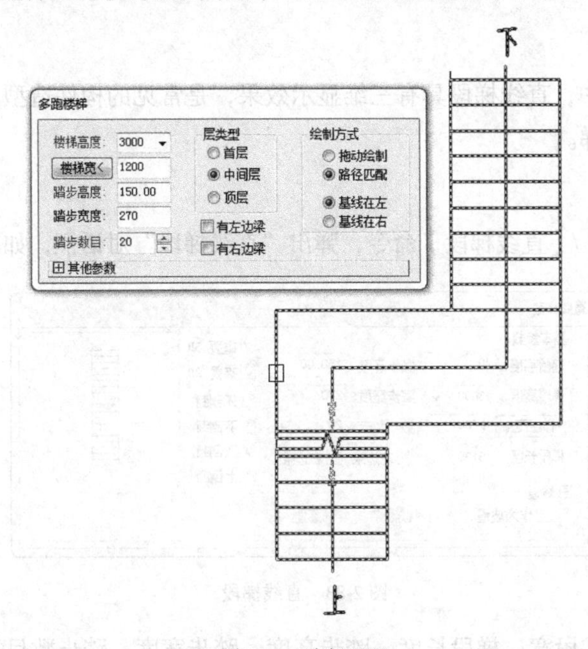

图 2-80 路径匹配

2.4.3 电梯

电梯命令的功能是在电梯间井道内插入电梯造型。电梯不属于完整的构件造型，只有电梯门具有三维显示的效果。

在建筑平面图中，执行【楼梯其他】/【电梯】命令，弹出电梯对话框，如图 2-81 所示。

在对话框中选择电梯类别，设置载重量、门形式、轿厢宽、轿厢深和门宽等参数，在平面图中，依次单击电梯梯井空间的两个对角点，根据命令行的提示，单击电梯开门的所在墙体，单击平衡块所在的位置，完成电梯的置入，如图 2-82 所示。

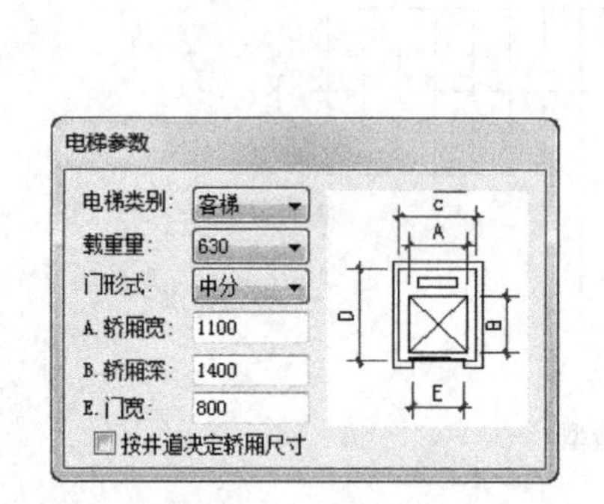

图 2-81 电梯对话框

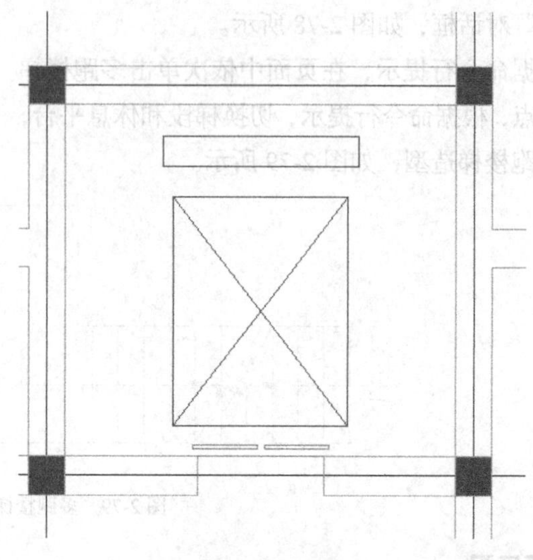

图 2-82 电梯

注意事项：在进行电梯置入时，电梯门开的墙体与平衡块所在的位置，需要实现对称摆放，禁止平衡块与门开的墙段在同一位置或相邻。

2.4.4 直线梯段

在天正建筑软件中，直线梯段具有三维显示效果，是常见的构件造型。通过直线梯段可以连接梯段生成复合楼梯。

1. 生成直线梯段

执行【楼梯其他】/【直线梯段】命令，弹出“直线梯段”对话框，如图 2-83 所示。

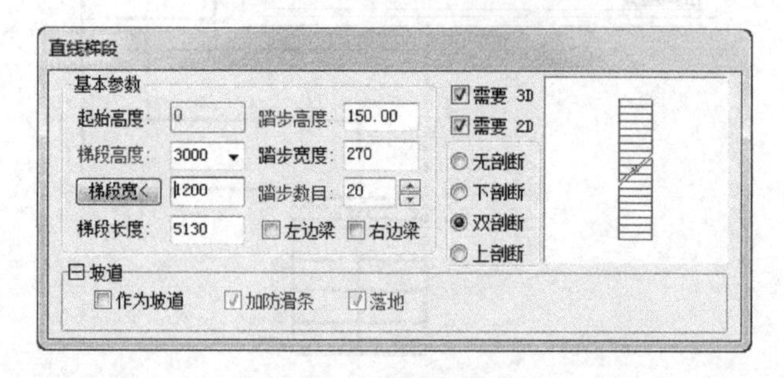

图 2-83 直线梯段

设置梯段高度、梯段宽、梯段长度、踏步高度、踏步宽度、踏步数目等参数后，在平面图中，单击置入直线梯段对象。

2. 参数说明

梯段高度：用于设置当前直线梯段总体的高度，等于踏步高度的总和。

梯段宽：用于设置当前直线梯段的宽度数值，单击该按钮后，可以在页面中依次单击两点，以两点之间的距离作为梯段宽的数据。

梯段长度：用于设置当前直线梯段的长度，等于平面投影的梯段长度。

踏步高度：用于设置当前直线梯段中单个踏步的高度。踏步宽度和踏步数目与双跑楼梯的类似，在此不再赘述。

坡道：选中“作为坡道”复选框时，可以将当前直线梯段作为坡道对象，根据实际情况选择“加防滑条”和“落地”选项。

2.4.5 圆弧梯段

圆弧梯段命令可以在对话框中输入梯段参数，绘制弧形楼梯，用来组合复杂楼梯。通过圆弧梯段生成旋转楼梯的效果。

1. 圆弧梯段置入

执行【楼梯其他】/【圆弧梯段】命令，弹出“圆弧梯段”对话框，如图 2-84 所示。

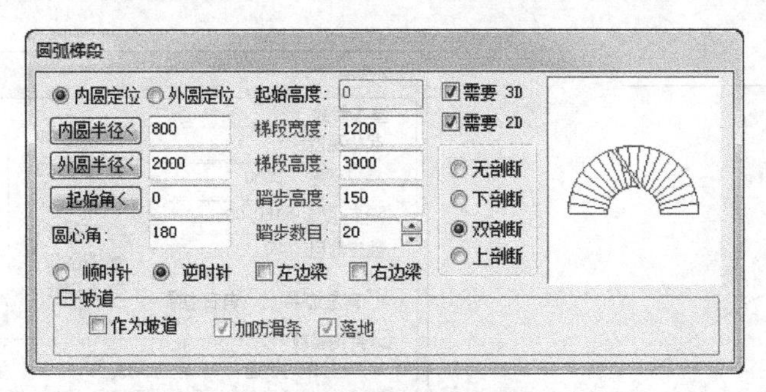

图 2-84　圆弧梯段对话框

在弹出的对话框中，设置内圆半径、外圆半径、起始角、顺（逆）时针、梯段宽度、梯段高度、踏步高度等参数，根据命令行的提示，在平面图中单击置入圆弧梯段，如图 2-85 所示。

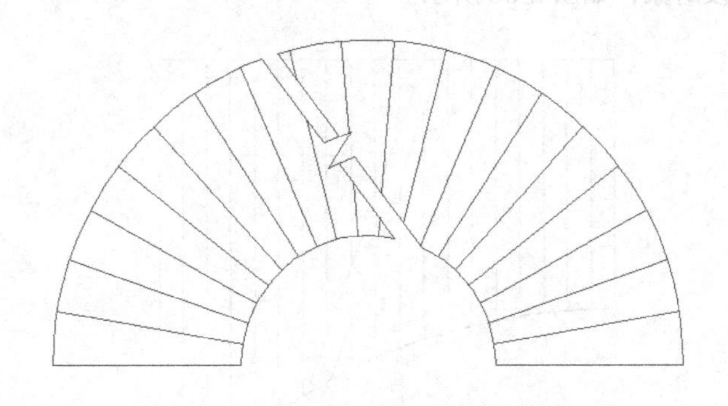

图 2-85　圆弧梯段结果

2. 参数说明

内圆半径：用于设置圆弧梯段的内圆半径尺寸，单击该按钮后，可以在工作区域中依次单击两点，以两点之间的距离作为内圆半径尺寸。

外圆半径：用于设置圆弧梯段的外圆半径尺寸，单击该按钮后，与“内圆半径”类似，通过两点间距离确定外圆半径。外圆半径与内圆半径之差为“梯段宽度”尺寸距离。

起始角：用于设置圆弧半径起始的角度，单击该按钮后，可以在工作区域中依次单击两点，以单击的两点与水平线生成的夹角为起始角数据。

圆心角：用于设置圆弧梯段旋转的总共角度值，即圆弧梯段起始边与终止边之间的夹角。

梯段宽度：用于设置圆弧梯段的宽度尺寸。

梯段高度：用于设置圆弧梯段的高度，等于踏步高度的总和。

踏步高度、踏步数目、坡道等参数与“直线梯段”类似，在此不再赘述。

2.4.6 任意梯段

任意梯段命令可以根据平面图中的直线或圆弧作为梯段边线，生成任意梯段。通常用于生成坡道，与台阶造型组合可以生成组合梯段。

首先，在平面图中创建生成任意梯段的直线或圆弧，如图 2-86 所示。

其次，执行【楼梯其他】/【任意梯段】命令，命令行提示单击选择左侧边线，单击圆弧线条，命令行提示单击选择右侧边线，单击选择直线线条，弹出“任意梯段”对话框，如图 2-87 所示。

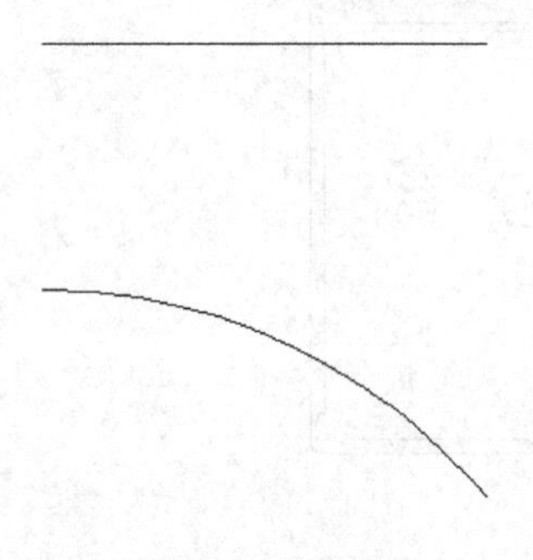

图 2-86 绘制线条

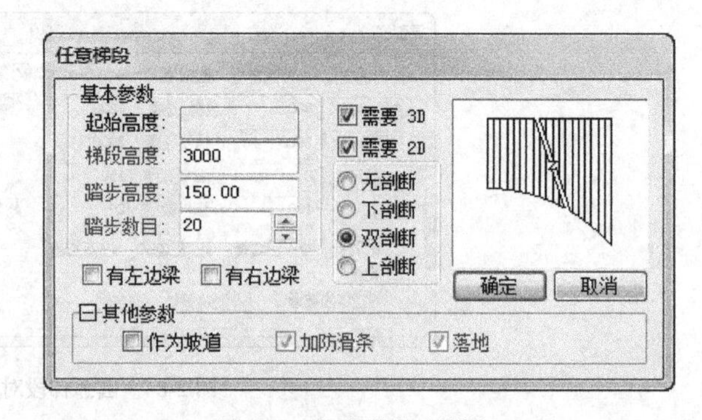

图 2-87 任意梯段对话框

在对话框中设置梯段高度、踏步高度、踏步数目等参数，单击“确定”按钮后，在工作区域中单击置入任意梯段对象，如图 2-88 所示。

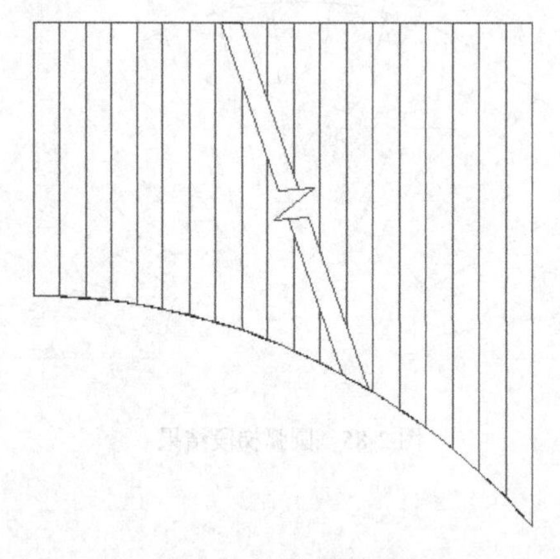

图 2-88 任意梯段结果

2.4.7 添加扶手

添加扶手命令的功能是沿楼梯或是多段线路径生成扶手对象，楼梯或梯段的栏杆需要另外创建。

执行【楼梯其他】/【添加扶手】命令后，根据命令行提示，单击选择梯段或多段线对象，若直接单击选择梯段对象时，命令行会提示是否为该对象，按“Y”并按【Enter】键，依次设置扶手宽度、扶手顶面高度、扶手距边等参数，如图 2-89 所示。

根据命令行提示生成扶手对象，查看扶手对象实际显示效果时，需要切换到轴测显示方式。在工作区域中，单击鼠标右键，在弹出的屏幕菜单中选择【视图设置】/【东北轴测】显示方式，如图 2-90 所示。

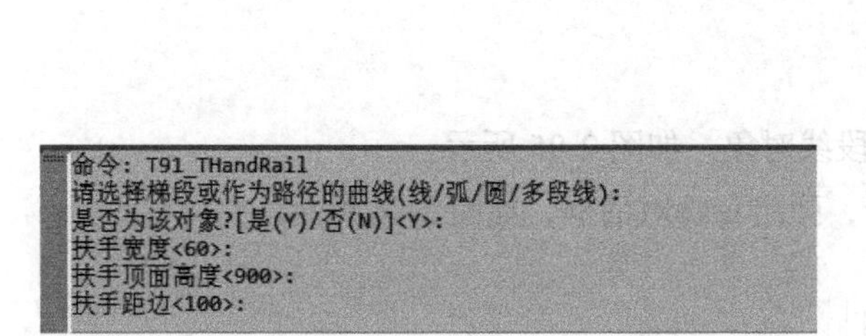

图 2-89 添加扶手命令行

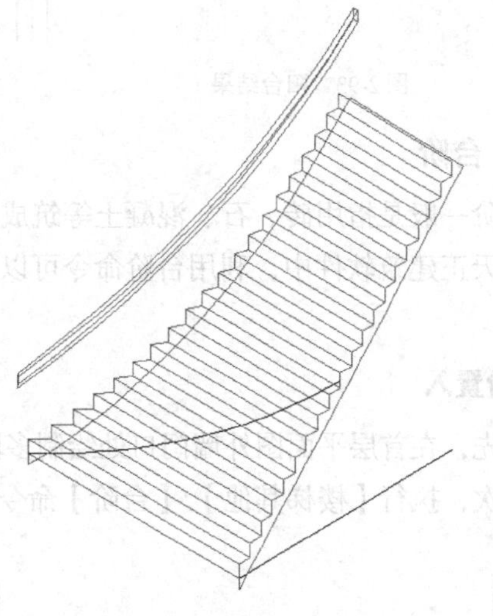

图 2-90 添加扶手结果

2.4.8 阳台

利用阳台命令可以直接绘制阳台造型，也可以将预先绘制好的多段线转换成阳台造型。在住宅类建筑设计中，通常需要设计阳台造型，在商用建筑设计中，通常使用玻璃幕墙来替换阳台造型。

首先，在平面图窗口位置绘制多段线，如图 2-91 所示。

其次，执行【楼梯其他】/【阳台】命令，弹出阳台对话框，如图 2-92 所示。

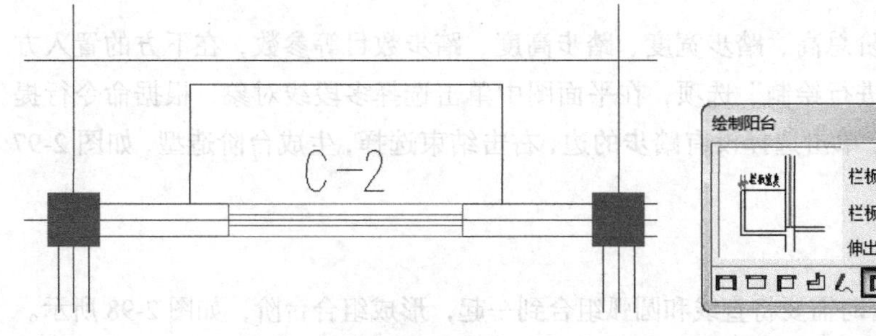

图 2-91 绘制多段线

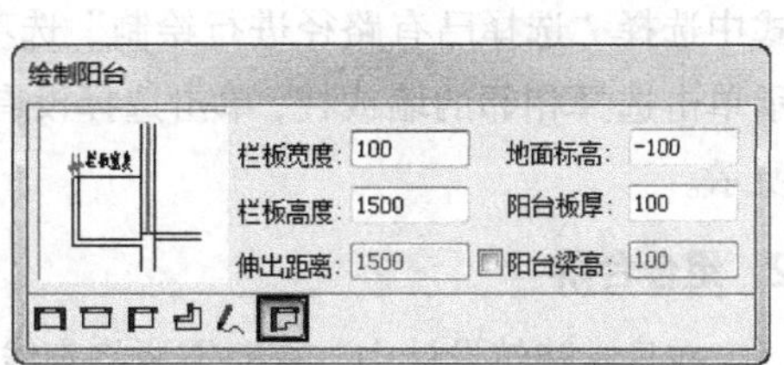

图 2-92 阳台

在对话框中，设置栏板宽度、栏板高度、地面标高、阳台板厚等参数，从左下角置入方式中，选择“选择已有路径生成”置入方式，单击选择平面图中的路径对象，选择阳台相邻的墙或柱，单击选择连接的墙边对象，生成阳台造型，如图 2-93 所示。阳台参考命令行如图 2-94 所示。

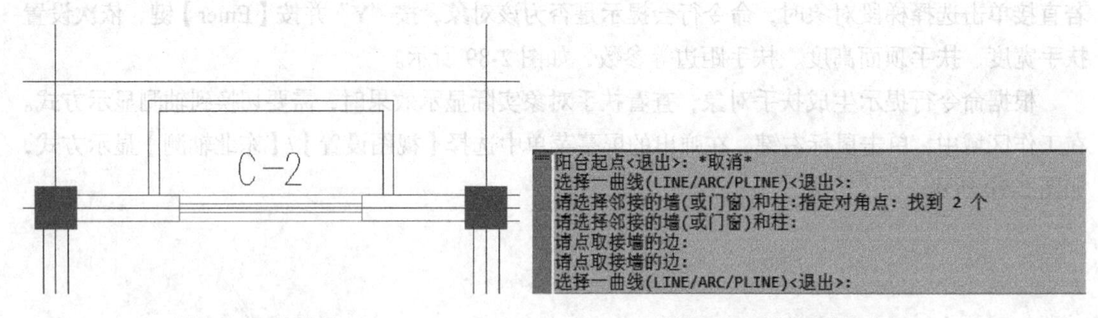

图 2-93　阳台结果　　　图 2-94　阳台参考命令行

2.4.9　台阶

台阶一般是指用砖、石、混凝土等筑成的一级一级供人上下的建筑物，多在大门前或坡道上。在天正建筑软件中，利用台阶命令可以直接绘制台阶或者将预先绘制好的多段线转换成台阶造型。

1. 台阶置入

首先，在首层平面图外墙门口处绘制多段线对象，如图 2-95 所示。

其次，执行【楼梯其他】/【台阶】命令，弹出台阶对话框，如图 2-96 所示。

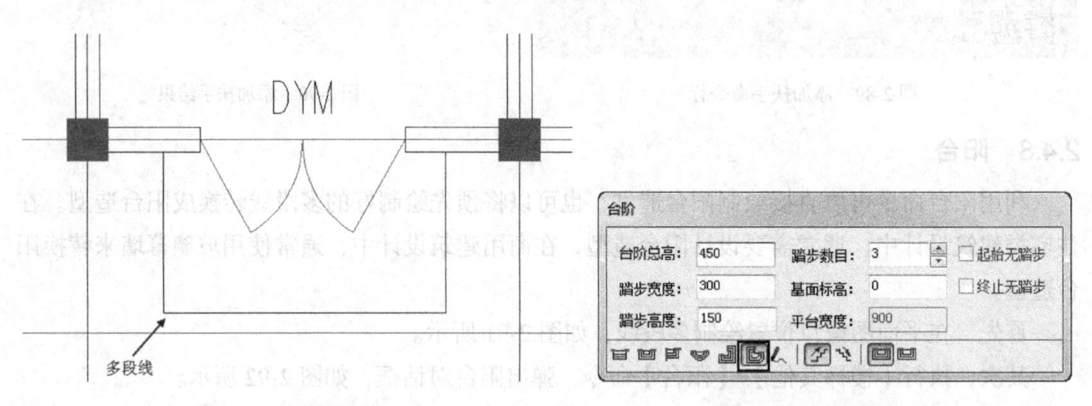

图 2-95　台阶多段线　　　图 2-96　台阶对话框

在对话框中，设置台阶总高、踏步宽度、踏步高度、踏步数目等参数，在下方的置入方式中选择“选择已有路径进行绘制”选项，在平面图中单击选择多段线对象，根据命令行提示单击选择相邻的墙或柱，单击选择没有踏步的边，右击结束选择，生成台阶造型，如图 2-97 所示。

2. 组合台阶

在日常建筑设计中，有时需要将直线和圆弧组合到一起，形成组合台阶，如图 2-98 所示。

首先，在平面图中绘制内侧线条，如图 2-99 所示。

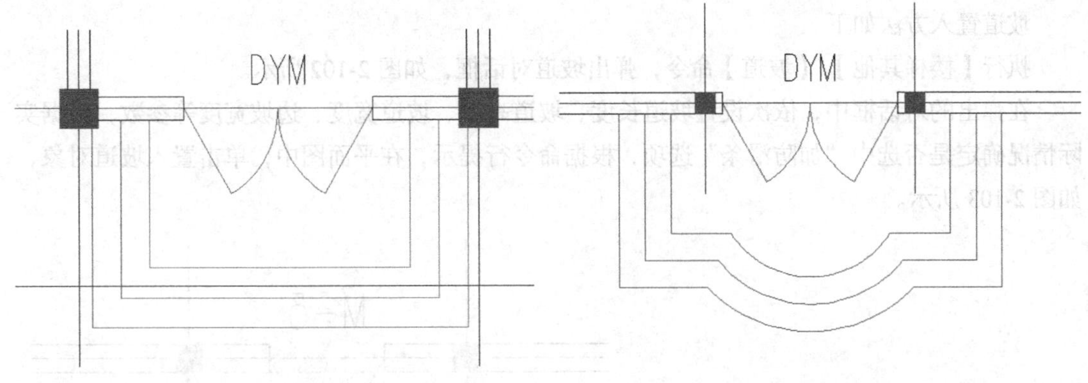

图 2-97　台阶结果　　　　　　　　　　图 2-98　组合台阶

其次，执行【工具】/【曲线工具】/【线变复线】命令，将首尾相连的多个单线条合并为多段线对象，如图 2-100 所示。

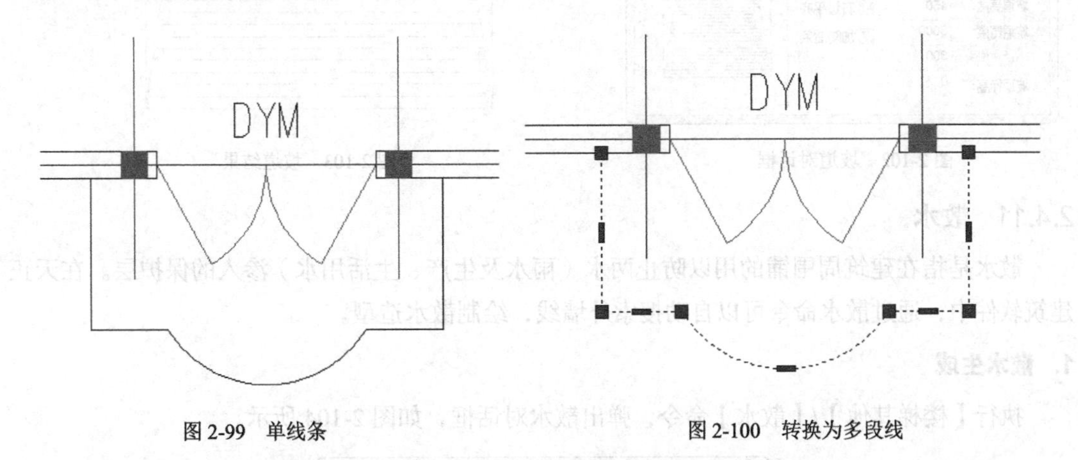

图 2-99　单线条　　　　　　　　　　图 2-100　转换为多段线

最后，执行【楼梯其他】/【台阶】命令，在弹出的对话框中，设置参数，选择“选择已有路径绘制”选项，单击平面图中的多段线，根据命令行提示，完成组合台阶。台阶参考命令行如图 2-101 所示。

```
命令: T91_TStep
请选择平台轮廓<退出>
请选择邻接的墙(或门窗)和柱:指定对角点: 找到 5 个
请选择邻接的墙(或门窗)和柱:
请点取没有踏步的边:
请点取没有踏步的边:
请选择平台轮廓<退出>
```

图 2-101　台阶命令行

2.4.10　坡道

坡道用于连接有高差的地面或楼面的斜向交通通道，中国古称墁道，常见的坡道有两类：一类为连接有高差的地面而设的，如出入口处为通过车辆常结合台阶而设的坡道，或在有限时间里要求通过大量人流的建筑，如火车站、体育馆、影剧院的疏散道等；另一类为连接两个楼层而设的行车坡道，常用在医院、残疾人机构、幼儿园、多层汽车库和仓库等场所。此外，室外公共活动场所也有结合台阶设置坡道，以利于残疾人轮椅和婴儿车通过。

在天正建筑软件中，可以在弹出的对话框中设置参数，生成室外坡道效果。

坡道置入方法如下。

执行【楼梯其他】/【坡道】命令，弹出坡道对话框，如图 2-102 所示。

在弹出的对话框中，依次设置坡道长度、坡道高度、坡道宽度、边坡宽度等参数，根据实际情况确定是否选中“加防滑条”选项，根据命令行提示，在平面图中，单击置入坡道对象，如图 2-103 所示。

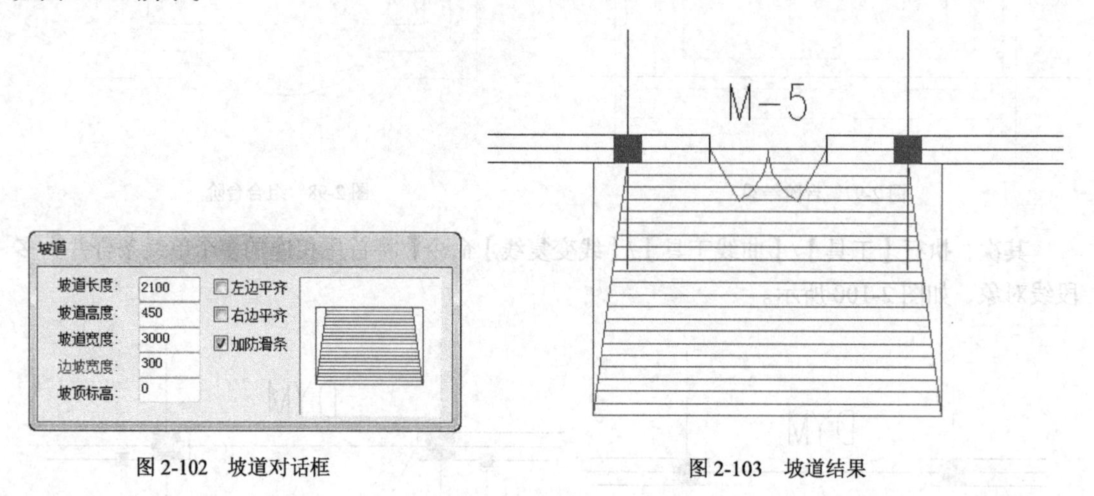

图 2-102　坡道对话框　　　图 2-103　坡道结果

2.4.11　散水

散水是指在建筑周围铺的用以防止两水（雨水及生产、生活用水）渗入的保护层。在天正建筑软件中，通过散水命令可以自动搜索外墙线，绘制散水造型。

1. 散水生成

执行【楼梯其他】/【散水】命令，弹出散水对话框，如图 2-104 所示。

图 2-104　散水对话框

命令行提示“选择建筑物完整的所有墙体”，在平面图中单击并拖动鼠标，完全框选整个建筑物，再次单击鼠标，单击鼠标右键或按【Enter】键，生成散水造型，如图 2-105 所示。

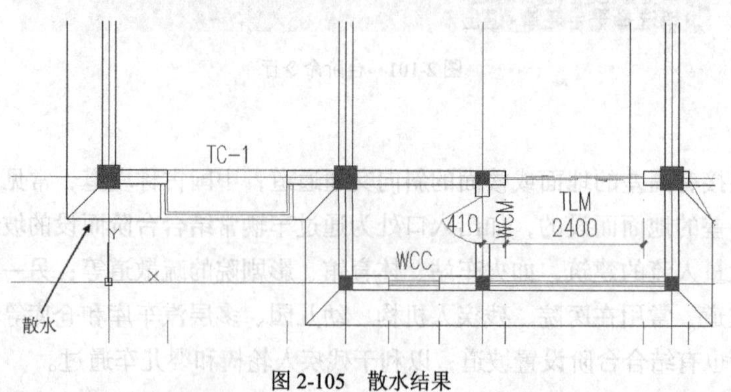

图 2-105　散水结果

2. 参数说明

散水宽度：用于设置需要散水的宽度尺寸，通常与屋檐尺寸保持一致。

偏移距离：用于设置外墙勒脚对外墙皮的偏移数值。

室内外高差：用于设置内外高差平台的尺寸数值，通常用于设置勒脚。

2.4.12 勒脚

在建筑设计中，为了防止雨水反溅到墙面，对墙面造成腐蚀破坏，结构设计中对窗台以下一定高度范围内进行外墙加厚，这段加厚部分称为勒脚。一般来说，勒脚的高度不应低于 700mm。勒脚应与散水、墙身水平防潮层形成闭合的防潮系统。

在天正建筑软件中，勒脚需要通过散水命令中的“创建内外高差平台”选项来生成。

勒脚生成方法如下。

将观察视图切换为平面视图，执行【楼梯其他】/【散水】命令，弹出散水对话框，设置室内外高差参数，如图 2-106 所示。

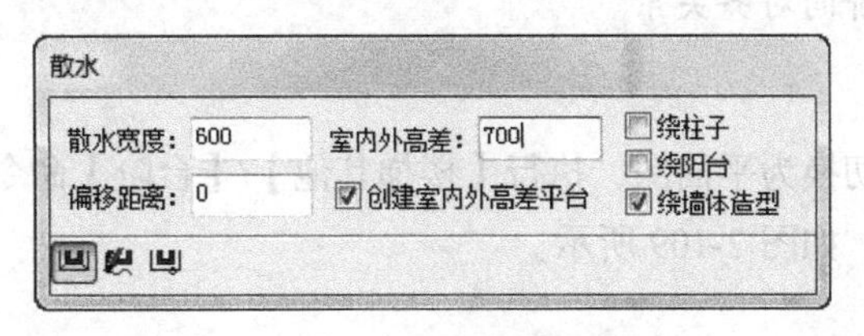

图 2-106　室内外高差

根据命令行提示，框选平面图的所有墙体，生成室内外高差即勒角造型，如图 2-107 所示。

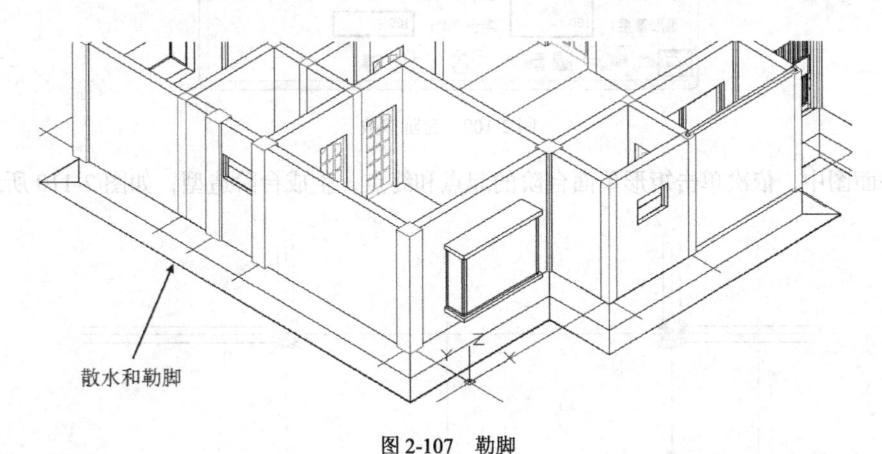

图 2-107　勒脚

2.4.13 单元练习——综合坡道

在日常商业建筑中，对于具有地下室的单体建筑，在外墙连接室外地面的构件造型中，通常需要设置综合的坡道造型，达到室外地面与建筑的合理连接，既能体现建筑的宏伟大气，又能体现建筑设计的新颖和美观。

本案例主要介绍综合坡道效果，如图 2-108 所示。

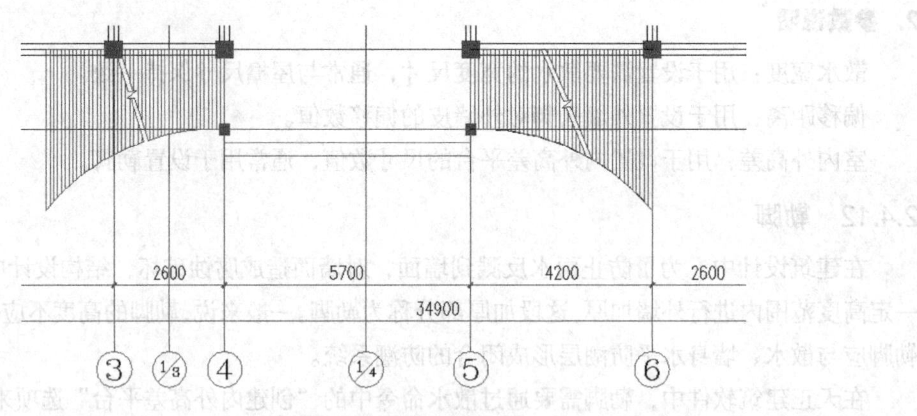

图 2-108　综合坡道

技巧说明：综合坡道造型由两类对象构成，分别是中间的单踏步台阶和两侧的落地坡道。中间的台阶为普通台阶造型，两侧的坡道是直线和圆弧生成的任意梯段构成，最后需要到轴测图中调节任意梯段与台阶的对齐关系。

1. 中间台阶创建

首先，将观察视图切换为平面图，执行【楼梯其他】/【台阶】命令，在弹出的台阶对话框中设置参数和置入方式，如图 2-109 所示。

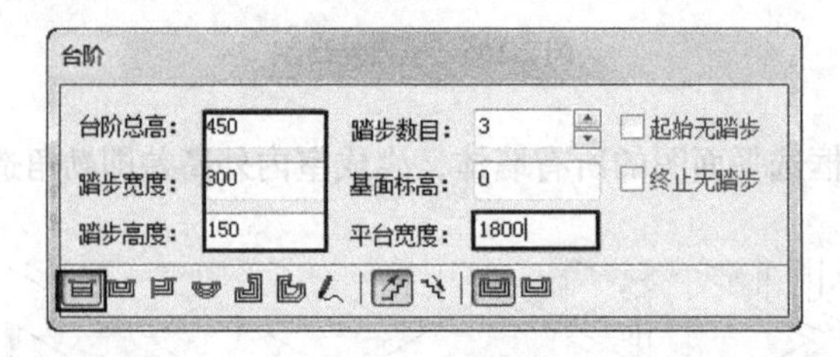

图 2-109　台阶参数

在平面图中，依次单击矩形单面台阶的起点和终点，生成台阶造型，如图 2-110 所示。

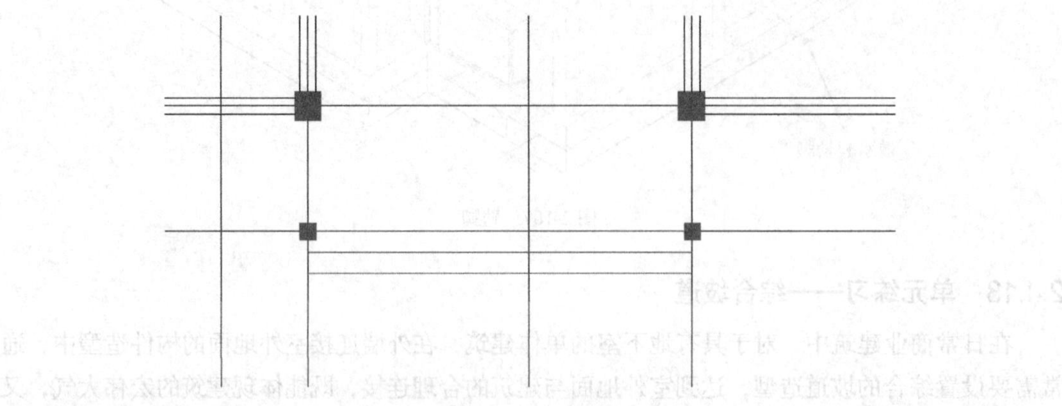

图 2-110　台阶结果

2. 创建任意梯段线条

在平面图中，依次创建圆弧和直线线条，如图 2-111 所示。

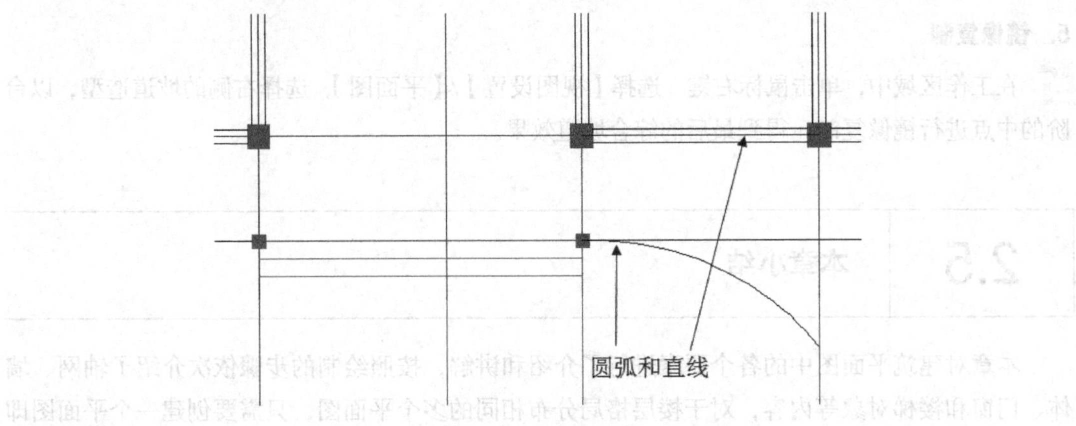

图 2-111　圆弧和直线

3. 任意梯段

执行【楼梯其他】/【任意梯段】命令，命令行提示选择左侧线条时，单击圆弧对象，命令行提示选择右侧线条时，单击选择直线，弹出任意梯段对话框，如图 2-112 所示。

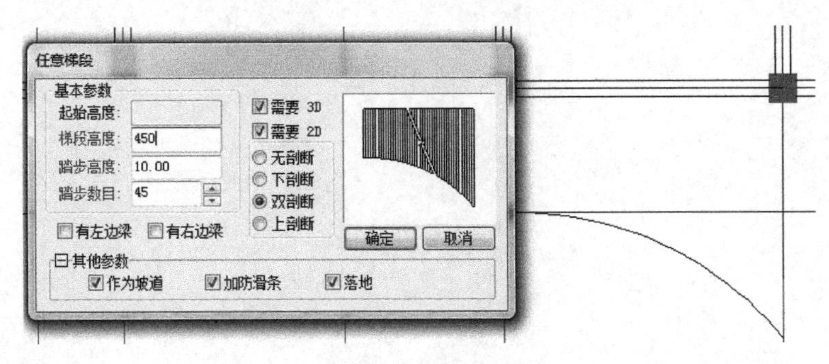

图 2-112　任意梯段

4. 调节坡道位置

将视图切换到轴测视图，在工作区域中，单击鼠标右键，选择【视图设置】/【西南轴测视图】，选择坡道对象，单击鼠标右键，选择【通用编辑】/【移位】，根据命令行提示，在 *Z* 轴方向垂直向下移动 450mm，如图 2-113 所示。

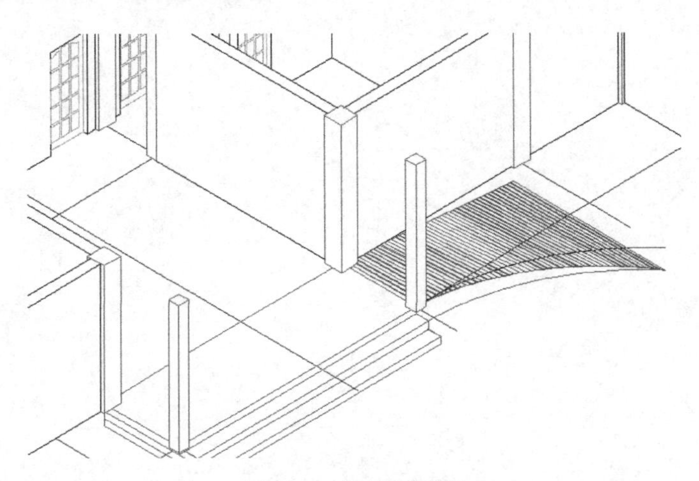

图 2-113　竖向移动坡道

5. 镜像复制

在工作区域中，单击鼠标右键，选择【视图设置】/【平面图】，选择右侧的坡道造型，以台阶的中点进行镜像复制，得到最后的综合坡道效果。

2.5 本章小结

本章对建筑平面图中的各个要素进行了介绍和讲解，按照绘制的步骤依次介绍了轴网、墙体、门窗和楼梯对象等内容，对于楼层格局分布相同的多个平面图，只需要创建一个平面图即可。平面图创建完成以后，方便生成立面图、剖面图以及三维组合等造型。

第3章 建筑立面图

在建筑设计中，通过建筑平面图可以表达建筑空间的布局分布情况，了解各个工作空间的功能和用途，建筑立面图可以更加形象地表达出建筑物的三维信息，得到从不同方向观看建筑物的实际效果。受建筑物的细节和视线方向的遮挡，建筑立面在天正建筑软件中为二维图形信息。

本章要点：

- 建筑立面
- 立面修饰

3.1 建筑立面

在天正建筑软件中，立面包括建筑立面和构件立面，建筑立面是根据各个单层平面图和当前工程的楼层表信息，快速创建当前建筑物的立面效果，大大提升绘制建筑立面图的速度，改善建筑制图的工作效率，根据实际需要可以生成正立面、侧立面和背立面等不同方向的立面效果。

本章案例参考的文件，在“光盘/章节配套/第3章”中，请读者参阅。

3.1.1 建筑立面生成条件

1. 工程管理

在进行建筑图纸绘制时，需要对平面图、立面图、剖面图等信息进行工程管理。文件存储时也需要将工程管理文件与各个图形文件存储在同一文件夹中，方便进行文件管理。

2. 轴线对齐

在绘制当前工程中各个单层平面图时，需要确保平面图中的轴线对齐，即 *A* 轴与1轴交点坐标需要在同一个位置，通常将交点坐标置于坐标原点的位置。

3. 楼层表

在创建建筑立面图、建筑剖面图或三维组合效果图时，需要通过楼层表来确定各个平面图的顺序、层高等文件信息。

3.1.2 立面生成

1. 查询坐标

打开工程管理中的各个单层平面图，在命令行中输入“ID”并按【Enter】键，单击 *A* 轴与1轴的交点坐标，在命令行中显示交点坐标，如图3-1所示。

如果查询各个平面图中 *A* 轴与1轴的交点坐标不在同一位置时，需要对轴网和图形对象，进行“移动”操作，将各个平面图中的 A 轴与 1 轴交点坐标在同一位置。

2. 楼层表

执行【文件布图】/【工程管理】/【楼层】命令，在弹出的对话框中，手动输入层号，单击对应文件中的按钮，选择平面图文件，自动读取层高信息，如图 3-2 所示。

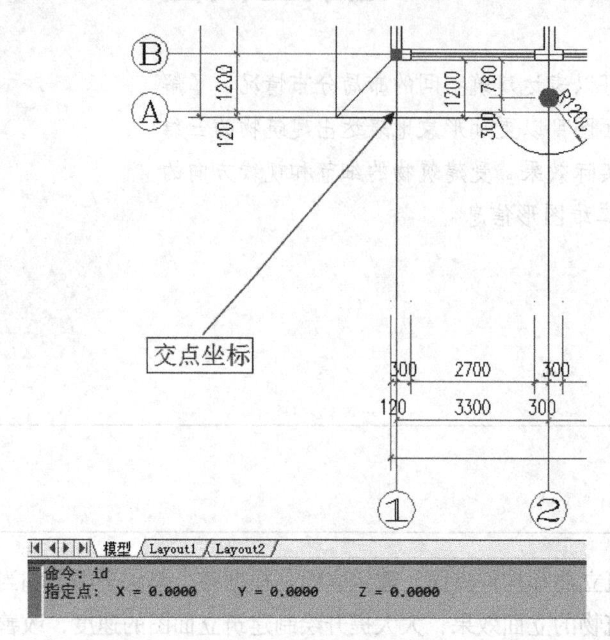

图 3-1 查询坐标

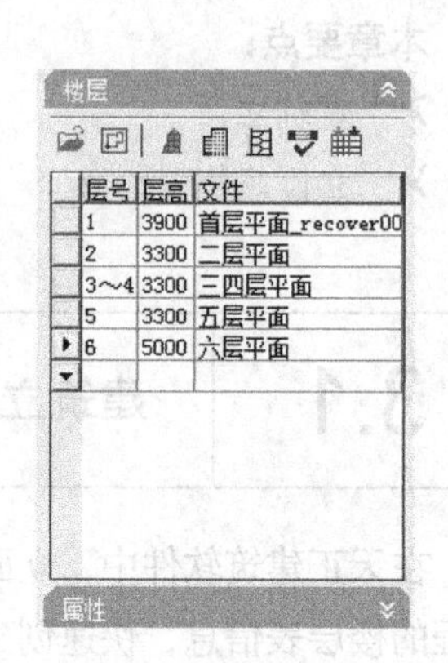

图 3-2 楼层表

注意事项： *在楼层表中输入层号信息时，层号通常从 1 开始计数，平面图相同时，可以在层号中来体现。如 3 楼到 5 楼，可以输入 3～5。层高数据不需要手动输入，选择层号对应的文件后，自动提取层高信息。*

3. 立面生成

打开首层平面图文件，执行【立面】/【建筑立面】命令，根据命令行提示，选择立面图方向，再次选择出现在立面图中的轴线，单击鼠标右键或按【Enter】键，弹出生成立面对话框，如图 3-3 所示，单击“生成立面”按钮，选择立面文件存储的位置，输入文件名，生成立面图，如图 3-4 所示。

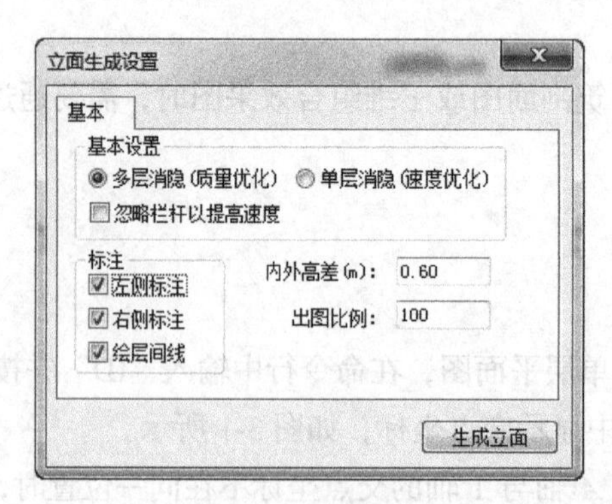

图 3-3 立面生成

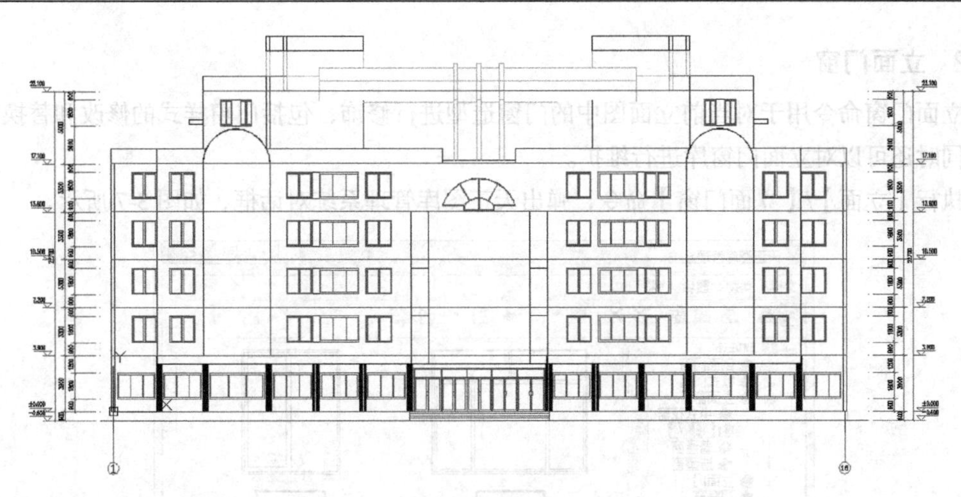

图 3-4　立面结果

3.2 立面修饰

在生成立面轮廓造型时，门窗、阳台、屋顶、柱子等立面图形，都是由平面图中门窗、阳台、屋顶和柱子等对象生成的简易立面图形，远远达不到建筑设计中的立面要求，还需要对门窗、阳台、屋顶、雨水管等造型做进一步的修饰，达到建筑设计的规范和标准。

3.2.1 门窗参数

在立面修饰中，门窗参数命令的作用是在立面图中，通过选择门窗对象来获取门窗的尺寸参数和标高等信息，为“立面门窗”命令完成门窗造型的替换提供参考数据。

1. 门窗参数显示

执行【立面】/【门窗参数】命令，在立面图中，单击选择需要查询参数的门窗对象，在命令行中显示当前对象的门窗参数，如图 3-5 所示。

```
命令: T91_TEWPara
选择立面门窗:指定对角点: 找到 1 个
选择立面门窗:
底标高<4800>:
高度<1800>:
宽度<1800>:
```

图 3-5　门窗参数

2. 更改门窗参数

在进行门窗参数查询时，当需要选择多个不同编号的门窗对象时，可以根据命令行的提示，对当前选择的多个门窗对象进行尺寸和标高的更改。

执行【立面】/【门窗参数】命令，鼠标在立面图中单击并拖动实现框选，单击鼠标右键或按【Enter】键，完成选择，根据命令行提示，完成门窗参数的更改，如图 3-6 所示。

```
命令: T91_TEWPara
选择立面门窗:指定对角点: 找到 4 个
选择立面门窗:
底标高从4800到6000不等;高度从0到1800不等;宽度从1到2800不等;
底标高<不变>:
高度<不变>:2000
宽度<不变>:
```

图 3-6　更改门窗参数

3.2.2 立面门窗

立面门窗命令用于对当前立面图中的门窗造型进行修饰，包括门窗样式的修改和替换等操作，同时还可以对立面门窗库进行维护。

执行【立面】/【立面门窗】命令，弹出天正图库管理系统对话框，如图 3-7 所示。

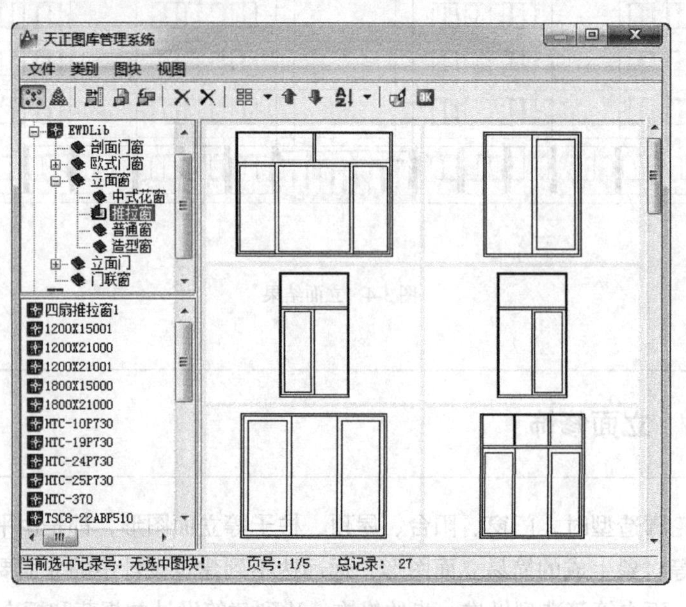

图 3-7 天正图库管理系统对话框

从左侧列表中选择图块类别，双击右侧视图中图块对象，弹出插入图块对话框，如图 3-8 所示。

根据“门窗参数”所查询的尺寸参数进行设置，在立面图门窗位置处，单击置入新的立面窗图块对象，将原图块选中并将其删除，如图 3-9 所示。

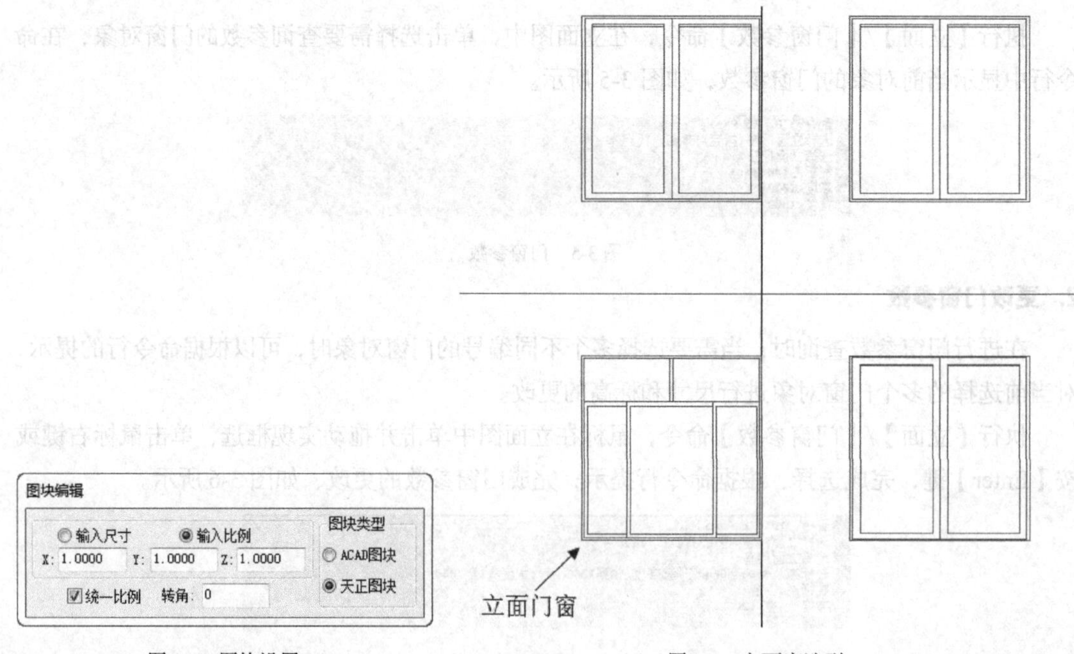

图 3-8 图块设置 图 3-9 立面窗造型

注意事项： 天正建筑软件立面门窗操作时，自动选取立面门窗图块的左下角为控制基点，因此，在进行门窗替换时，以左下角为插入点来生成门窗图块，在设置图块参数时，通常将“统一比例”选项去掉后，再设置图块的 *X* 和 *Y* 方向尺寸数据。

3.2.3 立面窗套

在建筑立面图设计时，有时需要对窗户进行添加窗套的立面效果。可以通过立面窗套命令生成全包的窗套或是半包的窗套效果。

执行【立面】/【立面窗套】命令，根据命令行的提示，依次单击窗套的左下角和右上角，弹出立面窗套对话框，如图 3-10 所示。

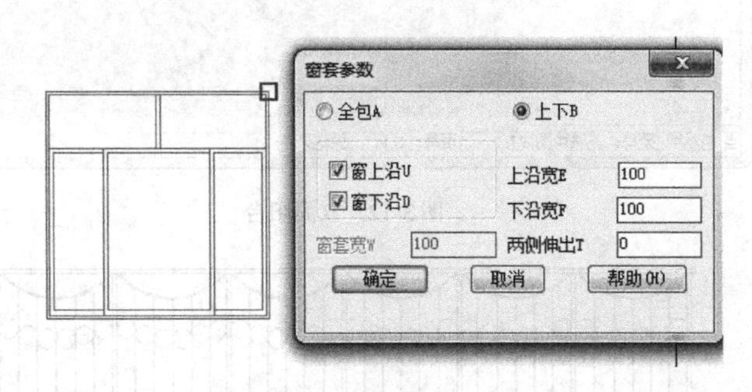

图 3-10 窗套参数

在对话框中选择窗套类型和设置相关的参数，生成窗套效果，如图 3-11 所示。

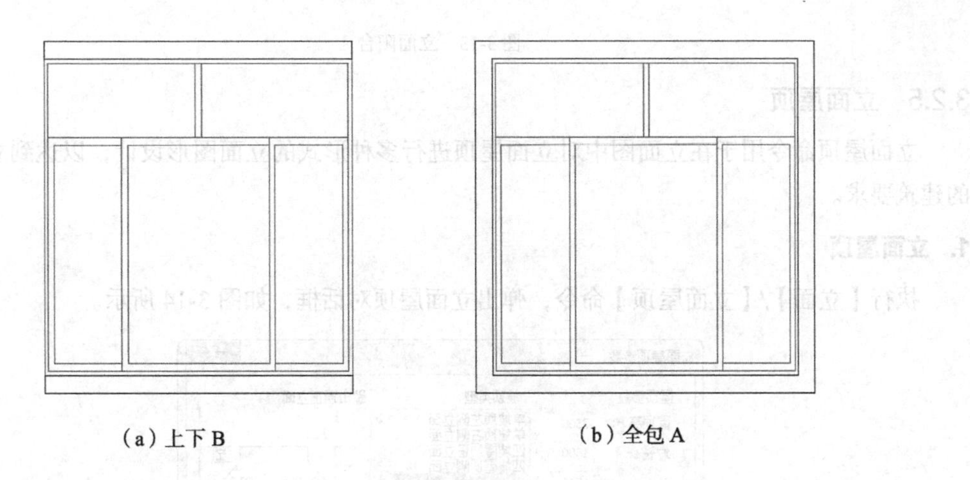

（a）上下 B （b）全包 A

图 3-11 窗套

3.2.4 立面阳台

立面阳台命令可以插入、替换立面图中的阳台造型，也可以对立面阳台中的阳台造型进行管理操作。

执行【立面】/【立面阳台】命令，弹出天正建筑图库管理系统对话框，如图 3-12 所示。

从左侧列表中选择阳台类别，双击右侧界面中的阳台造型，在弹出的界面中设置参数，在立面图形中单击置入阳台造型，如图 3-13 所示。

图 3-12 立面阳台

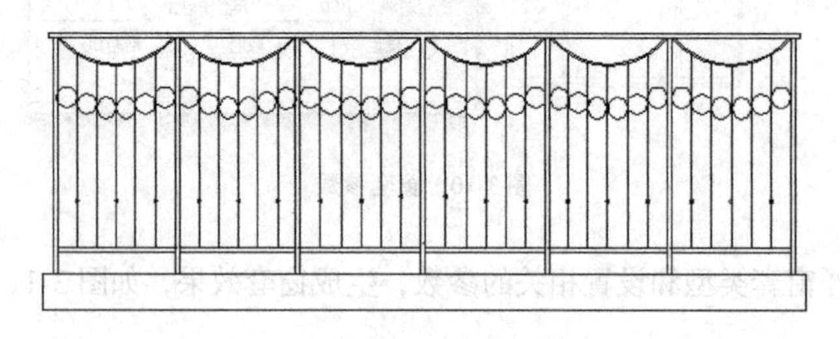

图 3-13 立面阳台

3.2.5 立面屋顶

立面屋顶命令用于在立面图中对立面屋顶进行多种形式的立面图形设计，以达到立面设计的建筑要求。

1. 立面屋顶

执行【立面】/【立面屋顶】命令，弹出立面屋顶对话框，如图 3-14 所示。

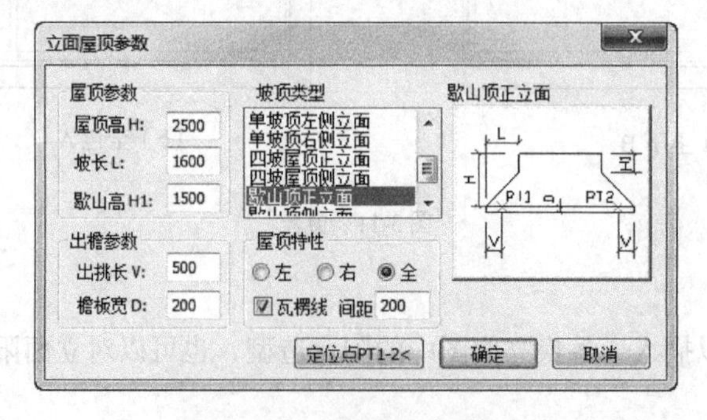

图 3-14 立面屋顶对话框

在对话框中设置屋顶参数、出檐参数、坡顶类型和屋顶特性等参数，单击“定位点 PT1-2”按钮，在平面图中依次单击立面图中屋顶水平的两点，返回对话框，单击“确定”按钮，生成立面屋顶造型，如图 3-15 所示。

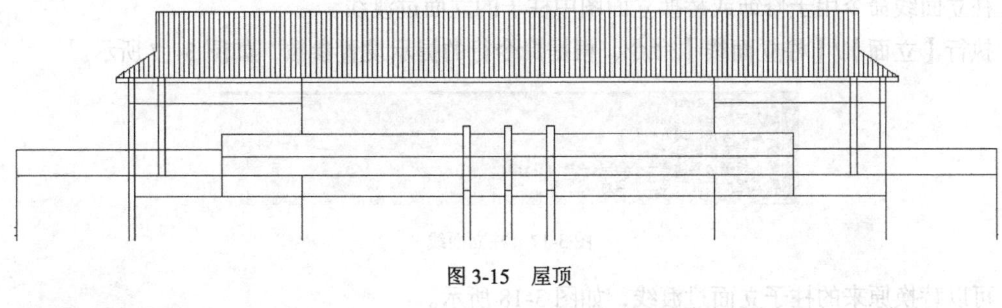

图 3-15　屋顶

2. 参数说明

屋顶高：用于设置立面屋顶的高度，即从基点到屋顶最高处的距离。

坡长：用于设置屋顶的坡长尺寸，即坡屋顶倾斜部分的水平投影长度。

歇山高：用于设置歇山屋顶立面的高度。

出檐参数：用于设置具有出檐造型的屋顶出挑长和檐板宽的尺寸参数。

坡顶类型：用于设置立面屋顶的类型，可以从下拉列表中选择平屋顶立面、单双坡顶正立面、双坡顶侧立面、单坡顶左侧立面、单坡顶右侧立面、四坡屋顶正立面、四坡顶侧立面、歇山顶正立面和歇山顶侧立面等。

瓦楞线：用于设置立面屋顶的瓦楞样式，并且通过对话框设置瓦楞线的间距。

定位点 PT1－2：单击该按钮后，可以在立面图中，通过单击两点确定立面屋顶的水平距离。

3.2.6　雨水管线

无论是住宅建筑设计还是商业建筑设计，都离不开雨水管造型。通过雨水管可以将屋顶天沟里的水引到建筑外围的“散水”，再引到地面，起到合理疏导雨水流向的作用。在建筑设计中，需要在立面图中体现雨水管的位置和形状。

执行【立面】/【雨水管线】命令，在立面图中单击选择雨水管线的起点，再次单击选择雨水管线结束的位置，生成雨水管线造型，如图 3-16 所示。

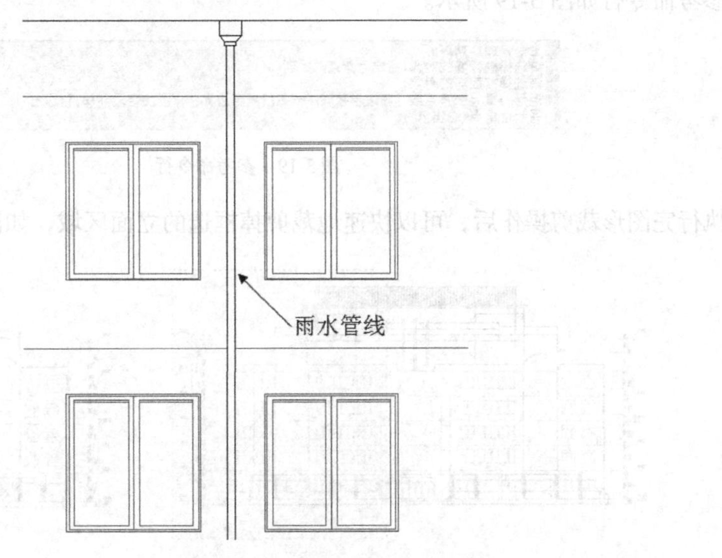

图 3-16　雨水管线

3.2.7　柱立面线

柱立面线命令用于修饰或替换立面图中柱子的立面过渡线。

执行【立面】/【柱立面线】命令，根据命令行的提示设置参数，如图 3-17 所示。

```
命令: T91_ZLMX
输入起始角<180>:
输入包含角<180>:
输入立面线数目<12>:
输入矩形边界的第一个角点<选择边界>:
输入矩形边界的第二个角点<退出>:
```

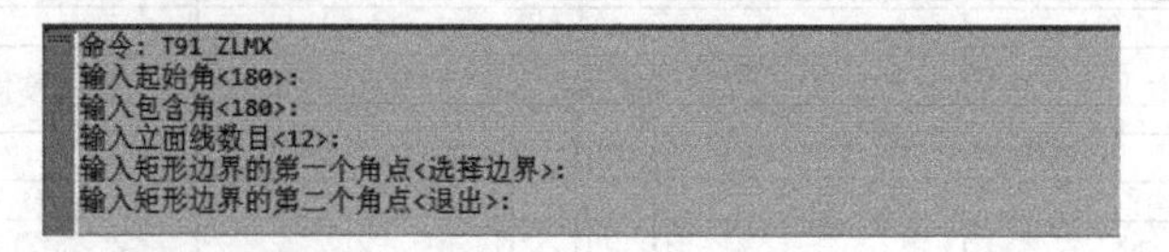

图 3-17　柱立面线

可以替换原来的柱子立面过渡线，如图 3-18 所示。

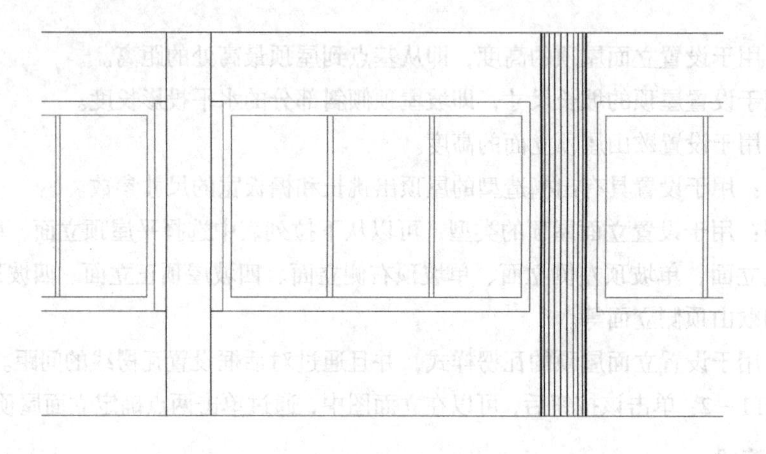

图 3-18　柱立面线对比

3.2.8　图形裁剪

图形裁剪命令可以对立面图形进行裁剪，实现立面遮挡的效果。

执行【立面】/【图形裁剪】命令，根据命令行提示，单击并拖动鼠标实现框选，再次单击鼠标左键，完成对象的选择，单击裁剪矩形的第一个角点，再次拖动并单击鼠标，完成图形裁剪，参考命令行如图 3-19 所示。

```
命令: T91_Tclip
请选择被裁剪的对象:指定对角点: 找到 614 个
请选择被裁剪的对象:
矩形的第一个角点或 [多边形裁剪(P)/多段线定边界(L)/图块定边界(B)]<退出>:
另一个角点<退出>:
```

图 3-19　参考命令行

执行完图形裁剪操作后，可以快速地裁剪掉框选的立面区域，如图 3-20 所示。

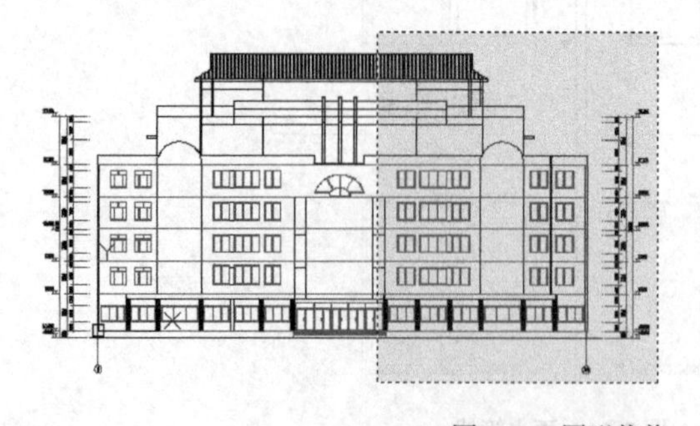

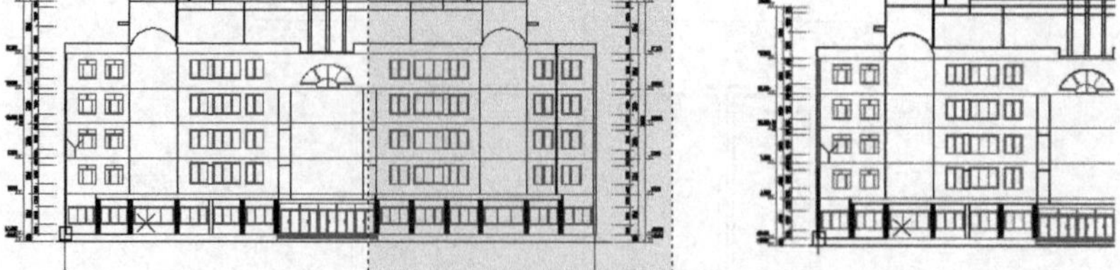

图 3-20　图形裁剪

3.2.9 立面轮廓

在建筑设计中，对于立面造型在正式打印输出前，需要对立面的外轮廓线条进行加粗操作。根据模型空间的绘制比例，得到打印输出的实际外轮廓线条宽度尺寸。

执行【立面】/【立面轮廓】命令，在工作区域中单击并拖动鼠标，实现框选，再次单击鼠标完成框选，根据命令行提示，设置轮廓线条宽度，如图 3-21 所示。

```
命令: T91_TElevOutline
选择二维对象:指定对角点: 找到 610 个
选择二维对象:
请输入轮廓线宽度(按模型空间的尺寸)<0>: 100
成功的生成了轮廓线!
```

图 3-21　立面轮廓命令行

通过查看命令行提示，可以得到正确的立面轮廓线条，如图 3-22 所示。

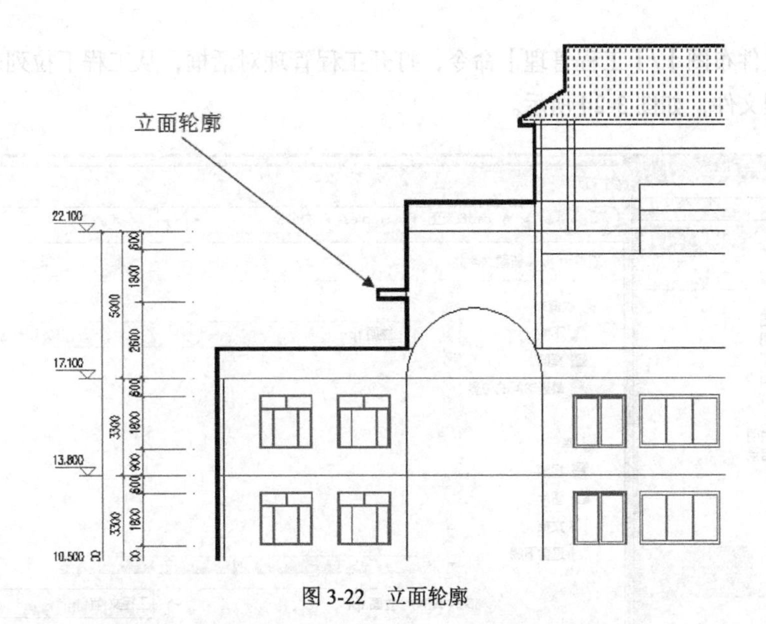

图 3-22　立面轮廓

注意事项：在进行立面轮廓操作时，需要根据模型空间的绘制比例核算出实际的立面轮廓线条宽度。若模型空间的绘制比例为 1∶100，实际打印的轮廓线宽为 1mm 时，则需要设置立面轮廓线为 100mm，若模型空间的绘制比例为 1∶200，实际打印的轮廓线宽为 1mm 时，则需要设置立面轮廓线为 200mm。

3.3 单元练习——建筑立面图

根据前面章节内容的学习，制作建筑立面图，如图 3-23 所示。

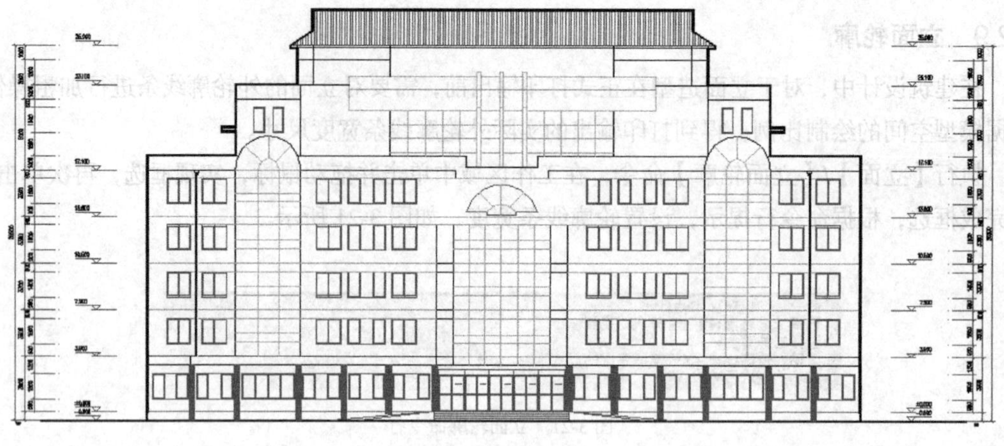

图 3-23 实例

3.3.1 立面生成

1. 工程管理

执行【文件布图】/【工程管理】命令，打开工程管理对话框，从工程下拉列表中选择要进行设置的工程文件，如图 3-24 所示。

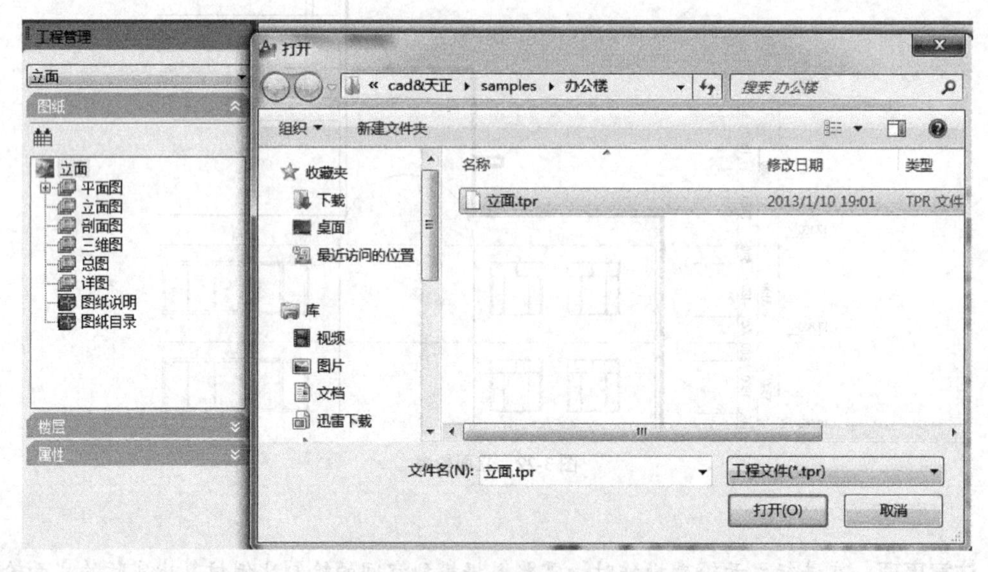

图 3-24 选择工程

单击“平面图”前的“+”按钮，将其展开，单击鼠标右键，选择“添加图纸”命令，选择隶属于当前工程的平面图文件，将其全部添加进来，如图 3-25 所示。

2. 楼层表

在工程管理界面中，单击“楼层”选项，在展开的界面中，输入楼层编号并选择平面图文件，自动获得层高信息，如图 3-26 所示。

3. 查询轴网坐标

在工程管理界面中，双击“平面图”中的平面图文件，将其打开，在命令行中输入“ID”并按【Enter】键，在平面图中单击 *A* 轴线与 1 轴线的交点位置，在命令行中显示交点坐标信息，如图 3-27 所示。

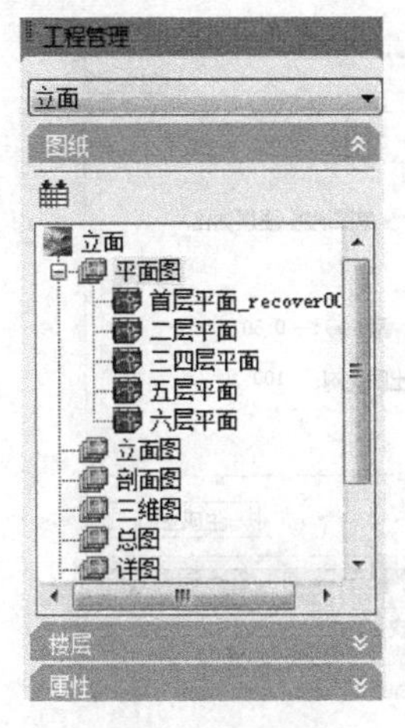

图 3-25　添加文件

图 3-26　楼层表信息

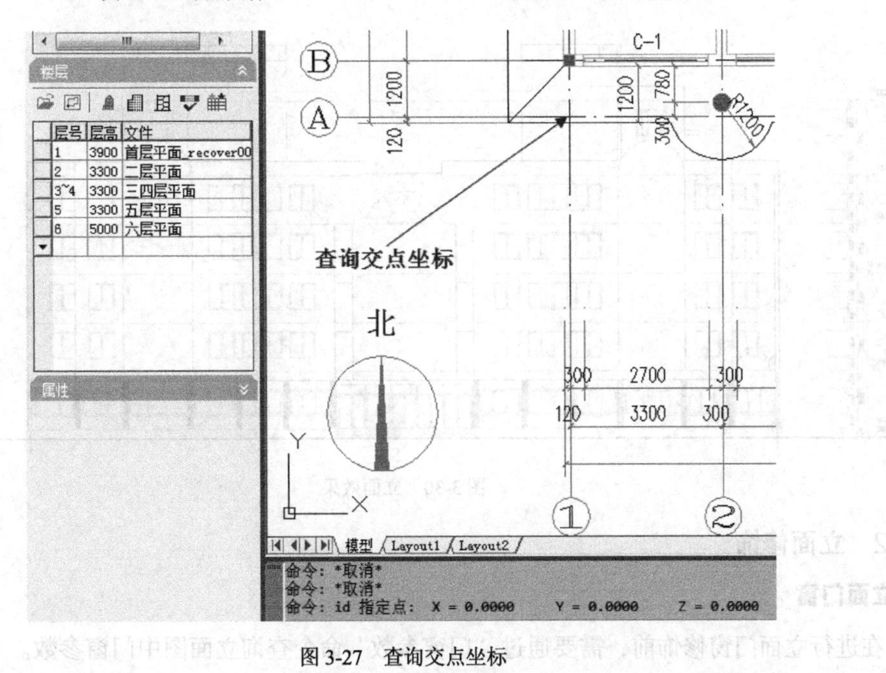

图 3-27　查询交点坐标

若查询后，发现各个平面图的 *A* 轴线与 1 轴线交点坐标不在同一位置时，需要通过“移动”工具调节图形位置，如图 3-28 所示。

图 3-28　移动位置

4. 建筑立面

打开首层平面图，执行【立面】/【建筑立面】命令，根据命令行提示，按“F”键，依次单击选择 1 号轴和 16 号轴，单击鼠标右键结束选择，弹出立面生成设置对话框，如图 3-29 所示。

在弹出的对话框中单击“生成立面”按钮，选择存储位置和文件名，生成立面文件，如

图 3-30 所示。

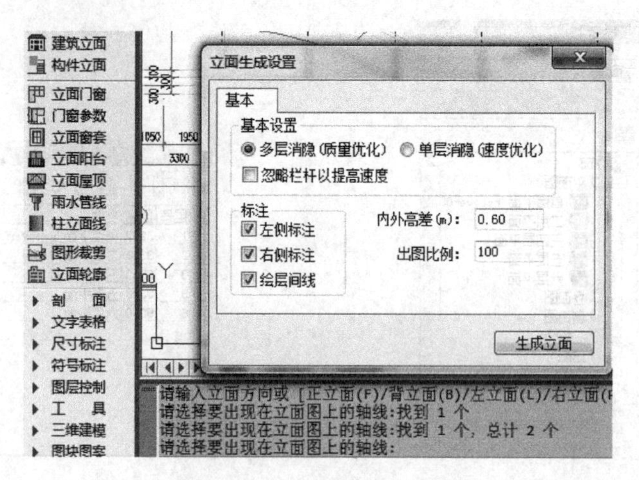

图 3-29 立面生成设置对话框

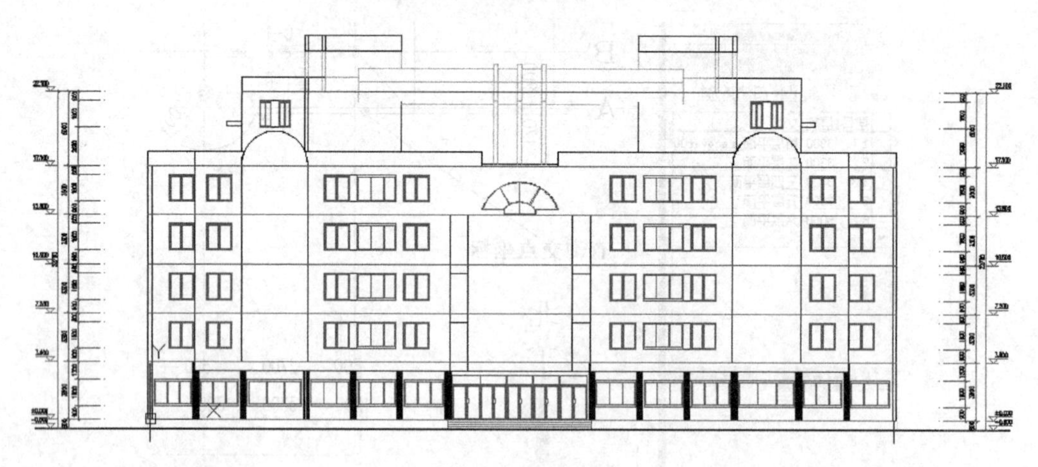

图 3-30 立面效果

3.3.2 立面修饰

1. 立面门窗

在进行立面门窗修饰前，需要通过“门窗参数”命令查询立面图中门窗参数。

执行【立面】/【门窗参数】命令，单击选择二层左下角窗户对象，在命令行显示该窗户的参数，如图 3-31 所示。

执行【立面】/【立面门窗】命令，在弹出的界面中，去掉“统一比例”选项，选中“输入尺寸”选项，输入尺寸信息，如图 3-32 所示。

图 3-31 门窗参数

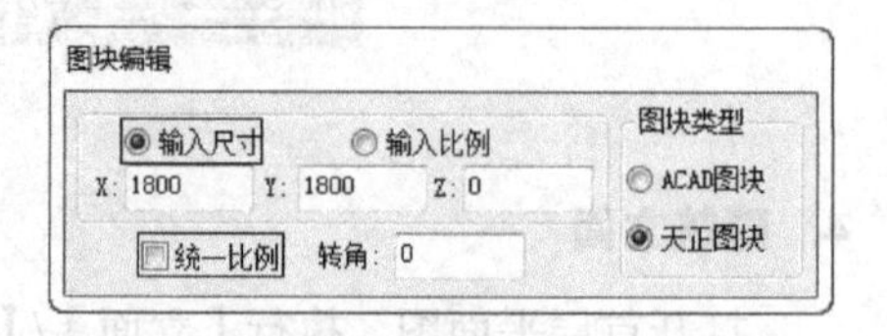

图 3-32 图块编辑

将鼠标指针靠近二层左下角窗户，单击置入图块对象，如图 3-33 所示。

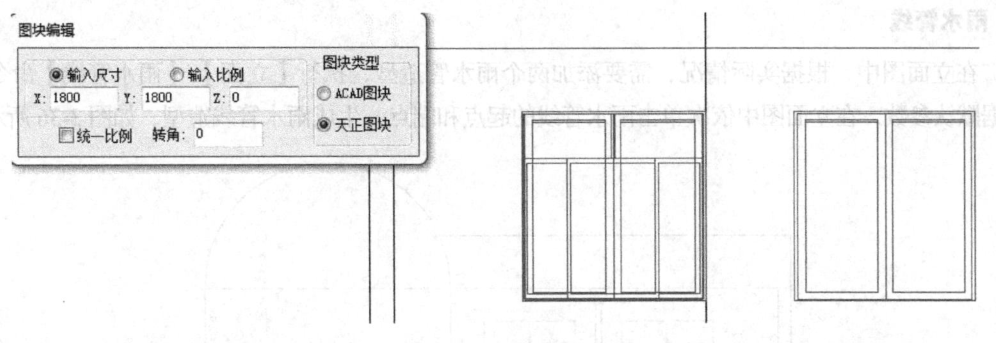

图 3-33 置入图块

2. 复制立面窗

将立面窗对象置入后，将原窗户造型删除，选择立面窗对象，通过“夹点编辑”的方式，复制垂直方向上的窗户对象，再次将立面空对象全部选中，在水平方向上复制并生成其他窗户对象，如图 3-34 所示。

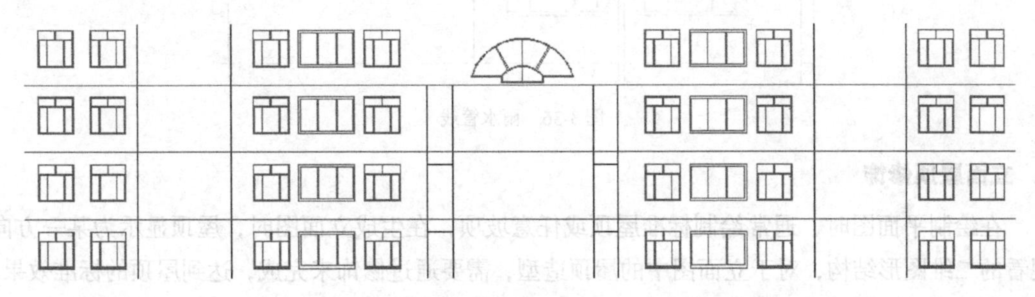

图 3-34 立面窗户

3. 柱立面线

在立面图柱子位置处，将原柱子立面的线条删除，执行【立面】/【柱立面线】命令，根据命令行提示，设置立面线数目为 15，依次捕捉柱立面线的对角点，如图 3-35 所示。

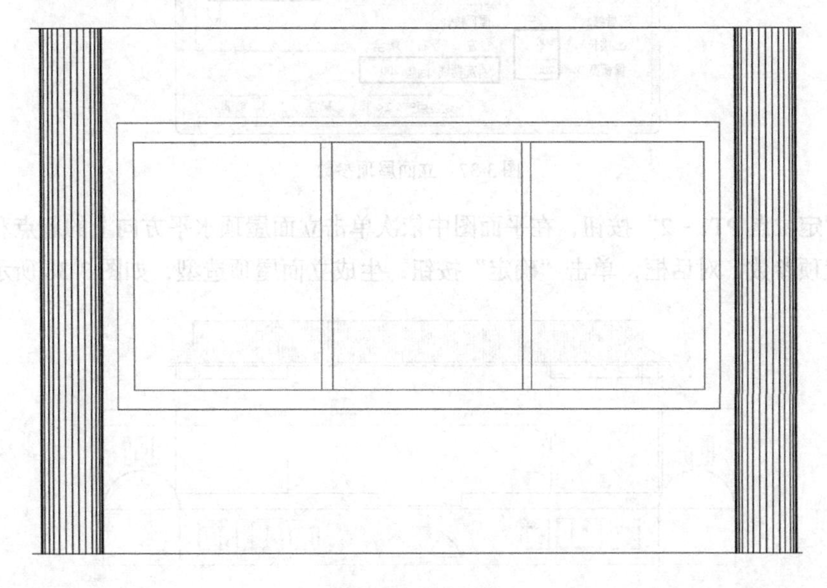

图 3-35 柱立面线

4. 雨水管线

在立面图中，根据实际情况，需要添加两个雨水管造型，执行【立面】/【雨水管线】命令，根据默认参数，在立面图中依次单击雨水管线的起点和端点，生成雨水管线造型，如图 3-36 所示。

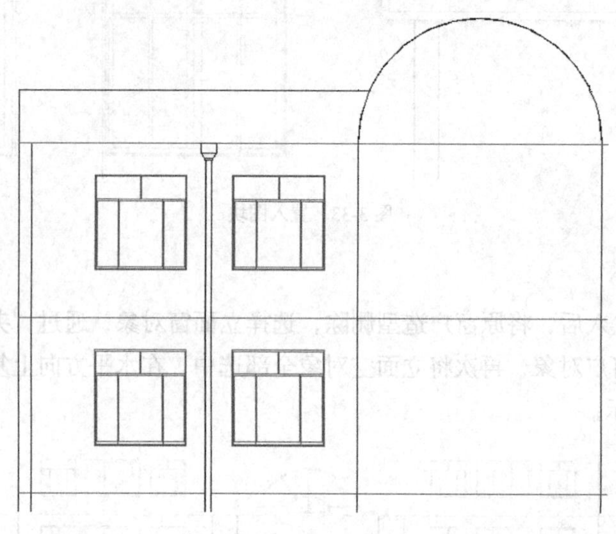

图 3-36　雨水管线

5. 立面屋顶修饰

在绘制平面图时，通常绘制标准屋顶或任意坡项，在生成立面图时，屋顶显示为某一方向观看的二维图形结构，对于立面图中的屋顶造型，需要通过修饰来完成，达到屋顶的标准效果。

执行【立面】/【立面屋顶】命令，在弹出的立面屋顶对话框中设置参数，如图 3-37 所示。

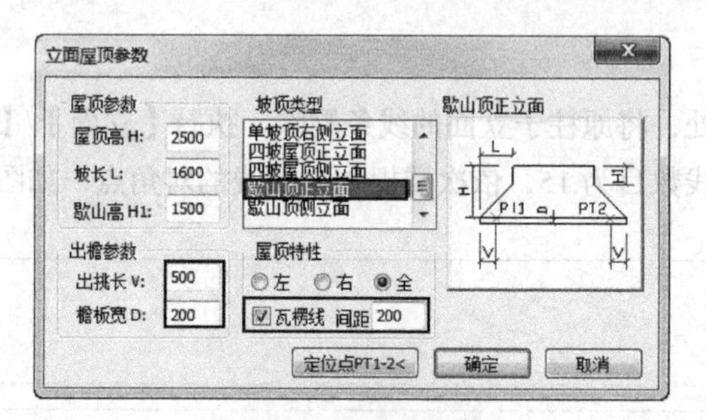

图 3-37　立面屋顶参数

单击“定位点 PT1－2”按钮，在平面图中依次单击立面屋顶水平方向上的起点和端点，返回“立面屋顶参数”对话框，单击“确定”按钮，生成立面屋顶造型，如图 3-38 所示。

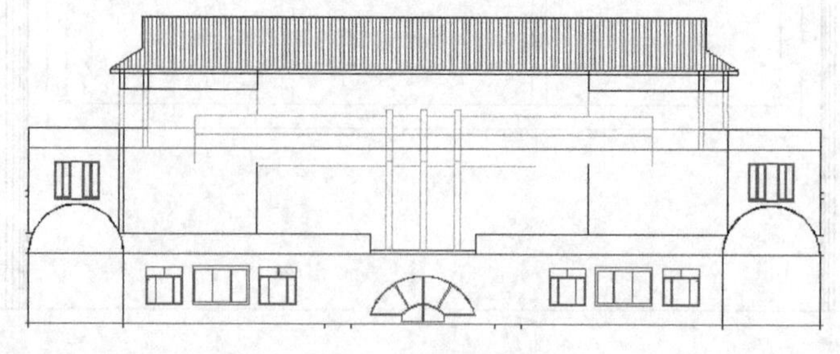

图 3-38　立面屋顶

6. 立面轮廓

在进行立面图修饰时，需要通过“立面轮廓”命令，将立面图的外轮廓线条按模型空间的绘制比例进行线条加粗，使当前立面图符合建筑设计的规范。

执行【立面】/【立面轮廓】命令，在平面图中单击并拖动框选立面图，再次单击鼠标，完成选择，输入轮廓线条宽度 100mm 并按【Enter】键，生成立面轮廓线条，如图 3-39 所示。

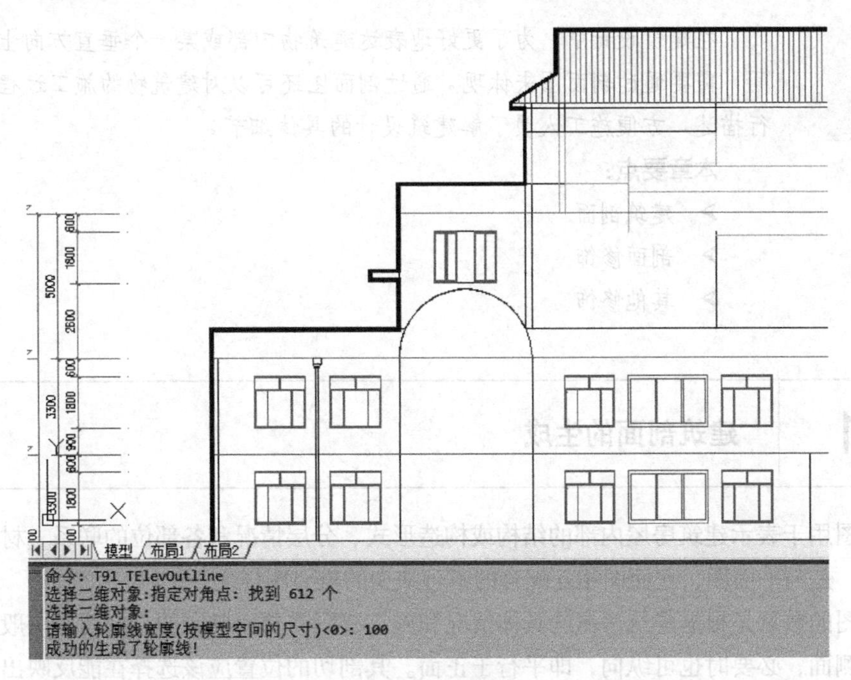

图 3-39 立面轮廓

7. 其他修饰

在进行立面图修饰时，除了常规立面门窗、立面阳台、立面屋顶、柱立面线、雨水管线和立面轮廓之外，还需要对生成的立面图进行局部修饰，如层间线、窗线和玻璃幕墙线等，需要将其修饰并整理，使立面图看起来简洁明了。

本实例中，关于玻璃幕墙和层间线的修饰，在此不再赘述，生成立面造型的最后结果。

3.4 本章小结

本章介绍了建筑立面的知识，在进行建筑设计时，通过天正建筑软件可以快速生成立面图，但仍需要进行立面修饰，才可以达到建筑设计的要求，比直接绘制建筑立面图效率高很多。立面修饰相对比较简单，读者只需要多加练习就可以掌握绘制技巧和建筑标准。

第4章 建筑剖面图

在建筑设计中，为了更好地表达建筑物内部或某一个垂直方向上的构造空间，需要通过剖面图来体现。通过剖面图还可以对建筑物的施工过程和细节进行描述，方便施工人员了解建筑设计的具体细节。

本章要点：

- 建筑剖面
- 剖面修饰
- 其他修饰

4.1 建筑剖面的生成

剖面图用于表示建筑房屋内部的结构或构造形式、分层情况和各部位的联系、材料及其高度等信息，是与平面图、立面图相互配合的不可缺少的重要图样之一。

剖面图的数量是根据建筑房屋的具体情况和施工实际需要而确定的。剖切面一般为横向，即平行于侧面，必要时也可纵向，即平行于正面。其剖切的位置应该选择在能反映出建筑房屋内部构造比较复杂或典型的部位，若为多层建筑房屋，应选择在楼梯间或层高不同、层数不同的部位，以更好地展现建筑物或建筑构件的内部结构。

本章案例参考的文件，在“光盘/章节配套/第4章”中，请读者参阅。

建筑剖面的生成与建筑立面的生成类似，只是建筑剖面在生成之前，需要确定剖面的剖切位置和观看方向。

1. 交点坐标在同一位置

打开工程管理中的各个单层平面图，在命令行中输入“ID”并按【Enter】键，单击*A*轴与1轴的交点坐标，在命令行中显示交点坐标，如图4-1所示。

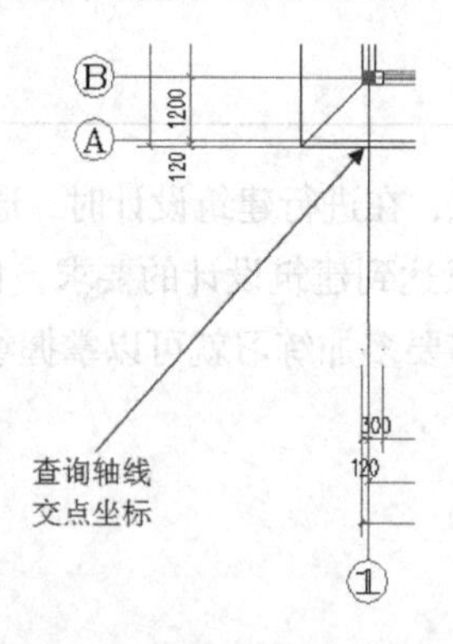

图4-1 查询轴线坐标

2. 楼层表

执行【文件布图】/【工程管理】/【楼层】命令，在弹出的对话框中，手动输入层号，单击对应文件中的按钮，选择平面图文件，自动读取层高信息，如图 4-2 所示。

3. 绘制剖切线

打开工程文件夹中的首层平面图文件，执行【符号标注】/【剖切符号】命令，弹出剖切符号对话框，如图 4-3 所示。

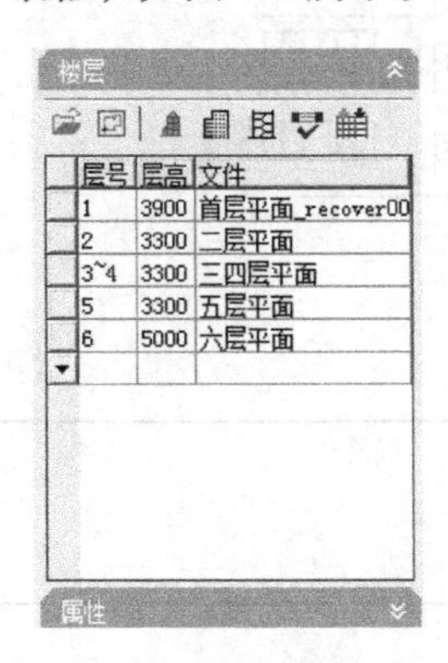

图 4-2 楼层表

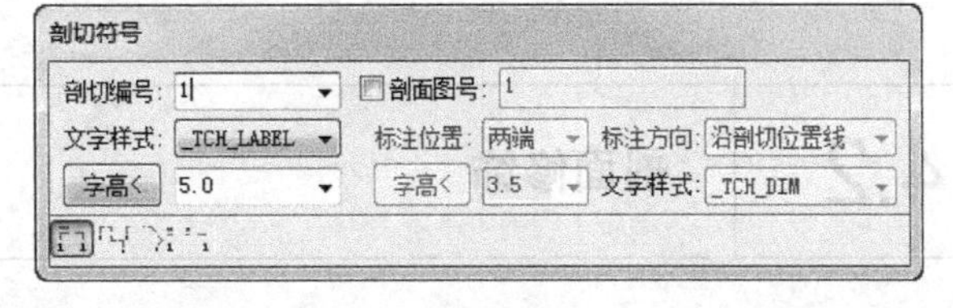

图 4-3 剖切符号

设置剖切编号、文字样式、字高和左下角的剖切类型，在平面图中依次单击水平的两点，单击鼠标右键，通过移动鼠标确定剖切的观察方向，单击左键确认，单击鼠标右键或按【Enter】键完成剖切线创建，如图 4-4 所示。

4. 剖面生成

执行【剖面】/【建筑剖面】命令，根据命令行提示，单击选择剖切线，依次单击选择出现在剖面上的轴线，单击鼠标右键或按【Enter】键完成选择，弹出剖面生成设置对话框，如图 4-5 所示。

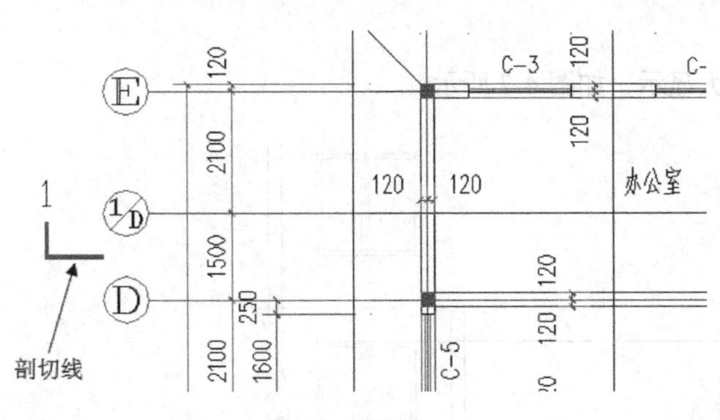

图 4-4 剖切线　　图 4-5 剖面生成设置对话框

单击“生成剖面”按钮，选择剖面图存储的位置和文件名，单击“保存”按钮，生成建筑剖面效果，如图 4-6 所示。

注意事项：在绘制剖切线时，以前版本中剖切线的命令为“剖面剖切”，在新版本中剖切线的命令更改为“剖切符号”，直线剖切线或拐角剖切绘制完成后，再选择剖切方向；确定两个定位点后，选择剖切方向，最后再确定是直线剖切还是拐角剖切。剖切线在不同版本中只是更换了剖切线的名称，实际使用和操作起来没有区别。

图 4-6 剖面结果

4.2 剖面修饰

建筑剖面创建完成以后，需要对剖面中的楼梯、扶手、楼板等部位进行修饰，对于剖切到的建筑实体，需要对其进行剖面填充操作，使其符合建筑剖面图的绘制规范和要求。

4.2.1 参数楼梯

参数楼梯命令用于在剖面图中，对剖面的楼梯造型进行修饰，生成完整的梯段和休息平台造型，方便“参数栏杆”工具的准确置入，达到剖面楼梯的标准造型。

1. 楼梯间清理

在进行“参数楼梯”操作前，需要将楼梯间进行清理，去掉影响剖面楼梯表现的其他线条或对象。

打开剖面图文件，将楼梯间区域放大显示，如图 4-7 所示。

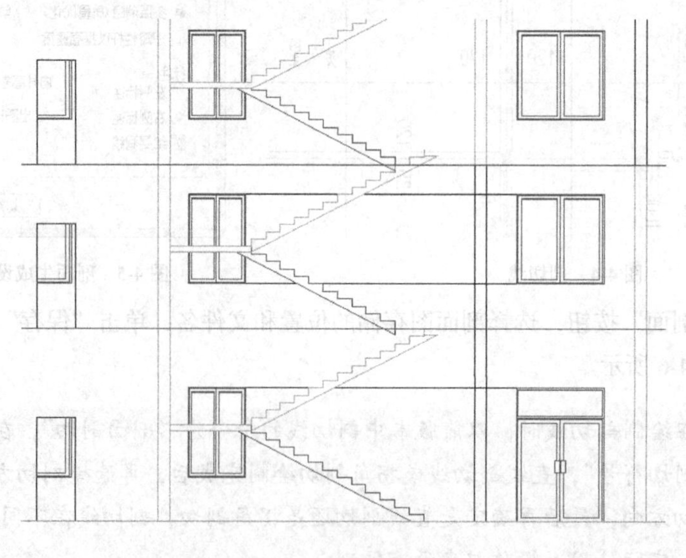

图 4-7 楼梯间清理前

对于楼梯间的层间线、多余线条和横梁对象，进行删除或修剪操作，得到楼梯间清理后的图形，如图 4-8 所示。

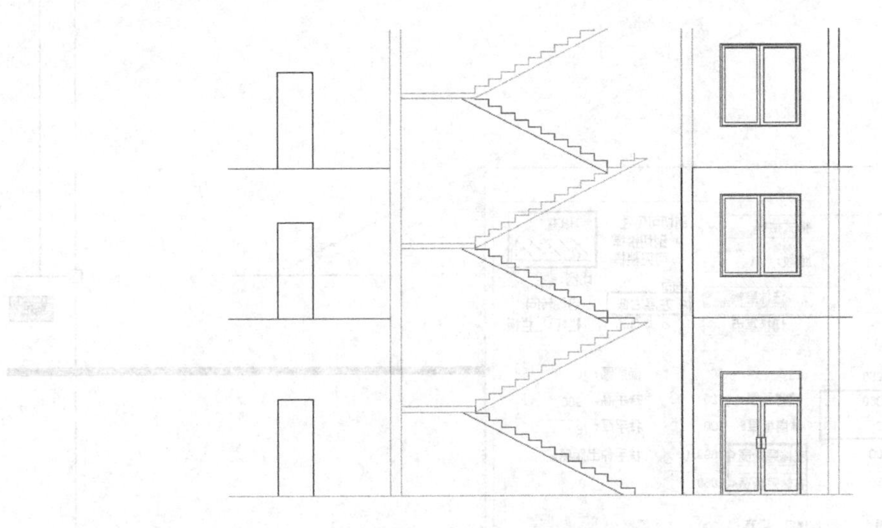

图 4-8　楼梯间清理后

2. 参数楼梯

执行【剖面】/【参数楼梯】命令，弹出参数楼梯对话框，如图 4-9 所示。

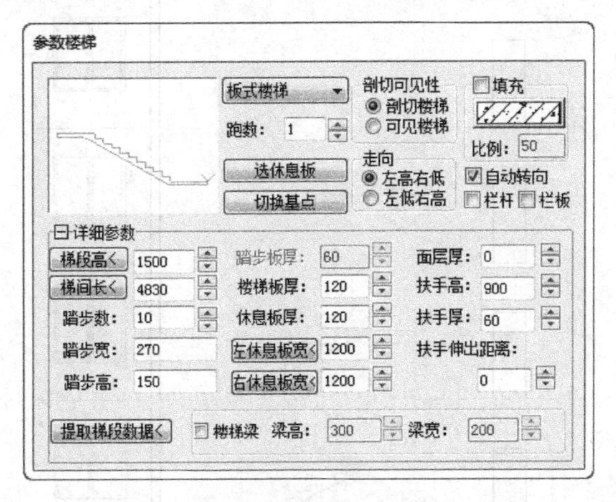

图 4-9　参数楼梯对话框

去掉默认的“填充”选项，单击“左休息板宽”按钮，在剖面图中，依次单击左休息平面左、右两个点，以两点之间的距离作为左休息板宽的尺寸，用同样的方法依次单击“右休息板宽”和“梯间长”按钮，设置相应参数，得到参数楼梯的最后参数，如图 4-10 所示。

将剖面图中原楼梯线条删除，在靠近梯段处单击，置入双跑楼梯的第一个梯段造型，参数楼梯自动切换到双跑楼梯的第二个梯段，选择休息平台处，单击置入第二个梯段造型，依次置入整个楼梯间的双跑楼梯造型，如图 4-11 所示。

注意事项：在进行剖面“参数楼梯”操作时，需要多次测试参数与实际楼梯的符合程度，参数楼梯参数在默认时，记录上一次设置过的参数，根据这个特点，方便经过多次撤销操作才能得出正确的参数楼梯造型。

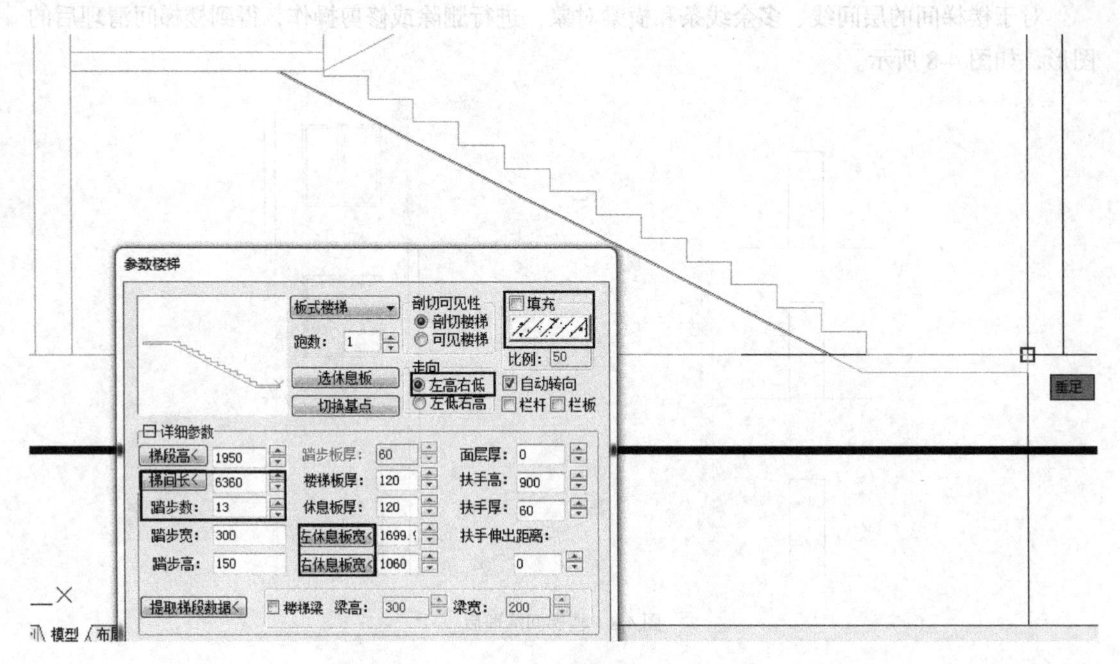

图 4-10　参数楼梯

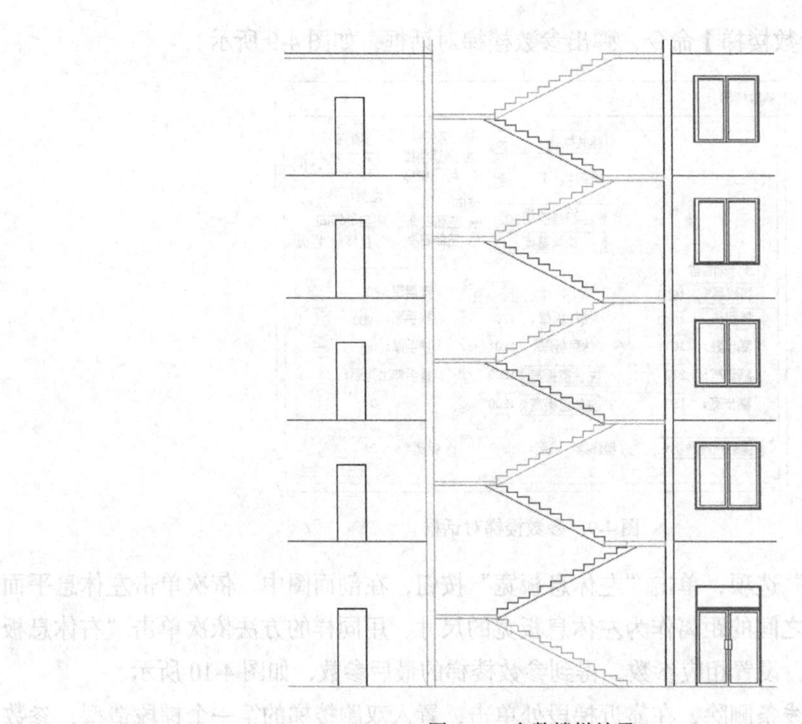

图 4-11　参数楼梯结果

4.2.2　参数栏杆

参数栏杆命令用于在剖面图中对修饰过的楼梯布置栏杆对象。

执行【剖面】/【参数栏杆】命令，弹出剖面楼梯栏杆参数对话框，如图 4-12 所示。

设置“踏步数”和“基点选择”参数，单击“确定”按钮后，根据设置的基点位置，在参数楼梯中单击置入参数栏杆对象，如图 4-13 所示。

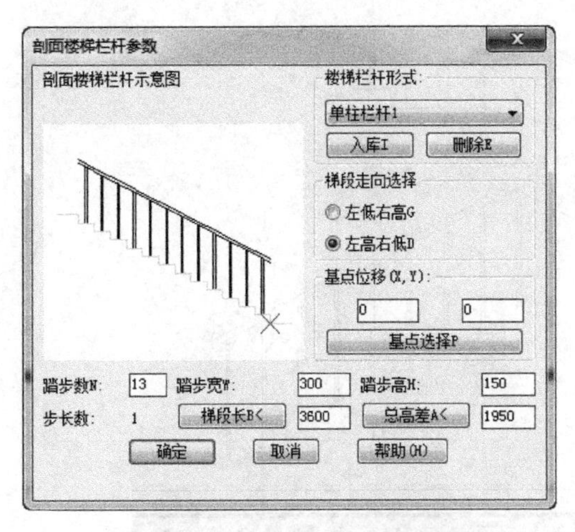

图 4-12 剖面楼梯栏杆参数对话框

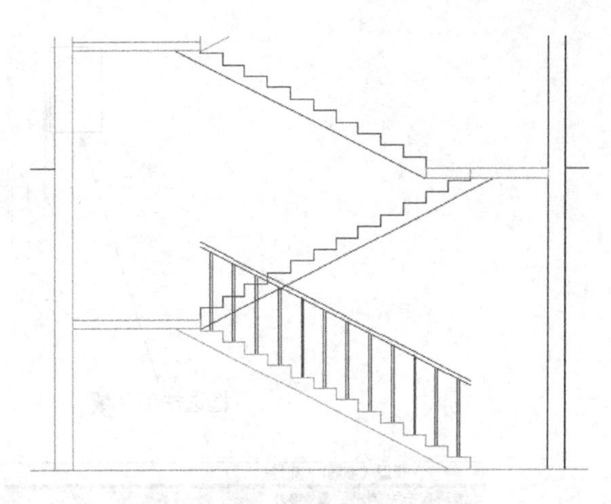

图 4-13 参数栏杆

依次执行【剖面】/【参数栏杆】命令，切换“梯段走向选择”，依次置入另外的参数栏杆对象，如图 4-14 所示。

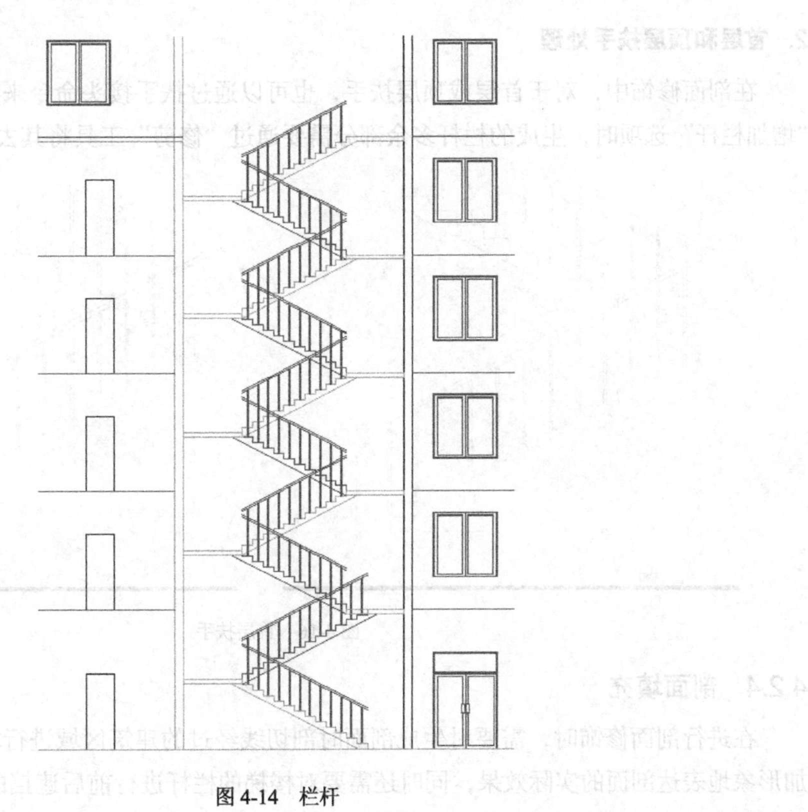

图 4-14 栏杆

4.2.3 扶手接头

扶手接头命令用于在两段参数栏杆扶手处，进行局部处理达到栏杆扶手的完美接头。

1. 扶手接头

执行【剖面】/【扶手接头】命令，根据命令行提示，设置接头的伸出距离以及是否增加栏杆，在剖面图中依次单击两点，框选需要添加扶手的两段扶手对象，如图 4-15 所示。

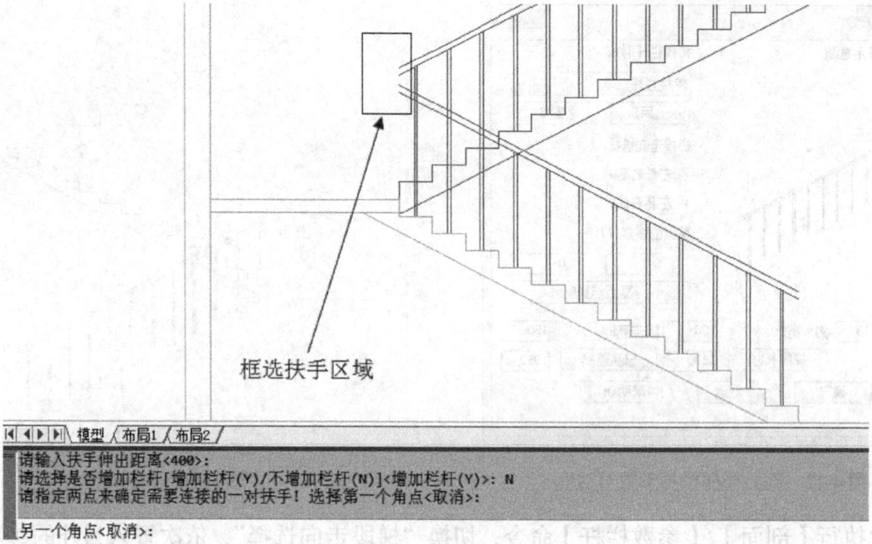

框选扶手区域

模型 / 布局1 / 布局2

请输入扶手伸出距离<400>:
请选择是否增加栏杆[增加栏杆(Y)/不增加栏杆(N)]<增加栏杆(Y)>: N
请指定两点来确定需要连接的一对扶手！选择第一个角点<取消>:
另一个角点<取消>:

图 4-15　扶手接头

2. 首层和顶层扶手处理

在剖面修饰中，对于首层或顶层扶手，也可以通过扶手接头命令来实现，当在参数中选择“增加栏杆”选项时，生成的栏杆多余部分需要通过“修剪”工具将其去除，如图 4-16 所示。

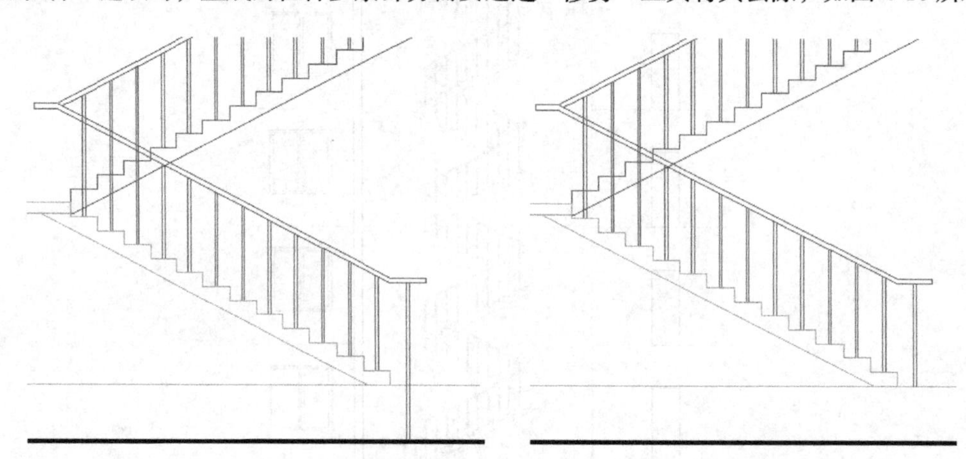

图 4-16　首层扶手

4.2.4　剖面填充

在进行剖面修饰时，需要对生成剖面时剖切线经过的建筑区域进行相关的剖面填充，以更加形象地表达剖面的实际效果，同时还需要对楼梯的栏杆进行前后遮挡的线条处理。

剖面填充分为楼梯剖面填充和横梁剖面填充。在进行剖面填充时，需要对剖面中的线条对象进行简单处理。

1. 横梁添加

在剖面图中，楼梯休息平台和墙体部位，需要添加横梁的截面图形。绘制 240mm × 240mm 的正方形作为横梁的截面图形，通过夹点编辑将其复制到需要的位置，并进行线条修剪，如图 4-17 所示。

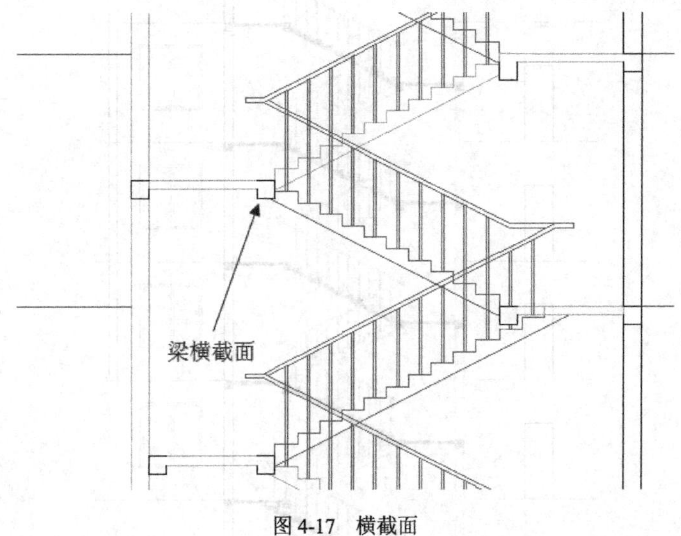

图 4-17　横截面

2. 栏杆遮挡处理

根据首层平面图剖切线的位置，确定当前剖面图中栏杆扶手与第二段楼梯的遮挡关系。

在剖面图中，通过“修剪”工具实现栏杆与梯段的遮挡关系的修剪，如图 4-18 所示。

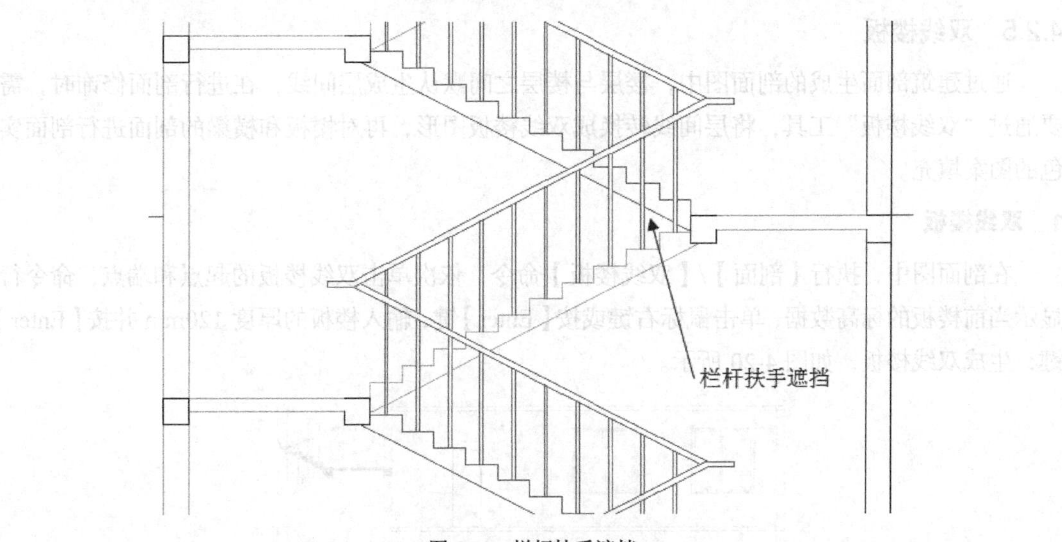

图 4-18　栏杆扶手遮挡

注意事项：在天正建筑软件中，生成建筑剖面以后，图形对象自动处理到相应的平面图。通常情况下，剖面图中梯段颜色显示为黄色时，表示该梯段未进行剖切；梯段颜色显示白色时，表示该梯段被剖切。对于被剖切的梯段，需要填充实色。根据被剖切的梯段与栏杆的前后位置关系，确定栏杆与踏步的线条遮挡关系。

3. 剖面填充

在命令行中输入“H”并按【Enter】键，在弹出的填充图案界面中，选择填充内容为“SOLID（实色填充）”，在剖面图中单击需要填充的梯段和横梁，完成剖面填充，如图 4-19 所示。

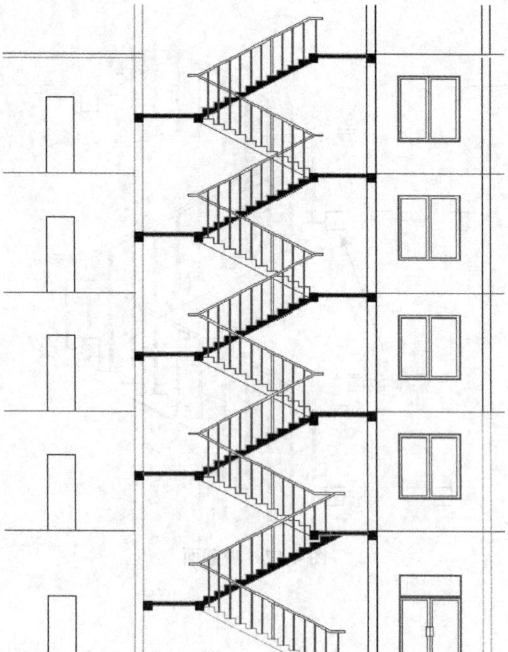

图 4-19 剖面填充

4.2.5 双线楼板

通过建筑剖面生成的剖面图中，楼层与楼层之间默认生成层间线，在进行剖面修饰时，需要通过“双线楼板”工具，将层间线转换成双线楼板图形，再对楼板和横梁的剖面进行剖面实色的图案填充。

1. 双线楼板

在剖面图中，执行【剖面】/【双线楼板】命令，依次单击双线楼板的起点和端点，命令行显示当前楼板的标高数据，单击鼠标右键或按【Enter】键，输入楼板的厚度 120mm 并按【Enter】键，生成双线楼板，如图 4-20 所示。

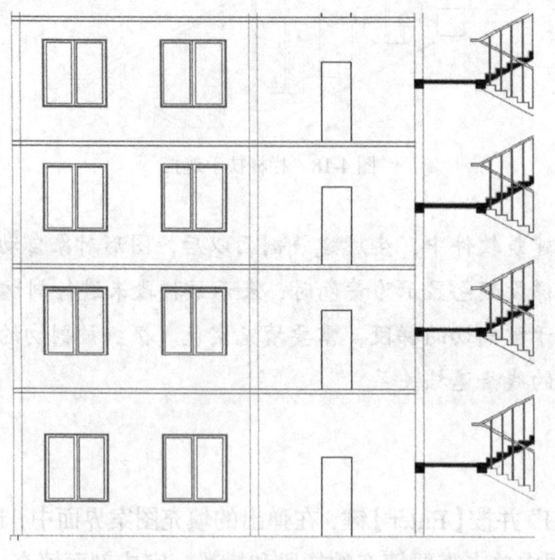

图 4-20 双线楼板

2. 梁横截面

在剖面图中，对于双线楼板与墙体连接的位置，需要绘制“圈梁”的横截面图形，方便进行剖面填充。绘制 240mm × 240mm 的正方形作为横梁的截面图形，如图 4-21 所示。

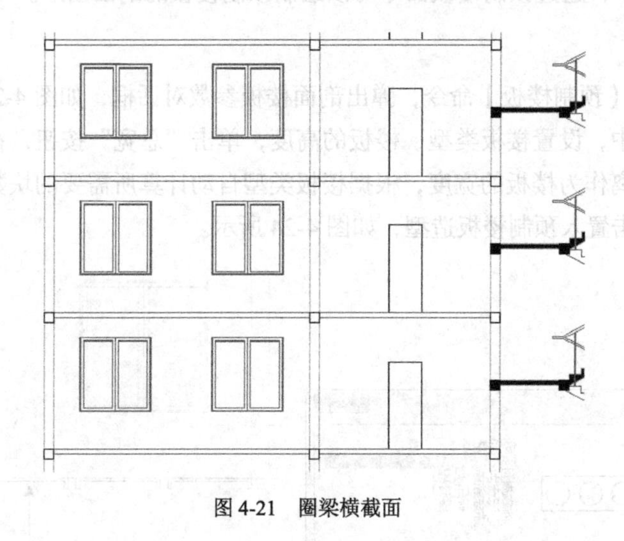

图 4-21　圈梁横截面

3. 剖面填充

在命令行中输入“H”并按【Enter】键，在弹出的填充图案界面中，选择填充内容为“SOLID（实色填充）”，在剖面图中单击需要填充的梯段和横梁，完成剖面填充，如图 4-22 所示。

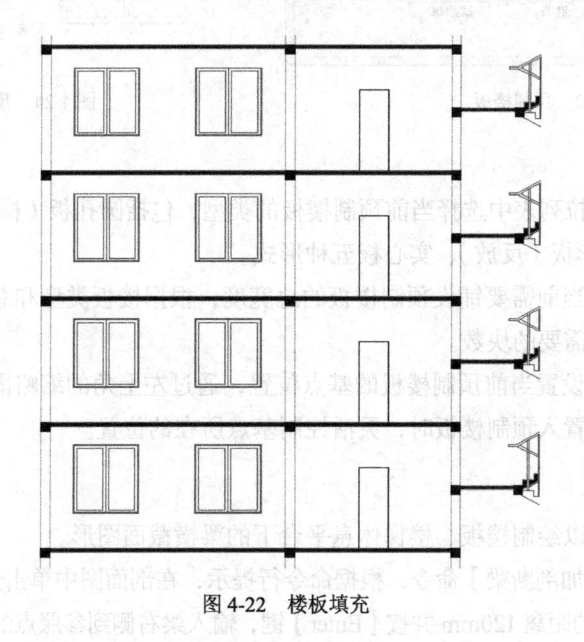

图 4-22　楼板填充

4.3 其他修饰

在建筑剖面图修饰中，除了常见的参数楼梯、参数栏杆、双线楼板等命令以外，还包括预制楼板、加剖断梁、剖面门窗、剖面檐口、门窗过梁等修饰工具。

4.3.1　预制楼板

在建筑剖面图中，通过预制楼板命令可以绘制预制楼板的剖面图形。

1. 预制楼板

执行【剖面】/【预制楼板】命令，弹出剖面楼板参数对话框，如图 4-23 所示。

在弹出的界面中，设置楼板类型、楼板的高度，单击“总宽”按钮，在剖面图中依次单击两点，以两点间距离作为楼板的宽度，根据楼板类型自动计算所需要的块数，单击“确定”按钮，在剖面图中单击置入预制楼板造型，如图 4-24 所示。

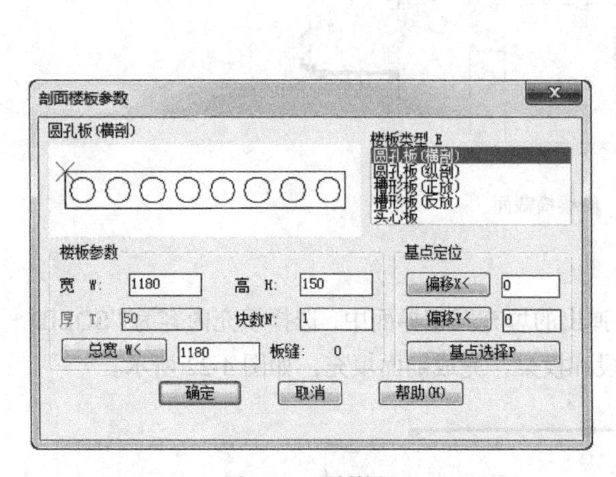

图 4-23　预制楼板

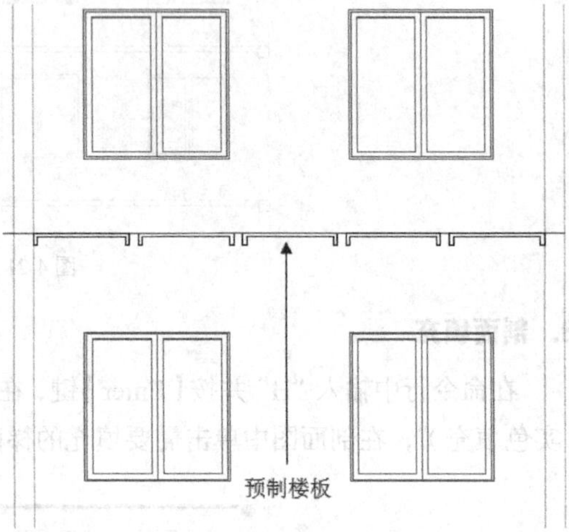

预制楼板

图 4-24　预制楼板

2. 参数说明

楼板类型：从下拉列表中选择当前预制楼板的类型，包括圆孔板（横剖）、圆孔板（纵剖）、槽形板（正放）、槽形板（反放）、实心板五种形式。

总宽：用于设置当前需要铺设预制楼板的总宽度，根据楼板类型和总宽两个参数，自动换算出铺设预制楼板所需要的块数。

基点定位：用于设置当前预制楼板的基点位置，通过左上角的缩略图可以查看当前设置基点所在的位置，方便置入预制楼板时，灵活控制基点所在的位置。

4.3.2　加剖断梁

加剖断梁命令可以绘制楼板、楼梯休息平台下的梁横截面图形。

执行【剖面】/【加剖断梁】命令，根据命令行提示，在剖面图中单击选择剖面梁的参考点，输入梁左侧到参照点的距离 120mm 并按【Enter】键，输入梁右侧到参照点的距离 120 并按【Enter】键，输入梁底边到参照点的距离 240mm 并按【Enter】键，如图 4-25 所示。

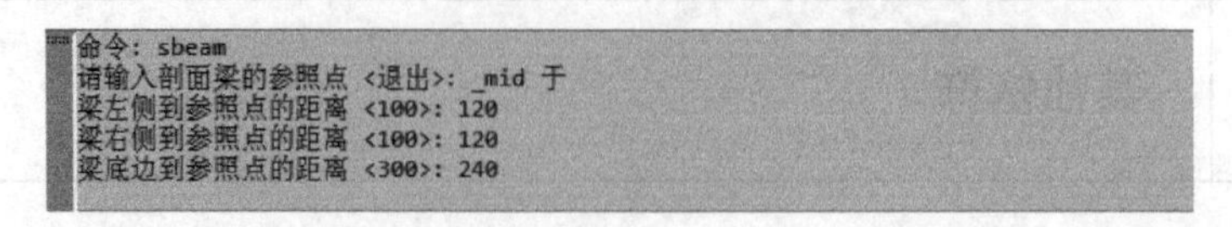

图 4-25　参考命令行

生成剖断梁的横截面造型，如图 4-26 所示。

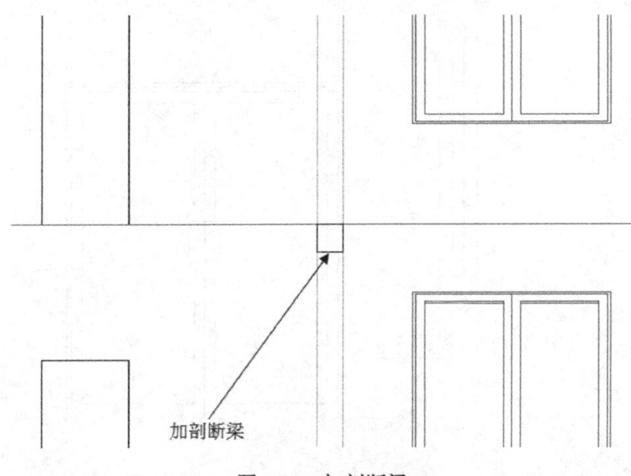

图 4-26 加剖断梁

注意事项：在建筑剖面修饰中，通常使用 240mm×240mm 的矩形来表示横梁剖面的截面图形，而很少使用加剖断梁的方法生成横梁剖面的截面图形。

4.3.3 剖面门窗

剖面门窗命令用于在剖面图中，对于剖切线经过的门窗位置进行剖面修饰，使其更加形象地表现剖面图的细节。

执行【剖面】/【剖面门窗】命令，根据命令行提示，单击选择剖面墙线的下端或按“S”键，进行剖面门窗样式的设置，如图 4-27 所示。

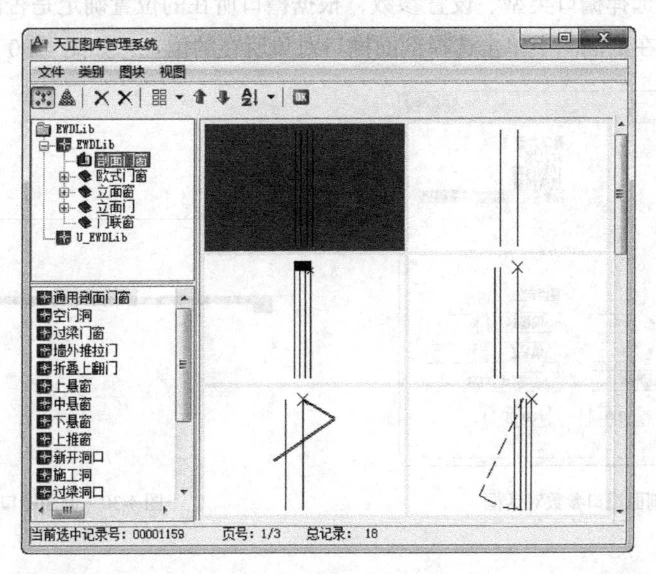

图 4-27 天正图库管理系统

在弹出的天正图库样式中，双击右侧列表中的门窗样式，根据命令行提示，输入门窗下口到墙下端的距离 900mm 并按【Enter】键，输入门窗的宽度 1500mm 并按【Enter】键，单击鼠标右键或按【Enter】键，完成剖面门窗置入，如图 4-28 所示。

```
模型 布局1 布局2
请点取剖面墙线下端或 [选择剖面门窗样式(S)/替换剖面门窗(R)/改窗台高(E)/改窗高(H)
门窗下口到墙下端距离<900>:
门窗的高度<1500>:
1500
门窗下口到墙下端距离<900>:
门窗的高度<1500>:
```

图 4-28 剖面门窗

4.3.4 剖面檐口

剖面檐口命令用于对剖面图中的屋檐檐口进行修饰。

1. 剖面檐口

执行【剖面】/【剖面檐口】命令，弹出剖面檐口参数对话框，如图 4-29 所示。

在对话框中，选择檐口类型、设置参数，根据檐口所在的位置确定是否需要左右翻转，单击“确定”按钮，在剖面图中单击选择剖面檐口对象所在的位置，如图 4-30 所示。

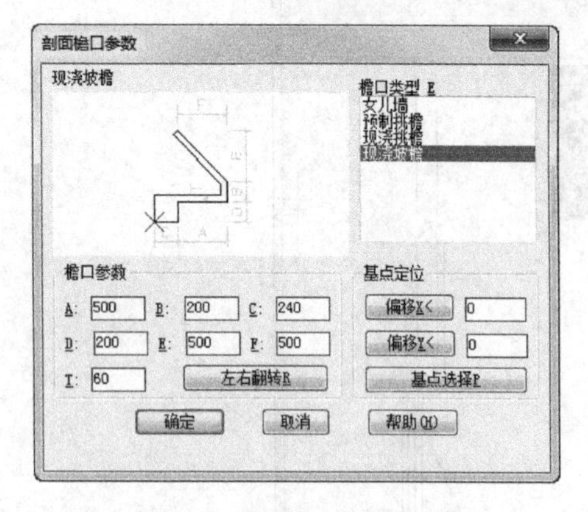

图 4-29 剖面檐口参数对话框

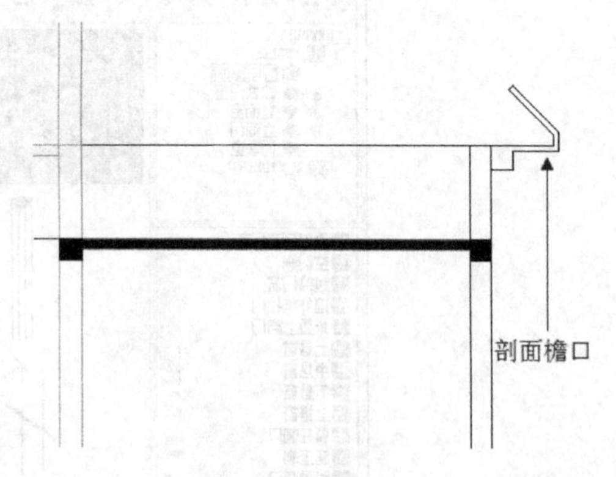

图 4-30 剖面檐口

2. 参数说明

檐口类型：用于设置剖面檐口的类型，包括女儿墙、预制挑檐、现浇挑檐、现浇坡檐 4 个檐口类型。

檐口参数：用于设置选定檐口类型后，设置檐口相应的尺寸参数。

基点定位：用于设置选定檐口的楼板基点和相对位置，单击“基点选择”按钮进行基点选择时，可以通过左上角的缩略图查看基点选择的位置。

4.3.5　门窗过梁

门窗过梁命令用于在剖面图中的剖面门窗上面添加横梁造型，使其符合剖面修饰的设计规范。

执行【剖面】/【门窗过梁】命令，根据命令行的提示，单击选择剖面图中的剖面门窗对象，根据命令行提示，输入过梁高度，生成门窗过梁造型，如图 4-31 所示。

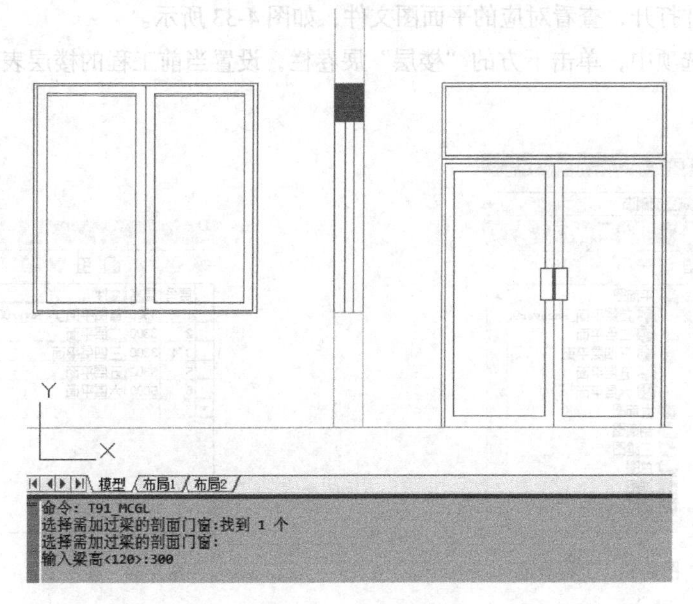

图 4-31　门窗过梁

4.4　单元练习——建筑剖面图

通过前面建筑剖面的创建和建筑剖面的修饰，完成建筑剖面图的绘制案例，如图 4-32 所示。

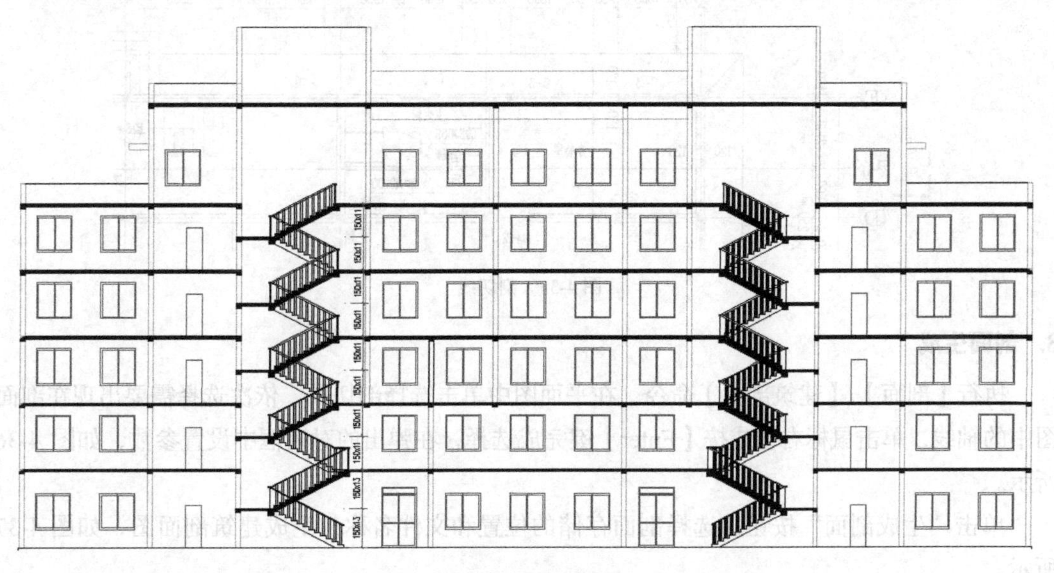

图 4-32　建筑剖面图

4.4.1 剖面生成

根据绘制的各个单层平面图，生成当前工程的建筑剖面图。

1. 剖面生成准备工作

启动天正建筑软件，执行【文件布图】/【工程管理】命令，从工程下拉列表中，将需要生成剖面的工程文件打开，查看对应的平面图文件，如图4-33所示。

在工程管理选项中，单击下方的“楼层”展卷栏，设置当前工程的楼层表信息，如图4-34所示。

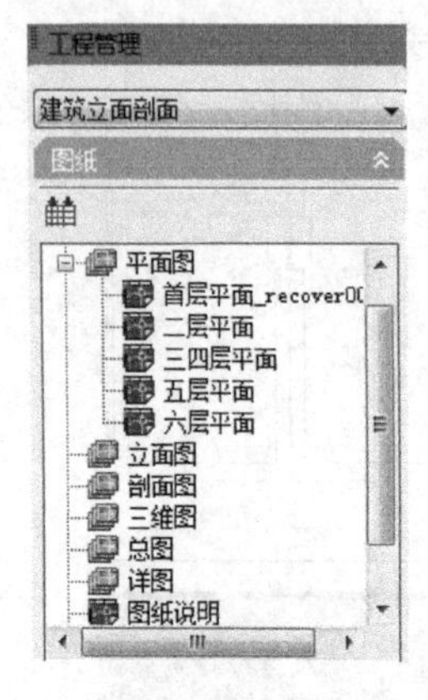

图4-33 工程管理

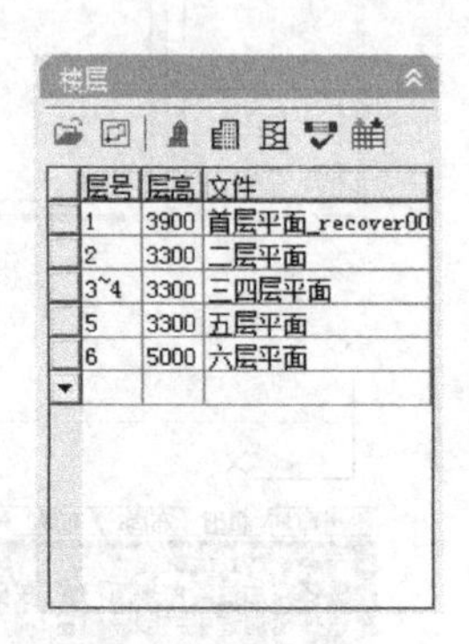

图4-34 楼层表

2. 绘制剖切线

打开首层平面图文件，执行【符号标注】/【剖切符号】命令，在弹出的对话框中，设置剖切编号和绘制方式，在平面图中依次单击穿过双跑楼梯的剖切线，如图4-35所示。

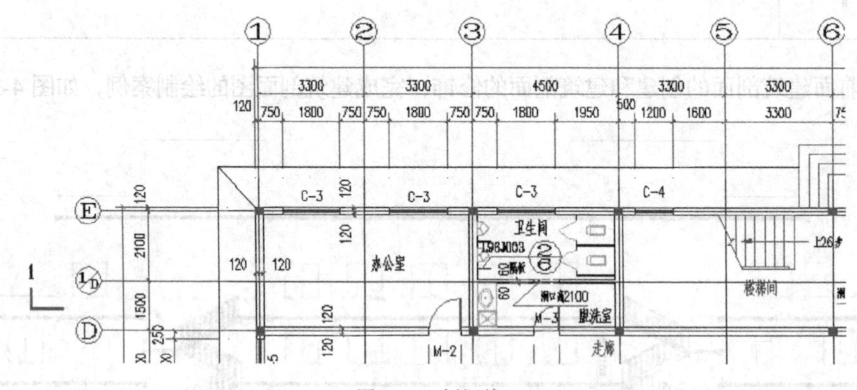

图4-35 剖切线

3. 剖面生成

执行【剖面】/【建筑剖面】命令，在平面图中单击选择剖切线，依次选择需要出现在剖面图中的轴线，单击鼠标右键或按【Enter】键完成选择，在弹出的对话框中设置参数，如图4-36所示。

单击“生成剖面”按钮，选择剖面存储的位置和文件名称，生成建筑剖面图，如图4-37所示。

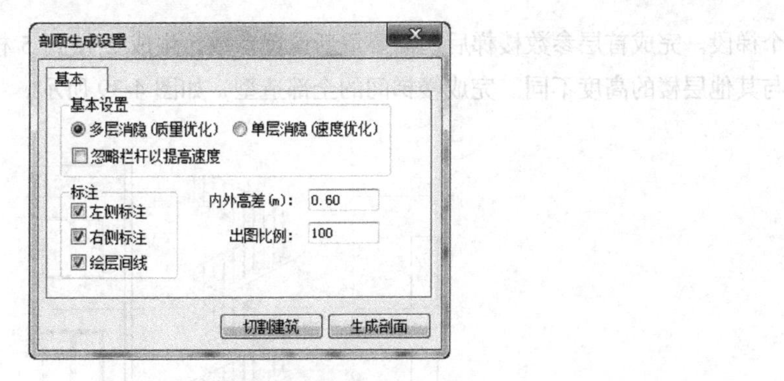

图 4-36　剖面生成设置对话框

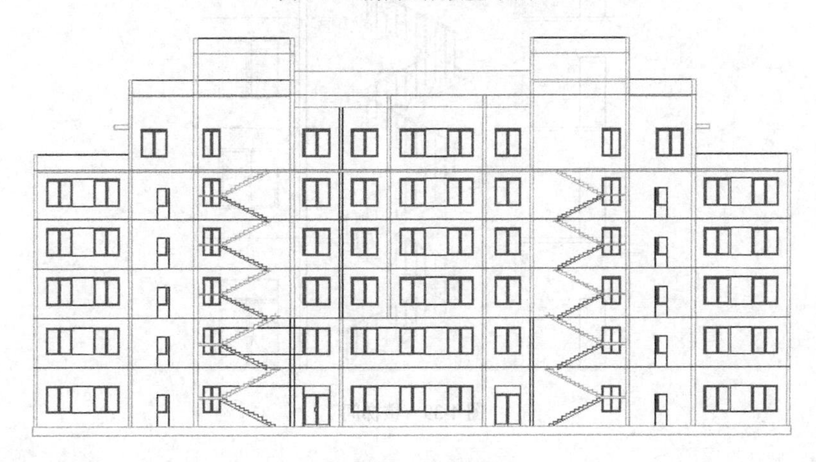

图 4-37　建筑剖面

4.4.2　剖面修饰

1. 参数楼梯

将当前剖面图局部放大，将双跑楼梯所在的楼梯间进行线条清理，将层间线和窗户删除，执行【剖面】/【参数楼梯】命令，在弹出的对话框中，根据需要设置相应参数，单击置入参数楼梯，如图 4-38 所示。

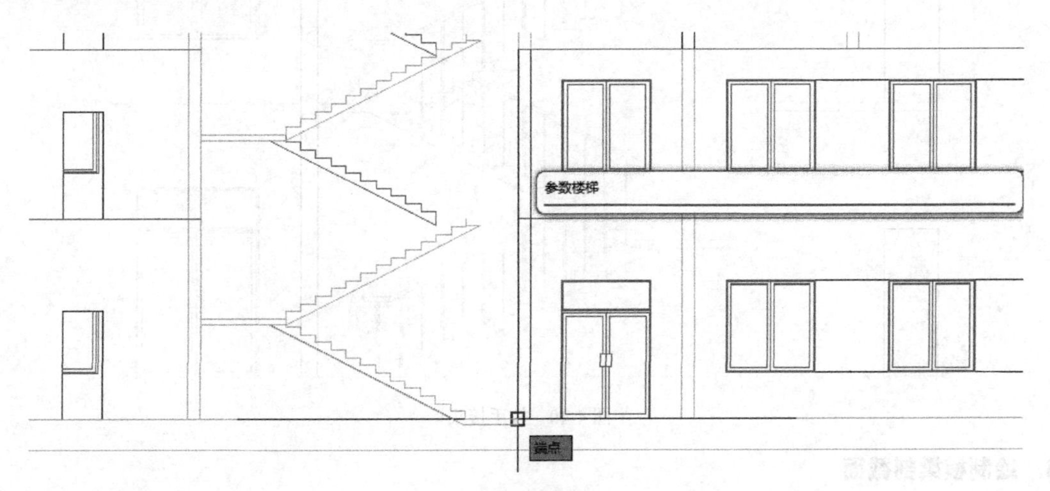

图 4-38　参数楼梯

置入完成第一个梯段楼梯后，参数楼梯自动切换到“第 2 跑”的方式，直接单击置入第二个梯段。完成首层参数楼梯后，需要重新设置参数，生成 2 楼到 5 楼的双跑楼梯，因为首层楼与其他层楼的高度不同。完成楼梯间的全部造型，如图 4-39 所示。

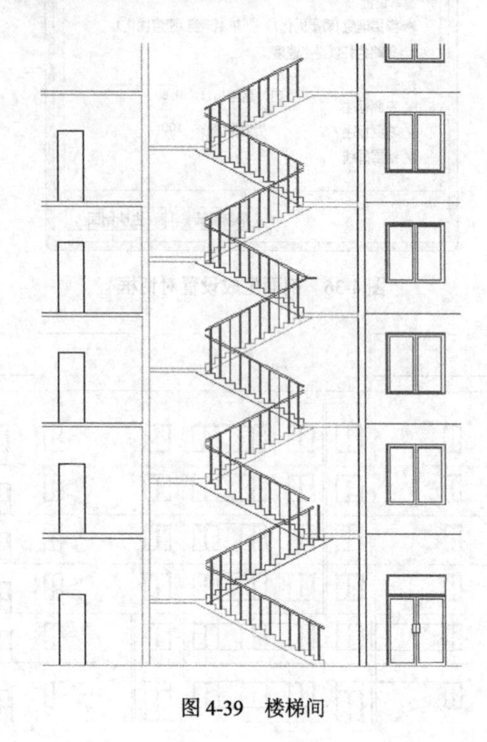

图 4-39　楼梯间

2. 扶手接头

执行【剖面】/【扶手接头】命令，根据命令行提示，对两段扶手的位置进行接头处理，首层和顶层需要添加栏杆，其他楼层不需要添加栏杆。生成最后造型，如图 4-40 所示。

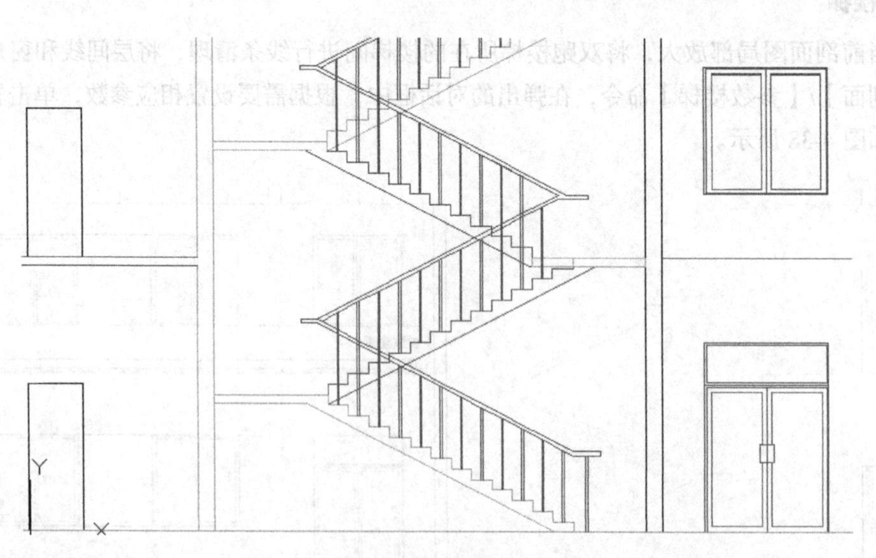

图 4-40　扶手接头

3. 绘制横梁剖截面

利用 240mm×240mm 的矩形，作为楼梯休息平台和楼梯所在墙的横梁剖截面，并进行线条修剪，如图 4-41 所示。

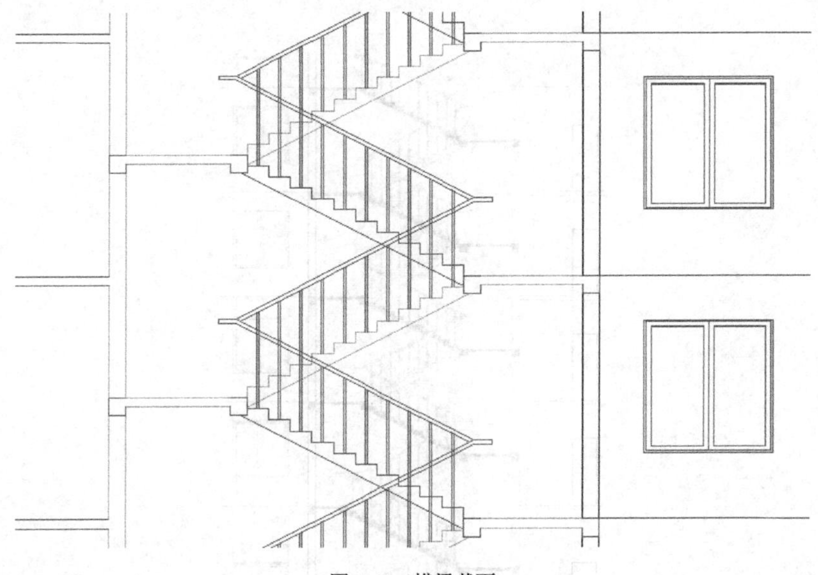

图 4-41　横梁截面

4. 楼梯与栏杆的遮挡处理

根据剖切线所在的位置和剖面观看的方向，确定栏杆与剖面楼梯的遮挡关系，通过“修剪”工具进行线条修剪，得到正确的楼梯与栏杆的遮挡效果，如图 4-42 所示。

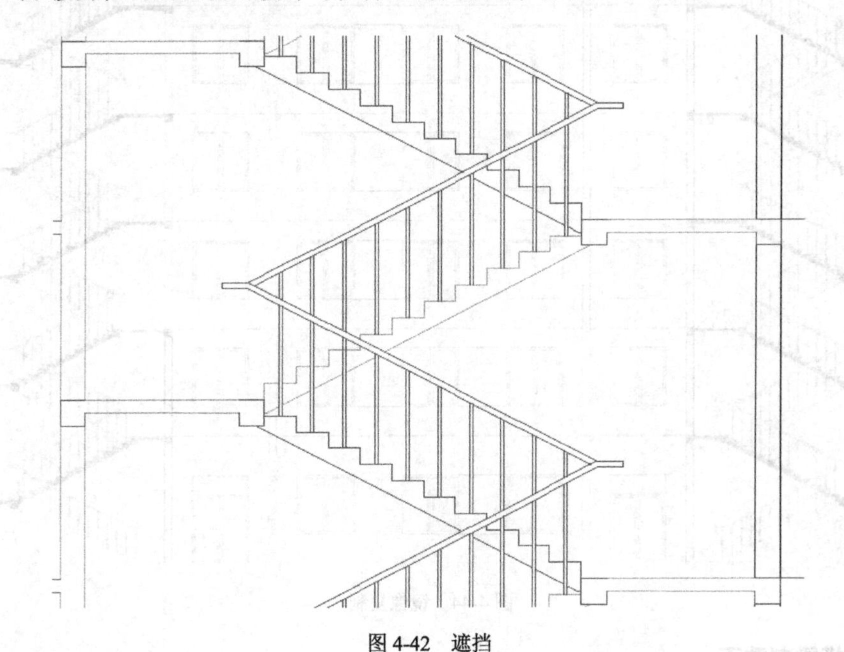

图 4-42　遮挡

5. 剖面填充

在命令行中输入“H”并按【Enter】键，对于剖面图中剖切的梯段和休息平台位置进行剖面填充，生成剖面效果，如图 4-43 所示。

6. 镜像复制参数楼梯

在剖面图中，将已经创建完成的参数楼梯造型选中，通过镜像复制的方法得到另外的参数楼梯造型，如图 4-44 所示。

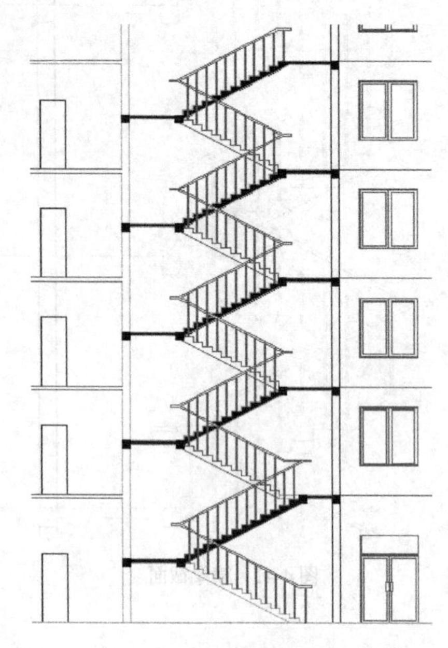

图4-43 剖面填充

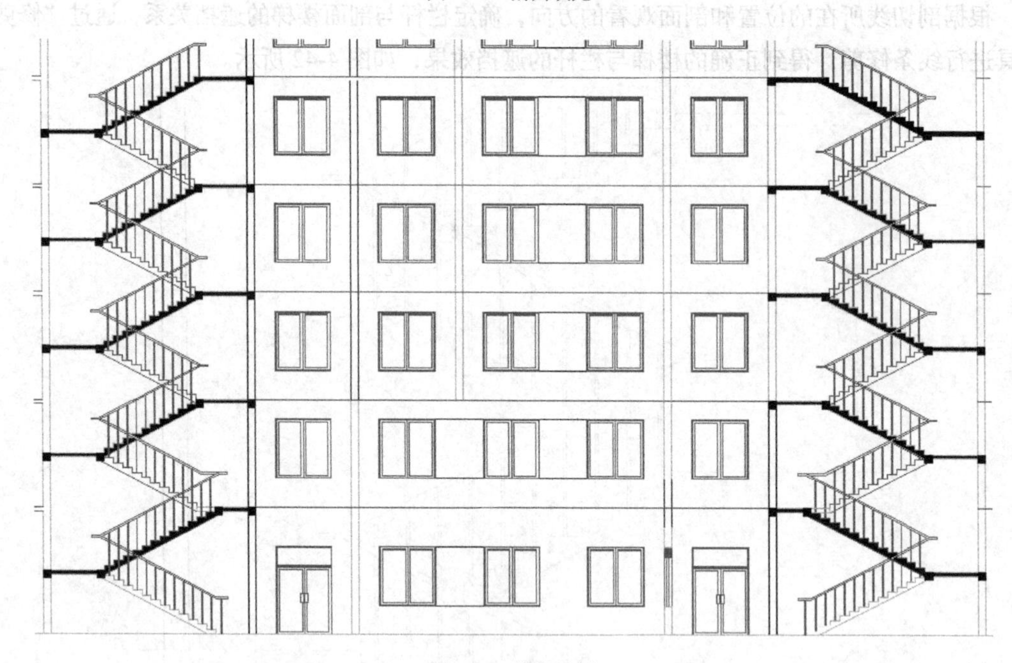

图4-44 镜像复制

7. 楼板和横梁剖截面

在剖面图中，除了楼梯需要修饰以外，对于层间线所在的位置，需要生成楼板造型，在层间线与墙体连接处需要添加横梁造型。

在命令行中输入“O”并按【Enter】键，在命令行中输入120mm并按【Enter】键，对层间线进行偏移复制，利用240mm×240mm的矩形来实现横梁剖截面造型，如图4-45所示。

8. 剖截面填充

在命令行中输入“H”并按【Enter】键，对楼板和横梁剖截面进行图案填充，如图4-46所示。

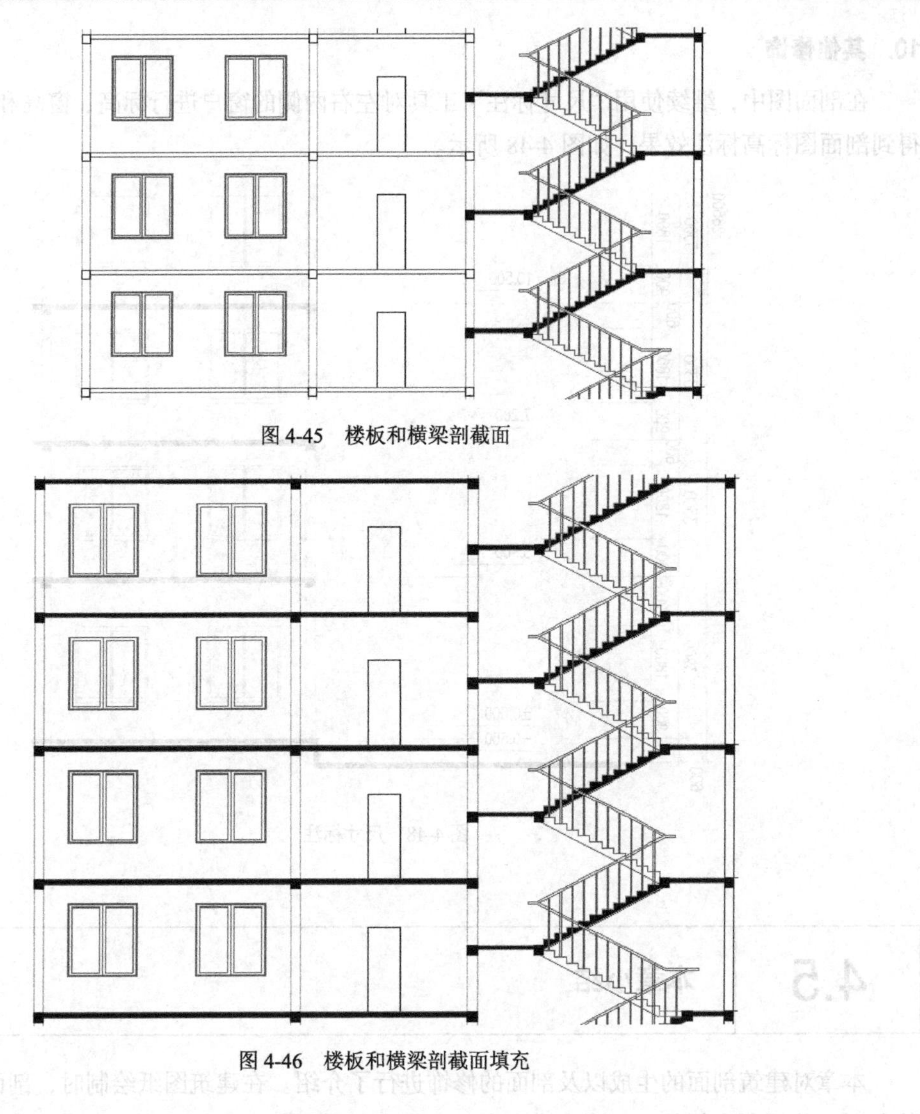

图 4-45　楼板和横梁剖截面

图 4-46　楼板和横梁剖截面填充

9. 尺寸标注

对于剖面图中的楼梯造型，需要进行尺寸标注，注明双跑楼梯的各个尺寸参数。

执行【尺寸标注】/【逐点标注】命令，在剖面图双跑楼梯位置处，进行垂直方向上的尺寸标注，得到梯段尺寸参数，如图 4-47 所示。

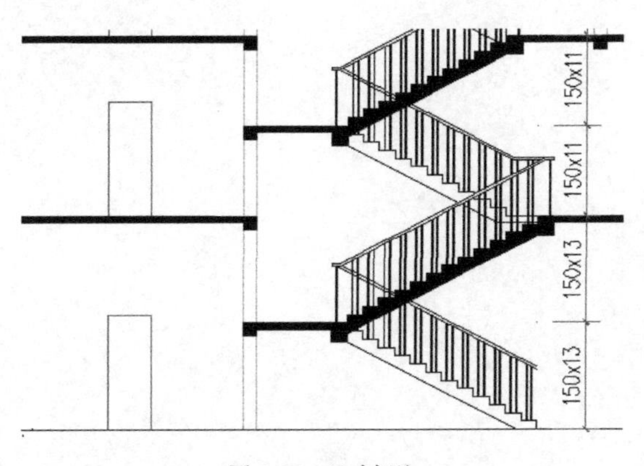

图 4-47　尺寸标注

10. 其他修饰

在剖面图中，继续使用“尺寸标注”工具对左右两侧的窗户进行标高、窗高和层间线标注，得到剖面图标高标注效果，如图 4-48 所示。

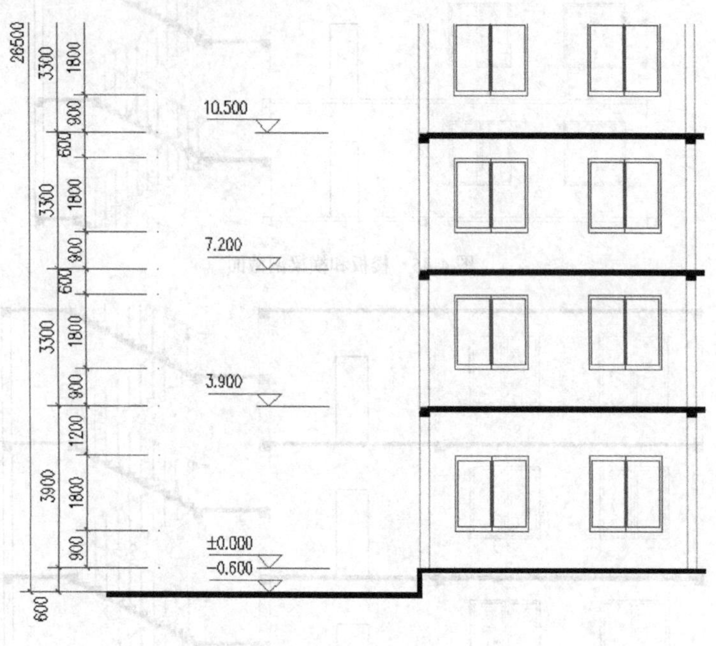

图 4-48 尺寸标注

4.5 本章小结

本章对建筑剖面的生成以及剖面的修饰进行了介绍。在建筑图纸绘制时，剖面的创建和修饰相对于前面所介绍的立面图来讲，有一定的难度和复杂程度，需要读者多加练习才能掌握绘制技巧，从而使绘制的剖面图更加规范和标准。

第5章 图块图案

天正建筑软件作为一款绘制标准、速度高效的建筑设计软件，不仅提供了灵活的构件绘制，还提供了丰富的图块图案对象。除了系统提供的图块图案对象以外，还支持自定义图块图案和载入图库的添加方式，使图块图案对象更加符合建筑设计的要求。

本章要点：

- 通用图库
- 图块编辑
- 图案管理

5.1 通用图库

在天正建筑软件中，系统提供了常见的二维图库、欧式图库、多视图库、立面阳台库、立面门窗库、二维门库、二维窗库等图库对象，存储在系统图库文件中，通过“通用图库”的方式进行查询、置入和新图入库等编辑操作。

5.1.1 图库浏览

在天正建筑软件中，所有图块对象均存储在同一位置，对于其位置和分组，需要广大读者经常浏览和查看，方便置入图块时准确快捷地进行选择。

1. 图库浏览

执行【图块图案】/【通用图库】命令，弹出天正图库管理系统，如图5-1所示。

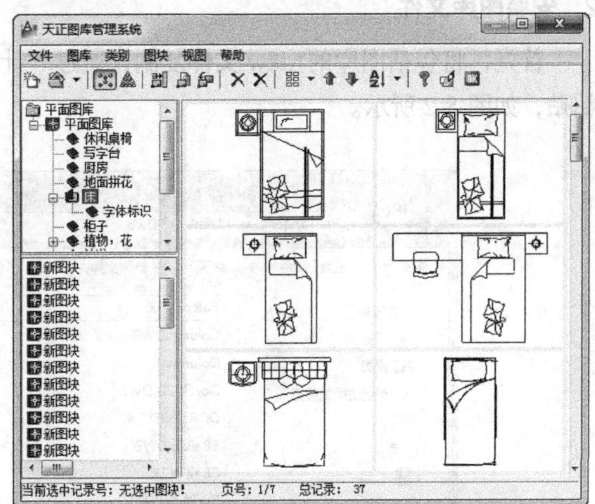

图5-1 天正图库管理系统

在弹出的天正图库管理系统对话框中，从菜单中选择所属的图库分组，从左上角选择类别，双击右侧区域的图块对象，在平面图中单击即可完成图块的置入。

2. 参数说明

文件：该菜单用于导入或导出天正建筑图库文件。

图库：单击图库菜单可以从中选择图块的类别，包括二维图库、欧式图库、多视图库等。

类别：该菜单用于新建、删除或重命名图库类别。

图块：图块菜单用于图块的入库、复制、删除和重命名等操作。

视图：视图菜单用于设置当前图块的显示方式，从下拉列表中可以选择显示的屏幕个数。

5.1.2 安装图库

在天正建筑软件8.0以后的版本中，安装完软件以后，虽然图库文件可以正确安装，但默认官方的图库无法正确使用，需要手动进行指定才可以正确使用。

1. 默认图库对应文件

正确安装天正建筑软件以后，图库文件默认存储在“X：\…\Tangent\TArch9\Dwb”目录中，图库文件的扩展名为“*. tkw”格式，文件名对应的图块内容见表5-1。

表5-1 文件名对应的图块内容

文 件 名	包括图块内容
Column	H钢柱平面、工字型混凝土柱
DorLib2D	平面门窗库
EBalLib	立面阳台
EWDLib	剖面门窗、欧式立面门窗、立面窗、立面门、立面门连窗
LinePat	保温材料、防水材料，空心砌块、素土、围墙、挡土墙等的剖面
Opening	三维门窗、三维组合门窗
PolyShape	室内天花线、门窗套线、踢脚线、腰线等的剖面
RALL	三维的围墙、装饰栏杆
Sheet	图纸目录、门窗立面详图，门窗表格样式
Titleframe	会签栏、标题栏、图框等
WDLIB3D	三维窗
WINLIB2D	二维平面窗

2. 安装图库文件

首先，将包括图库的*.tkw文件复制，通过“计算机”切换到图库的默认位置，将图库文件粘贴，如图5-2所示。

图5-2 粘贴图库文件

其次，在天正建筑软件中，执行【图块图案】/【通用图库】命令，在天正图库管理系统对话框中，单击“文件”菜单，从中选择“打开”命令，在弹出的界面中双击要安装的文件，选择的图库即在天正图库管理系统界面中显示，如图 5-3 所示。

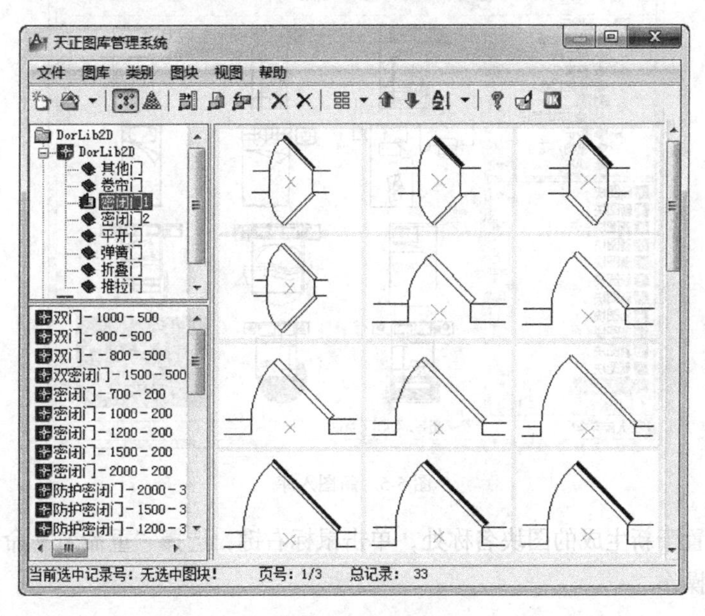

图 5-3　安装图库

本书附赠的天正建筑 2013 版的图库文件，在“光盘/章节配套/第 5 章”文件夹中，读者可以自行复制并进行安装。

5.1.3　新图入库

在天正建筑软件中，系统除了提供标准的图块图案以外，也给用户提供了广阔的开放平台，允许用户将平时常用的图块存储到系统图库中，方便以后再次使用和编辑，新图入库分为以下几个步骤。

1. 图块整理

在其他文件中，将需要入库的图块单独移动到空白区域，选择图块对象，从图层列表中选择“0 层”，将当前图块对象置于图层 0 的位置，如图 5-4 所示。

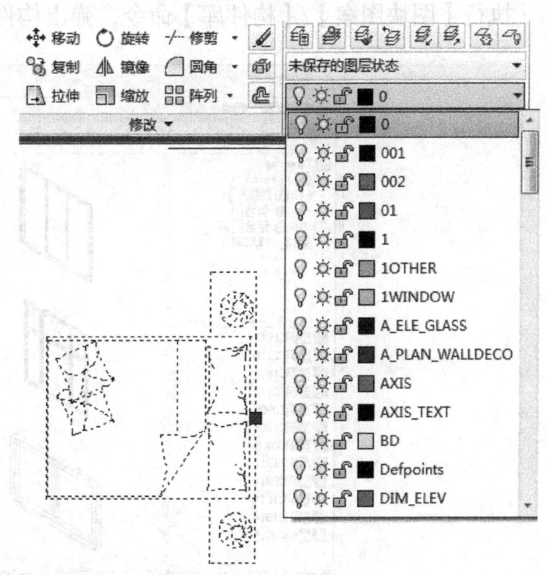

图 5-4　调整图块到图层 0

2. 新图入库

执行【图块图案】/【通用图库】命令，在弹出的天正图库管理系统对话框中，从左侧列表中选择新图存储的位置，单击工具行中的按钮，根据命令行的提示，设置图块的基点以及是否需要幻灯片制作，完成后再次返回到天正图库管理系统对话框，图块名称默认显示图块的长度和宽度尺寸数据，如图 5-5 所示。

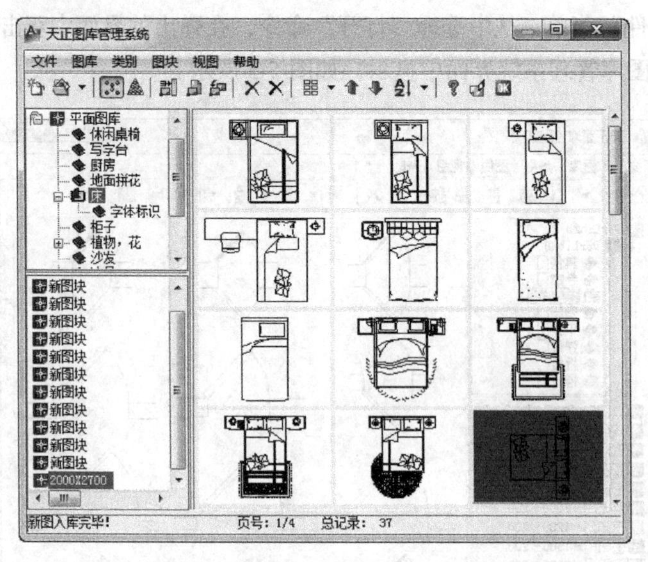

图 5-5 新图入库

将鼠标指针置于新生成的图块名称处，单击鼠标右键，选择“重命名”命令，可以对当前图块进行重命名操作。

5.1.4 构件库

构件是构成整个建筑物的重要组成部分，建筑构件是指构成建筑物的各个要素。如果把建筑物看成是一个产品，那建筑构件就是指这个产品当中的一个零件。

在天正建筑软件中，将本身具有二维和三维显示样式的图块称为构件，如墙、门窗、楼梯等。通过构件库可以新建或打开构件库里面的构件，对其进行编辑。

1. 查看构件库

执行【图块图案】/【构件库】命令，弹出构件库对话框，如图 5-6 所示。

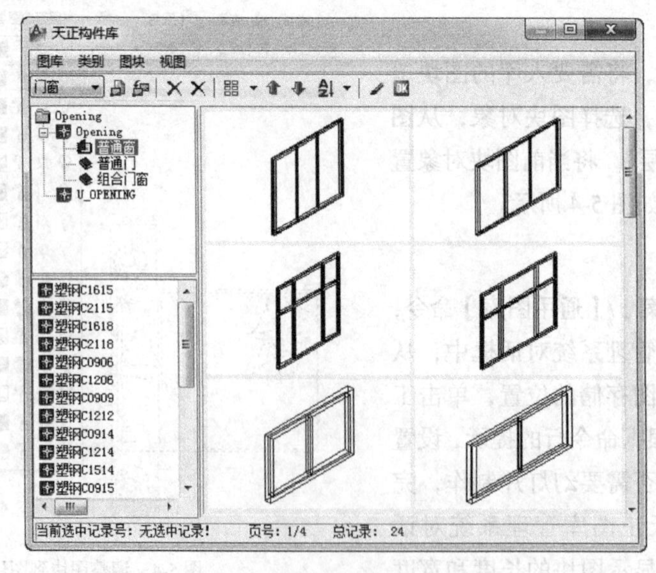

图 5-6 构件库

通过浏览列表，从中选择需要查看的构件库类别，在左下方显示构件名称，在右侧显示当前构件的缩略图。构件库包含门窗、柱子、楼梯、阳台、台阶等构件列表，如图 5-7 所示。

2. 构件入库

在对构件对象存入库操作中，可以直接使用“构件入库”命令来实现，相对于在构件库中的新图入库的方式，更加方便快捷。

首先，在平面图中新建或打开将要存储的构件对象。

其次，执行【图块图案】/【构件入库】命令，在平面图中单击并框选需要存储的构件，根据命令行提示，选择对象基点以及设置是否制作幻灯片，弹出对话框，设置存储位置，输入构件名称，如图 5-8 所示。

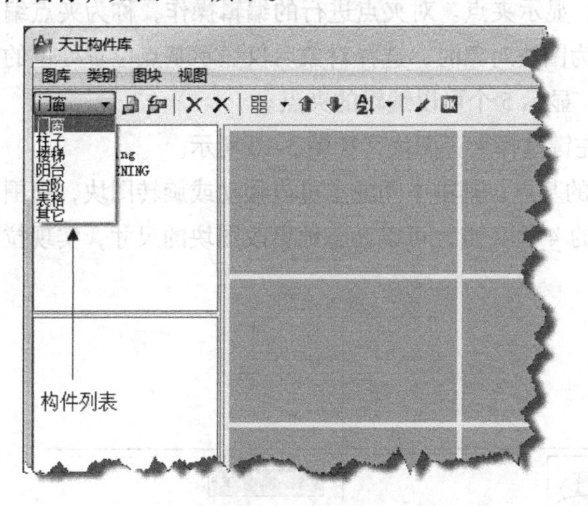

图 5-7 构件列表

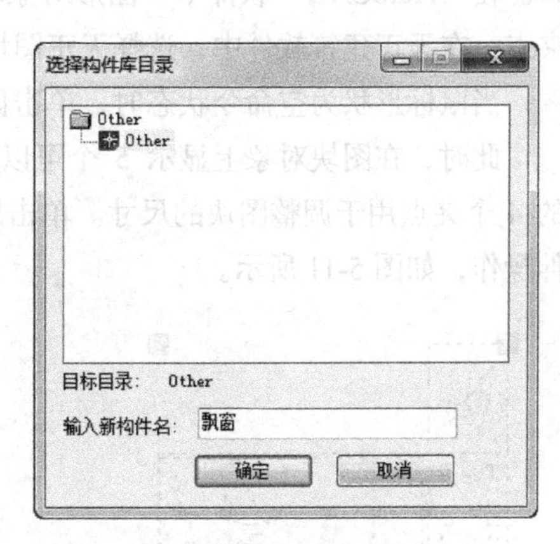

图 5-8 构件入库

最后，单击“确定”按钮，构件入库操作完成后，弹出构件库对话框，如图 5-9 所示。对于构件入库的对象默认存储在“Other”目录中。

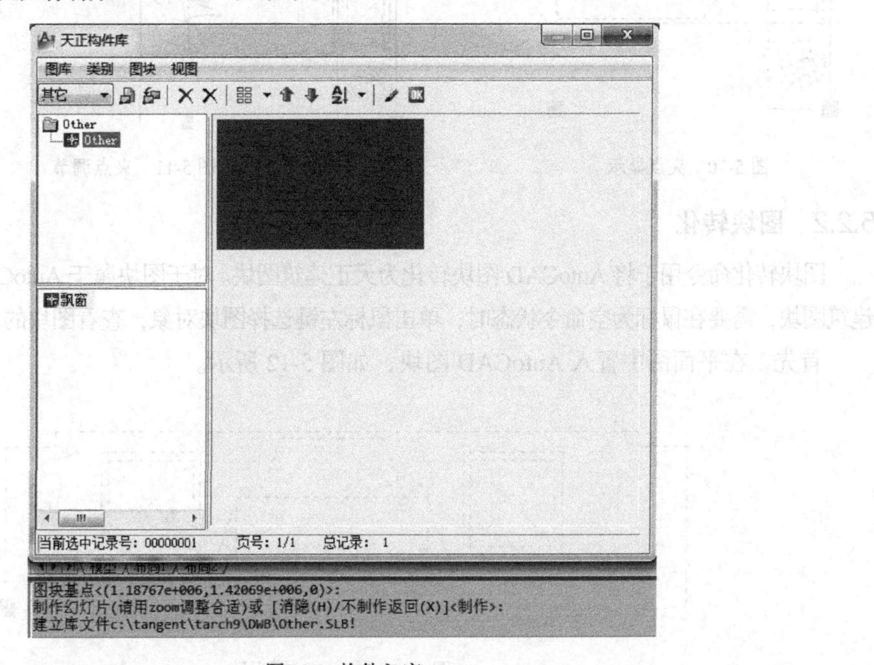

图 5-9 构件入库

5.2 图块编辑

天正建筑软件除了提供专门的图块图案库以外，也支持用户自定义图块和图案对象。图块图案库中的图块，可以直接置入到当前平面图中。在天正建筑软件中，还支持将“AutoCAD”软件中的图块转换为天正图块，简化了图块入库的操作，提高了工作效率。

5.2.1 夹点编辑

在鼠标状态为空命令时，单击选择对象，显示夹点。对夹点进行的编辑操作，称为夹点编辑。在“AutoCAD”软件中，图形对象转换为图块对象时，选择对象后仅显示基点位置处位的夹点；在天正建筑软件中，选择天正图块后，显示 5 个可以编辑的夹点。

当鼠标形状为空命令状态时，单击鼠标左键选择天正图块，如图 5-10 所示。

此时，在图块对象上显示 5 个可以控制的基点，其中中间的点可以移动或旋转图块，周围的 4 个夹点用于调整图块的尺寸。单击周围的 4 个夹点，可以动态地更改图块的尺寸，实现拉伸操作，如图 5-11 所示。

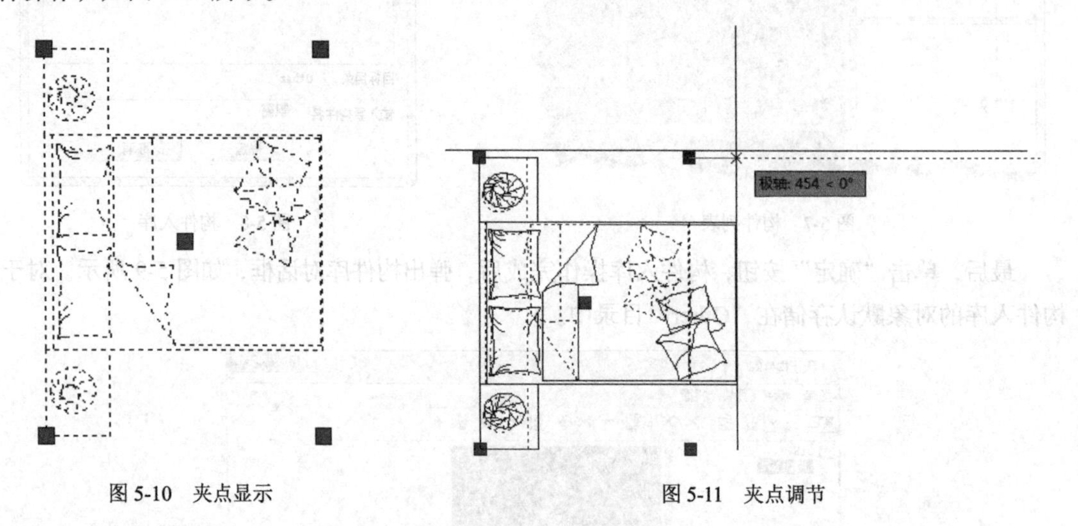

图 5-10　夹点显示　　　　图 5-11　夹点调节

5.2.2 图块转化

图块转化命令用于将 AutoCAD 图块转化为天正建筑图块。对于图块属于 AutoCAD 图块还是天正建筑图块，需要在鼠标为空命令状态时，单击鼠标左键选择图块对象，查看图块的夹点数目来判断。

首先，在平面图中置入 AutoCAD 图块，如图 5-12 所示。

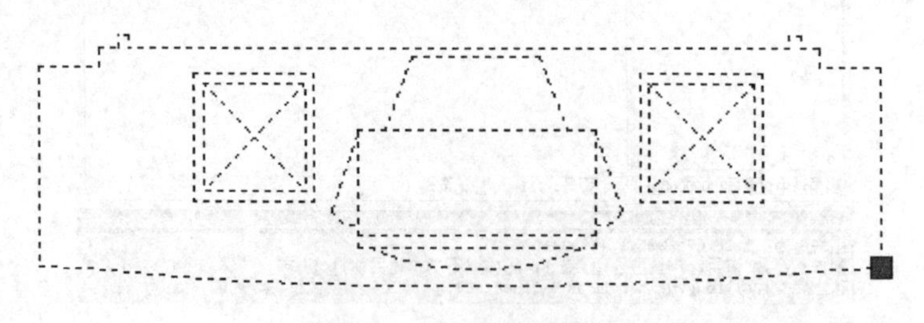

图 5-12　AutoCAD 图块

其次，执行【图块图案】/【图块转化】命令，在平面图中，单击鼠标左键，选中需要转化的图块对象，单击鼠标右键或按【Enter】键，完成图块转化操作，如图 5-13 所示。

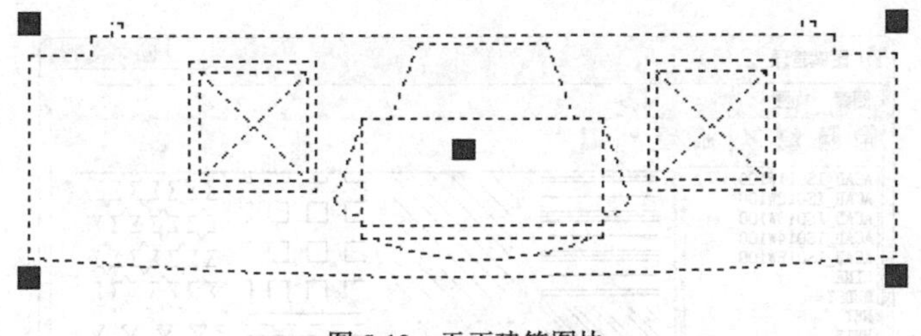

图 5-13　天正建筑图块

注意事项： 通过图块转化命令可以将 AutoCAD 图块转化成天正建筑图块，对于具有 5 个夹点的天正建筑图块，对其执行“分解”操作编辑后，可以转化为只有 1 个夹点的 AutoCAD 图块。

5.2.3 图块改层

无论是在 AutoCAD 软件，还是天正建筑软件中，图层对于图形的打印、输出等方面都起着举足轻重的作用。通过图层可以控制或调节对象所属的图层以及基本颜色、线型、线宽等属性的设置。

通过图块改层命令，可以对当前选择的图块更改其所属的图层，方便在图形输出时通过图层为对象赋材质。

执行【图块图案】/【图块改层】命令，单击鼠标左键，选择需要更改图层的图块对象，弹出图块图层编辑对话框，如图 5-14 所示。

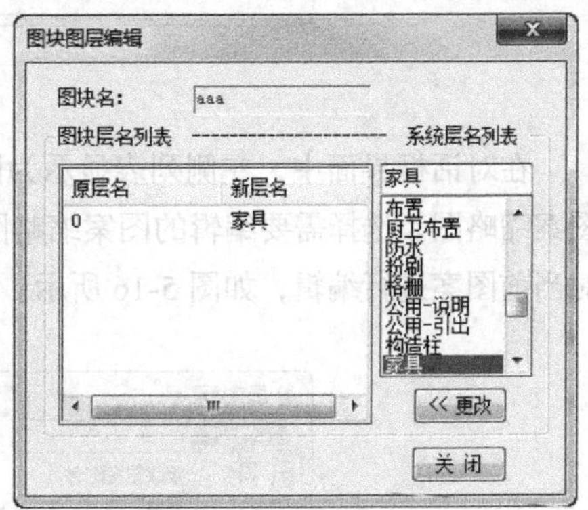

图 5-14　图块改层

从左侧列表中选择需要更改的图层，从右侧下拉列表中选择图块更改后的新图层，单击“更改”按钮，完成图块改层的操作，单击“关闭”按钮，退出图块改层对话框。

5.3 图案编辑

作为一款提供专业建筑绘制的设计软件来讲，在图案管理方面当然也不能落后。在天正建筑软件中，图案所涉及的范围不仅包括 AutoCAD 软件中填充图案的全部内容，还包括图案制作、图案编辑、线图案等方面的编辑操作。

5.3.1 图案管理

正确安装天正建筑软件以后，输入“H”并按【Enter】键，在弹出的图案填充选项中，可以看到有很多中文名称的图案，这些中文名称的图案即是天正建筑软件本身自带的填充图案。在天正建筑软件中，通过“图案管理”命令，可以对填充图案进行新建、删除和更改大小等操作。

1. 图案浏览

执行【图块图案】/【图案管理】命令，弹出图案管理对话框，如图5-15所示。

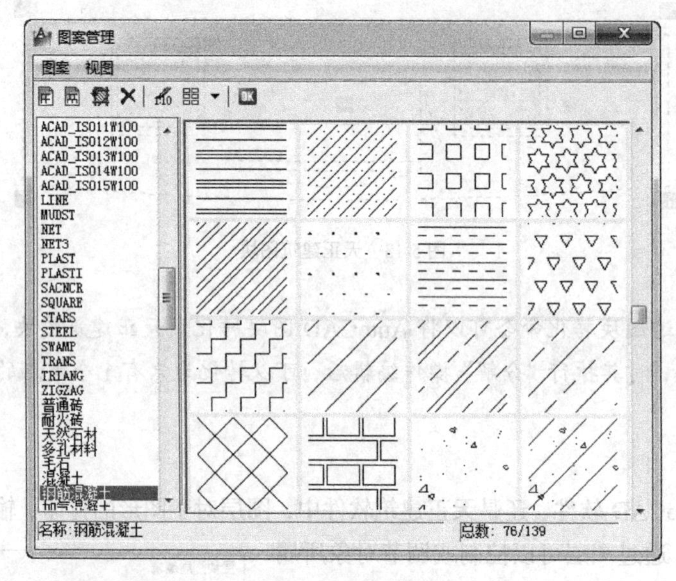

图5-15 图案管理

在对话框界面中，左侧列表显示为图案的名称，在右侧界面中以红色高亮显示当前选择的图案缩略图。选择需要编辑的图案缩略图以后，通过左上角“图案”和“视图”菜单中的命令，对当前图案进行编辑，如图5-16所示。

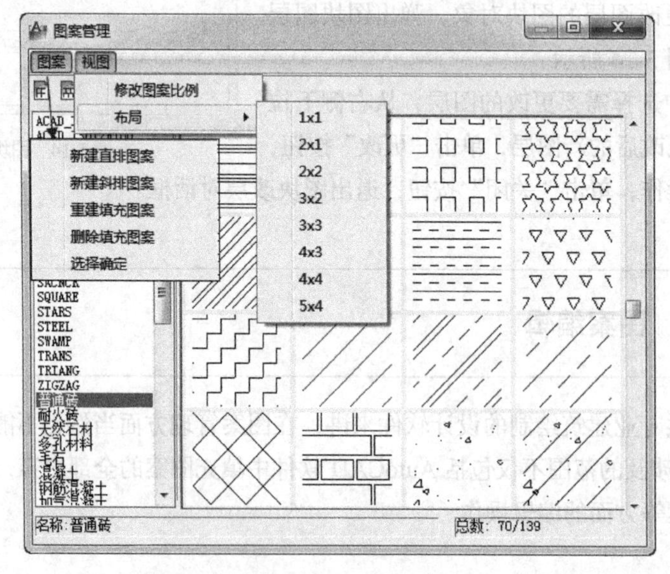

图5-16 图案管理

2. 删除图案

在图案管理对话框中，如果需要将某图案执行删除操作，只需要在对话框中选择需要删除的图案，单击×按钮即可。

注意事项：在图案管理对话框中执行删除图案操作后，对于使用该图案填充的区域不会受图案删除的影响，使用该图案填充的区域依然存在于图形中，只是不能更改填充比例和填充角度等参数。

5.3.2 新建直排图案

在天正建筑软件中，对于填充图案的管理给出更广阔的应用空间。允许用户自定义图案作为填充图案来使用，满足特殊类材料图案的对象填充。新建图案分为直排图案和斜排图案两类，其中，行列排放布局整齐为直排图案。

1. 绘制构成图案的元素

在平面图中创建构成图案的基本图元对象，如图 5-17 所示。

2. 新建直排图案

执行【图块图案】/【图案管理】命令，在弹出的图案管理对话框中，单击按钮，在命令行中输入新建图块的名称并按【Enter】键，根据命令行提示选择对象，设置图案的基点，设置横向重复间距和竖向重复间距，如图 5-18 所示。

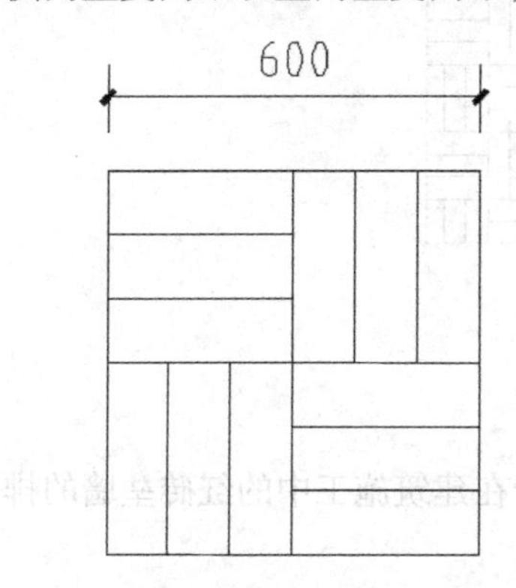

图 5-17 图元对象

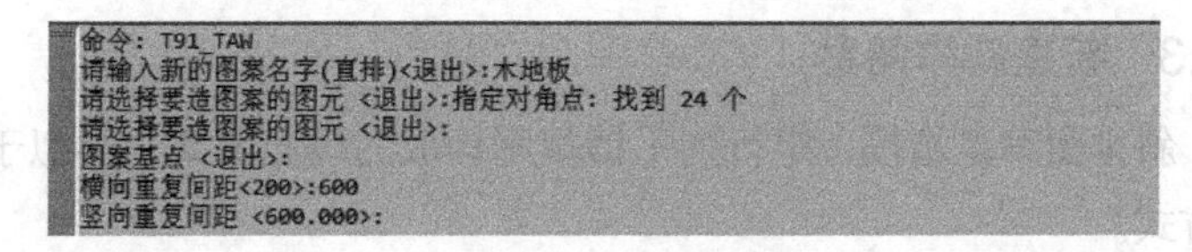

```
命令: T91_TAW
请输入新的图案名字(直排)<退出>:木地板
请选择要造图案的图元 <退出>:指定对角点: 找到 24 个
请选择要造图案的图元 <退出>:
图案基点 <退出>:
横向重复间距<200>:600
竖向重复间距 <600.000>:
```

图 5-18 参考命令行

在命令行中输入完信息后，自动返回到图案管理对话框中，新建的图案以及名称默认为选中状态，如图 5-19 所示。

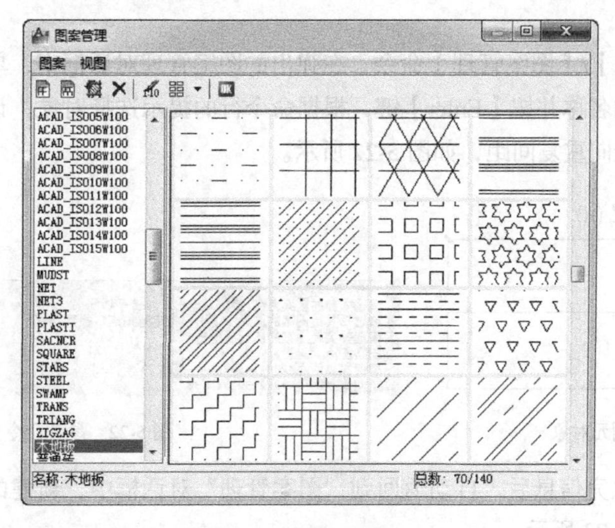

图 5-19 新建直排图案

3. 填充图案

在平面图中绘制需要填充的图形对象，在命令行中输入“H”并按【Enter】键，在图案填充选项中，选择图案对象，单击图形区域内部，设置比例，完成新建图案的填充，如图 5-20 所示。

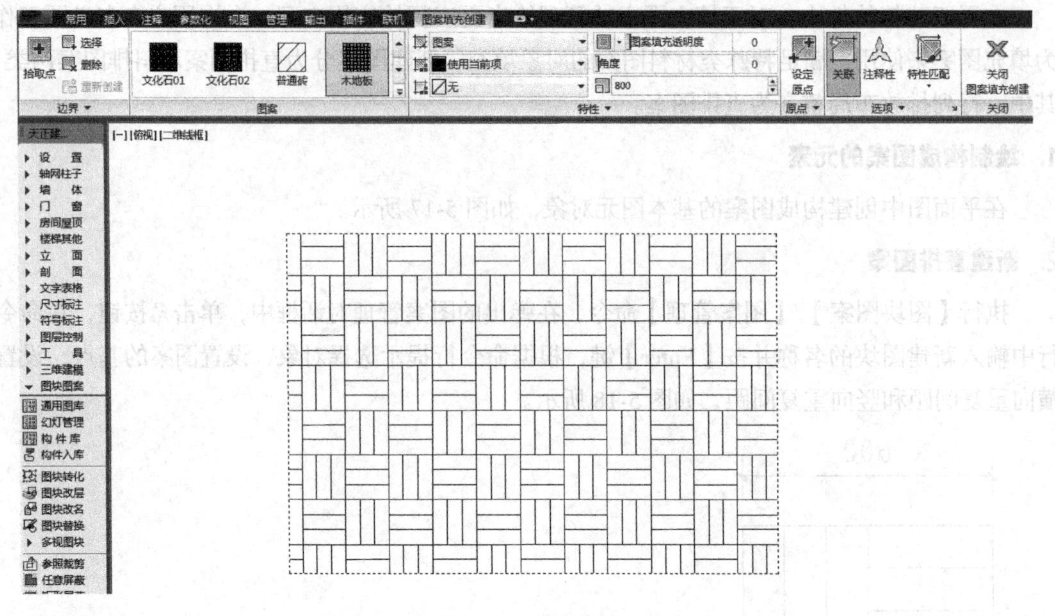

图 5-20　图案填充

5.3.3　新建斜排图案

斜排图案是指按一定行列平铺规则构成的填充图案，类似于在建筑施工中的红砖垒墙的排列方式。

1. 绘制构成图案的元素

在平面图中绘制斜排图案的基本图元对象，如图 5-21 所示。

2. 新建斜排图案

执行【图块图案】/【图案管理】命令，在弹出的图案管理对话框中，单击按钮，在命令行中输入新建图块的名称并按【Enter】键，根据命令行的提示选择对象，设置图案的基点，设置横向重复间距和竖向重复间距，如图 5-22 所示。

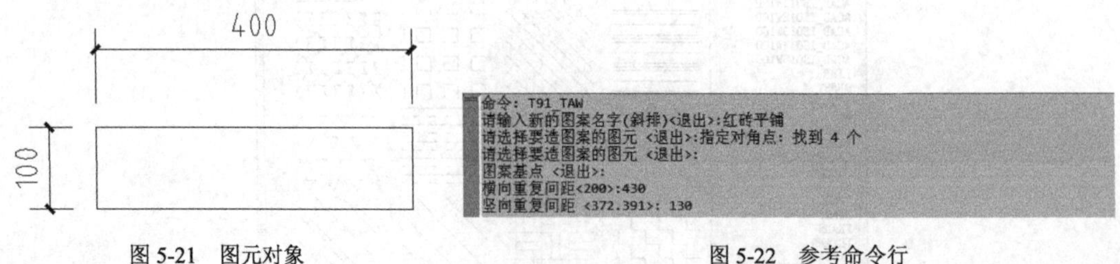

图 5-21　图元对象　　　　图 5-22　参考命令行

在命令行中输入完信息后，自动返回到“图案管理”对话框中，新建的图案以及名称默认为选中状态，如图 5-23 所示。

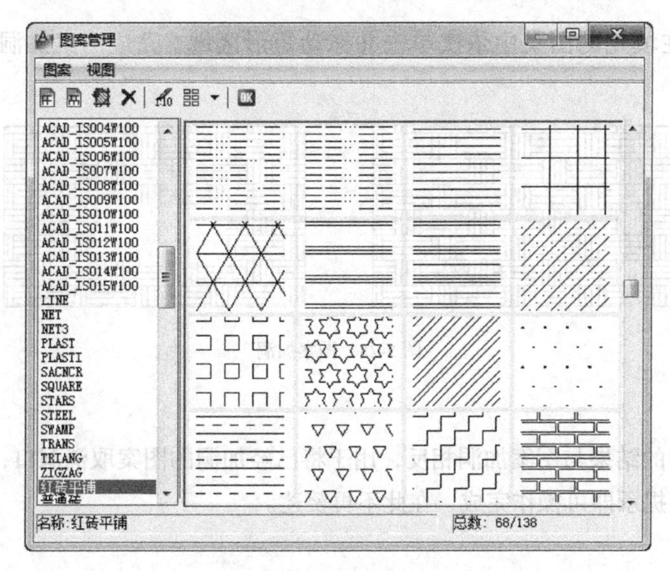

图 5-23 新建斜排图案

3. 填充图案

在平面图中绘制需要填充的图形对象，在命令行中输入“H”并按【Enter】键，在图案填充选项中，选择图案对象，单击图形区域内部，设置比例，完成新建图案的填充，如图 5-24 所示。

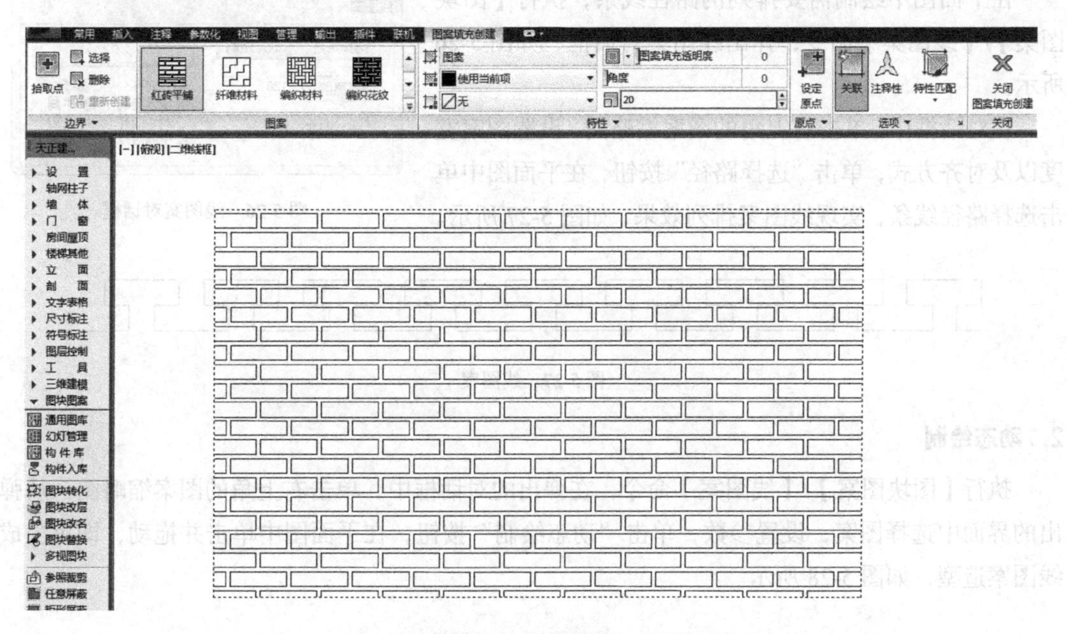

图 5-24 图案填充

5.3.4 图案屏蔽

在天正建筑软件中，通过图案加洞和图案减洞命令来实现图案的屏蔽操作。当需要填充的闭合区域内有图块、文字等对象，在执行图案填充操作时可以自动实现屏蔽操作。

1. 图案加洞

图案加洞就是在已经填充过的图案中，根据需要来添加洞口，实现屏蔽与遮挡效果。

执行【图块图案】/【图案加洞】命令，根据命令行的提示，单击鼠标左键，选择需要编辑的图案，在填充的图案中依次单击并拖动矩形区域，完成图案加洞操作，如图 5-25 所示。

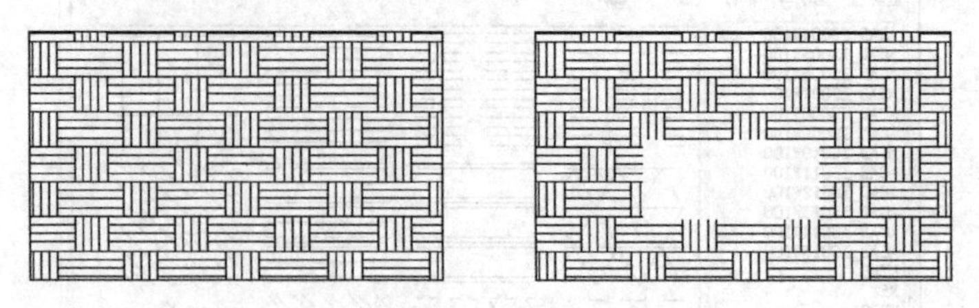

图 5-25　图案加洞

2. 图案减洞

图案减洞操作的结果与图案加洞相反，用于将已经加洞的图案取消洞口，恢复原来的图案效果。根据命令行提示即可操作完成，在此不再赘述。

5.3.5　线图案

线图案命令用于沿着曲线布置线图案单元，生成线图案造型。天正建筑软件提供了十多种预定义线填充图案。线图案可以根据给定曲线，也可以通过单击的两点确定排列的路径。

1. 按指定路径排列图案

在平面图中绘制需要排列的路径线条，执行【图块图案】/【线图案】命令，弹出线图案对话框，如图 5-26 所示。

在对话框中，单击右上角的图案缩略图，设置图案宽度以及对齐方式，单击“选择路径”按钮，在平面图中单击选择路径线条，实现线图案排列效果，如图 5-27 所示。

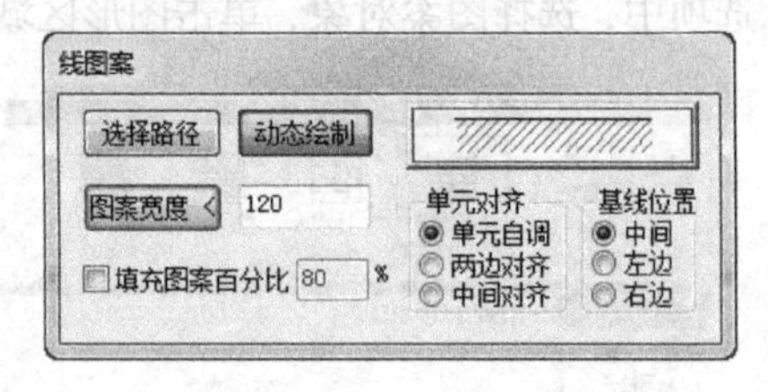

图 5-26　线图案对话框

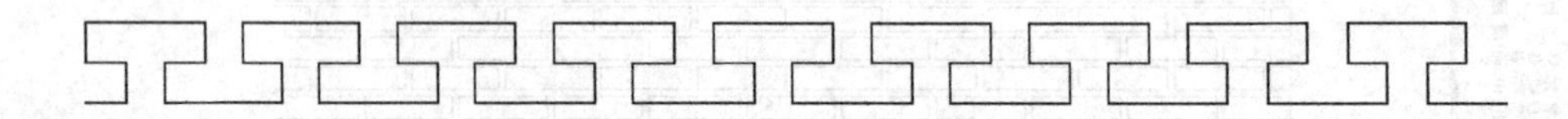

图 5-27　线图案

2. 动态绘制

执行【图块图案】/【线图案】命令，在弹出的对话框中，单击右上角的图案缩略图，从弹出的界面中选择图案，设置参数，单击“动态绘制”按钮，在平面图中单击并拖动，即可生成线图案造型，如图 5-28 所示。

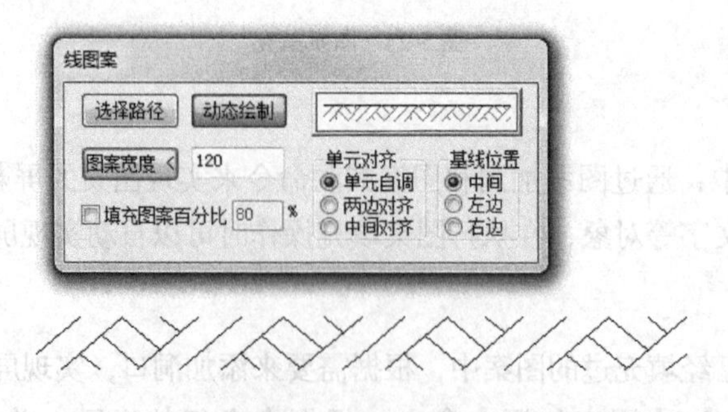

图 5-28　动态绘制

5.4 单元练习——建筑装饰平面图

通过本章所学习的图块图案内容，完成装饰平面图内部的家具布局和图案填充，如图 5-29 所示。案例参考文件在“光盘/章节配套/第 5 章”处，请读者自行参阅。

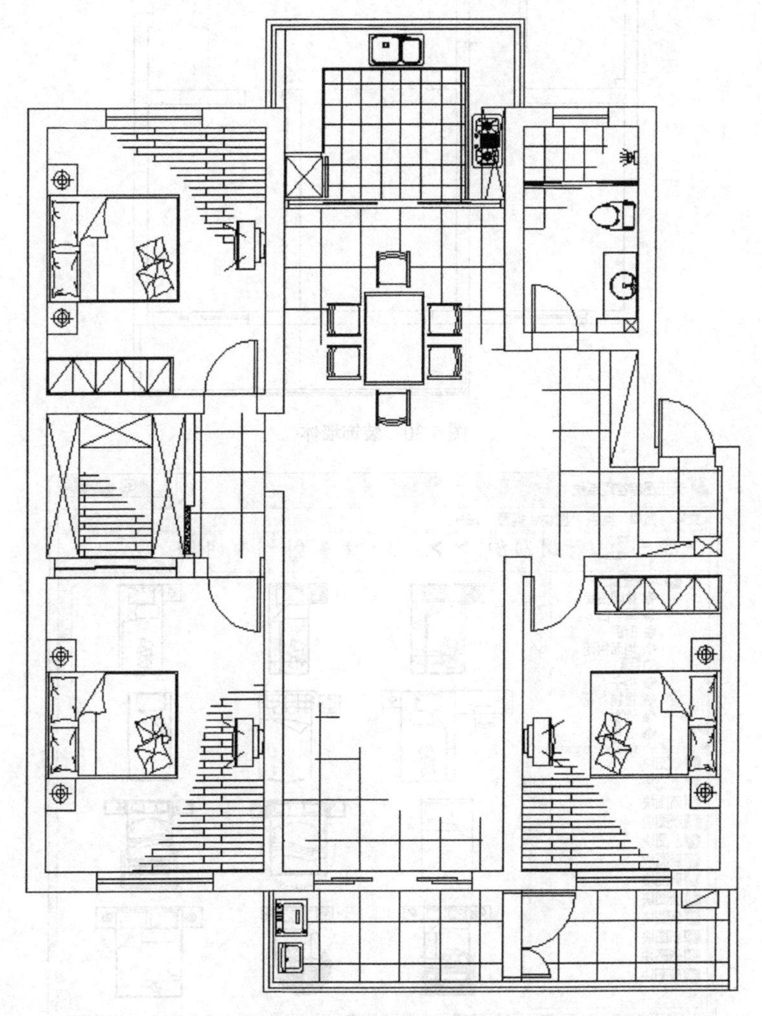

图 5-29 装饰平面图

5.4.1 家具布置

在住宅类装饰平面图中，常见的室内家具是按功能区的类别来区分的，通常包括床、衣柜、电视机、沙发、茶几、餐桌组合、厨房家具和卫生洁具等。

1. 床图块布置

打开“2.3.14 案例——装饰墙体”中生成的装饰墙体文件，如图 5-30 所示。

将平面图中的卧室区域放大显示，执行【图块图案】/【通用图库】命令，弹出天正图库管理系统对话框，从打开方式中选择“平面图库”，选择“床”系列，如图 5-31 所示。

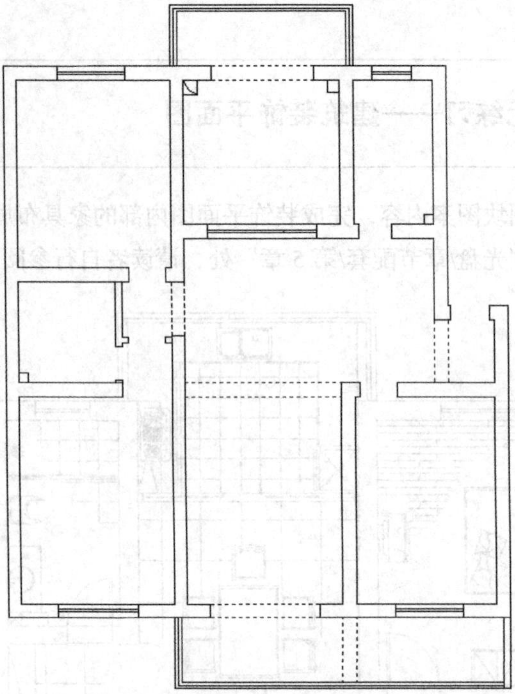

图 5-30 装饰墙体

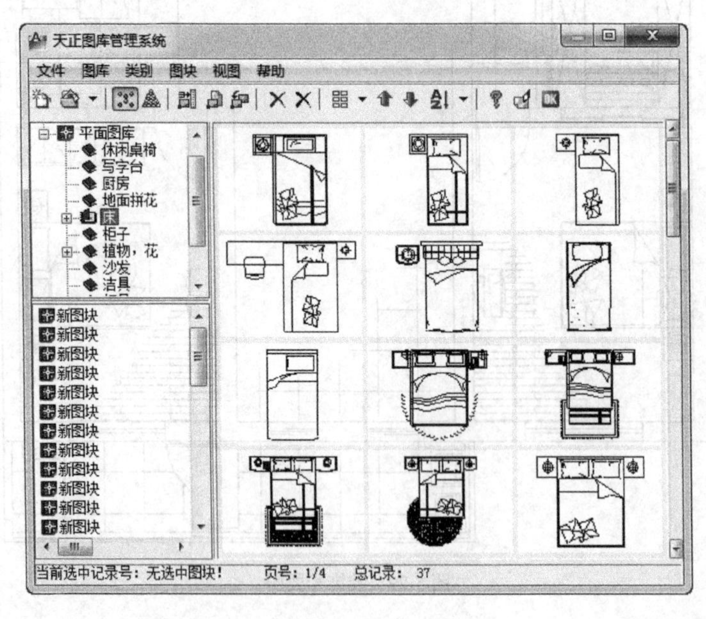

图 5-31 床

双击右侧缩略图列表中的床图块，在弹出的对话框中设置参数，去掉“统一比例”选项，如图 5-32 所示。

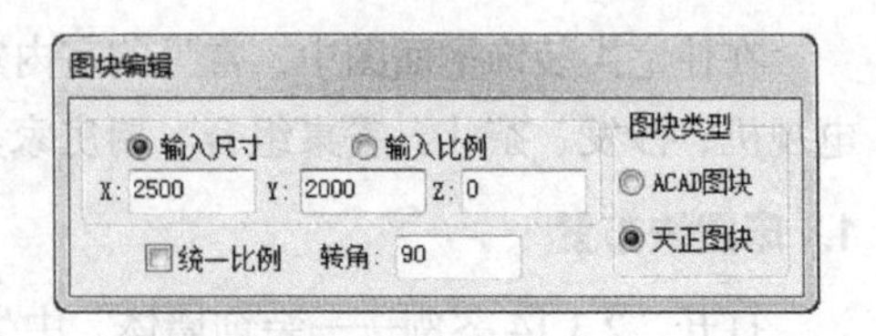

图 5-32 设置尺寸

在命令行中按“A”键，将图块旋转 90°，在卧室区域单击置入床图块对象，如图 5-33 所示。

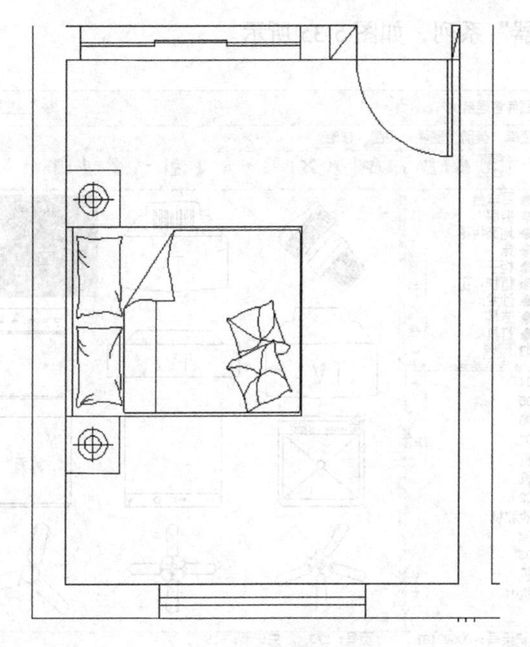

图 5-33 床图块

对于其他相同的卧室空间，也采用同样的图块进行布局，生成卧室床图块效果，如图 5-34 所示。

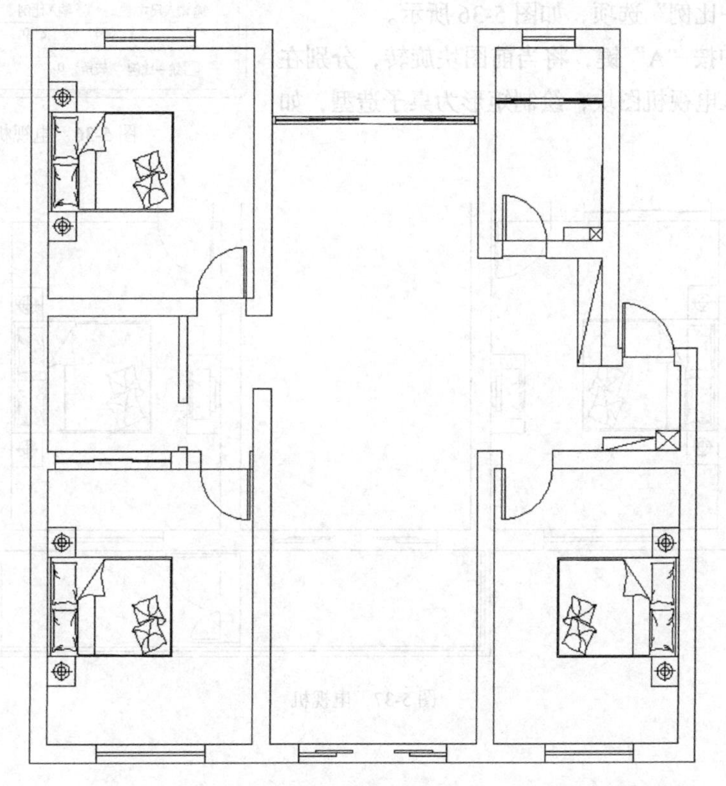

图 5-34 床图块布置

2. 电视机布置

执行【图块图案】/【通用图库】命令，弹出天正图库管理系统对话框，从打开方式中选择

“平面图库”，选择“电器”系列，如图5-35所示。

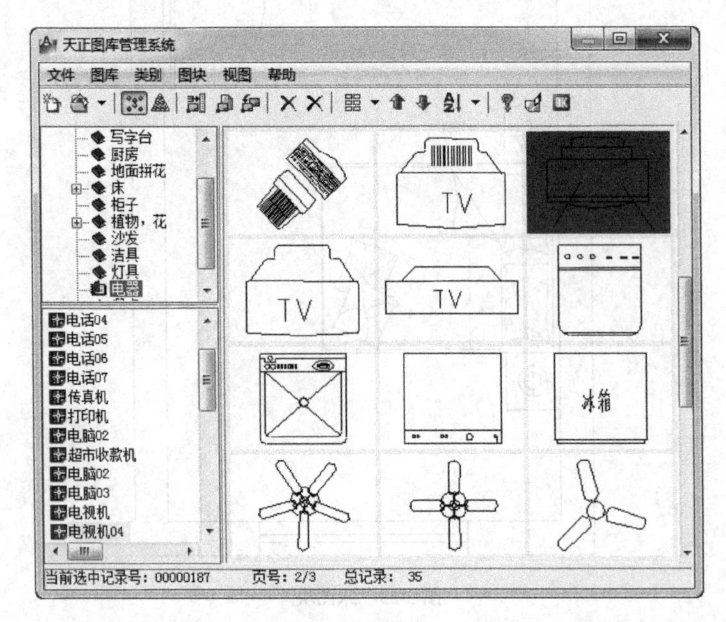

图5-35 电器

双击右侧的电视机图块，在弹出的对话框中设置参数，去掉“统一比例”选项，如图5-36所示。

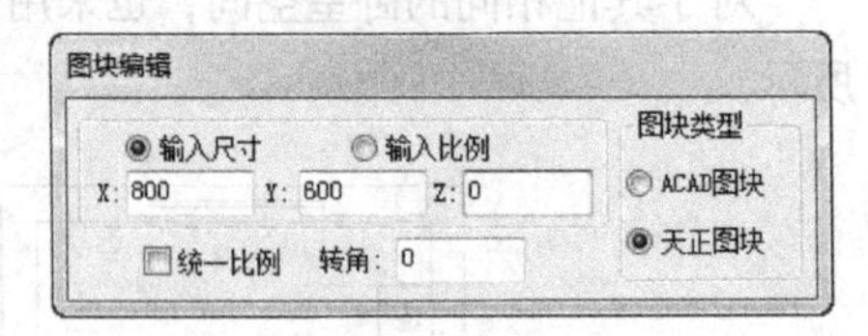

图5-36 电视机尺寸

在命令行中按“A”键，将当前图块旋转，分别在两个卧室中置入电视机图块，绘制矩形为桌子造型，如图5-37所示。

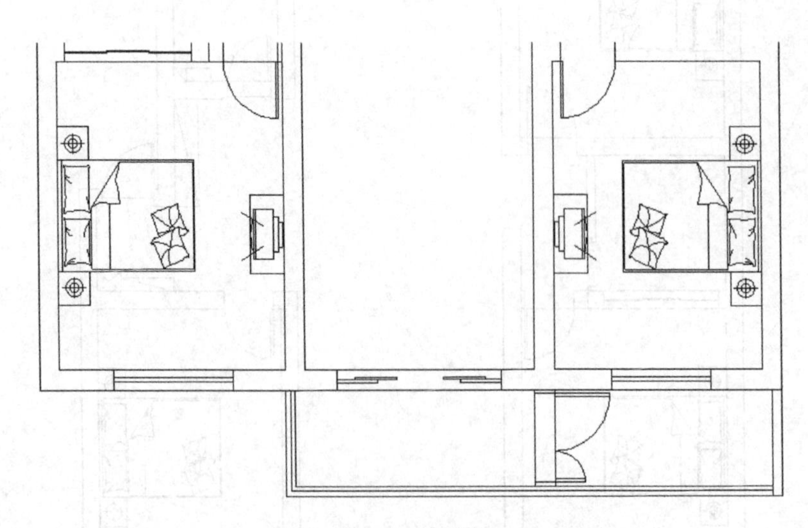

图5-37 电视机

3. 客厅家具

执行【图块图案】/【通用图库】命令，在天正图库管理系统中，选择客厅组合家具，按照与床、电视机类似的方法，在平面图中的客厅位置处单击置入，生成客厅组合家具图块，如图5-38所示。

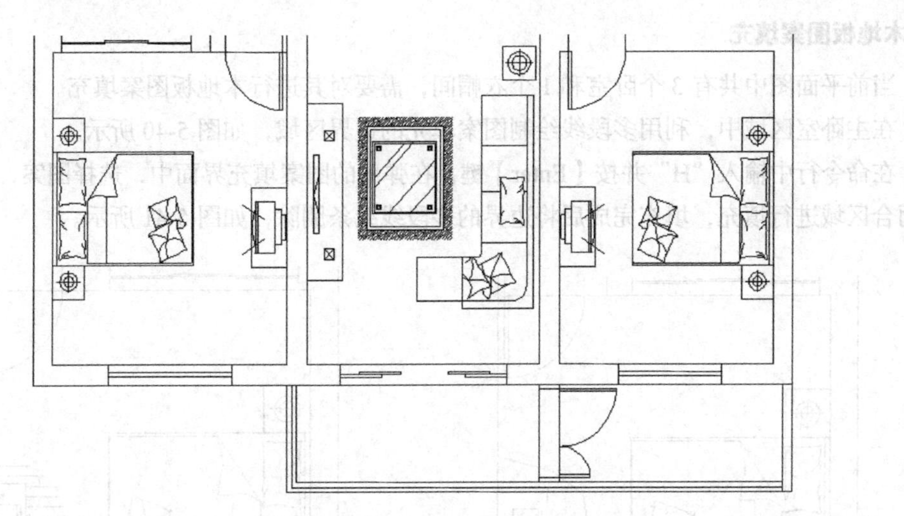

图 5-38　客厅家具

4. 其他图块

按照与上面相同的方法，依次置入衣柜、餐桌，还有厨房以及卫生间的洁具造型，如图 5-39 所示。

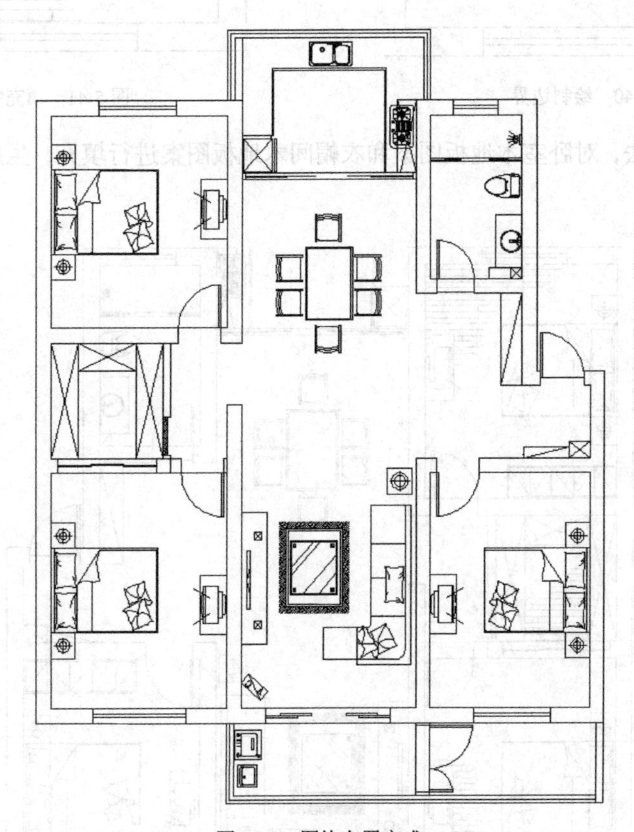

图 5-39　图块布置完成

5.4.2　图案填充

在建筑装饰平面图中，对于室内地面的材料布置，可以通过图案填充来表示。

1. 木地板图案填充

当前平面图中共有 3 个卧室和 1 个衣帽间，需要对其进行木地板图案填充。

在主卧室区域中，利用多段线绘制图案填充的边界区域，如图 5-40 所示。

在命令行中输入“H”并按【Enter】键，在弹出的图案填充界面中，选择图案，设置比例，对闭合区域进行填充，填充完成后将边界的多段线线条删除，如图 5-41 所示。

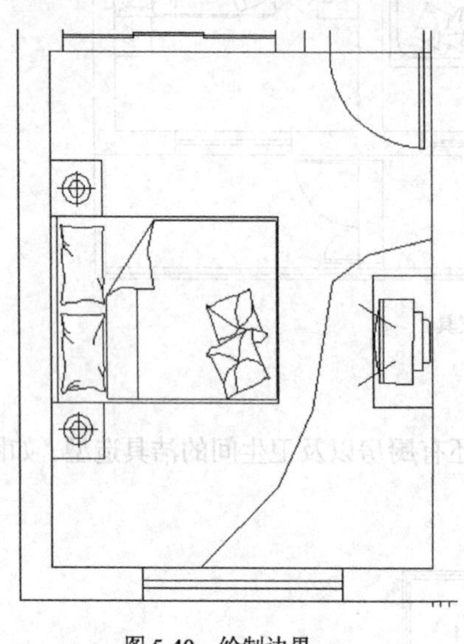

图 5-40　绘制边界

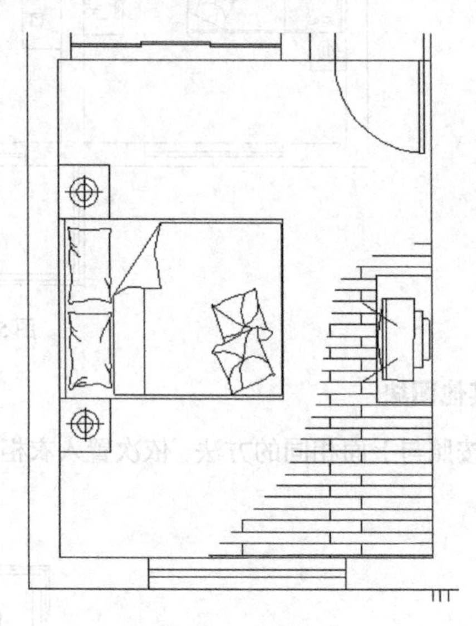

图 5-41　填充完成

采取同样的方法，对卧室木地板图案和衣帽间木地板图案进行填充，生成木地板图案效果，如图 5-42 所示。

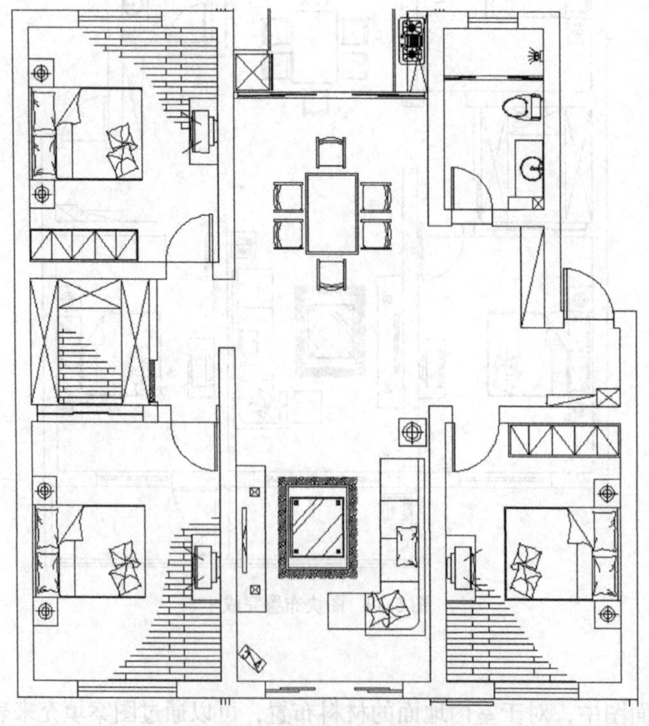

图 5-42　木地板图案填充

2. 地面砖图案填充

在装饰平面图中，对于客厅、餐厅、厨房、阳台等区域进行 600mm × 600mm 的网格填充，对于卫生间进行 300mm × 300mm 的网格填充。

在卫生间区域，绘制线条，通过“偏移”工具生成网格造型，如图 5-43 所示。

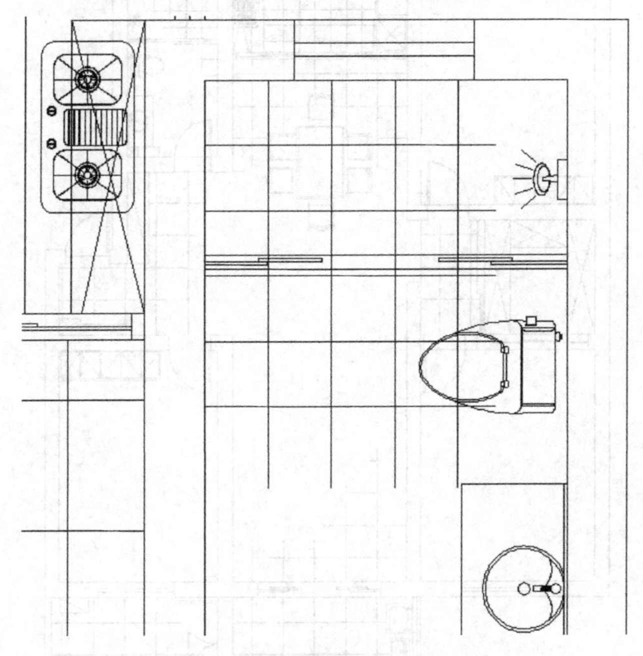

图 5-43　300mm×300mm 网格

在卫生间网格区域，通过“多段线”绘制网格区域的边界，执行“修剪”编辑操作，以多段线边界为参考进行修剪，修剪完成以后，将多段线边界删除，生成网格效果，如图 5-44 所示。

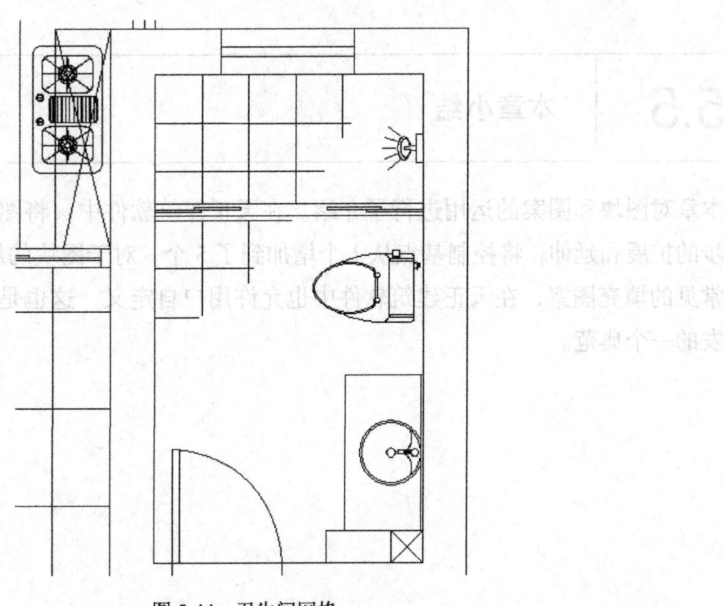

图 5-44　卫生间网格

采取同样的方法，对 600mm × 600mm 的区域进行网格填充，生成地面砖平铺效果，如图 5-45 所示。

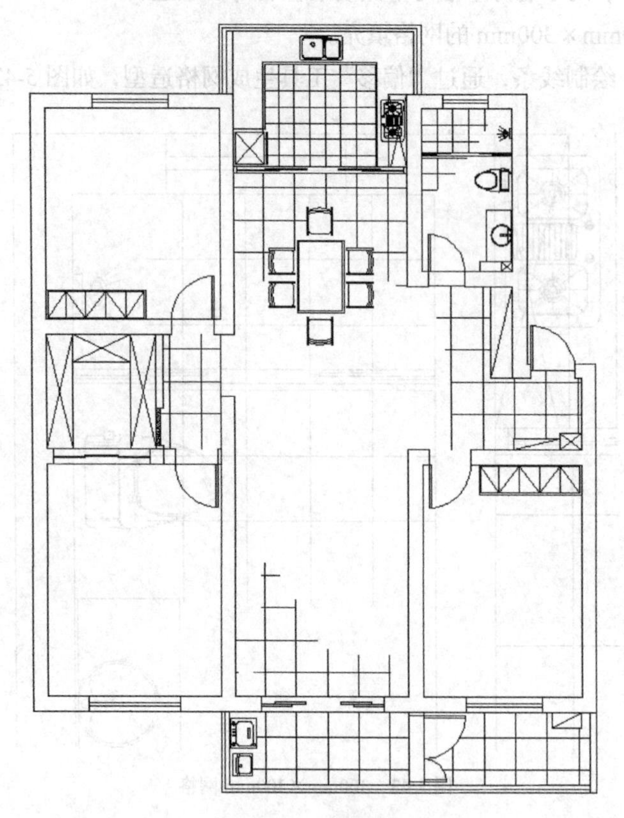

图 5-45 地面砖平铺

对线条对象进行简单修剪后，就可以生成装饰平面图的效果，通过图案填充可以表达出空间布局的设计思路。

5.5 本章小结

本章对图块和图案的运用进行了介绍。在天正建筑软件中，将图块原来的特征和功能做了进一步的扩展和延伸，将控制基点从 1 个增加到了 5 个，对于图块的尺寸调节起了重要的作用。对于常见的填充图案，在天正建筑软件中也允许用户自定义，这也是天正建筑软件允许用户二次开发的一个典范。

第6章
三维建模和通用工具

在天正建筑软件中，除了提供标准的墙体、门窗、楼梯等构件以外，对于非标准或是异型的造型对象，支持自定义三维模型的方法，来满足建筑设计的要求。

本章要点：

- 造型对象
- 三维组合
- 通用工具

6.1 造型对象

天正建筑软件的造型对象命令组提供了常见造型的建模工具，包括平板、竖板、路径曲面、变截面体、路径排列和三维网架等。通过这些建模工具，可以创建遮阳板、女儿墙和网架结构等建筑模型。

6.1.1 平板

在天正建筑软件中，利用平板工具可以生成厚度一致的长方体构件，通常用于表示楼板、平屋顶、楼梯休息平台、空调室外机支架和遮阳板等造型。

1. 平板

首先，在平面图中绘制构成平板的封闭二维图形，如图 6-1 所示。

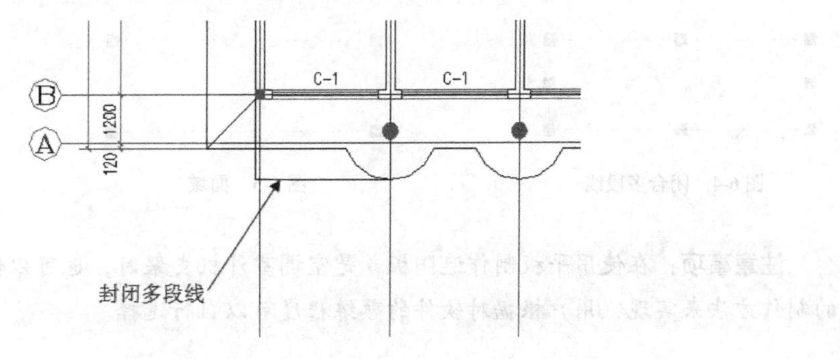

图 6-1 闭合多段线

其次，执行【三维建模】/【造型对象】/【平板】命令，根据命令行提示，单击选择闭合的多段线，依次点取不可见的边，单击鼠标右键或按【Enter】键完成选择，命令行提示选择作为板内洞口的封闭多段线或圆，若没有洞口，直接单击鼠标右键，输入板厚尺寸即可，如图 6-2 所示。

最后，将观察视图切换到轴测视图，使用通用编辑中的“移位”命令，调节平板在 *Z* 轴方向上的高度和位置，得到平板造型，如图 6-3 所示。

图 6-2　参考命令行

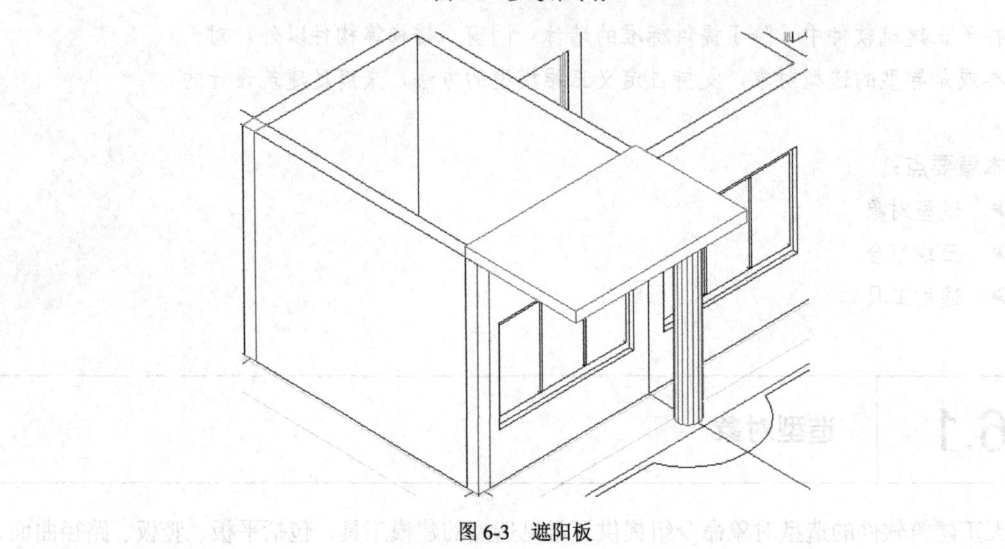

图 6-3　遮阳板

2. 平板另外制作方法

首先，在平面图中创建生成“平板”造型的闭合多段线，如图 6-4 所示。

其次，在命令行输入“REG”并按【Enter】键，选择当前闭合多段线，单击鼠标右键或按【Enter】键，对其执行“面域”操作，如图 6-5 所示。

最后，在命令行输入“EXT”并按【Enter】键，选择经过面域编辑对象，单击鼠标右键结束，在命令行中输入拉伸的高度 200mm 并按【Enter】键，完成“平板”造型的建模。切换到轴测视图中，查看造型，如图 6-6 所示。

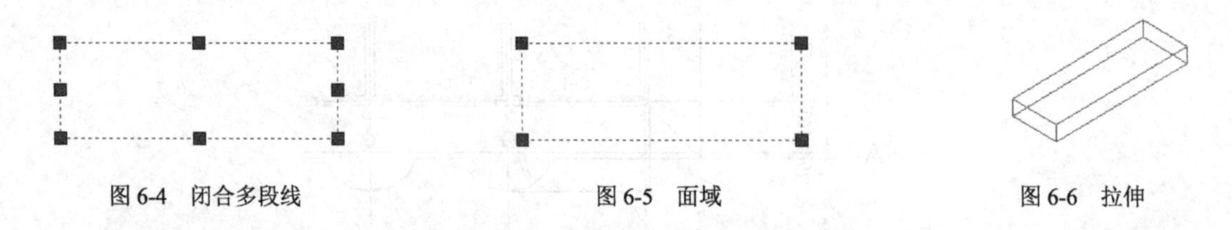

图 6-4　闭合多段线　　图 6-5　面域　　图 6-6　拉伸

注意事项： 在使用平板制作遮阳板或是空调室外机支架时，也可以使用“AutoCAD”软件的制作方法来实现，用户根据对软件的熟练程度可以自行选择。

6.1.2　竖板

竖板命令用于构建竖直方向上的板件造型，可以实现遮阳板或阳台隔断等造型。

1. 竖板

首先，在平面图中参照需要创建竖板的位置，创建中心辅助线，如图 6-7 所示。

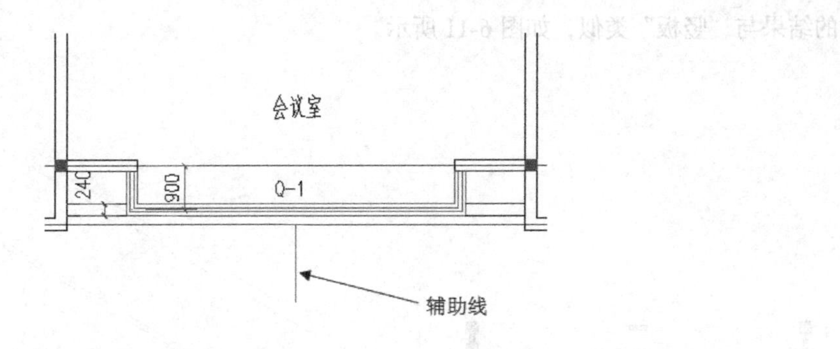

图 6-7　辅助线

其次，执行【三维建模】/【造型对象】/【竖板】命令，根据命令行提示，依次单击辅助线的两个端点，再依次设置相关参数，如图 6-8 所示。

```
命令: T91_TVertSlab
起点或 [参考点(R)]<退出>:
终点或 [参考点(R)]<退出>:
起点标高<0>:2800
终点标高<0>:2900
起边高度<1000>:200
终边高度<200>:100
板厚<200>:7500
是否显示二维竖板?[是(Y)/否(N)]<Y>:
```

图 6-8　竖板命令行

将鼠标指针放在空白区域，单击鼠标右键，选择【视图设置】/【西南轴测】显示方式，在命令行中输入“Hide”并按【Enter】键，查看竖板造型，如图 6-9 所示。

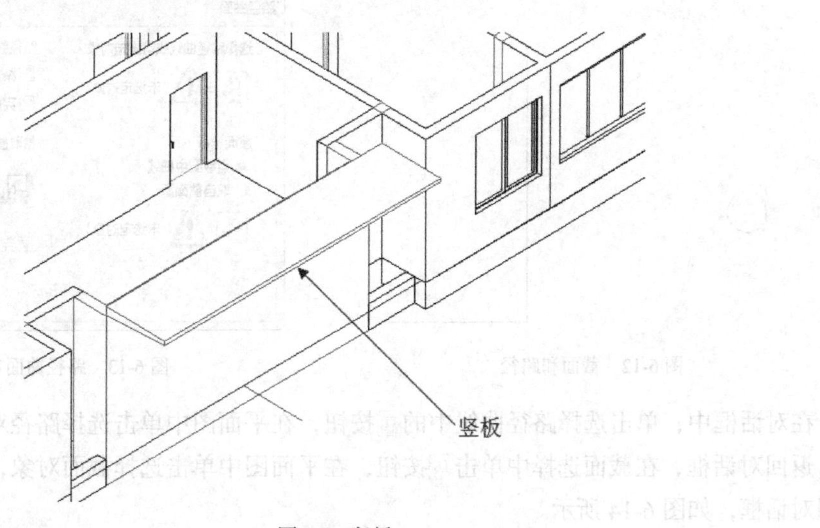

图 6-9　竖板

2. 竖板另外制作方法

对于竖板造型对象，也可以采取和“平板”类似的“AutoCAD”方法，通过二维图形转换成竖板造型。

在左视图中创建竖板的横截图矩形，通过“夹点编辑”的方法，调节矩形节点，如图 6-10 所示。

在命令行中，输入“REG”并按【Enter】键，选择对象，将其执行“面域”操作，在命令行中输入“EXT”并按【Enter】键，将其执行“拉伸”操作，设置拉伸尺寸为 7500mm，得出的结果与“竖板”类似，如图 6-11 所示。

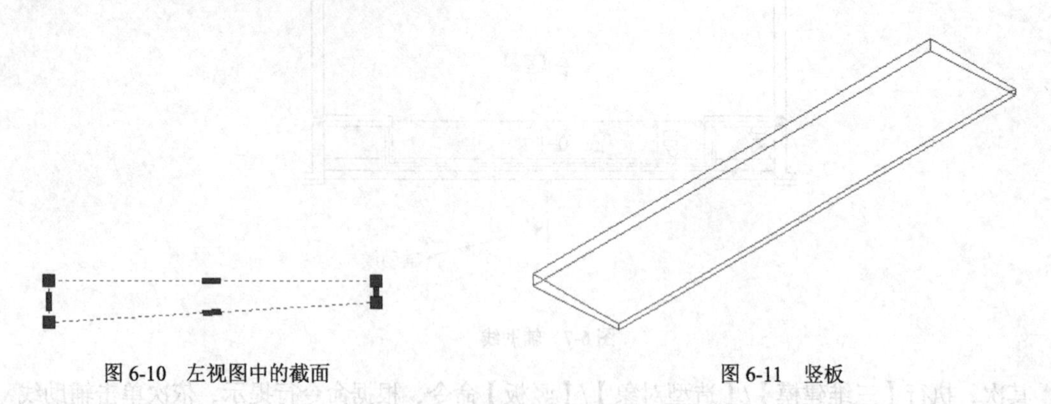

图 6-10 左视图中的截面　　　　图 6-11 竖板

6.1.3 路径曲面

路径曲面工具类似于三维建模软件中的“放样”命令。将已经绘制好的截面沿指定的路径对象连续排列，生成三维物体的过程，称为路径曲面。通过路径曲面命令可以快速生成截面和路径观察直观的三维模型。

1. 路径曲面

首先，在平面图中绘制路径曲面命令所用到的截面和路径对象，如图 6-12 所示。

其次，执行【三维建模】/【造型对象】/【路径曲面】命令，弹出路径曲面对话框，如图 6-13 所示。

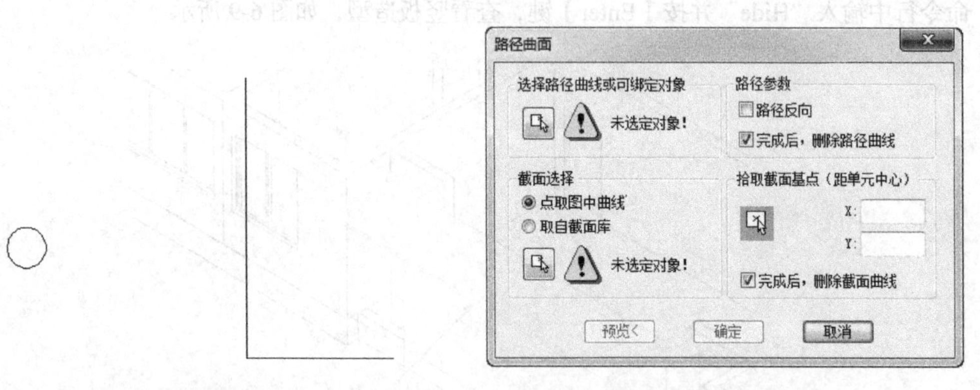

图 6-12 截面和路径　　　　图 6-13 路径曲面对话框

在对话框中，单击选择路径曲线中的按钮，在平面图中单击选择路径对象，单击鼠标右键，返回对话框，在截面选择中单击按钮，在平面图中单击选择截面对象，单击鼠标右键，返回对话框，如图 6-14 所示。

根据实际情况，设置完成后是否删除路径和截面对象，单击“预览”按钮，在轴测视图中进行预览，确认无误后，单击鼠标右键，退出预览，单击“确定”按钮，完成路径曲面的创建，如图 6-15 所示。

注意事项：在进行路径曲面生成对象操作时，单击“预览”按钮后，需要通过“视图”选项中的“自由动态观察”工具进行旋转预览。在进行预览时，若发现路径曲面生成的模型扭曲变形，可以选中“路径反向”复选框。

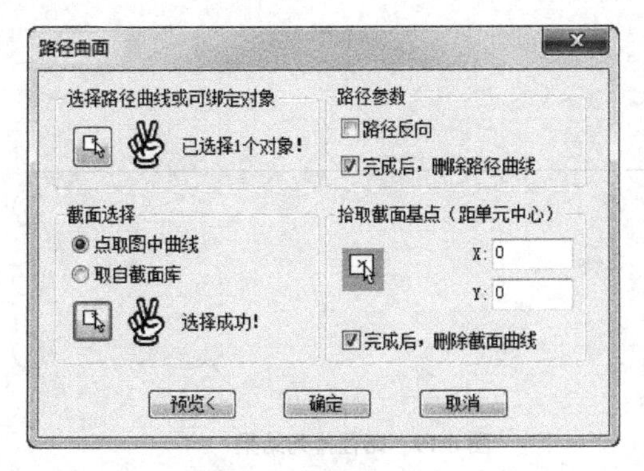

图 6-14　选择完成

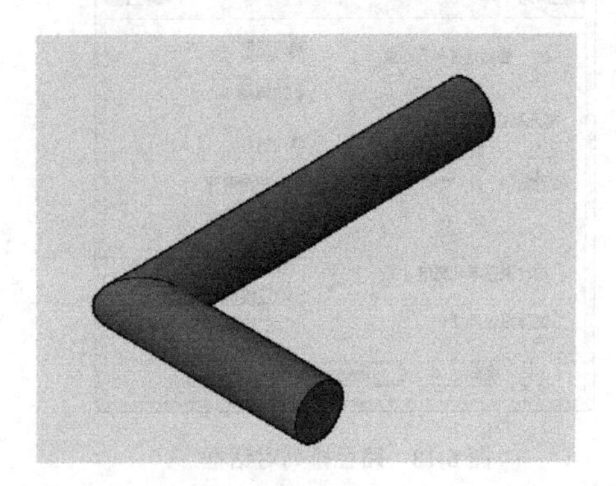

图 6-15　路径曲面

2. 变截面体

变截面体命令类似于多个截面在同一路径中的“路径曲面”操作。在截面选择时，最多可以设置 3 个截面对象，根据命令行提示，设置相应的参数，生成三维模型，如图 6-16 所示。由于该命令平时应用相对较少，在此不再赘述。

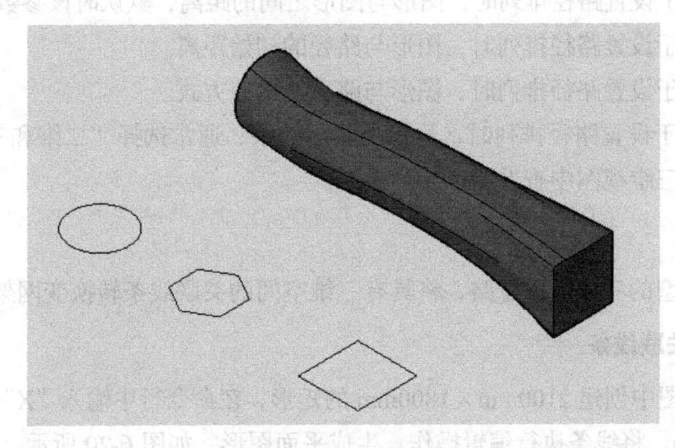

图 6-16　变截面体

6.1.4　路径排列

路径排列命令用于将图形对象沿指定的路径进行连续复制，生成排列效果。

1. 路径排列

首先，在平面图中创建路径和需要排列的对象，如图 6-17 所示。

图 6-17　图形和路径

其次，执行【三维建模】/【造型对象】/【路径排列】命令，根据命令行的提示，单击选择路径对象，单击选择图形对象，单击鼠标右键或按【Enter】键，弹出路径排列对话框，如图 6-18 所示。

在弹出的界面中，设置单元宽度、初始间距、对齐方式和显示效果，单击“预览”按钮，在平面图中查看显示效果，单击鼠标右键或按【Enter】键返回对话框，单击“确定”按钮，完成路径排列，如图 6-19 所示。

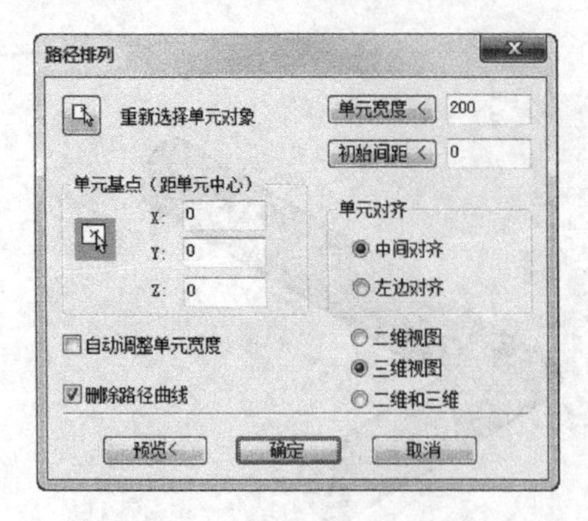

图 6-18　路径排列对话框

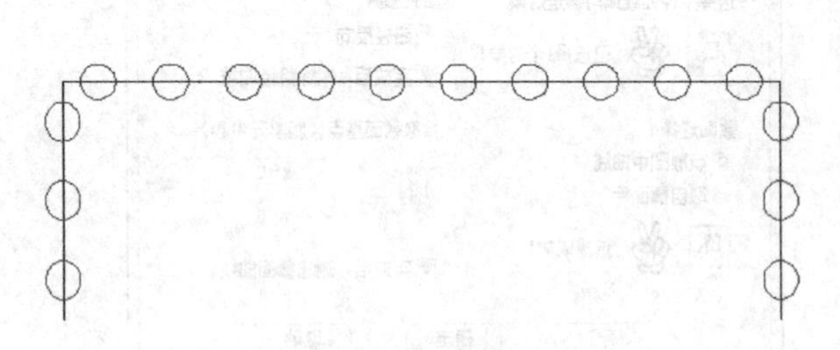

图 6-19　路径排列结果

2. 参数说明

单元基点：用于设置图形在排列时，控制的基点位置。

自动调整单元宽度：选中该复选框后，图形对象在路径排列时，自动调整初始和图形之间的间距。

删除路径曲线：当选中该参数时，路径排列完成以后自动删除原有路径对象。

单元宽度：用于设置路径排列时，图形与图形之间的距离，默认时该参数与图形尺寸一致。

初始间距：用于设置路径排列时，图形与路径的初始距离。

单元对齐：用于设置路径排列时，图形与路径的对齐方式。

显示方式：用于设置路径排列时，显示的实际效果，通常选择“二维和三维”显示方式，方便在平面图以及三维视图中查看图形排列效果。

6.1.5　三维网架

三维网架是典型的三维建模思路，将具有三维空间的关联线条转换变网架模型。

1. 创建三维空间关联线条

首先，在平面图中创建 2100mm×1800mm 的矩形，在命令行中输入“X”，将其分解，设置偏移距离为 300mm，将线条执行编辑操作，生成平面图形，如图 6-20 所示。

其次，在左下角绘制倾斜辅助线，选择除上侧和右侧之外的线条，捕捉左下角斜线的中点，执行复制操作，如图 6-21 所示。

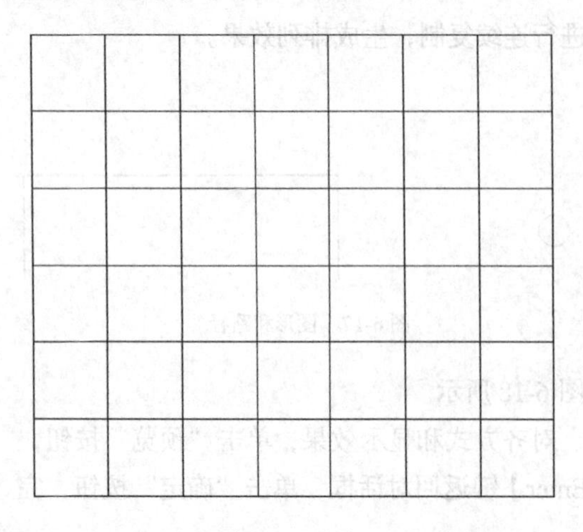

图 6-20　平面

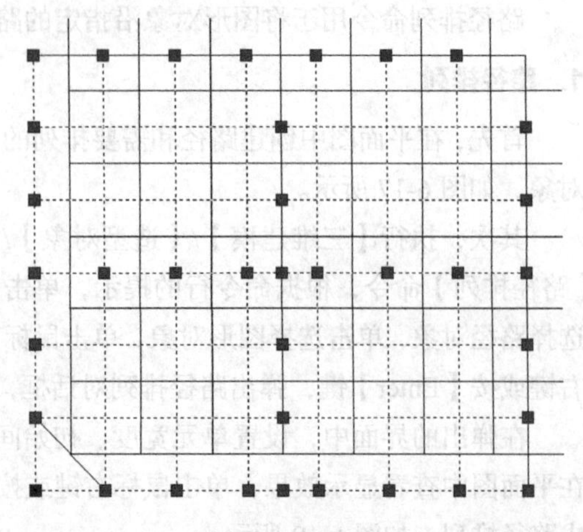

图 6-21　复制线条

对复制后的线条执行“修剪”操作，得到两个放在一起的平面网架，如图 6-22 所示。

选择中间的行列为 5 × 6 的网格区域，利用“夹点编辑”命令，将其向上移动 300mm 距离，切换到轴测图查看显示效果，如图 6-23 所示。

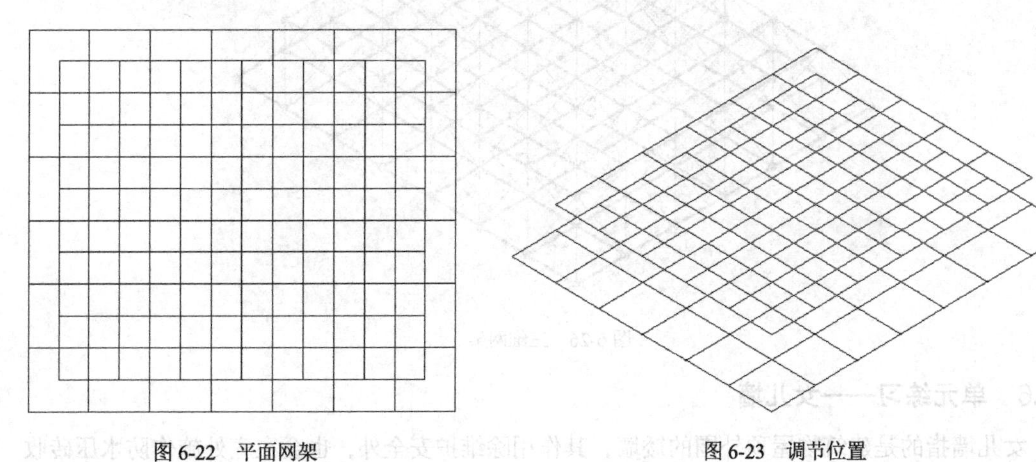

图 6-22　平面网架

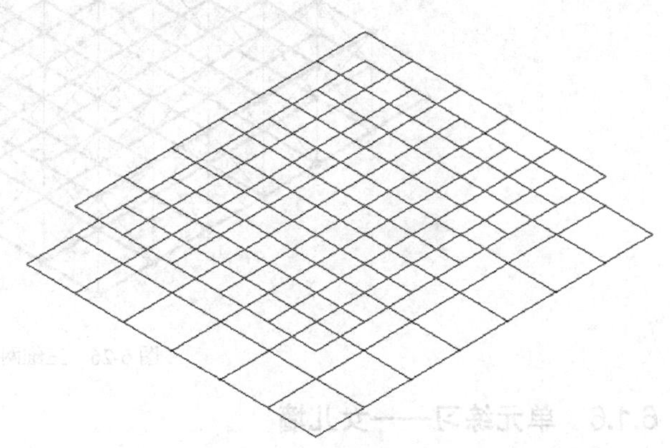

图 6-23　调节位置

最后，返回到平面图，绘制左下角连接直线并完成“阵列”复制，如图 6-24 所示。

2. 三维网架

将当前视图切换到“西南轴测”显示方式，执行【三维建模】/【造型对象】/【三维网架】命令，根据命令行提示，框选三维网架线条，单击鼠标右键或按【Enter】键完成选择，弹出网架设计对话框，如图 6-25 所示。

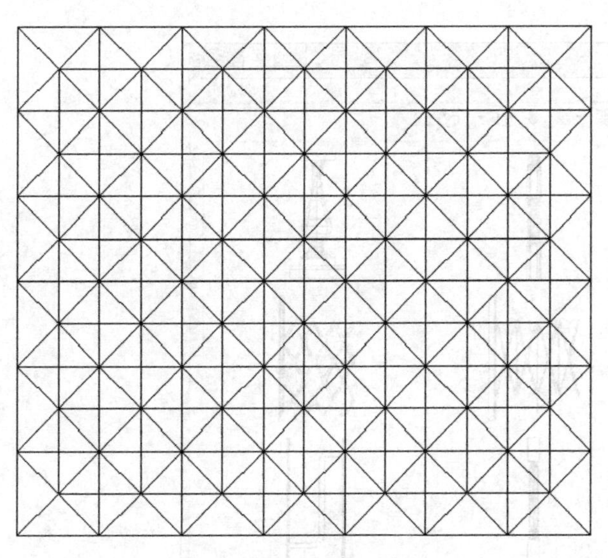

图 6-24　阵列复制

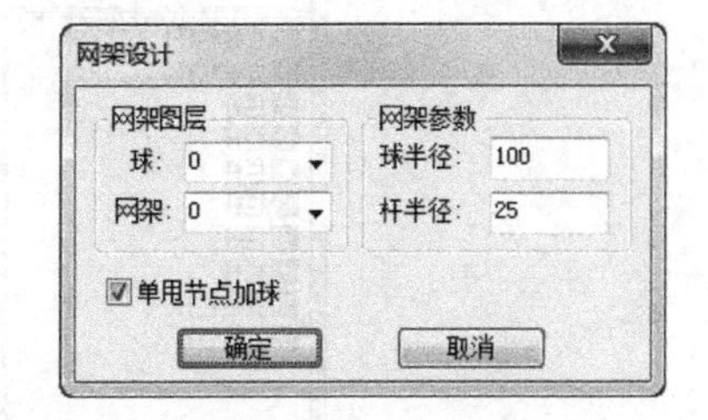

图 6-25　网架设计对话框

在弹出的界面中，设置生成网架对象所在的图层和网架参数，单击“确定”按钮，生成三维网架造型，如图 6-26 所示。

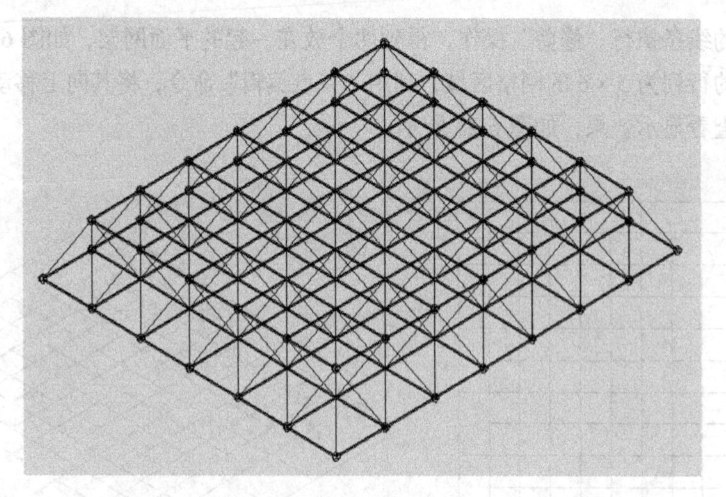

图 6-26　三维网架

6.1.6　单元练习——女儿墙

女儿墙指的是建筑物屋顶外围的矮墙，其作用除维护安全外，也会在底处施作防水压砖收头，以避免防水层渗水或是屋顶雨水漫流。根据建筑技术规则规定，女儿墙被视作栏杆的作用时，如建筑物在 10 层楼以上，女儿墙高度不得小于 1.2m，而为避免业主刻意加高女儿墙，方便以后搭盖违建，也规定高度最高不得超过 1.5m。

在天正建筑中，通过“路径排列”和“路径曲面”两个工具，可以实现女儿墙造型。

1. 置入栏杆

在平面图中，执行【三维建模】/【造型对象】/【栏杆库】命令，弹出栏杆库对话框，如图 6-27 所示。

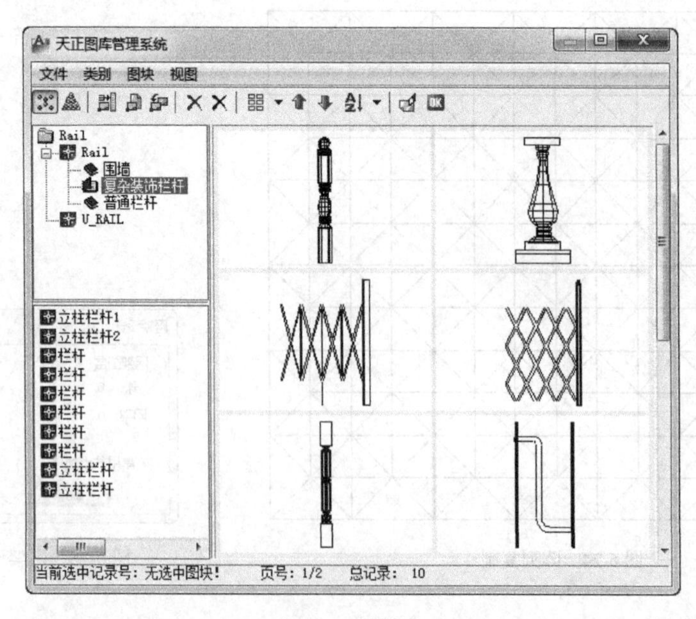

图 6-27　栏杆库

从左侧列表中选择类型，双击右侧的图块缩略图，弹出图块置入对话框，设置参数，在平面图中单击置入栏杆对象，如图 6-28 所示。

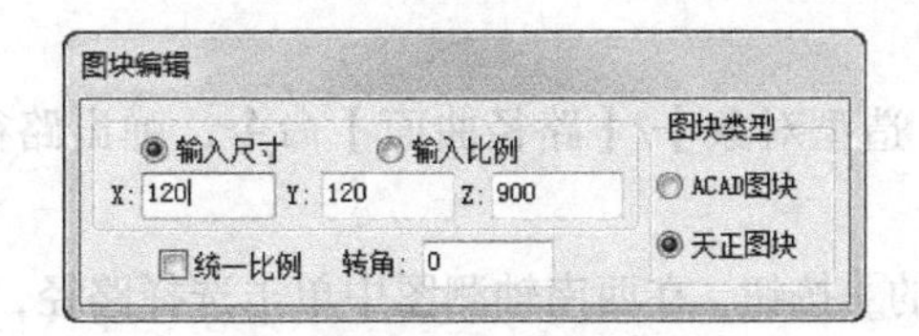

图 6-28　设置参数

2. 路径排列

在平面图中，绘制路径排列的多段线，执行【三维建模】/【造型对象】/【路径排列】命令，在平面图中依次单击路径和栏杆，单击鼠标右键或按【Enter】键，在弹出的路径阵列中设置参数，如图 6-29 所示。

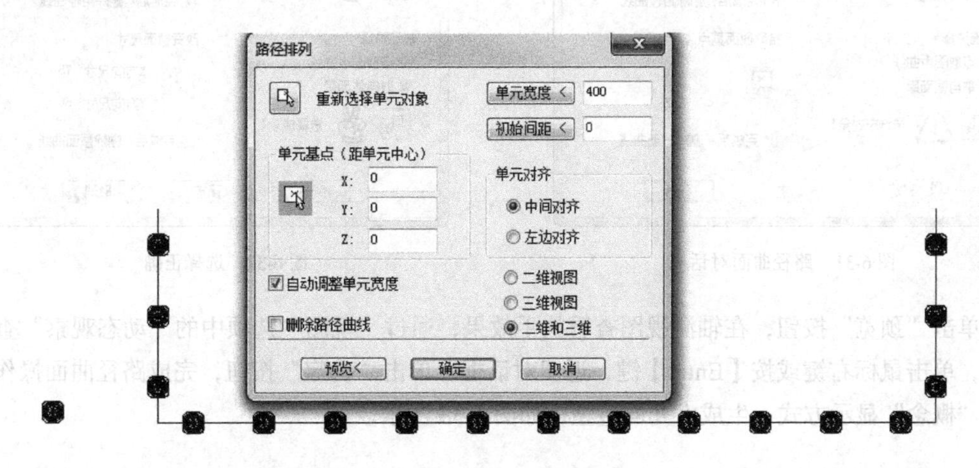

图 6-29　路径排列

3. 调节路径位置

将鼠标指针置于空白区域，单击鼠标右键，选择【视图设置】/【西南轴测】命令，将旁边的单一栏杆删除，选择路径线条，通过“夹点编辑”操作，将其向上移动 900mm，如图 6-30 所示。

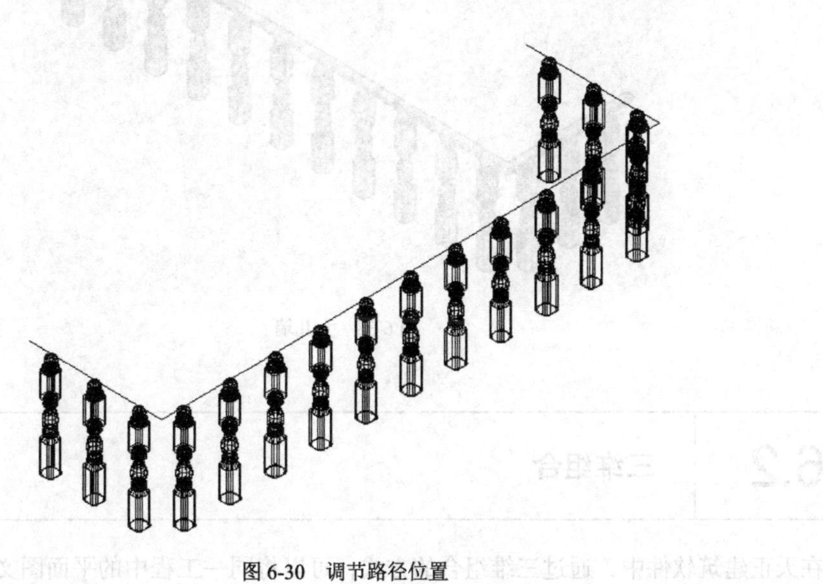

图 6-30　调节路径位置

4. 路径曲面

执行【三维建模】/【造型对象】/【路径曲面】命令，弹出路径曲面对话框，如图 6-31 所示。

单击选择路径曲线中的按钮，在西南轴测图中单击选择路径，单击鼠标右键结束，在截面选择中，选择“取自截面库”，从弹出的对话框中选择“木扶手”，返回对话框，如图 6-32 所示。

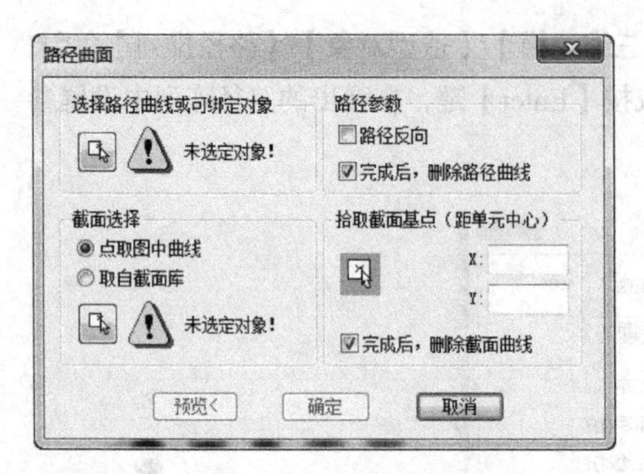

图 6-31　路径曲面对话框

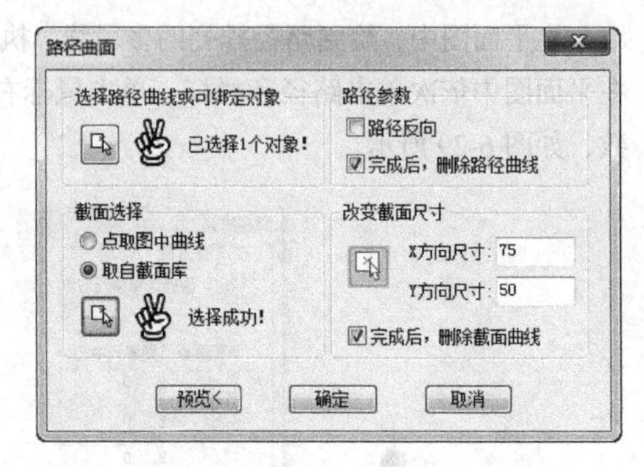

图 6-32　选择正确

单击“预览”按钮，在轴测视图查看扶手效果，通过“视图”选项中的“动态观察”查看效果，单击鼠标右键或按【Enter】键，返回对话框，单击“确定”按钮，完成路径曲面操作，执行“概念”显示方式，生成女儿墙造型，如图 6-33 所示。

图 6-33　女儿墙

6.2 三维组合

在天正建筑软件中，通过三维组合的方式，可以将同一工程中的平面图文件，根据楼层表的描述，生成整个建筑物的三维组合效果。

通过三维组合效果，可以查看整个建筑物的层次细节，也可以将该组合文件导入到 3ds Max 等软件中，进行三维的后期处理。

6.2.1 三维组合准备

在进行三维组合前，需要对整个建筑物的各个平面图进行整理，才能得到正确的三维组合效果。文件整理主要包括以下几点。

（1）三维组合中用到的各个平面图需要位于同一个文件夹中，方便对其进行工程管理。

（2）工程文件夹中的各个平面图 *A* 轴与 1 轴的交点坐标需要在同一个位置，经过三维组合编辑后，保证各个平面的垂直位置对齐。

（3）通过工程管理中的楼层表，对各个平面图进行楼层信息的管理和编辑。

6.2.2 三维组合操作

执行【文件布图】/【工程管理】命令，从工程下拉列表中选择工程文件，同时将楼层表信息也打开，如图 6-34 所示。

执行【三维建模】/【三维组合】命令，弹出三维组合对话框，如图 6-35 所示。

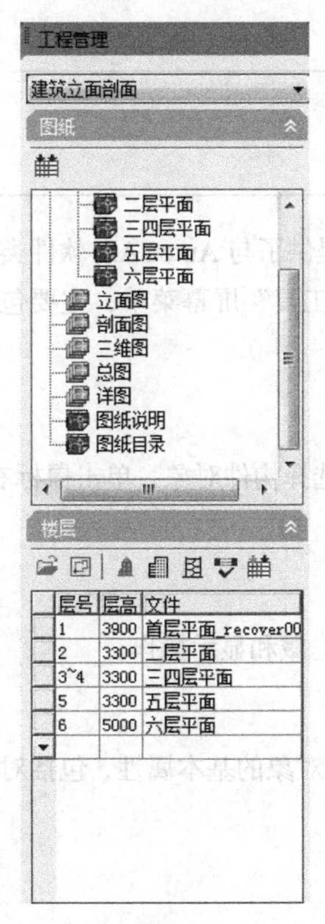

图 6-34 打开工程

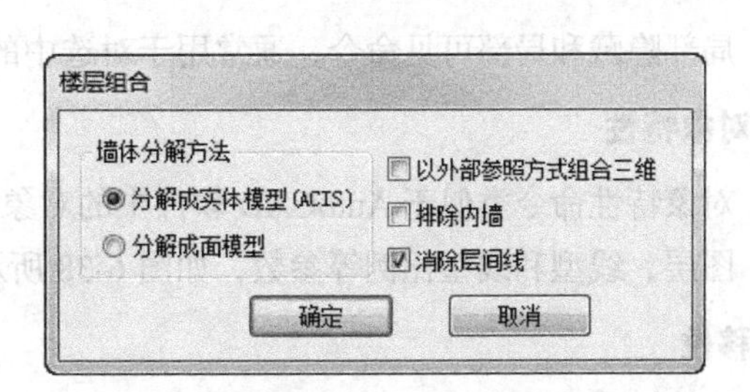

图 6-35 三维组合

设置墙体分解方法和右侧参数后，单击“确定”按钮，选择文件存储位置和输入名称，单击“保存”按钮完成，对其执行“概念”显示方式，查看实际的三维组合效果，如图 6-36 所示。

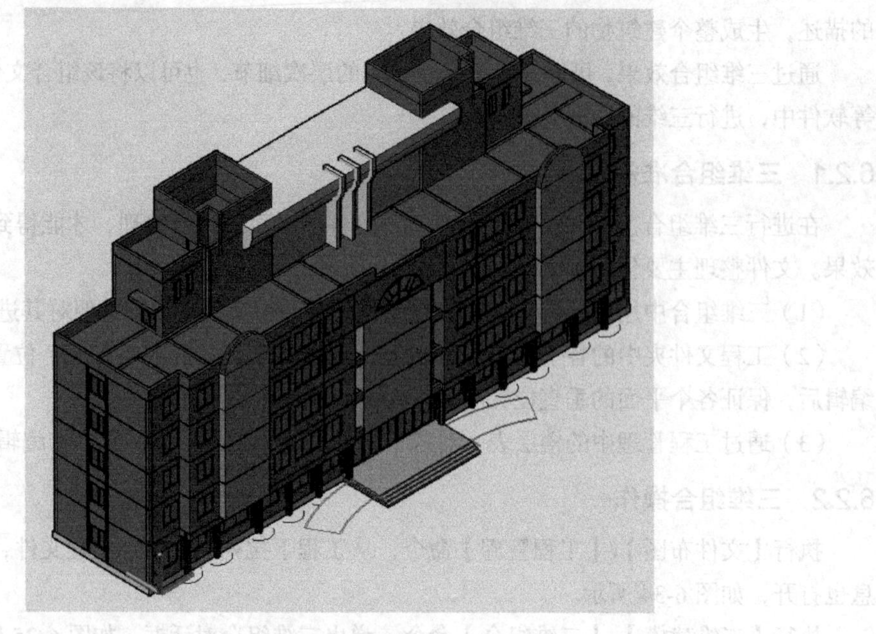

图 6-36 三维组合

6.3 通用工具

在天正建筑软件中，除了提供常用的三维建模工具以外，还提供了与 AutoCAD 软件类似的通用工具。在新版本的天正建筑软件中，通用工具统一集成为“工具”屏幕菜单，主要包括通用编辑工具、曲线工具、观察工具和其他工具等。

6.3.1 通用编辑工具

通用编辑工具属于通用工具默认的显示方式，在平面图中，选择构件对象，单击鼠标右键，选择“通用编辑”即可显示通用编辑工具，如图 6-37 所示。

1. 显示、隐藏

局部隐藏和局部可见命令，通常用于对选中的当前对象进行隐藏和显示操作。

2. 对象特性

对象特性命令类似于 AutoCAD 软件中的对象特性，弹出当前对象的基本属性，包括对象颜色、图层、线型和线型比例等参数，如图 6-38 所示。

3. 移位

移位命令可以将选择的当前对象在 *X*、*Y* 和 *Z* 轴方向上进行移动。如果习惯 AutoCAD 软件的操作，可以在天正建筑软件中使用“夹点编辑”工具来替换移位工具。

4. 其他工具

通用编辑中的删除、复制、移动、镜像、旋转、自由复制、自由移动等工具，平时应用相对较少，在此不再赘述。

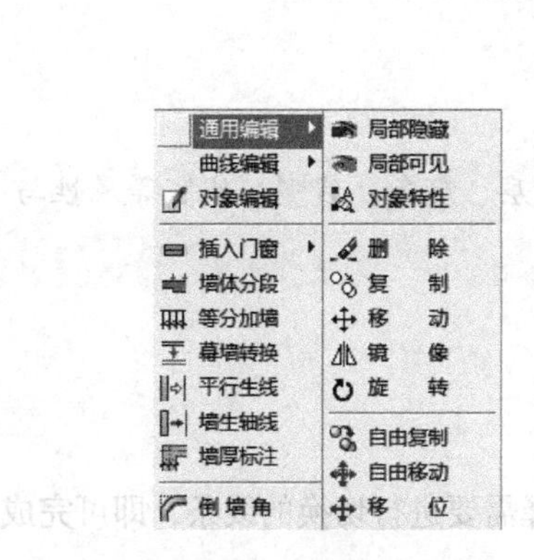

图 6-37 通用编辑工具

图 6-38 对象特性

6.3.2 曲线工具

曲线工具主要用于对线条进行编辑，解决了很多 AutoCAD 软件所不方便实现的功能，这一组工具可以体现天正建筑软件在线条编辑方面的优势。

1. 线变复线

线变复线命令可以将若干个彼此相连接的直线、圆弧等线条，转变成多段线对象。类似于“AutoCAD”软件中的“多段线编辑”工具。多段线对象在天正建筑软件中可以作为异型立面的线条，也可以作为截面图形排列的路径对象。

执行【工具】/【曲线工具】/【线变复线】命令，弹出对话框，如图 6-39 所示。

在弹出的界面中，设置控制精度和合并选项，在平面图中单击并拖动框选需要转变的线条，完成线变复线操作，如图 6-40 所示。

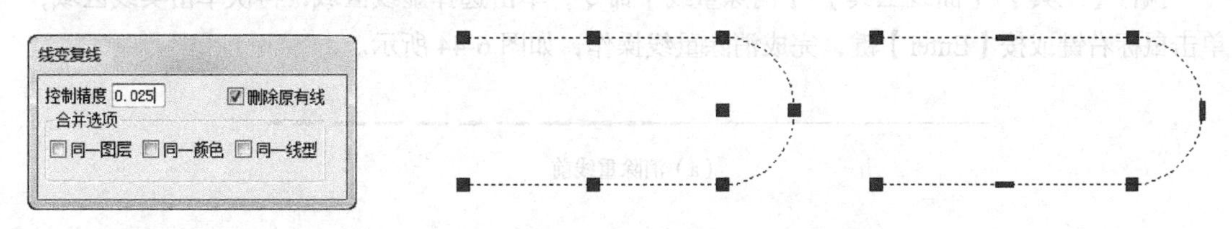

图 6-39 线变复线　　　　图 6-40 线变复线前后对比

2. 连接线段

连接线段命令可以将在平面上的两段线，按照目标线段的图层、颜色、线型等属性进行快速连接。若两段线延伸不在同一条线上时，连接后会自动将多余的线条修剪完成。

首先，在平面图中创建两段线条，将其中一段线调整到另外图层，如图 6-41 所示。

其次，执行【工具】/【曲线工具】/【连接线段】命令，根据命令行提示，依次单击实线、虚线线条，完成线段的连接，如图 6-42 所示。

（a）图层 0　　　　（b）图层 1

图 6-41　绘制线条

图 6-42　连接线段结果

注意事项：在进行连接线段操作时，生成的结果线段其图层、颜色、线型、线宽等属性与单击的第二段线条属性保持一致。

3. 虚实变换

虚实变换命令用于将选择的线条在虚线和实线之间切换。

执行【工具】/【曲线工具】/【消除重线】命令，单击选择需要进行切换的线条，即可完成虚实变换，如图 6-43 所示。

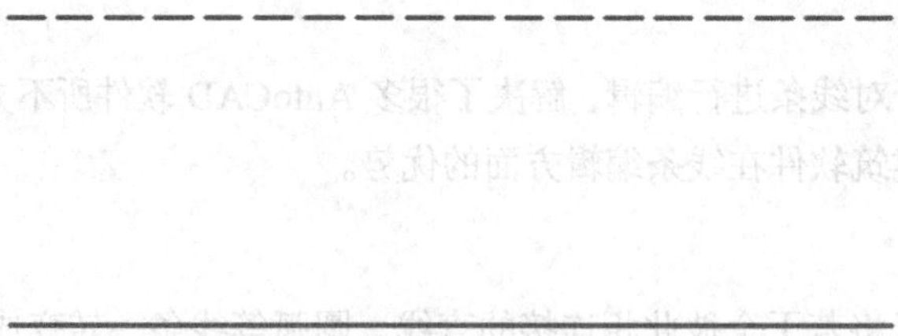

图 6-43　虚实变换

4. 消除重线

消除重线命令用于消除在同一个图层中，彼此有重叠区域的直线或圆弧等对象。经过消除重线命令运算后，线条的属性与第一次单击的线条一致。

执行【工具】/【曲线工具】/【消除重线】命令，单击选择虚线区域，再次单击实线区域，单击鼠标右键或按【Enter】键，完成消除重线操作，如图 6-44 所示。

（a）消除重线前

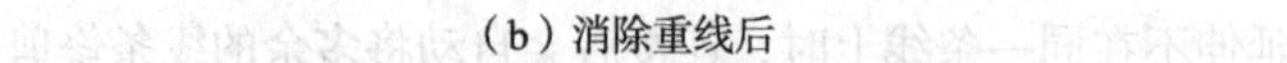

（b）消除重线后

图 6-44　消除重线

5. 长度统计

长度统计命令类似于 AutoCAD 软件中的“测量”工具，用于快速统计当前线条的长度或多个连接线条的长度总和，并在平面图中将长度以“m”为单位标注在线条对象上。

执行【工具】/【曲线工具】/【长度统计】命令，依次单击选择平面图中的线条，单击鼠标右键或按【Enter】键，在平面图中单击选择标注的位置，如图 6-45 所示。

图 6-45　长度统计

6.4 本章小结

本章介绍了常见的三维建模工具和通用工具，三维建模工具可以实现天正建筑软件提供的固定的构件对象之外的其他模型。在创建模型时，也介绍了使用 AutoCAD 软件实现的其他建模方法，对于使用哪种方法更方便建模，还需要看用户对工具掌握的熟练程度。另外，天正建筑软件还提供了比较实用的通用工具小集合，通过它们可以将复杂的线条编辑变得更加简单灵活。

第7章 输出设置

在建筑平面图、立面图和剖面图绘制完成以后，整个建筑图形基本绘制成形，经过文字说明、尺寸标注和文件布图后，就可以进行图形的正式输出。

本章要点：

- 文字表格
- 尺寸标注
- 符号标注
- 文件布图

7.1 文字表格

在日常建筑设计中，若需要对建筑设计的具体作法和实际施工等方面进行描述时，不能停留在设计和施工双方的口头协议上，需要在建筑标记上通过相关的符号说明和文字来体现。通过文字说明对相关的建筑设计说明进行详细描述。

7.1.1 文字

在天正建筑软件中，文字样式分为“AutoCAD字体”和“Windows字体”。默认的“AutoCAD字体”为标准的中文字体，在日常进行单行文字或多行文字输入时，采用该样式即可。

1. 文字样式

执行【文字表格】/【文字样式】命令，弹出文字样式对话框，如图7-1所示。

图7-1 文字样式

行业规范：在输入文字内容时，字体样式通常采用粗细一致的文字字体，如黑体或 Gbcbig 字体。

2. 单行文字

单行文字通常用于单行字符或表格内容的填写，每一行为一个对象且不会自动换行。若在已有图案中填写文字内容时，需要手动设置“背景屏蔽”选项，如图 7-2 所示。

3. 多行文字

多行文字通常用于建筑设计说明文字的填写，根据单击的区域宽度进行自动换行，通过“夹点编辑”的方式进行列宽调整。

执行【文字表格】/【多行文字】命令，弹出多行文字编辑器，如图 7-3 所示。

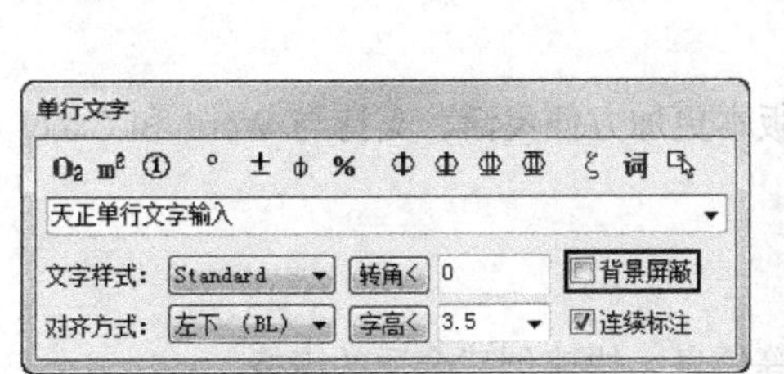

图 7-2　单行文字

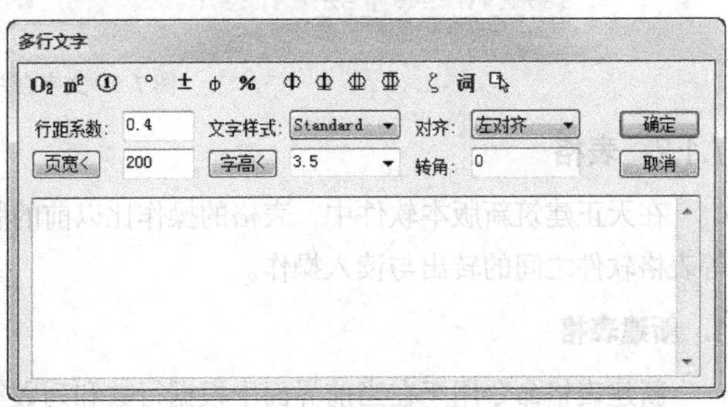

图 7-3　多行文字

在多行文字编辑器中输入多行文字内容，需要换行时可以通过按【Enter】键进行操作，单击“确定”按钮后，根据当前文字所需要的区域进行手动调节。

4. 文字转化

通过文字转化命令可以将 AutoCAD 中的单行文字转换为天正建筑软件中的单行文字，方便进行文字编辑和文字合并等操作。

执行【文字表格】/【文字转化】命令，单击选择需要转化的 AutoCAD 单行文字字符，AutoCAD 单行文字与天正建筑软件中的单行文字在外观上没有明显区别，双击进行文字编辑时，属性不同，如图 7-4 所示。

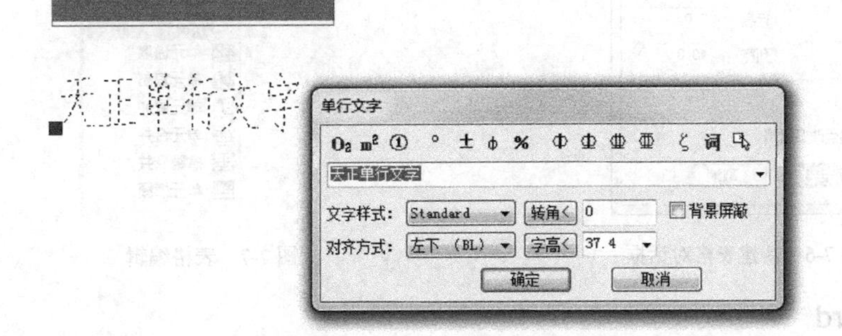

图 7-4　单行文字编辑

5. 文字合并

文字合并命令用于将天正建筑软件中的多个单行文字合并为多行文字，方便进行文字的页面排版。

执行【文字表格】/【文字合并】命令，依次单击需要合并的单行文字，单击鼠标右键或按【Enter】键结束选择，根据命令行提示，设置多行文字的位置，完成文字合并操作，如图 7-5 所示。

```
命令: T91_TTextMerge
请选择要合并的文字段落<退出>: 找到 1 个
请选择要合并的文字段落<退出>: 找到 1 个, 总计 2 个
请选择要合并的文字段落<退出>: 找到 1 个, 总计 3 个
请选择要合并的文字段落<退出>: 找到 1 个, 总计 4 个
请选择要合并的文字段落<退出>:
[合并为单行文字(D)]<合并为多行文字>:
移动到目标位置<替换原文字>:
```

图 7-5　文字合并

7.1.2　表格

在天正建筑新版本软件中，表格的操作比以前的版本更加方便灵活，支持与 Word 和 Excel 等表格软件之间的转出与读入操作。

1. 新建表格

新建表格命令用于在当前界面中根据行数和列数等信息，快速创建合适的表格。

执行【文字表格】/【新建表格】命令，弹出新建表格对话框，如图 7-6 所示。

在对话框中输入行数、列数、行高、列宽和标题等信息后，单击“确定”按钮，在当前页面中单击置入表格的左上角。选中表格，单击鼠标右键，从弹出的屏幕菜单中选择编辑方式即可，如图 7-7 所示。

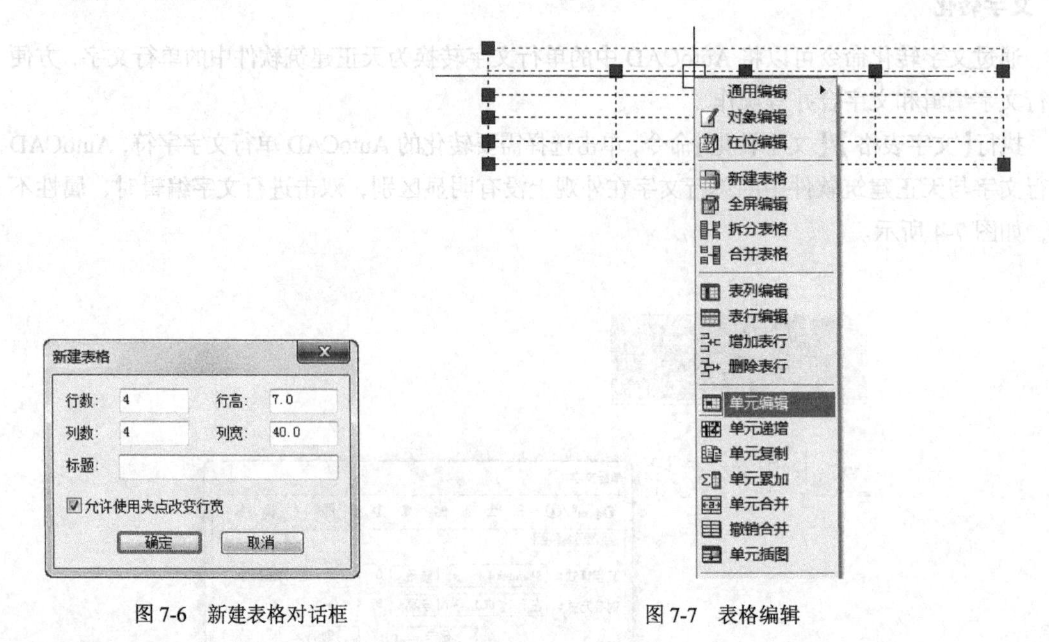

图 7-6　新建表格对话框　　图 7-7　表格编辑

2. 转出 Word

将当前选中的表格对象，转出到 Word 软件，方便进行表格内容的填写和编辑。

单击选择表格对象，执行【文字表格】/【转出 Word】命令，当前页面自动切换到 Word 文件界面，如图 7-8 所示。

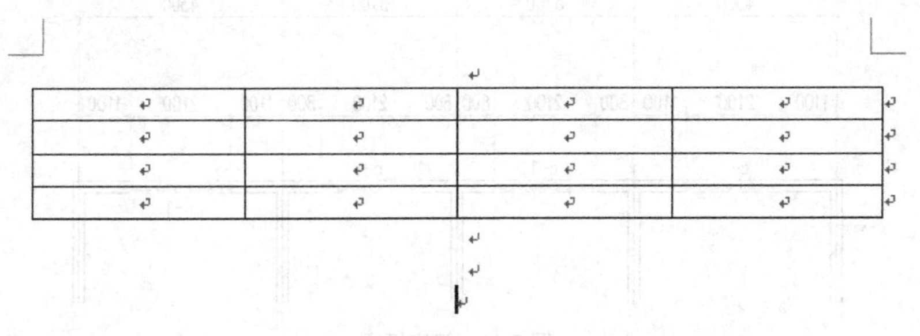

图 7-8 Word 表格

3. 读入 Excel

将 Excel 表格中选择的单元格区域，导入到当前天正建筑软件中。

在 Excel 中，选择要导入的单元格区域，执行【文字表格】/【读入 Excel】命令，在弹出的对话框中选择“是”命令，生成表格对象，如图 7-9 所示。

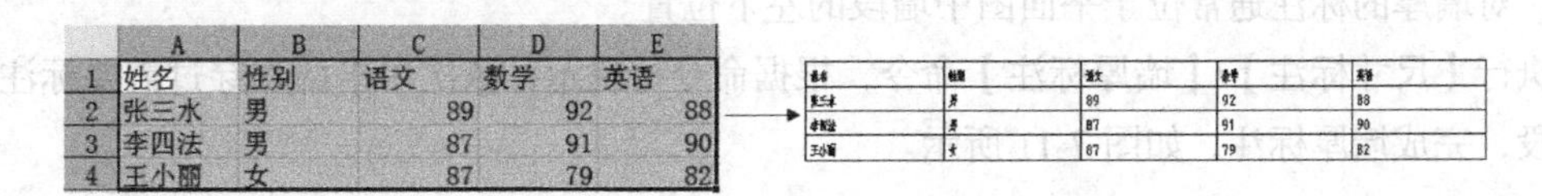

	A	B	C	D	E
1	姓名	性别	语文	数学	英语
2	张三水	男	89	92	88
3	李四法	男	87	91	90
4	王小丽	女	87	79	82

图 7-9 读入 Excel

7.2 尺寸标注

尺寸标注是设计图纸的重要组成部分，图纸中的尺寸标注需要符合建筑制图标准规范，直接沿用 AutoCAD 本身的尺寸标注命令不适合建筑制图的要求，特别是编辑尺寸尤其不方便。为此天正建筑软件提供了规范的尺寸标注系统，完全取代了 AutoCAD 的尺寸标注功能，执行“分解”操作后，转换为 AutoCAD 的尺寸标注。

天正建筑软件中的尺寸标注分为造型标注和对象标注两大类。

7.2.1 造型标注

造型标注主要用于对建筑墙体、门窗、楼梯等构件造型进行尺寸标注，将造型的具体设计尺寸提供给建筑施工人员。

1. 门窗标注

门窗标注命令用于快速标注建筑物外墙上的门、窗对象的基本尺寸信息。根据绘图流程的特点，在门窗对象创建完成以后，需要对外墙上的门窗对象进行门窗标注。

执行【尺寸标注】/【门窗标注】命令，在平面图中依次单击两点穿过其中的一个门窗对象，将平面图缩小显示，单击并拖动框选需要统一标注的单侧门窗，完成尺寸标注，如图 7-10 所示。

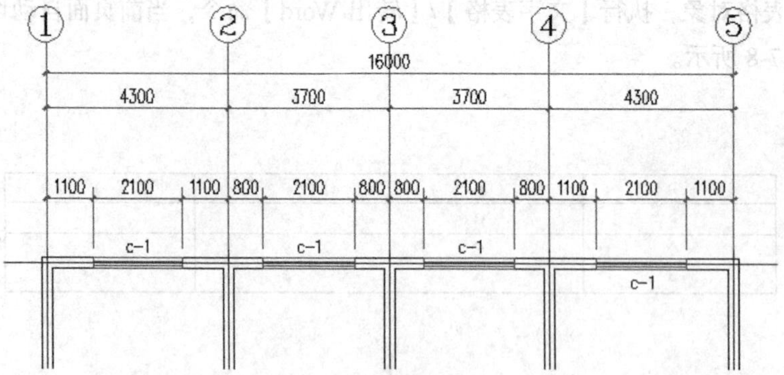

图 7-10 门窗标注

注意事项：在使用门窗标注命令时，单击的起点和终点需要穿过其中一个门窗对象，第二点单击的终点位置，将是整个门窗标注所要标记在的位置。

2. 墙厚标注

墙厚标注命令用于在平面图中标注两点连线经过的一段天正墙体对象的墙厚尺寸。在平面图中，对墙厚的标注通常位于平面图中墙段的左下位置。

执行【尺寸标注】/【墙厚标注】命令，根据命令行提示，依次单击两点穿过需要标注厚度的墙段，完成墙厚标注，如图 7-11 所示。

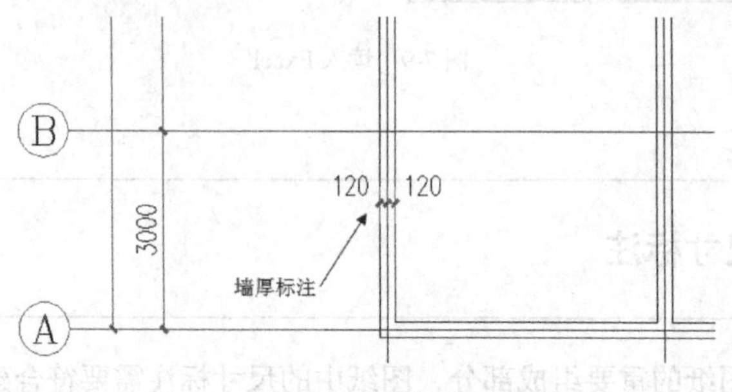

图 7-11 墙厚标注

3. 两点标注

两点标注命令用于为两点连线附近有关的轴线、墙线、门窗、柱子等构件标注尺寸，并且可以标注各墙中点或者添加其他标注点。

执行【尺寸标注】/【两点标注】命令，根据命令行的提示，依次单击两点（$P1$ 和 $P2$），根据命令行的提示，选择是否标注的墙体和门窗对象，生成两点标注，如图 7-12 所示。

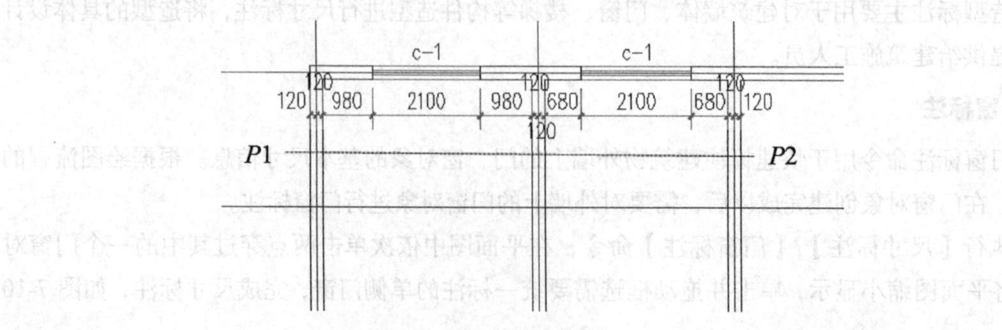

图 7-12 两点标注

4. 内门标注

内门标注命令，可以标注内墙门窗尺寸以及门窗与最近的轴线或墙角（墙垛）的关系。在进行内门标注时，对于同一类编号的内门造型，只需要标注一次即可。

执行【尺寸标注】/【内门标注】命令，根据命令行提示，依次单击两点穿过内门对象，完成内门标注，如图 7-13 所示。

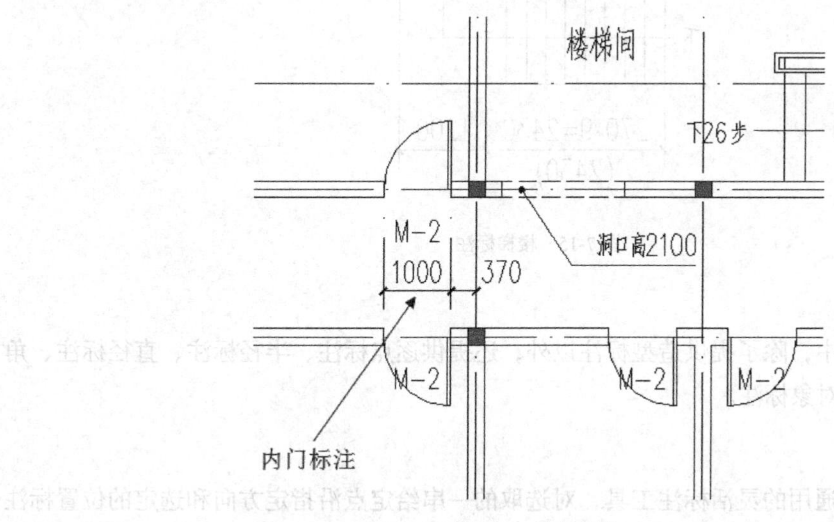

图 7-13　内门标注

5. 快速标注

快速标注命令与 AutoCAD 中的“快速标注”命令类似，适用于对天正建筑软件中的对象进行快速标注操作。

执行【尺寸标注】/【快速标注】命令，在平面图中单击并拖动鼠标，框选需要快速标注的对象区域，根据命令行的提示设置当前快速标注的结果为基线标注还是连续标注，完成快速标注，如图 7-14 所示。

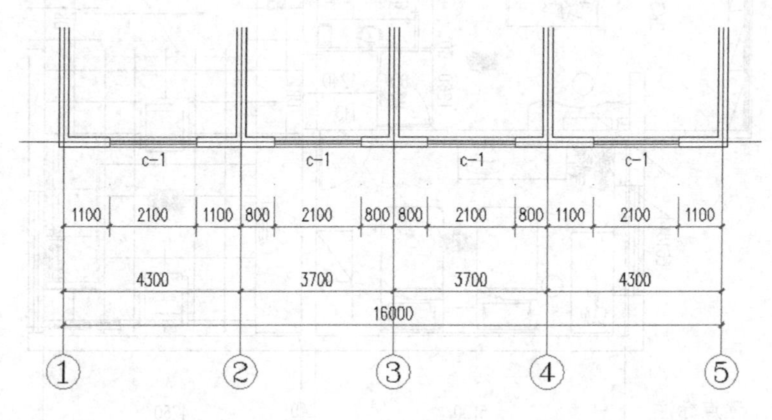

图 7-14　快速标注

6. 楼梯标注

楼梯标注命令用于标注各种楼梯梯段、平台、栏杆等对象所对应的构件尺寸。通常用于对剖面图中楼梯对象或单独双跑楼梯构件的尺寸标注。

执行【尺寸标注】/【楼梯标注】命令，单击选择需要进行标注的楼梯或梯段造型，单击选择尺寸标注所在的位置，完成楼梯标注，如图 7-15 所示。

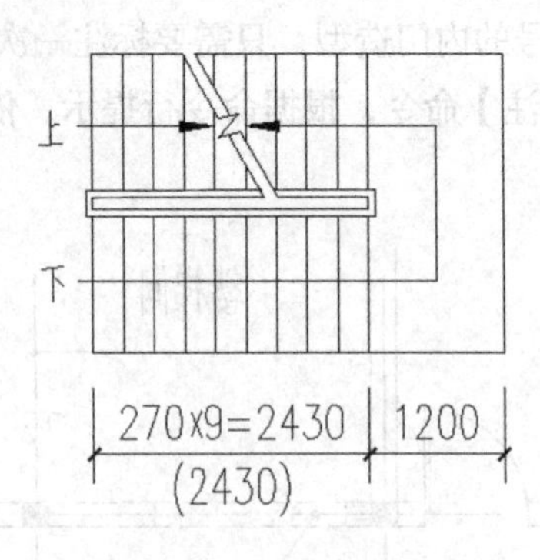

图 7-15　楼梯标注

7.2.2　对象标注

在天正建筑软件中，除了提供造型标注以外，还提供逐点标注、半径标注、直径标注、角度标注和弧长标注等对象标注。

1. 逐点标注

逐点标注是一个通用的灵活标注工具，对选取的一串给定点沿指定方向和选定的位置标注尺寸。特别适用于没有指定对象特征，需要取点定位标注的情况，以及其他标注命令难以完成的尺寸标注。

执行【尺寸标注】/【逐点标注】命令，根据命令行的提示，依次单击两点，再次单击选择尺寸线所在的基线位置，依次单击选择需要标注的位置点，生成逐点标注，如图 7-16 所示。

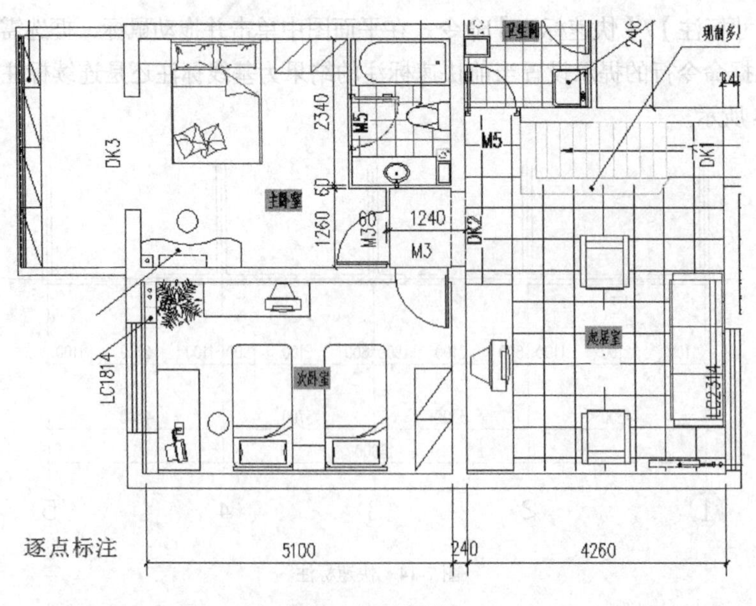

图 7-16　逐点标注

2. 半（直）径标注

半（直）径标注命令用于对图中的圆弧或圆对象进行尺寸标注。在实际标注中，对于闭合的圆对象需要进行直径标注，对于圆弧对象需要进行半径标注。其基本使用方法与 AutoCAD 类似，在此不再赘述。

3. 角度标注

角度标注命令用于按逆时针方向标注两线条之间的夹角，标注的角度位置与逆时针方向选择的线条顺序有关。

执行【尺寸标注】/【角度标注】命令，根据命令行提示依次单击第一条直线和第二条直线，单击选择尺寸线位置，完成角度标注，如图 7-17 所示。

4. 弧长标注

弧长标注命令是以建筑制图规范约定的弧长标注画法分段标注弧长，保持整体的一个角度标注对象，可以在弧长、角度和弦长 3 种状态下相互切换。

执行【尺寸标注】/【弧长标注】命令，在图形中单击选择需要标注的圆弧对象，依次单击需要标注的基点位置，完成弧长标注，如图 7-18 所示。

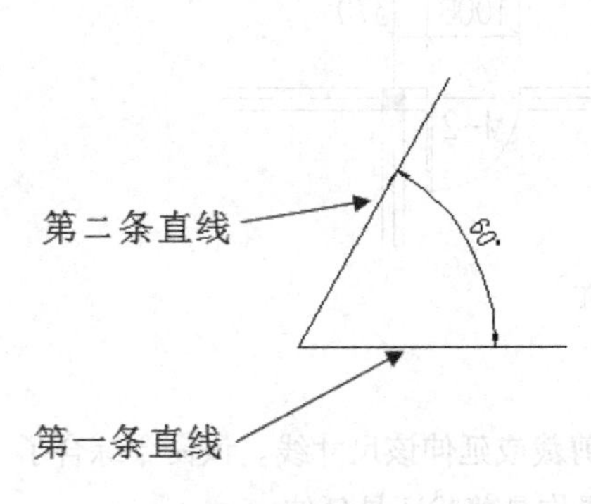

图 7-17 角度标注

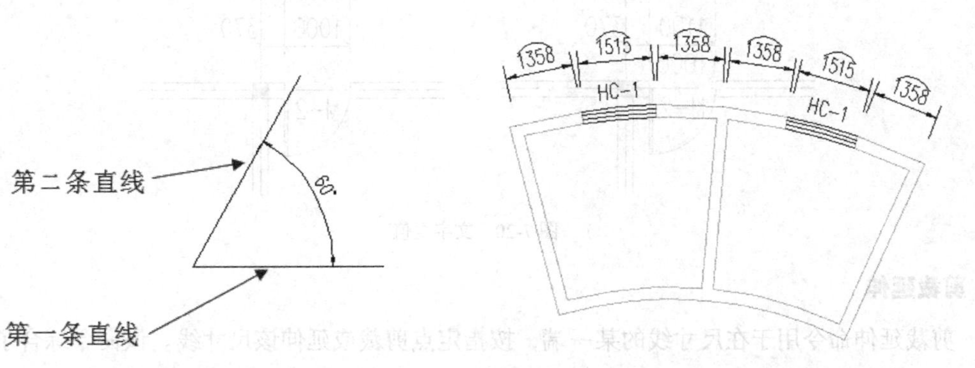

图 7-18 弧长标注

7.2.3 尺寸标注编辑

尺寸标注对象属于天正自定义对象的一部分，支持裁剪、延伸、打断等编辑操作，使用方法与 AutoCAD 尺寸标注编辑类似。以下介绍天正建筑软件所提供的专用尺寸编辑命令的详细使用方法。除尺寸编辑命令外，双击尺寸标注对象，即可进入到对象编辑的增补尺寸功能。

1. 文字复位

文字复位命令用于将尺寸标注中被移动过的尺寸数字或文字恢复到原来的位置，可以解决夹点拖动不当时与其他夹点合并的问题。

执行【尺寸标注】/【尺寸编辑】/【文字复位】命令，根据命令行提示，单击选择需要复位的尺寸标注，单击鼠标右键或按【Enter】键，将文字恢复到默认位置，如图 7-19 所示。

2. 文字复值

文字复值命令用于将尺寸标注中被有意修改的文字恢复回原来的初始数值。通过该命令，方便查看绘制时的实际尺寸数值。

执行【尺寸标注】/【尺寸编辑】/【文字复值】命令，根据命令行的提示，单击并框选需要文字复值的尺寸标注区域，单击鼠标右键或按【Enter】键，完成文字复值操作，如图 7-20 所示。

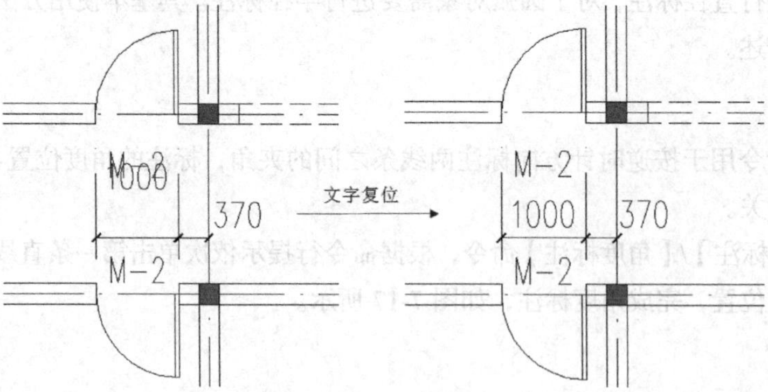

图 7-19　文字复位

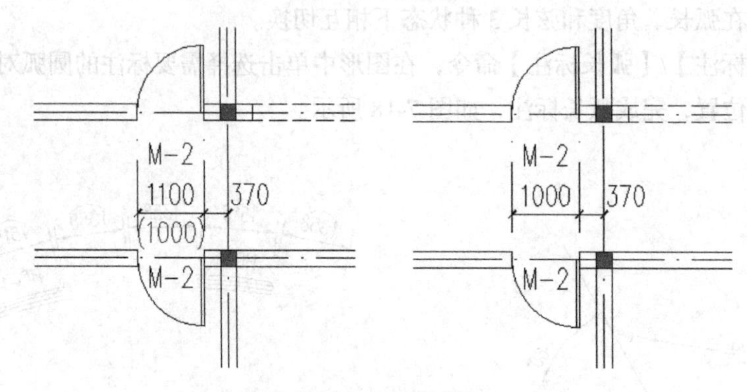

图 7-20　文字复值

3. 剪裁延伸

剪裁延伸命令用于在尺寸线的某一端，按指定点剪裁或延伸该尺寸线。该命令综合了“修剪”和“延伸”两个功能，自动判断对尺寸线执行的操作是剪裁还是延伸。

执行【尺寸标注】/【尺寸编辑】/【剪裁延伸】命令，根据命令行的提示，单击选择参考基点，再次单击选择编辑的尺寸线，完成尺寸线延伸操作，如图 7-21 所示。

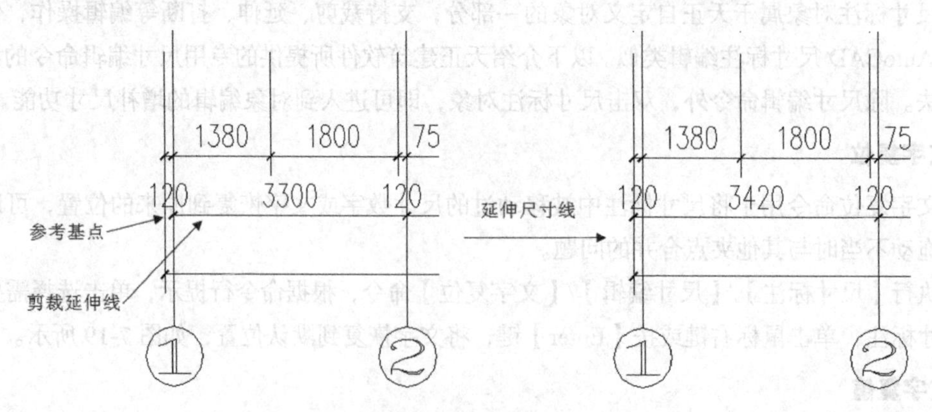

图 7-21　剪裁延伸

4. 取消尺寸

取消尺寸命令用于删除天正标注对象中指定的尺寸线区间。若尺寸线共用尺寸边界线段，通过取消尺寸命令删除中间段以后，会把原来标注对象分开成为两个相同类型的标注对象。

执行【尺寸编辑】/【尺寸编辑】/【取消尺寸】命令，在尺寸标注对象中单击选择需要取消的标注，单击鼠标右键或按【Enter】键完成取消尺寸操作，如图 7-22 所示。

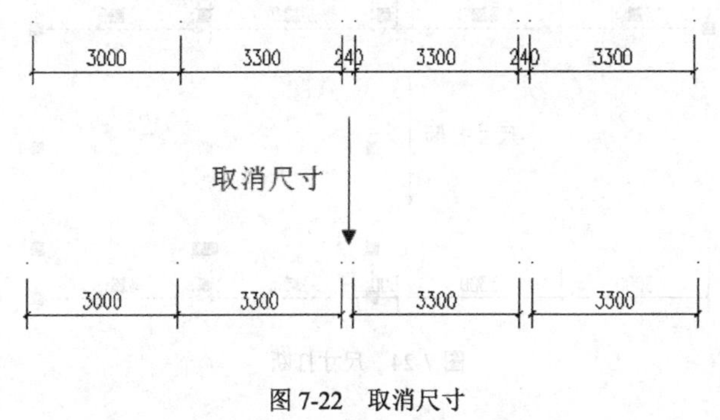

图 7-22 取消尺寸

5. 连接尺寸

连接尺寸命令用于将两个独立的天正尺寸标注连接成一个标注对象，若在连接之前两个尺寸标注不共线，执行连接尺寸操作后，生成的尺寸标注以第一个点取的标注对象为主尺寸标注，进行自动对齐。

执行【尺寸标注】/【尺寸编辑】/【连接尺寸】命令，根据命令行提示，单击选择主尺寸标注，依次单击其他需要连接的尺寸标注，单击鼠标右键或按【Enter】键完成连接尺寸操作，如图 7-23 所示。

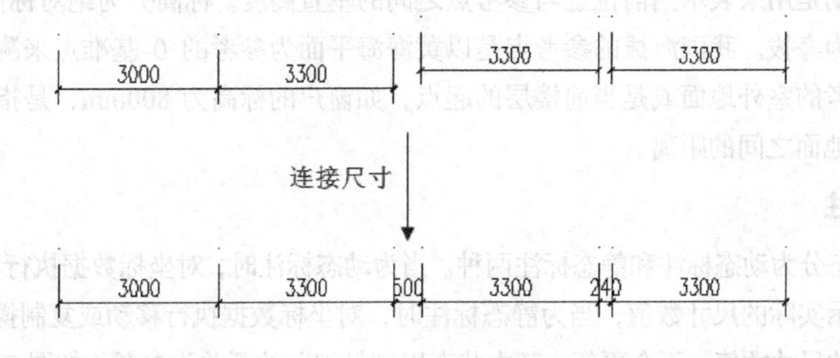

图 7-23 连接尺寸

6. 尺寸打断

尺寸打断命令用于把整体的天正尺寸标注对象在指定的尺寸界线上打断，成为两段互相独立的尺寸标注对象。

执行【尺寸标注】/【尺寸编辑】/【尺寸打断】命令，将鼠标指针移动到需要打断的尺寸标注对象上，单击左键，完成尺寸打断操作，如图 7-24 所示。

7. 其他编辑

在尺寸标注编辑工具组中还有合并区间、等分区间、等式标注、尺寸等距、对齐标注和增补尺寸等编辑操作，由于在实际编辑当中使用相对较少，在此不再赘述。

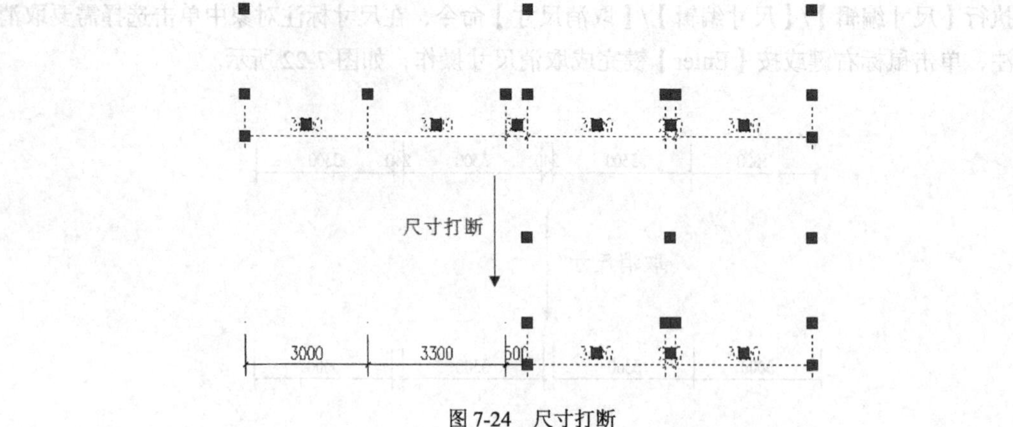

图 7-24　尺寸打断

7.3 符号标注

天正建筑软件中的符号标注分为坐标、标高符号标注和工程符号标注两类。

7.3.1 坐标、标高符号标注

坐标标注在工程制图中用来表示某个点的平面位置，一般由规划部门提供，通过坐标点的位置，方便计算某个工程的规划面积。

标高标注则是用来表示当前位置与参考点之间的垂直高度。标高分为绝对标高和相对标高。绝对标高也称为海拔。我国海拔的参考点是以黄海海平面为参考的 0 基准点来测量。相对标高是以建筑物参考的室外地面或是当前楼层的起点，如窗户的标高为 800mm，是指窗户的底边缘与当前平面图地面之间的距离。

1. 动/静态标注

标注的状态分为动态标注和静态标注两种。当为动态标注时，对坐标数据执行移动或复制后，尺寸数值会显示实际的尺寸数值，当为静态标注时，对坐标数据执行移动或复制操作后，尺寸数值仍然为原来的尺寸数值，不会更新。基本状态以“灯泡”的开关为参考，如图 7-25 所示。

2. 坐标标注

执行【符号标注】/【坐标标注】命令，根据命令行提示，输入“S”键，弹出坐标标注对话框，如图 7-26 所示。

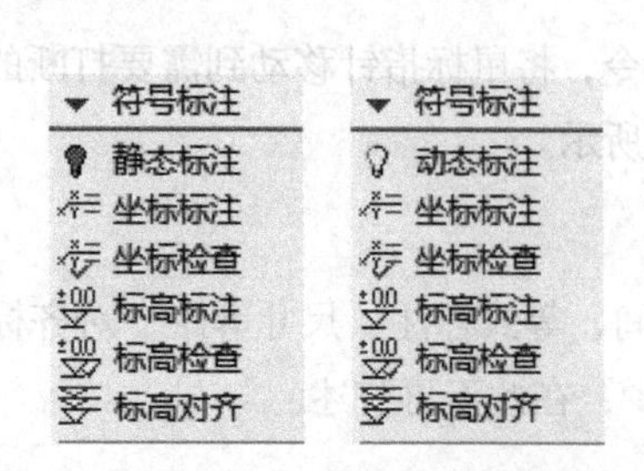

图 7-25　动/静态标注

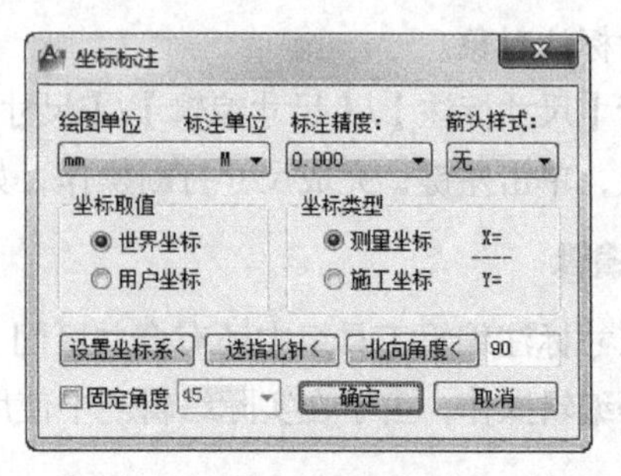

图 7-26　坐标标注

在弹出的界面中，对当前坐标标注的基本信息进行设置，包括绘图单位、标注精度、箭头样式、坐标类型等参数，单击“确定”按钮，在平面图中单击选择测量的参考点，再次单击鼠标左键选择标注的位置，单击鼠标右键或按【Enter】键，完成标注，如图 7-27 所示。

参数说明如下。

绘图单位：用于设置坐标标注时所使用的尺寸单位与标注单位，可以从下拉列表中选择。

坐标取值：用于设置当前坐标标注时，尺寸数值的取值参考。当选择用户坐标时，需要提前通过“UCS”命令来设置当前图形的坐标原点位置。

坐标类型：用于设置坐标标注所遵循的类型。测量坐标时分别用 *X* 和 *Y* 来表示，施工坐标分别用 *A* 和 *B* 来表示，根据《总图制图标准》2.4.1 条规定，南北向的坐标为 *X*（*A*），东西方向坐标为 *Y*（*B*），与建筑绘图习惯使用的坐标系是相反的。

选指北针：若在当前图纸中插入了指北针符号，单击该按钮后，就可以在平面图中选择指北针对象，坐标标注的结果以指北针的指向为 *X*（*A*）方向标注新的坐标点。

北向角度：用于设置图形中的默认北向角度，如正北方向不是图纸的上方，则需要单击该按钮，在平面图中单击给出正北方向。

固定角度：若选中该复选框后，在进行坐标标注时坐标引线会按鼠标拖动的方向保持给定的角度。

3. 坐标检查

坐标检查命令用于在总平面图中检查测量坐标标注或施工坐标，避免由于人为修改坐标标注数值导致设计位置的错误。

执行【符号标注】/【坐标检查】命令，弹出坐标检查对话框，如图 7-28 所示。

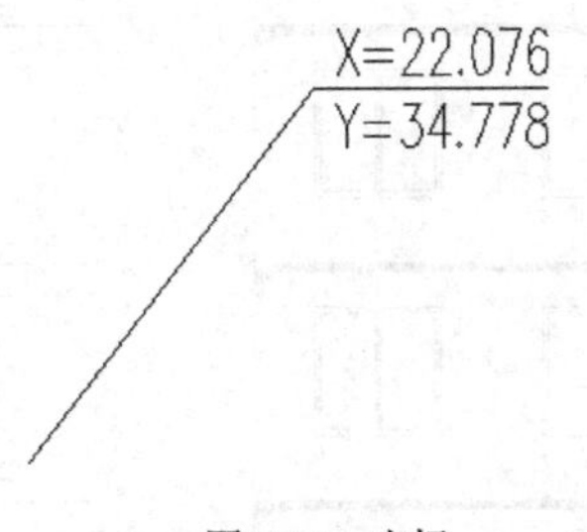

图 7-27 坐标

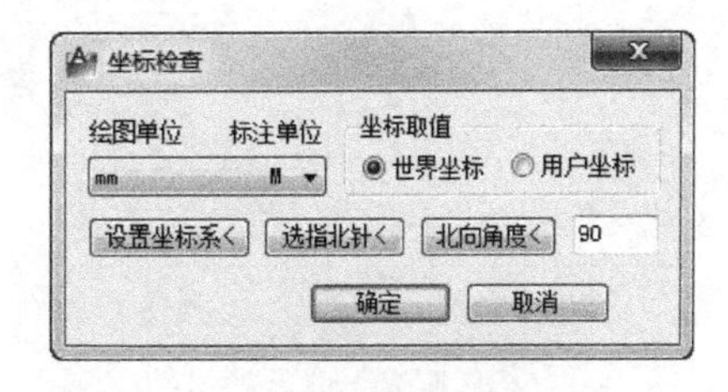

图 7-28 坐标检查

在对话框中设置坐标检查的项目内容，包括绘图单位、坐标取值等，单击“确定”按钮，在平面图中，单击并拖动鼠标框选需要检查的坐标标注的区域，单击鼠标右键或按【Enter】键，在命令行中显示信息，若有错误的坐标数据，则以红色虚线进行框选并给出修改建议，如图 7-29 所示。

4. 标高标注

标高标注命令在天正 8.0 版本中进行了较大的改进，在界面中分为两个页面，分别用于建筑专业的平面图标高标注、立（剖）面图楼面标高标注以及总图专业的地坪标高标注、绝对标高和相对标高的关联标注。

X=22.076
Y=34.778
X=19.388
Y=40.092

模型 / 布局1 / 布局2

选择待检查的坐标:
选中的坐标2个，其中1个有错!
第1/1个错误的坐标，正确标注(X=19.790,Y=37.279)或 [全部纠正(A)/纠正坐标(C)/纠正位置(D)/退出(X)]<下一个>:
第1/1个错误的坐标，正确标注(X=19.790,Y=37.279)或 [全部纠正(A)/纠正坐标(C)/纠正位置(D)/退出(X)]<下一个>:

图 7-29　坐标检查

地坪标高符合总图制图规范的三角形、圆形实心标高符号，提供可选的两种标注排列，标高数字右方或者下方可加注文字，用于说明标高的类型。

执行【符号标注】/【标高标注】命令，弹出标高标注对话框，如图 7-30 所示。

在弹出的对话框中选择标注的类型，分为建筑标高标注和总图标高标注，设置右上角标高标注的样式、文字对齐位置、文字样式、文字高度以及左下角的标注信息，在平面图中依次单击需要标高标注的位置，完成标高标注，如图 7-31 所示。

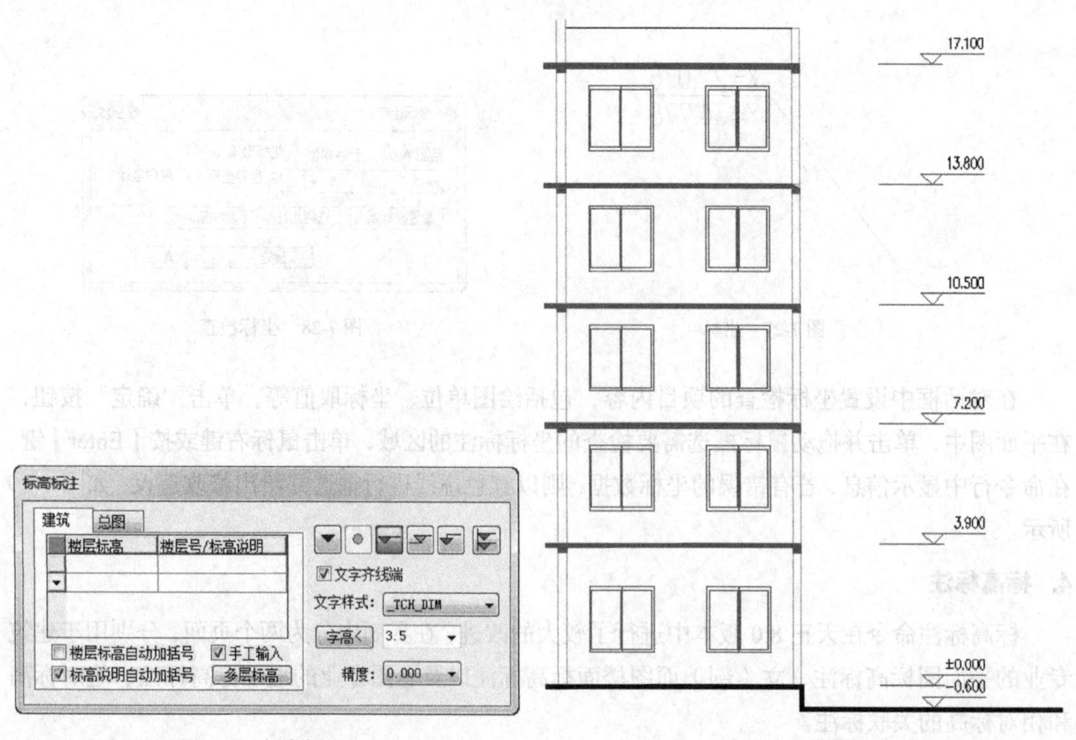

图 7-30　标高标注　　图 7-31　标高标注

5. 标高检查

标高检查命令用于在立面图或剖面图中检查标高数据，避免由于人为修改标高标注数值而导致设计位置的错误。该工具可以检查世界坐标系下的标高标注或用户坐标系下的标高注，不适用于检查平面图上的标高标注。

执行【符号标注】/【标高检查】命令，在立面图或剖面图中，单击选择参考的标高，单击并框选依次需要进行检查的标高数据，根据命令行提示，若有错误数据，则用红色虚线进行标注，如图 7-32 所示。

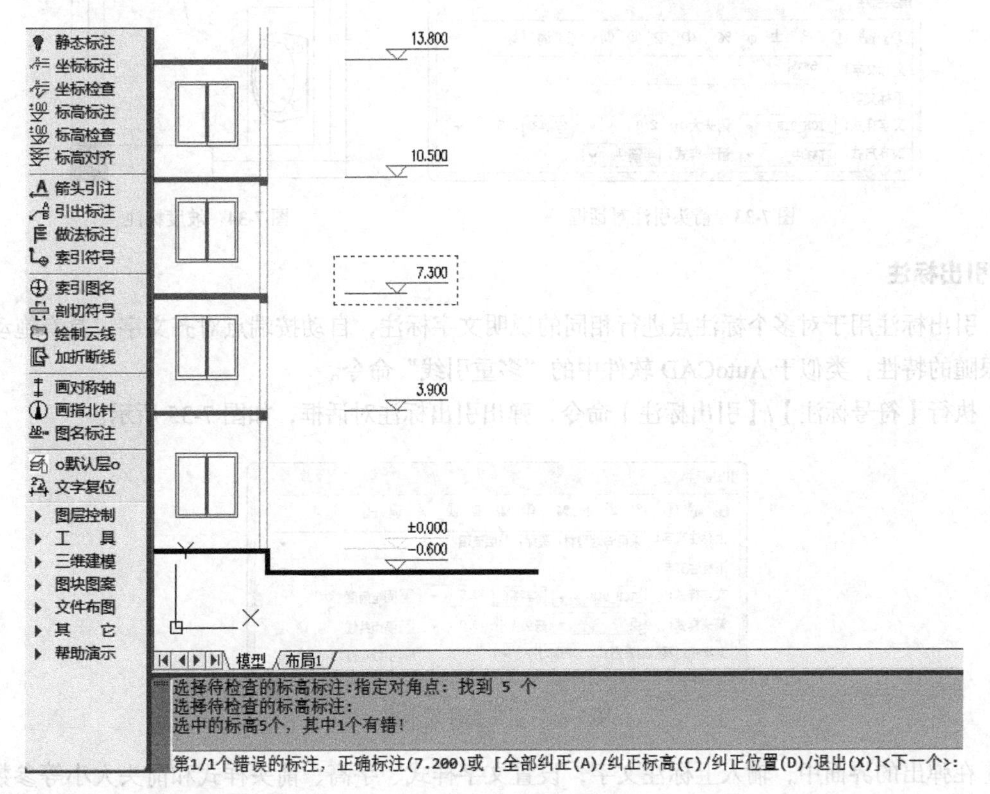

图 7-32 标高检查

7.3.2 工程符号标注

按照建筑制作的国标工程符号规定画法，天正软件提供了一整套的自定义工程符号对象，这些符号对象可以方便地绘制剖切号、指北针、引注箭头，绘制各种详图符号、引出标注符号。使用自定义工程符号对象，不是简单地插入符号图块，而是在图纸上添加了代表建筑工程专业含义的图形符号对象。

1. 箭头引注

箭头引注命令用于绘制带有箭头的引出标注，文字可以从线端标注，也可以从线上标注。用于楼梯方向线、坡度等标注。

执行【符号标注】/【箭头引注】命令，弹出箭头引注对话框，如图 7-33 所示。

在弹出的界面中设置对齐方式、箭头大小、字高、箭头样式等参数，输入上标文字，在平面图中单击引注起点，再次单击箭头引注的结束点，如图 7-34 所示。

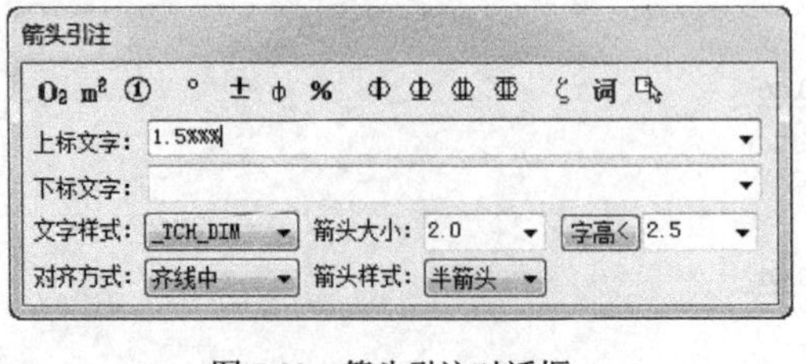

图 7-33　箭头引注对话框

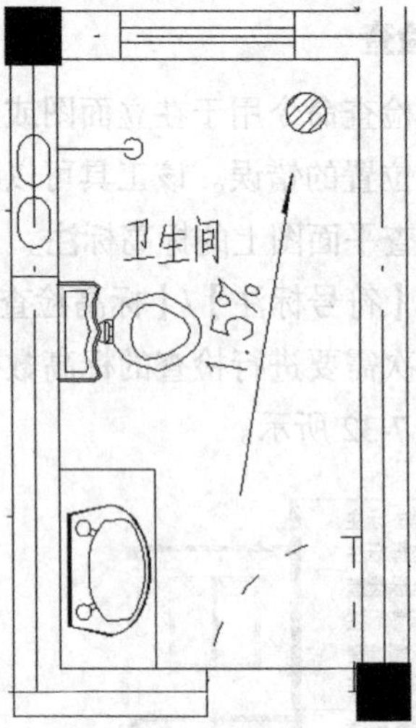

图 7-34　坡度标注

2. 引出标注

引出标注用于对多个标注点进行相同的说明文字标注，自动按端点对齐文字，具有拖动自动跟随的特性，类似于 AutoCAD 软件中的“多重引线”命令。

执行【符号标注】/【引出标注】命令，弹出引出标注对话框，如图 7-35 所示。

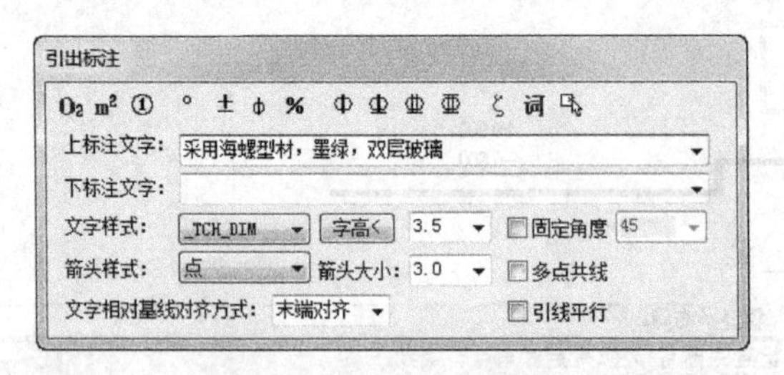

图 7-35　引出标注对话框

在弹出的界面中，输入上标注文字，设置文字样式、字高、箭头样式和箭头大小等参数，在图形中单击选择引出的起点位置，再次单击确定引出文字的定位点，最后单击引出文字的水平结束点，依次单击图形引出的位置，完成引出标注，如图 7-36 所示。

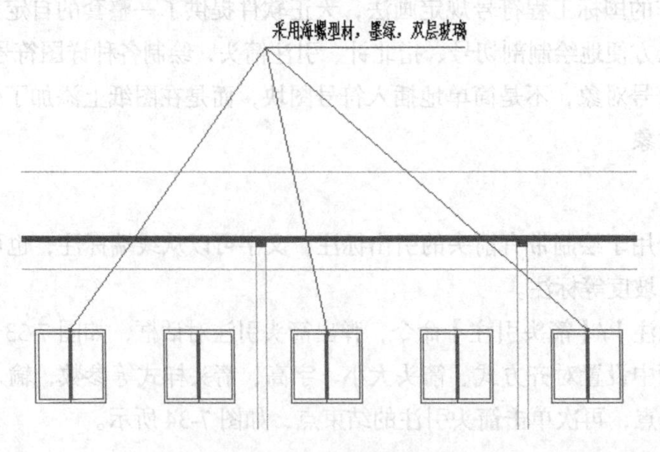

图 7-36　引出标注

参数说明如下。

上标注文字：用于输入文字基线上面的文字内容。

下标注文字：用于输入文字基线下面的文字内容。

箭头样式：用于设置引出标注的箭头样式，包括箭头、点、十字和无 4 个选项。

字高：用于设置标注文字的字符高度，可以从下拉列表中选择，也可以单击该按钮，在工作区域单击两点，以两点之间的距离作为字符的高度。

文字样式：用于设置引出标注的文字样式。在进行引出标注时，采用默认的文字样式即可。

固定角度：用于设置引出线的固定角度，与“坐标标注”中的固定角度类似，在此不再赘述。

多点共线：用于设置增加其他标注点时，这些线与首引线共线添加，适用于立面图或剖面图的材料标注。

文字相对基线对齐：用于设置引出文字与基线的对齐方式，从下拉列表中可以选择始端对齐、居中对齐和末端对齐 3 种方式。

3. 做法标注

做法标注用于在施工图纸上标注工程的具体做法。在进行做法文字输入时，根据施工的详细细节输入文字内容，通过【Enter】键来换行表示层级内容。

执行【符号标注】/【做法标注】命令，弹出做法标注对话框，如图 7-37 所示。

在对话框中输入文字信息，根据层级进行换行，设置文字样式和字高，在图形中单击选择起点，再次单击选择定位点，最后单击选择结束点，单击鼠标右键或按【Enter】键完成做法标注，如图 7-38 所示。

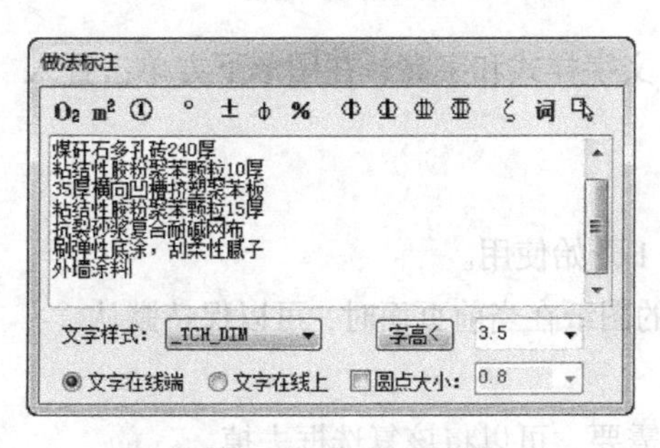

图 7-37　做法标注对话框

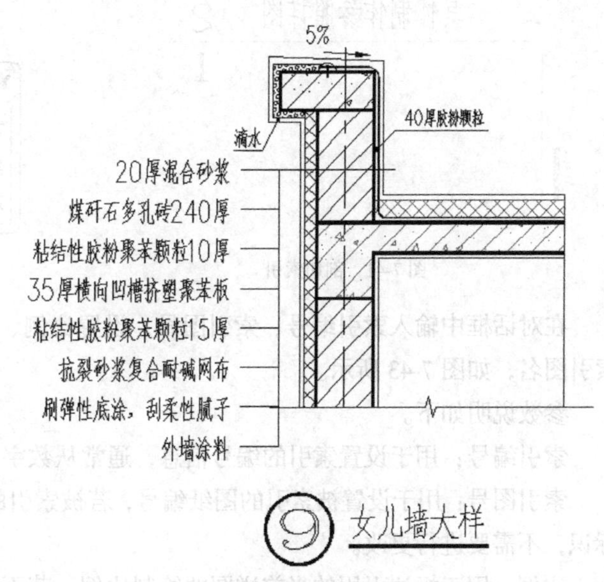

图 7-38　做法标注

4. 索引符号

索引符号用于为图中另有详图的某一部分标注索引号，指出表示这些部分的详图在哪张图上。索引符号分为“指向索引”和“剖切索引”两类。

执行【符号标注】/【索引符号】命令，弹出索引符号对话框，如图 7-39 所示。

在弹出的对话框中，可以设置当前索引为“指向索引”还是“剖切索引”，设置索引文字和标注的文字内容，根据命令行提示，在图形中单击选择起点，再次单击选择定位点，最后单击选择结束点，完成指向索引标注，如图 7-40 所示。

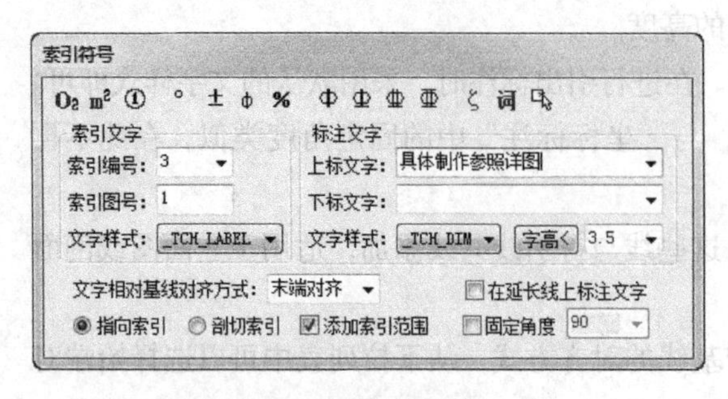

图 7-39　索引符号对话框

具体制作参照详图 3 1

图 7-40　指向索引

当选择“剖切索引”时，设置对话框参数，根据命令行提示，单击选择引用点的位置，再次单击选择定位点，最后单击选择结束点，完成剖切索引，如图 7-41 所示。

5. 索引图名

索引图名命令用于为图中被索引的详图标注索引图名，通常用于详图下方的符号标注。

执行【符号标主】/【索引图名】命令，弹出索引图名对话框，如图 7-42 所示。

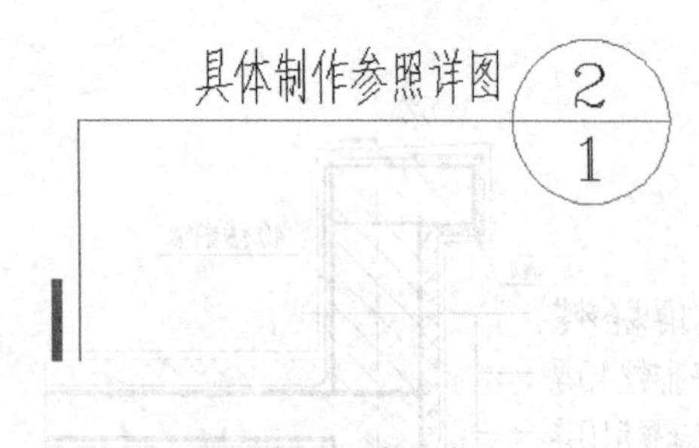

图 7-41　剖切索引

图 7-42　索引图名对话框

在对话框中输入索引编号、索引图号，设置比例、文字样式和字高，在图形下方单击置入索引图名，如图 7-43 所示。

参数说明如下。

索引编号：用于设置索引的编号信息，通常从数字 1 开始使用。

索引图号：用于设置被索引的图纸编号，若被索引的图纸在当前页面时，可以保持默认“-”标识，不需要进行更改。

比例：用于标注引用的当前详图的绘制比例，若不需要，可以将该复选框去掉。

字高、文字样式等参数与前面的对话框设置相同，在此不再赘述。

6. 剖切符号

剖切符号命令用于在平面图中绘制剖切的位置符号，方便确定生成剖面图时所剖切的位置以及观察的方向。

执行【符号标注】/【剖切符号】命令，弹出剖切符号对话框，如图 7-44 所示。

图 7-43　索引编号

图 7-44　剖切符号

在弹出的对话框中，设置剖切编号、文字样式、字高等参数，通过界面左下角设置剖切线的类型，在平面图中单击选择直线剖切的起点，再次单击选择直线剖切的终点，单击选择剖切的方向，单击鼠标右键或按【Enter】键完成剖切符号的标注，如图 7-45 所示。

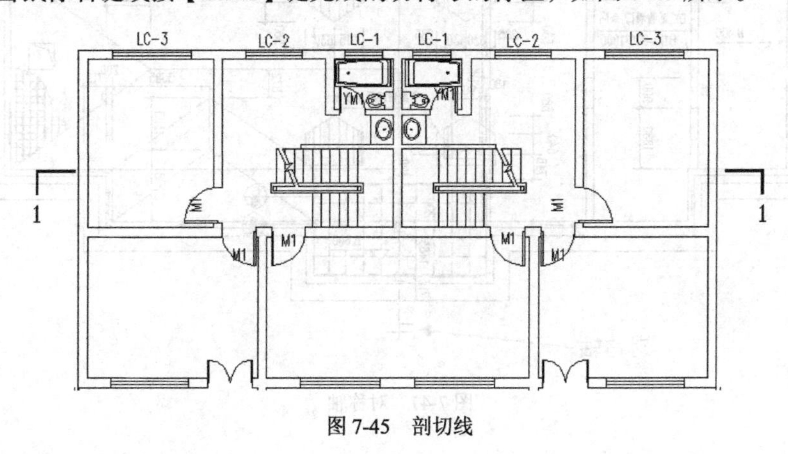

图 7-45　剖切线

7. 加折断线

加折断线命令可以在图形中进行“折弯标注”，用于表示以折断线为界其他区域暂时被遮挡的图形效果。

执行【符号标注】/【加折断线】命令，根据命令行提示，单击选择起点，再次单击选择结束点，选择切除部分，生成折断线效果，如图 7-46 所示。

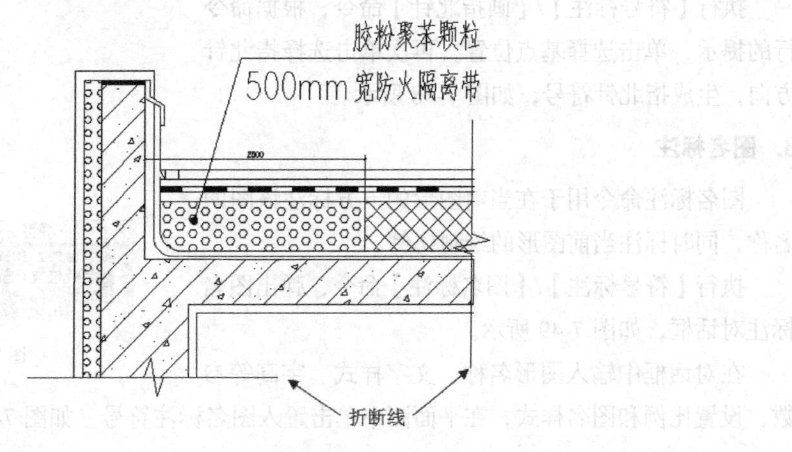

图 7-46　折断线

7.3.3 其他符号

在符号标注命令组中，除了坐标标高符号、工程符号等标注之外，还有画对称轴、画指北针和图名标注等符号标注。

1. 画对称轴

画对称轴命令用于在施工图纸上标注表示对称轴的自定义对象。以对称轴为参考的两侧图形完全对称。

执行【符号标注】/【画对称轴】命令，根据命令行的提示，依次单击起点和端点，生成对称轴符号，如图 7-47 所示。

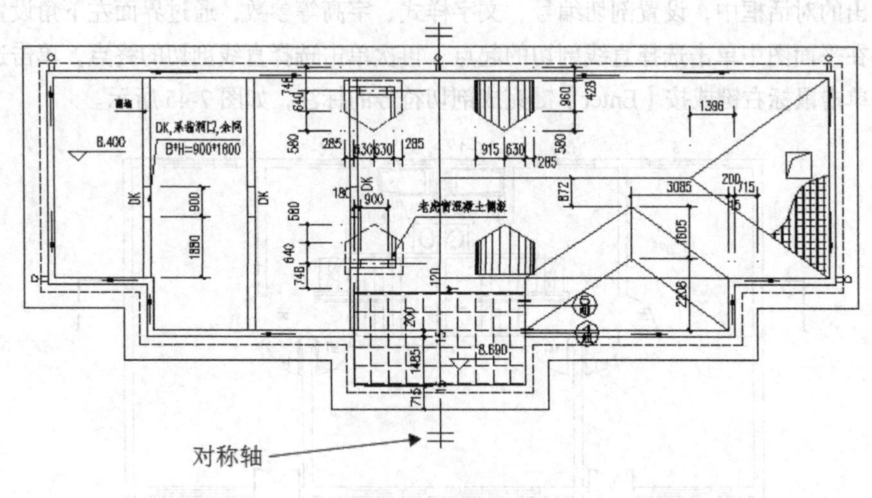

图 7-47 对称轴

2. 画指北针

画指北针命令用于在平面图中绘制一个国标规定的指北针符号，从插入点到橡皮线的终点定义为指北针的方向，指北针的方向在坐标标注时起指示北向坐标的作用。通常标注在首层平面图上，其位置在图纸的左下角或右上角部分。

执行【符号标注】/【画指北针】命令，根据命令行的提示，单击选择基点位置，再次单击选择指北针方向，生成指北针符号，如图 7-48 所示。

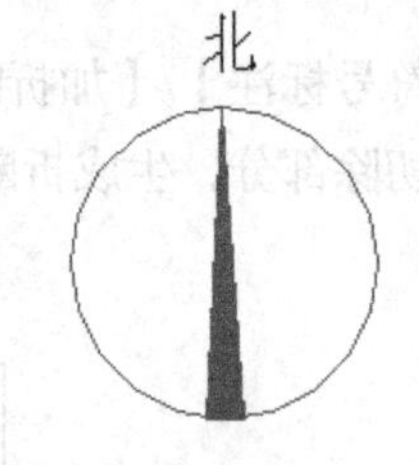

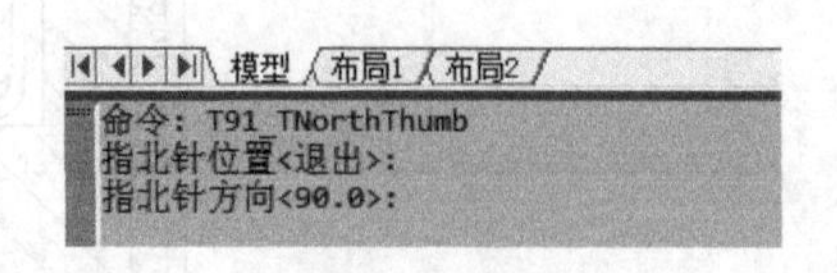

图 7-48 指北针

3. 图名标注

图名标注命令用于在当前图形的下方标注该图的名称，同时标注当前图形的绘制比例。

执行【符号标注】/【图名标注】命令，弹出图名标注对话框，如图 7-49 所示。

在对话框中输入图形名称、文字样式、字高等参数，设置比例和图名样式，在平面图中单击置入图名标注符号，如图 7-50 所示。

图 7-49 图名标注对话框

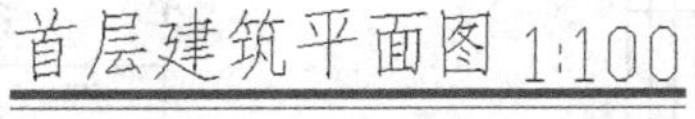

首层建筑平面图 1:100

图 7-50 图名标注

7.4 文件布图

图纸绘制完成后，还需要进行正确规范的布局设计，才能做好打印输出前的最后一道工序，形成一个完整的建筑设计和建筑绘制流程。图形文件的布图方式分为模型空间和布局空间两种方式。

7.4.1 插入图框

在当前模型空间或图纸空间插入图框，在新版本中，新增通长型标题栏功能以及图框直接插入功能，在预览图框对象时，提供鼠标滚轮缩放与平移功能，插入图框前按当前参数拖动图框，用于测试图幅是否合适。图框和标题栏均统一由图框库管理，新增带有属性的标题栏支持图纸目录生成。

1. 插入图框

执行【文件布图】/【插入图框】命令，弹出插入图框对话框，如图 7-51 所示。

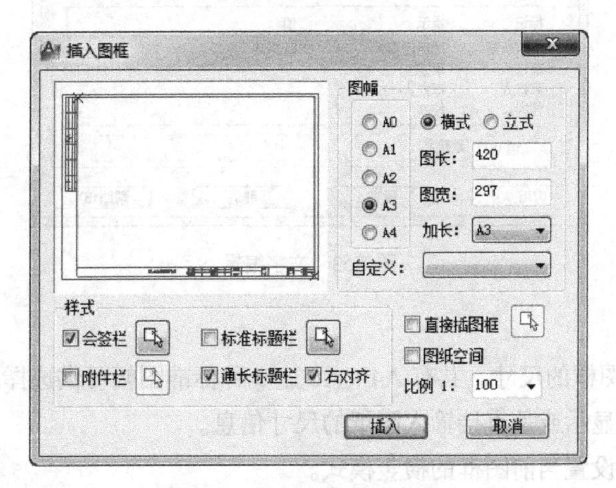

图 7-51 插入图框对话框

在对话框中，设置图框样式、图幅、版式和比例，单击“插入”按钮，在平面图中单击插入图框对象，如图 7-52 所示。

将图框区域局部放大，根据绘制的需要，双击文字区域，在弹出的属性编辑器中输入项目对应的“值”，在“文字选项”中，设置文字的样式和高度，如图 7-53 所示。

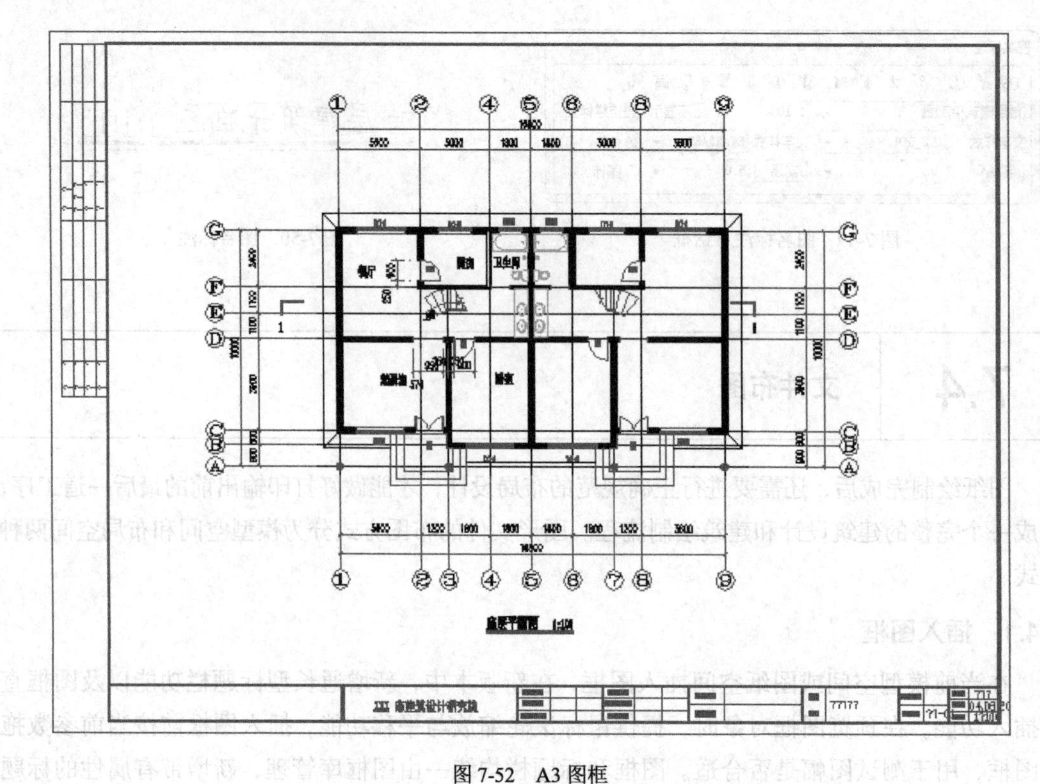

图 7-52　A3 图框

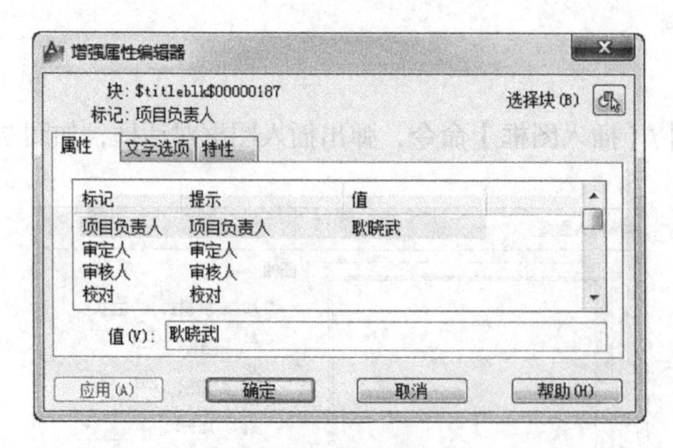

图 7-53　文字编辑

2. 参数说明

图幅：用于选择图框的尺寸，共有 A4 ~ A0 这 5 种标准图幅可供选择。

图长/图宽：用于显示或是直接输入图纸的尺寸信息。

横式/立式：用于设置当前图框的横竖模式。

加长：用于设置当前图幅的加长，在进行建筑打印输出时，根据图形和绘制比例的需要，可以从后面的下拉列表中选择加长的标准图幅。

自定义：用于设置或选择非标准图框尺寸。默认时，在自定义后面的下拉列表中保存 20 个已用过的自定义尺寸数据。

比例：用于设置当前图框置入到图形中的比例，该比例值应该与“打印”对话框的“出图比例”保持一致，勾选“图纸空间”后，比例自动设为 1:1。

图纸空间：在布局空间中需要插入图框时，该复选框默认为选中状态。

会签栏：选中该选项后，允许在图框左上角加入会签栏，单击右边的按钮可以从图框库中选择会签栏样式。

标准标题栏：选中该选项后，允许在图框的右下角加入国标样式的标题栏，单击右边的按钮可以从图框库中选择标题栏样式。

通长标题栏：选中该选项，插入图框后，会在图框下方显示通长型的标题栏样式。通过右侧的“右对齐”复选框可以设置标题栏与图框的对齐方式。

3. 布局空间中插入图框

单击页面下方的“布局”选项，切换到布局空间中，在“输出”选项中，单击“页面设置管理器”按钮，在弹出的界面中，单击“修改”按钮，在弹出的页面设置选项中，选择打印机和页面尺寸，如图 7-54 所示。

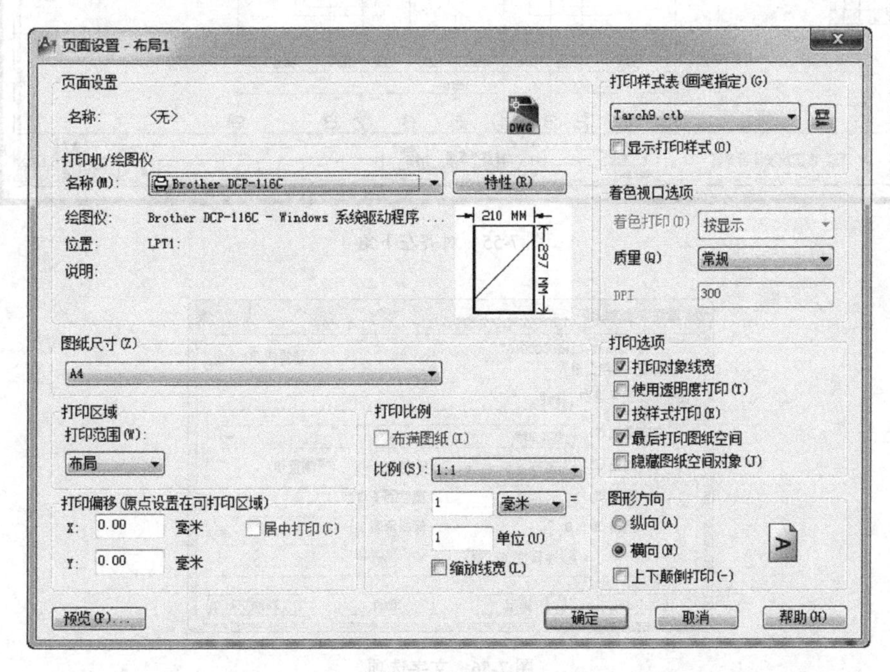

图 7-54 页面设置

单击“确定”按钮，返回到布局页面。当前页面显示打印机和图纸尺寸选定后的预览效果。

执行【文件布图】/【插入图框】命令，在弹出的图框对话框中，选择“图幅”为 A4，勾选“图纸空间”复选框，单击“插入”按钮，在当前布局空间中，将布局的左下角进行放大显示，单击鼠标置入图框，如图 7-55 所示。

双击标题栏中的文字内容，在弹出的界面中设置相关参数的值，在文字选项中设置文字参数，如图 7-56 所示。

注意事项： 在进行标题栏文字属性赋值时，文字样式应该选择支持汉字的文字样式，高度的参数需要根据当前工作空间的比例进行设置，若在模型空间中插入图框，文字高度通常以 350 为基础进行设置，若在布局空间中插入图框，文字高度通常以 3.5 为基础进行设置。

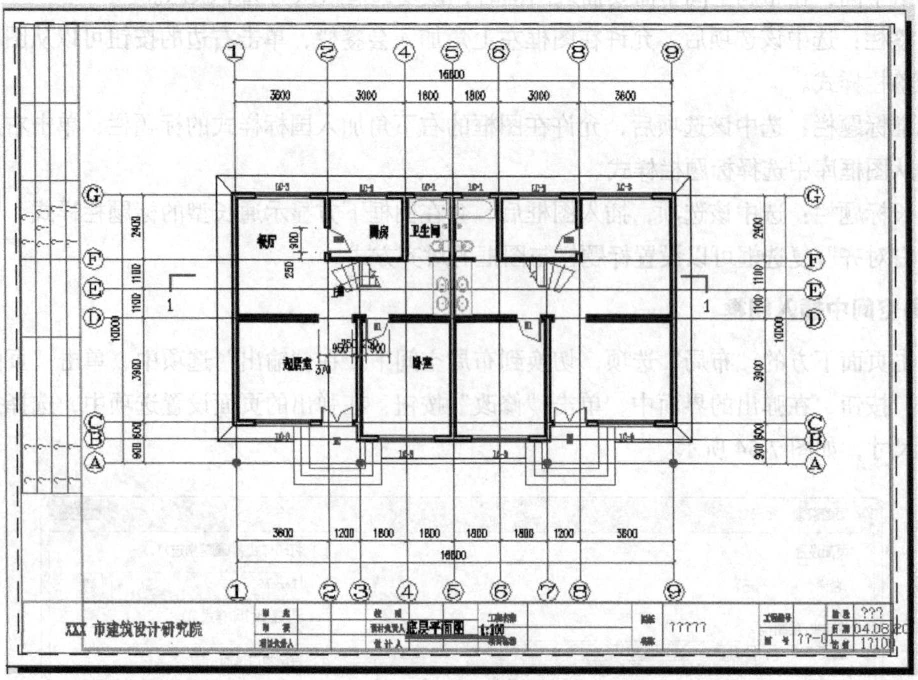

图 7-55 对齐左下角

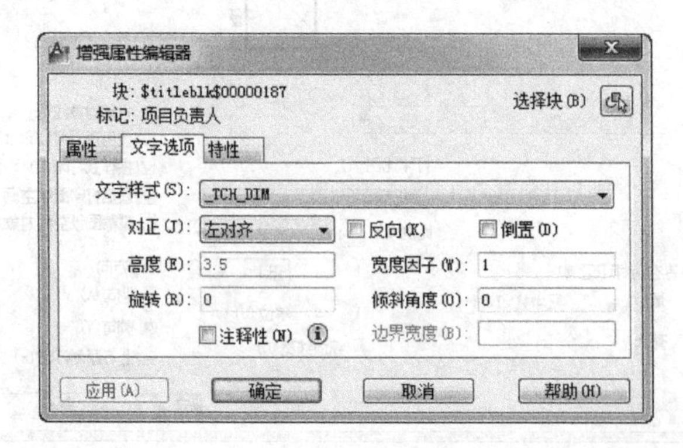

图 7-56 文字选项

7.4.2 输出比例

在进行图纸输出时，设置正确的输出尺寸比例，可以将绘制的模型效果完美地展现在实际的纸张上。输出比例的正确与否，还将影响输出时各个图形在纸张上的布局效果。默认时整个图形为同一个比例显示在实际纸张上，有时根据需要，每个图形输出的比例会有所不同。

1. 定义视口

定义视口命令用于将模型空间指定区域的图形以给定的比例布置到图纸空间，创建多比例布图的视口。

在模型空间中，执行【文件布图】/【定义视口】命令，在当前工作区域中单击并拖动鼠标，框选需要导出的区域，再次单击鼠标左键完成选择，根据命令行提示，输入比例并按【Enter】键，切换到布局空间，单击置入图形区域，如图 7-57 所示。

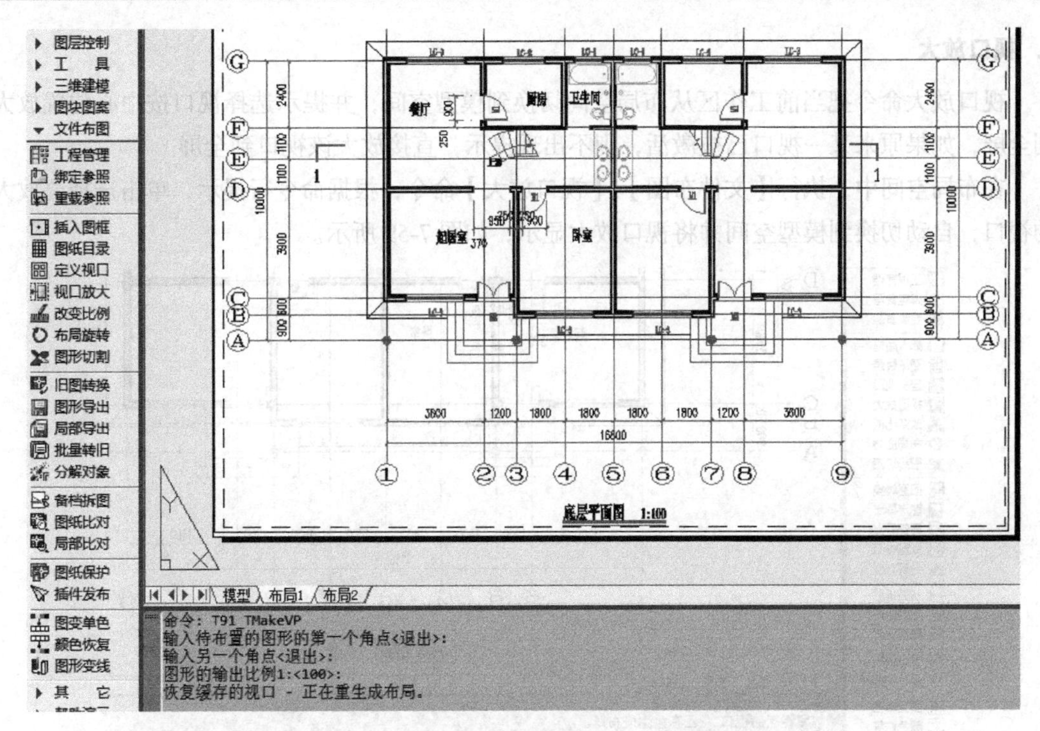

图 7-57　定义视口

2. 改变比例

改变比例命令用于对指定范围内的图形更改出图比例，也包括定义视口后的图形显示比例进行更改。通常用于在布局空间中，调节当前输出视口与图纸之间的比例。

在布局空间中，执行【文件布图】/【改变比例】命令，单击选择布局区域的视口线，输入新的比例并按【Enter】键，在命令行提示选择要改变比例的图元时，直接按【Enter】键，完成比例更改，如图 7-58 所示。

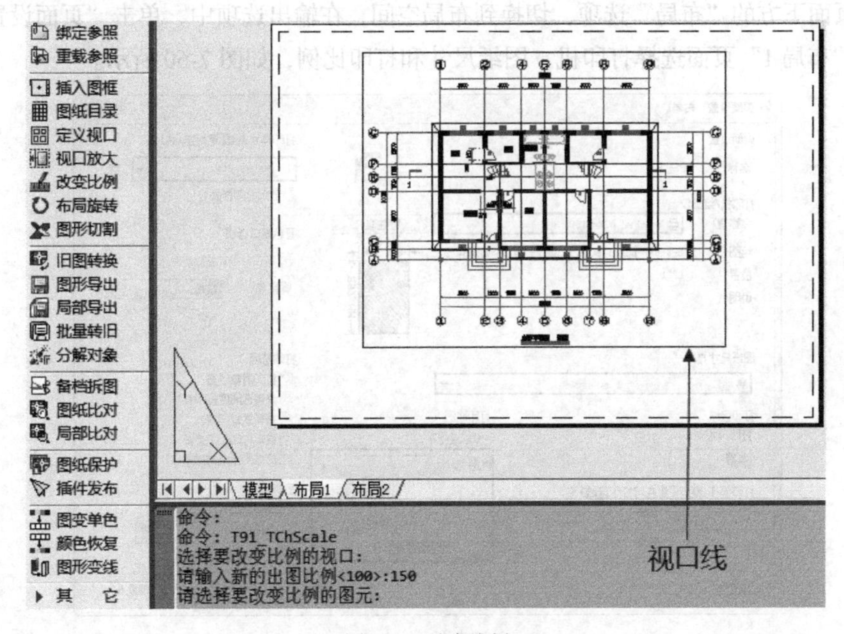

图 7-58　改变比例

3. 视口放大

视口放大命令把当前工作区从布局空间切换到模型空间，并提示选择视口按中心位置放大到全屏，如果原来某一视口已被激活，则不出现提示，直接放大该视口到全屏。

在布局空间中，执行【文件布图】/【视口放大】命令，根据命令行提示，单击选择要放大的视口，自动切换到模型空间并将视口放大显示，如图 7-59 所示。

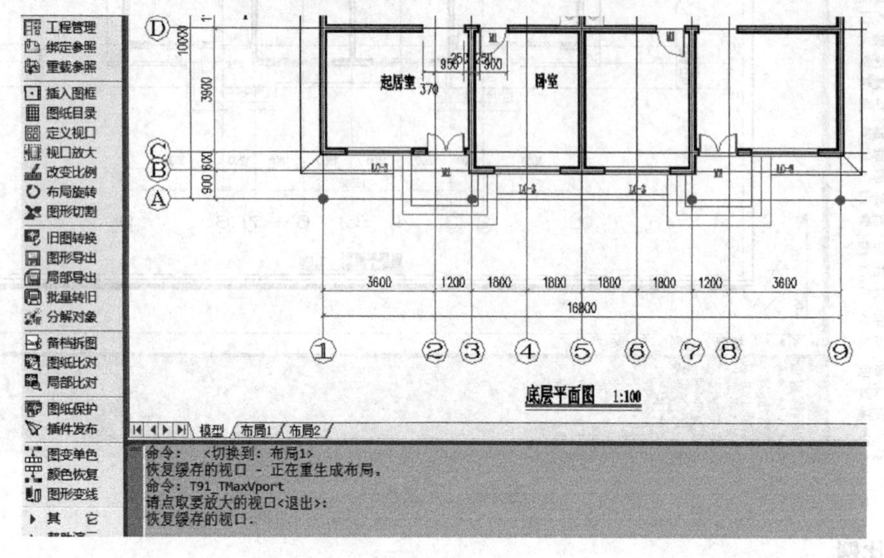

图 7-59 视口放大

7.4.3 多比例布图

多比例布图的特点就是将多个选定的模型空间的图形，分别按各自的比例进行缩放布局，按照不同的输出比例合理地置于图纸空间中，通过拼接、调整得到最终的输出版面。

1. 布局设置

单击页面下方的“布局”选项，切换到布局空间，在输出选项中，单击“页面设置管理器”按钮，对“布局 1”页面选择打印机、图纸尺寸和打印比例，如图 7-60 所示。

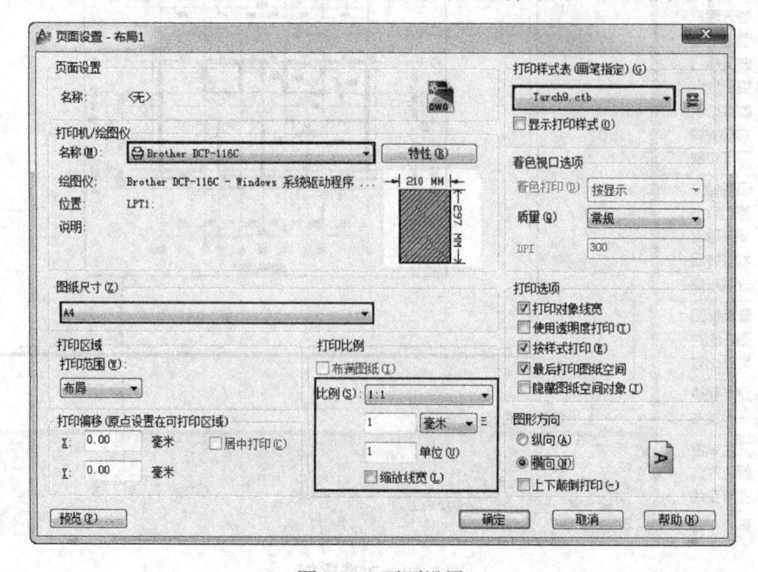

图 7-60 页面设置

单击“确定”按钮，退出当前页面设置，返回到布局空间，将当前的图形以及视口线选中，按【Delete】键，将所有内容执行删除操作，保持布局空间空白状态，如图 7-61 所示。

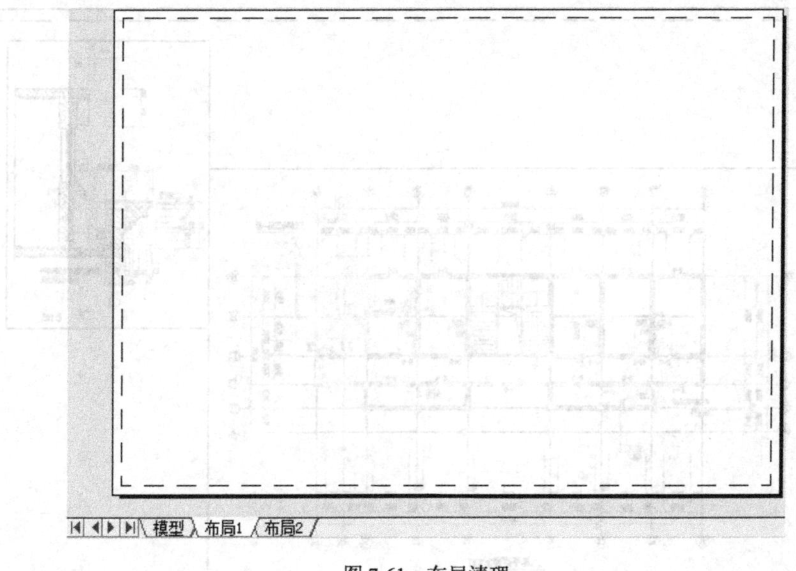

图 7-61　布局清理

2. 主图布局

返回到“模型”空间，执行【文件布图】/【定义视口】命令，在模型空间执行单击并拖动框选需要设置比例的主图对象，根据命令行提示输入比例“100”并按【Enter】键，返回到布局空间，单击置入主图对象，如图 7-62 所示。

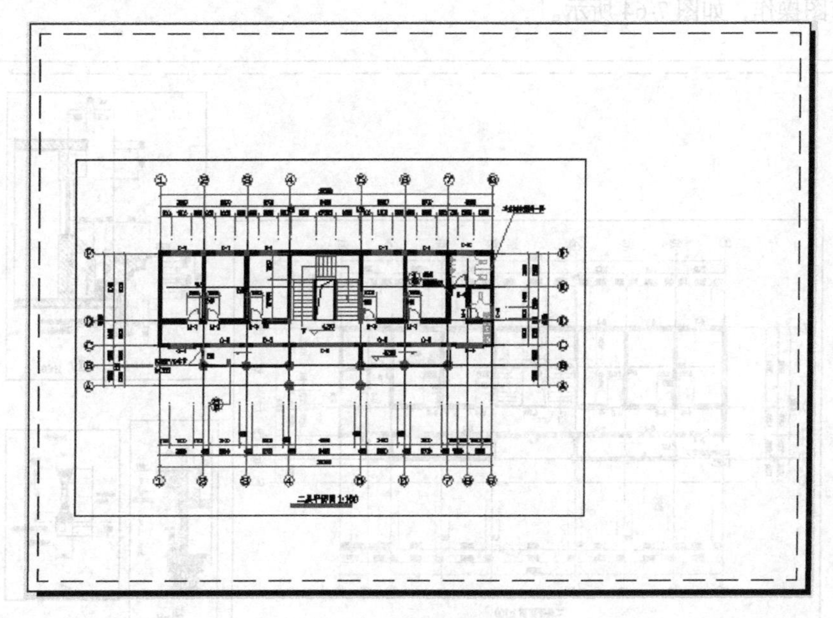

图 7-62　主图布局

3. 其他辅图

执行【文件布图】/【定义视口】命令，当前工作空间自动切换到模型空间，单击鼠标并拖动框选需要再次输出的图形区域，根据命令行提示输入比例“50”并按【Enter】键，自动切换到布局空间，单击置入辅图对象，如图 7-63 所示。

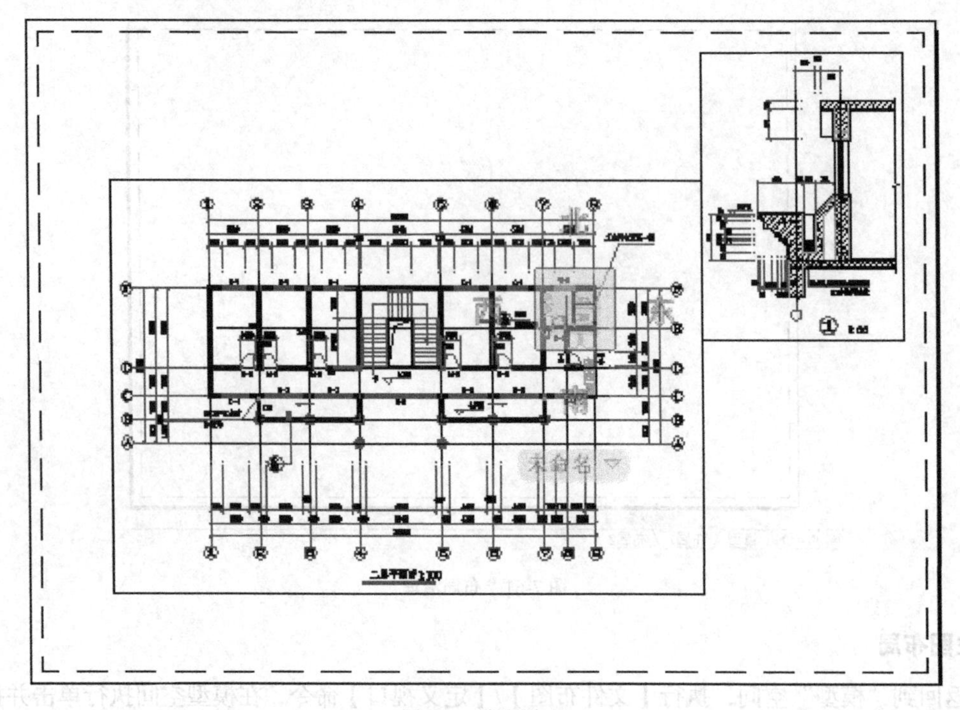

图 7-63　辅图布局

根据多图比例布局的需要，可以按照同样的方法，再次置入其他不同比例的图像视口，完成多比例布图操作，如图 7-64 所示。

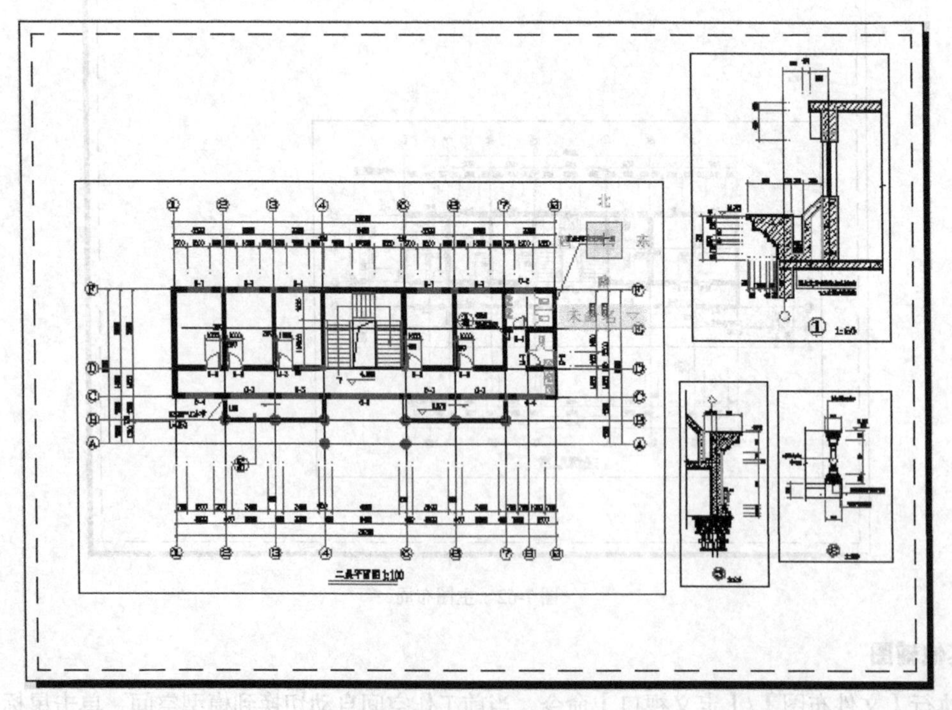

图 7-64　多比例布图

4. 插入图框

执行【文件布图】/【插入图框】命令，在布局空间中置入图框，在“输出”选项中，执行“预览”显示，如图 7-65 所示。

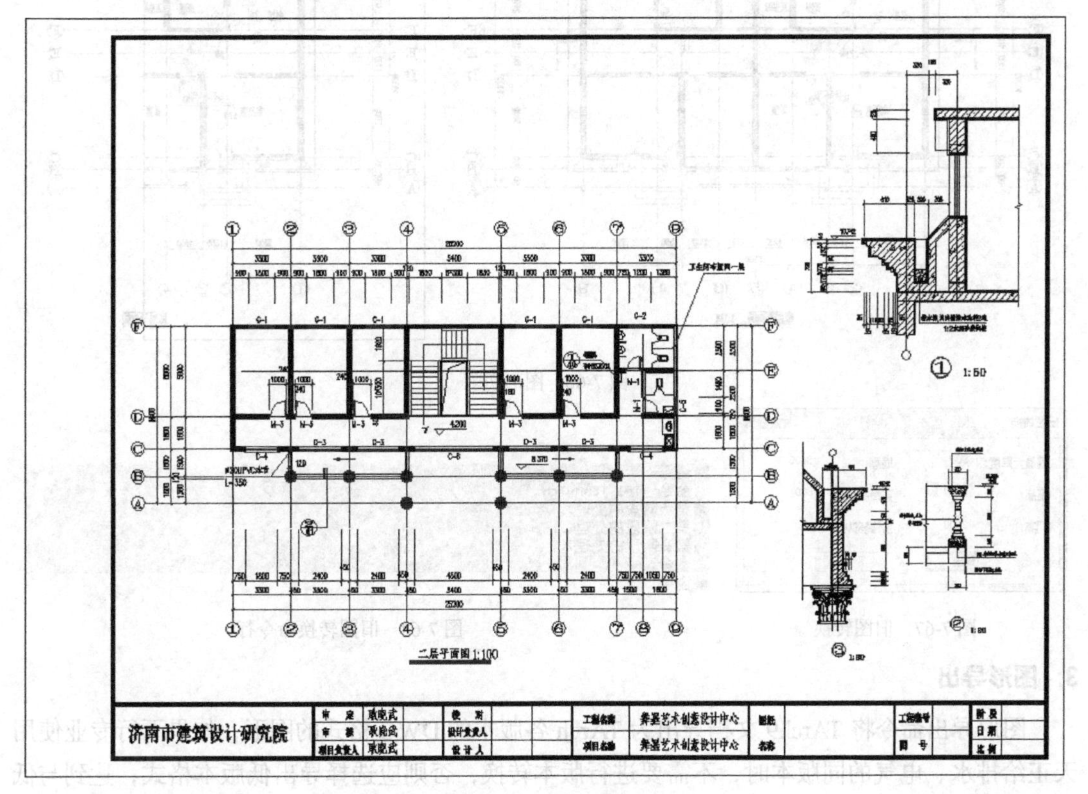

图 7-65 打印预览

7.4.4 其他参数

在文件布图命令列表中，还有其他常用参数，在此一并介绍。

1. 图形切割

图形切割命令以选定的矩形窗口、封闭曲线或图块为边界，在平面图提取带有轴号和填充的局部区域，执行切割操作。

执行【文件布图】/【图形切割】命令，根据命令行提示，单击并拖动鼠标框选切割区域，再次单击，移动切割区域到其他位置，单击置入，完成图形切割，如图 7-66 所示。

2. 旧图转换

由于天正建筑软件升级版本后图形格式变化较大，因此，在新版本的软件中，均提供旧图转换功能。通过旧图转换命令可以将以前 TArch3 格式以前的图形转换到当前版本的图形。

打开旧版本的图形文件，执行【文件布图】/【旧图转换】命令，弹出旧图转换对话框，如图 7-67 所示。

在弹出的对话框中，设置墙最大厚度、窗高、门高、墙高和窗台高等参数，单击“确定”按钮后，天正建筑自动进行版本转换，如图 7-68 所示。

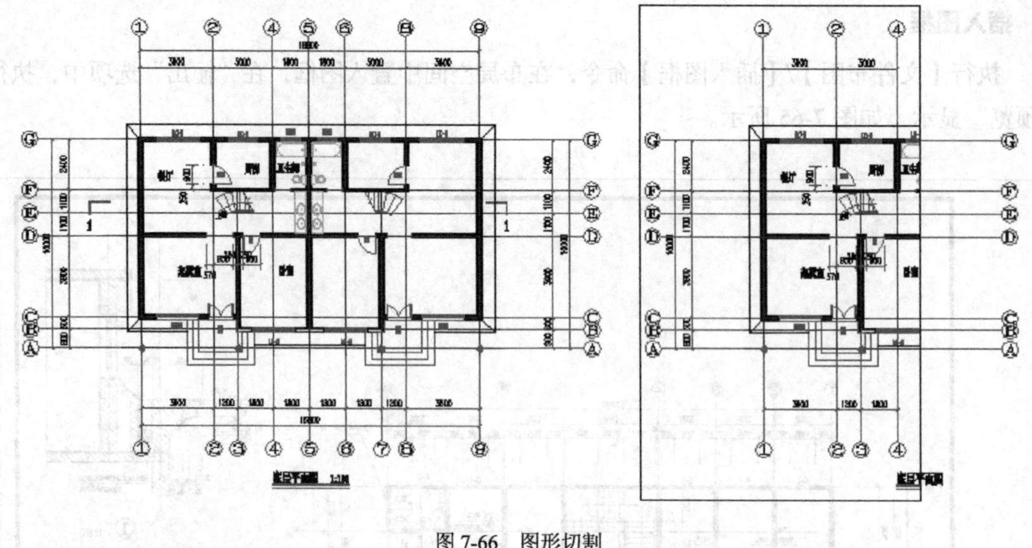

图 7-66　图形切割

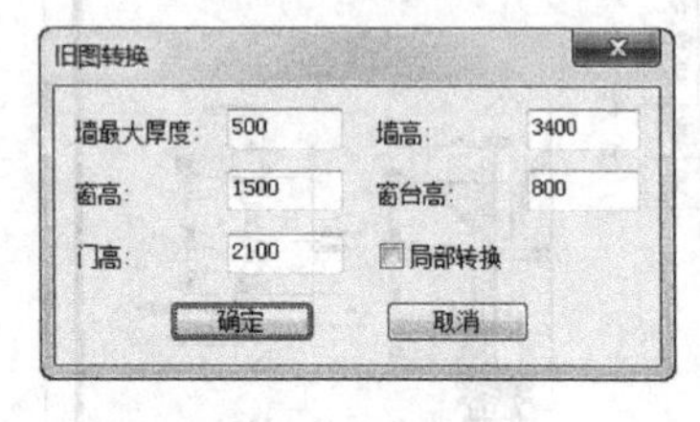

图 7-67　旧图转换

图 7-68　旧图转换命令行

3. 图形导出

图形导出命令将 TArch9 文档导出为 TArch 各版本的 DWG 格式的图形，如果下行专业使用天正给排水、电气的同版本时，不需要进行版本转换，否则应选择导出低版本格式，达到与低版本兼容的目的。

执行【文件布图】/【图形导出】命令，弹出对话框，如图 7-69 所示。

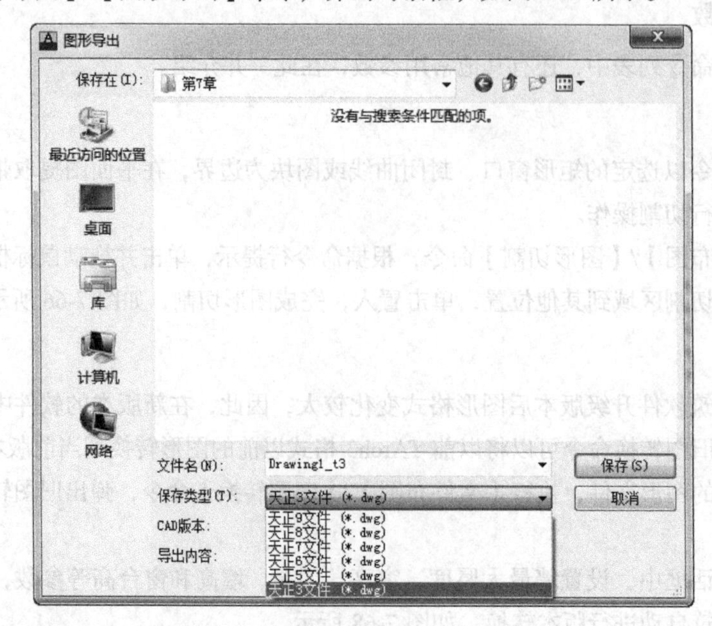

图 7-69　图形导出

在对话框中选择存储的位置和文件名，从保存类型中选择支持的低版本格式，从 AutoCAD 版本中选择支持的低版本格式，设置导出内容，单击“保存”按钮，完成图形文件导出操作。

4. 图纸保护

图纸保护命令用于对天正建筑软件的图形文件创建不能修改的只读对象。对用户发布的图形文件保留原有显示特性，只可以被观察，但不能修改，起到版权保护的作用。

执行【文件布图】/【图纸保护】命令，在模型空间中单击选择需要保护的图形对象，单击鼠标右键或按【Enter】键完成选择，弹出图纸保护设置对话框，如图 7-70 所示。

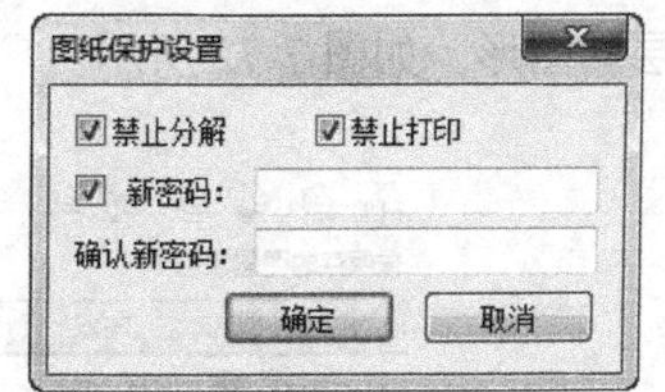

图 7-70　图纸保护

在对话框中，设置需要保护的操作，包括禁止分解和禁止打印，设置执行分解或打印的操作密码，单击“确定”按钮，完成图纸保护操作。

5. 图形变线

图形变线命令用于将三维的模型投影为二维图形，并另存为新图。常用于生成有三维消隐效果的二维线框图。

在三维轴测视图中，执行【文件布图】/【图形变线】命令，打开新生成文件另存为的对话框，选择存储位置和输入文件名，单击“保存”按钮，完成图形变线操作，如图 7-71 所示。

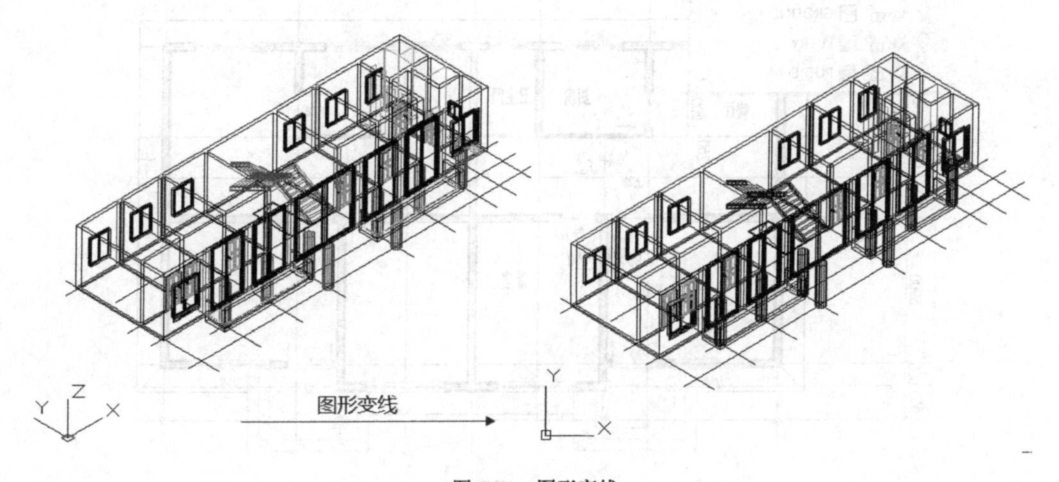

图 7-71　图形变线

7.5 单元练习——DWG 文件导出 JPG 文件

利用本章所介绍的页面设置和文件布图的知识，将 DWG 文件导出为 JPG 文件，方便后期进行 PS 处理或打印输出。

案例参考文件在"光盘/章节配套/第 7 章"文件夹中，请读者自行参阅。

7.5.1 DWG 文件处理

在进行建筑绘制时，轴网、轴号和文字说明等对象是建筑设计环节中必不可少的一部分，而在将 DWG 文件导出为 JPG 文件时，却需要将这些图形对象进行隐藏或局部删除等操作处理。

1. 图层处理

打开需要处理的图形文件，选择轴号对象，在图层列表中，查看其属于"AXIS_TEXT"图层的图形，如图 7-72 所示。

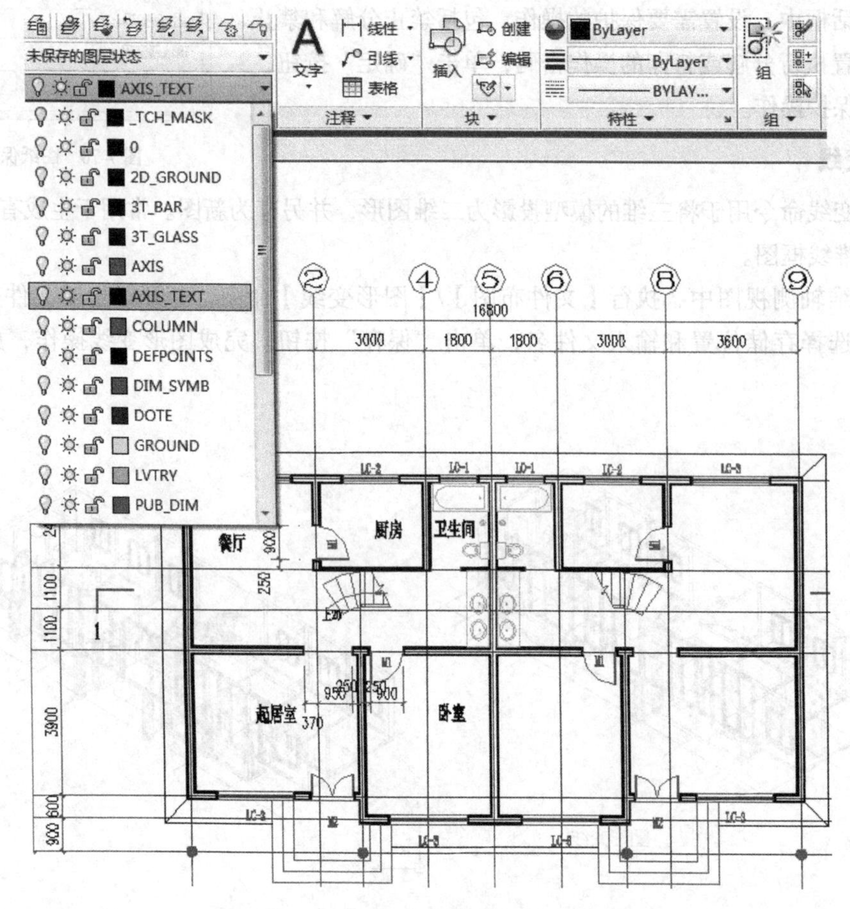

图 7-72 图层

单击"AXIS_TEXT"图层前的"灯泡"将该图层关闭，选择轴号对象，从图层列表中选择"AXIS_TEXT"图层，将其隐藏，在图层列表中单击"DOTE"图层前的"灯光"将轴线所在图层关闭，用同样的方法将"2D_GROUND"图层关闭，如图 7-73 所示。

2. 颜色设置

选择轴线标注，从图层列表中查看对应的"AXIS"图层，单击颜色色块，在弹出的颜色设置中选择"白色"，如图 7-74 所示。

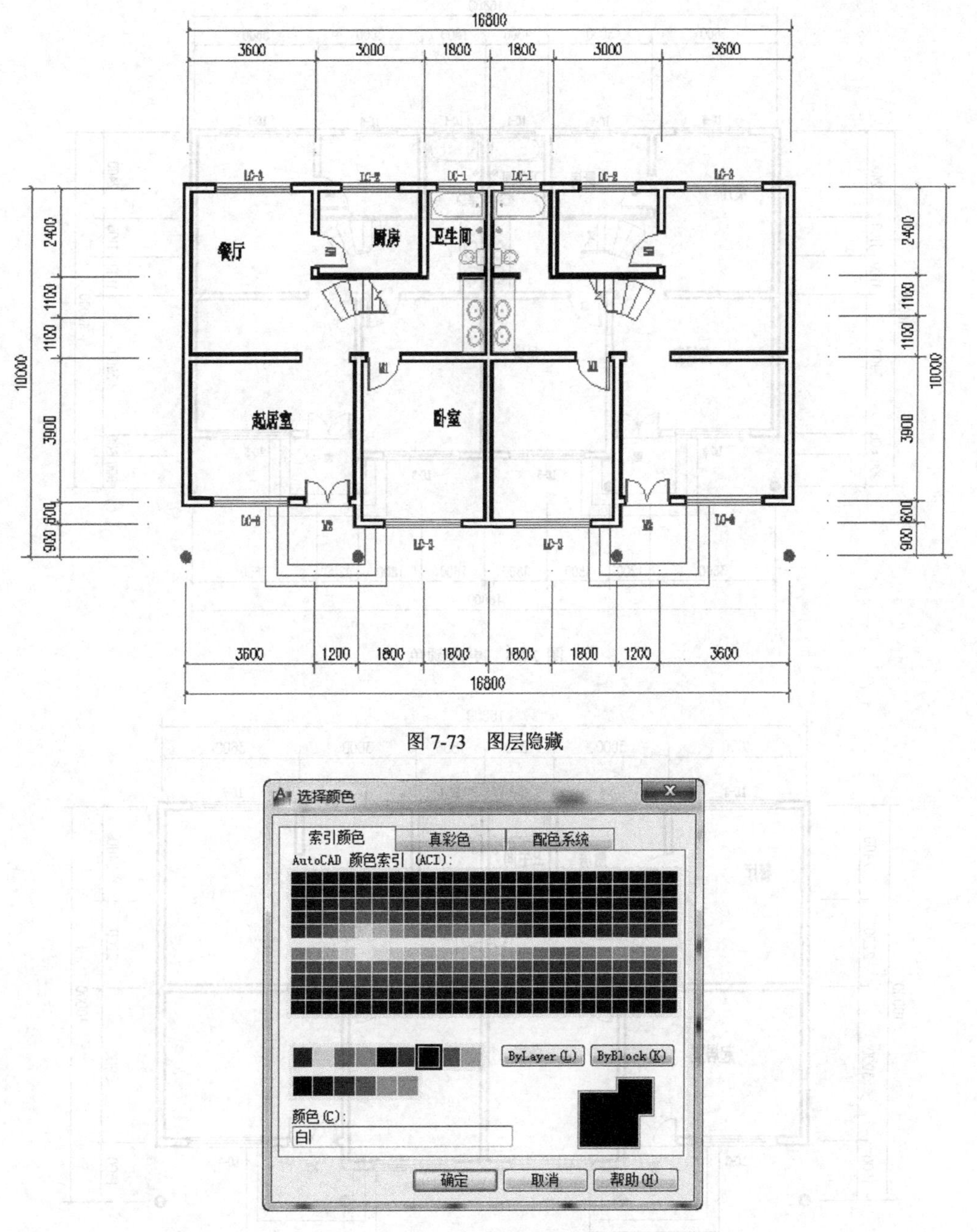

图 7-73　图层隐藏

图 7-74　颜色设置

用同样的方法，将“STAIR”、“COLUMN”、“WINDOWS”、“LVTRY”等图层所对应的颜色都改为黑色，如图 7-75 所示。

3. 调整尺寸标注

在平面图中，对原有的尺寸标注和轴线进行调整，使当前尺寸标注所对应的位置均指向墙体对象，如图 7-76 所示。

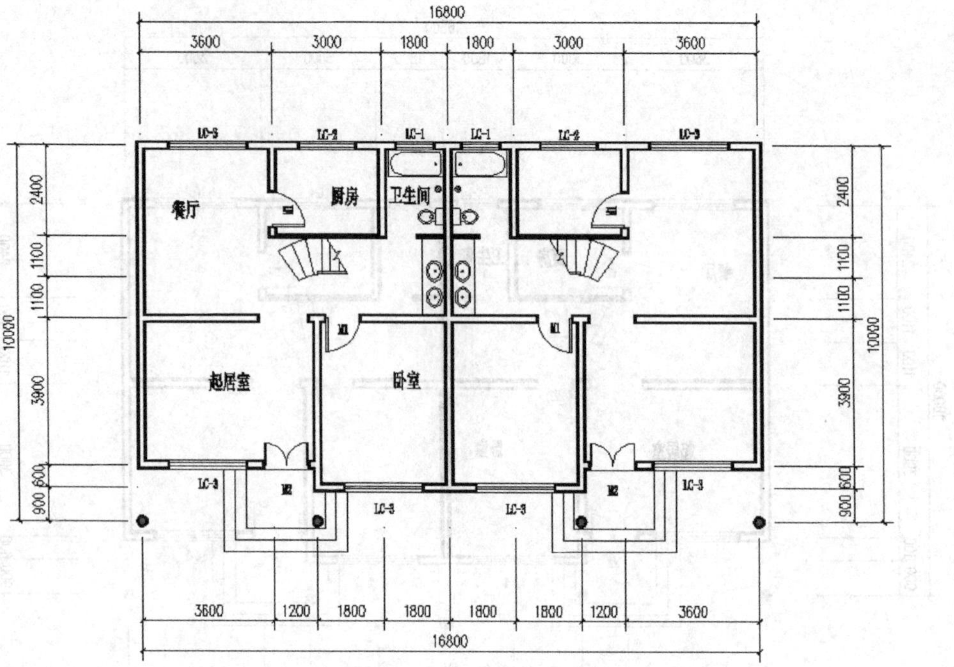

图 7-75 更改颜色

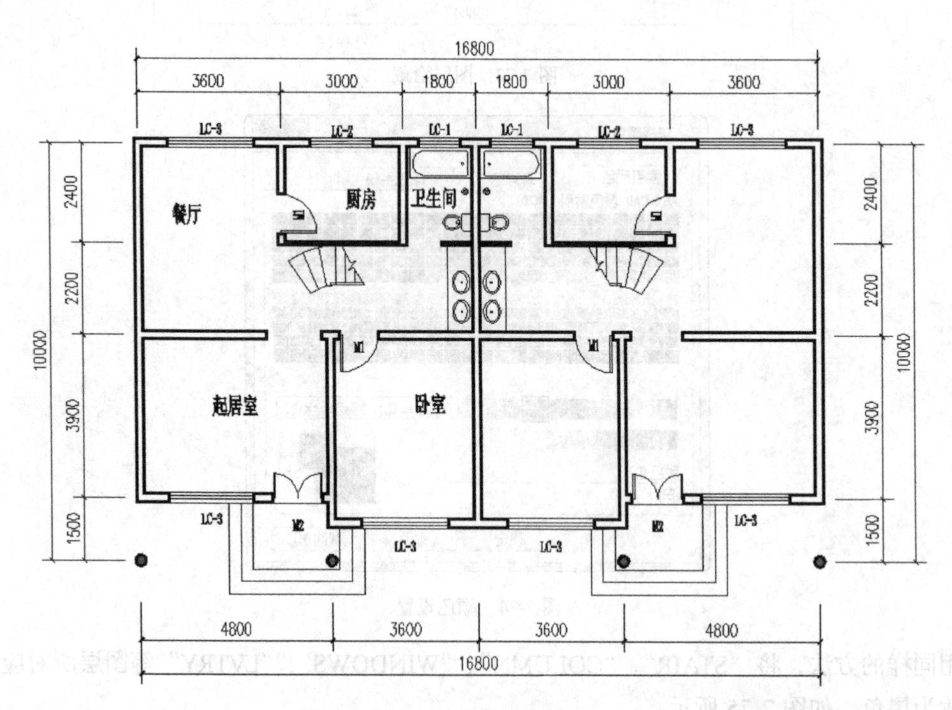

图 7-76 调整尺寸标注

4. 去除门窗编号

执行【门窗】/【门窗编号】命令，根据命令行提示，对当前平面图中的门窗编号执行删除操作，得到最后的图形结果，如图 7-77 所示。

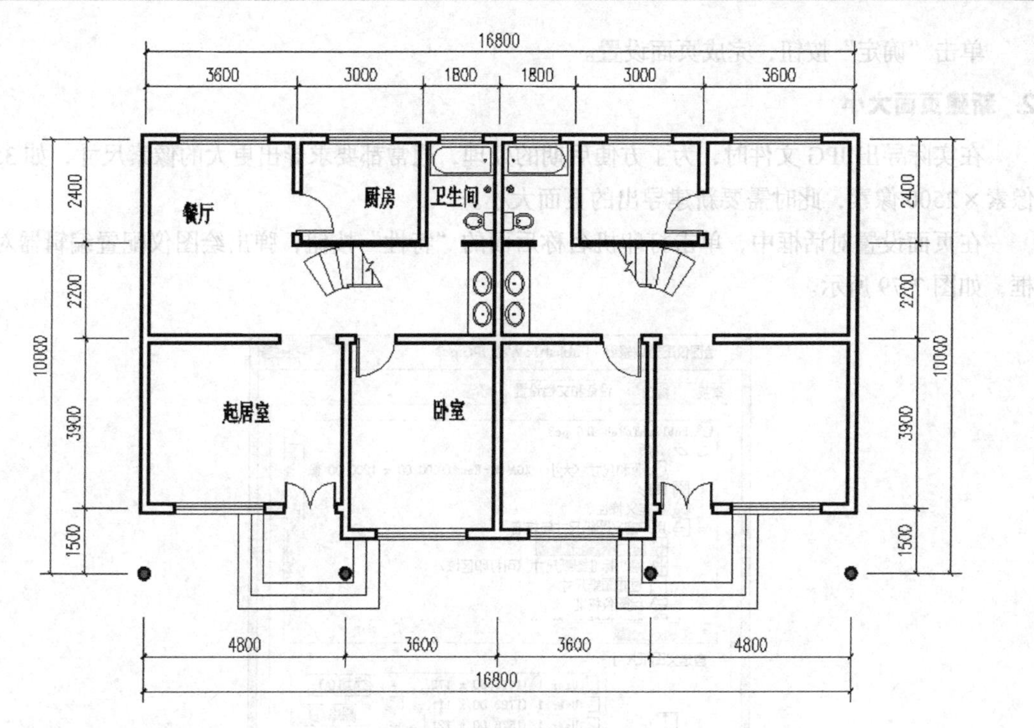

图 7-77　删除门窗编号

7.5.2　导出 JPG 文件

对图形文件进行基本处理后，在页面设置中进行设置，方便导出 JPG 文件。

1. 页面设置

在模型空间中，单击“输出”选项中的“页面设置管理器”按钮，在弹出的对话框中单击“修改”按钮，进行模型空间的页面参数设置，如图 7-78 所示。

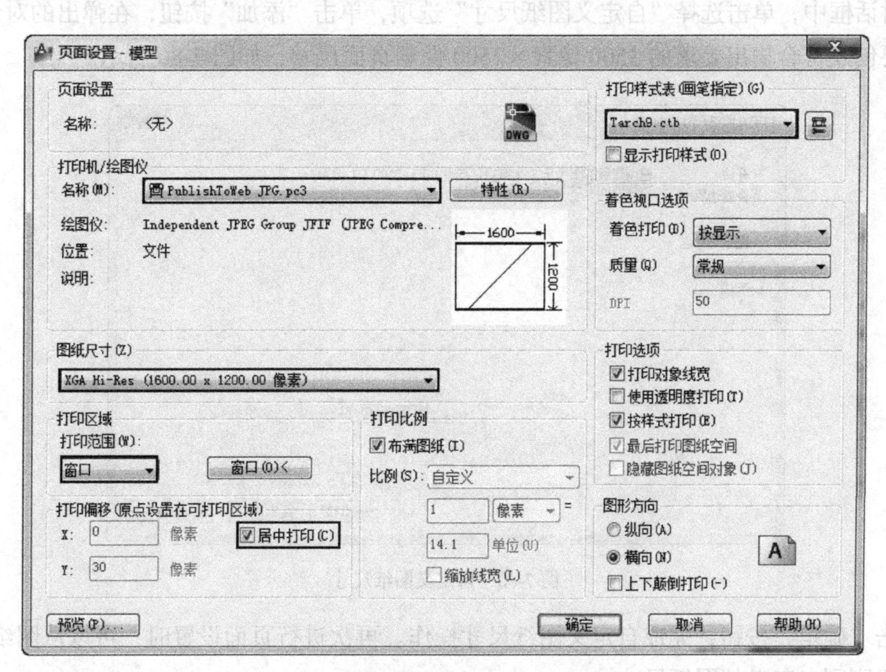

图 7-78　页面设置

单击“确定”按钮，完成页面设置。

2. 新建页面大小

在实际导出 JPG 文件时，为了方便后期的处理，通常都要求导出更大的像素尺寸，如 3500 像素 × 2500 像素，此时需要新建导出的页面大小。

在页面设置对话框中，单击打印机名称后面的“特性”按钮，弹出绘图仪配置编辑器对话框，如图 7-79 所示。

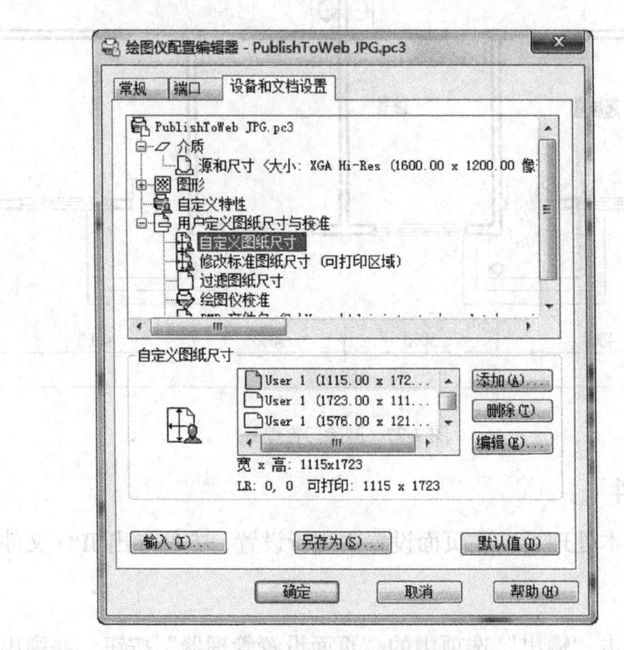

图 7-79 绘图仪配置编辑器对话框

在对话框中，单击选择“自定义图纸尺寸”选项，单击“添加”按钮，在弹出的对话框中，根据需要创建符合输出要求的 3500 像素 × 2500 像素页面尺寸，如图 7-80 所示。

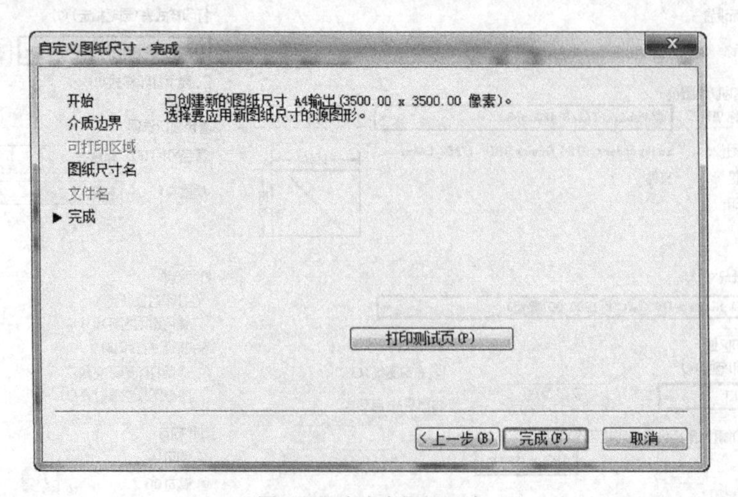

图 7-80 自定义图纸尺寸

单击“确定”按钮，完成自定义图纸尺寸操作。再次进行页面设置时，可以从图纸尺寸列表中选择刚刚自定义的图纸尺寸。

3. 导出 JPG 文件

在命令行中输入“PLOT”并按【Enter】键，按照前面设置的方法，对文件进行页面设置，创建 A4 尺寸的 JPG 文件，如图 7-81 所示。

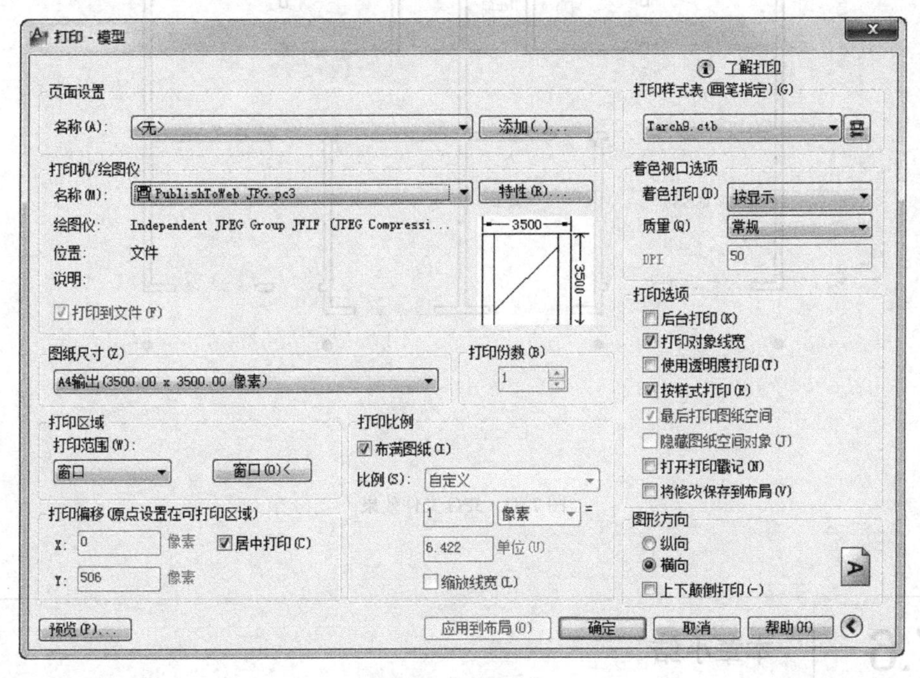

图 7-81　页面设置

单击“预览”按钮，进行图像查看，确认无误后，单击鼠标右键，选择“打印”，弹出浏览打印文件对话框，如图 7-82 所示。

图 7-82　打印文件

选择存储位置和保存的文件名，单击“保存”按钮，等待完成，再次查看文件时，可以通过图像查看软件查看效果，如图 7-83 所示。

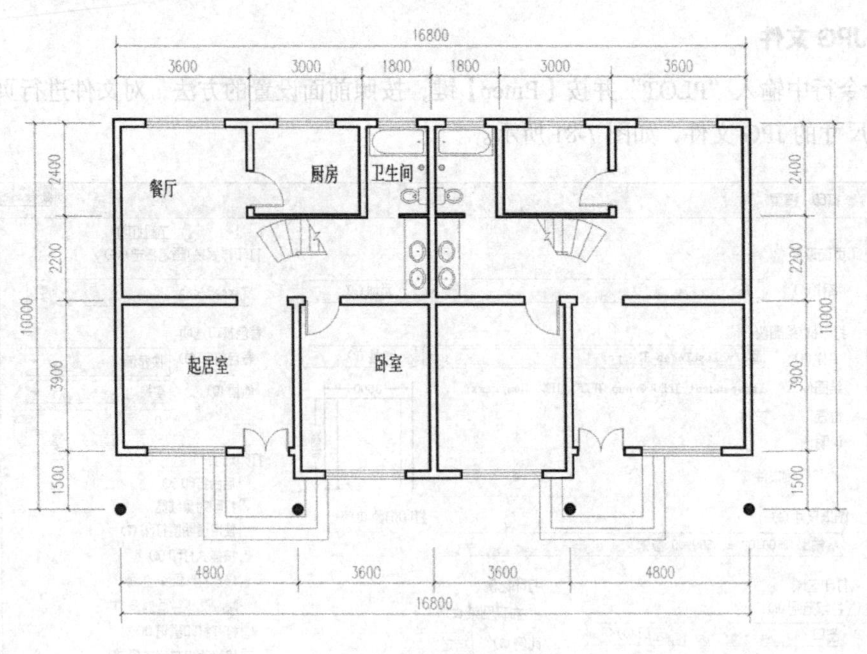

图 7-83 JPG 文件效果

7.6 本章小结

本章对文件的输出进行了讲解和介绍。图形文件绘制完成后，对其进行文字说明、尺寸标注和符号标注后，才符合建筑设计和建筑绘制的需要，而在计算机绘图时代的今天，图形的输出已经超出了人们常规意识里的打印输出，将 DWG 的文件导出为 JPG 格式的操作，也为图形的输出提供了广阔的编辑空间。

第 8 章 多层住宅建筑施工图

前面章节，已经将天正建筑软件的基本操作介绍完成，本章通过多层住宅施工图绘制的学习，帮助读者将天正建筑的理论知识与实际案例结合起来，达到综合运用的目的。

本章要点：

- 建筑平面图
- 建筑立面图
- 建筑剖面图
- 楼梯及节点大样图

8.1 建筑平面图

在一个建筑物对象中，轴网、柱子、墙体和门窗等有着相互关联的特性，因此，在绘制多层住宅平面图时，需要读者掌握一些技巧和规律。绘制完成首层平面图后，在绘制其他层的平面图时，可以继续使用首层平面图中共有的这些模块，以提高整体绘制的速度和效率。

本章案例参考的文件，在“光盘/章节配套/第 8 章”中，请读者参阅。

通过前面的学习，创建多层住宅平面图，如图 8-1 所示。

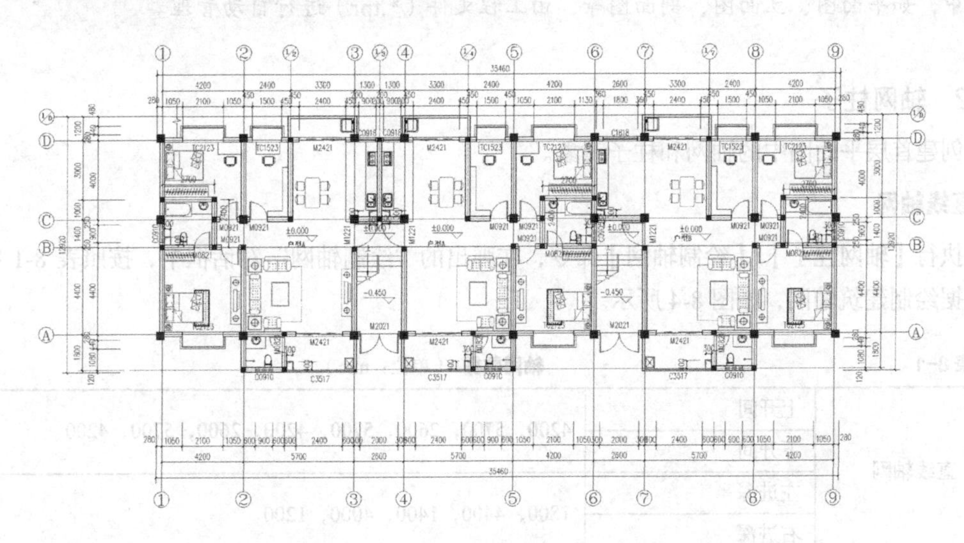

图 8-1　平面图

8.1.1　工程管理

在正式绘制多层住宅建筑施工图时，需要创建工程管理。工程管理用于管理整个工程项目当中的所有相关元素，如平面图、立面图、剖面图等。通过工程管理方便打开和切换图形文件，以及后续生成图纸目录等操作。

1. 新建工程方法如下。

启动天正建筑软件，执行【文件布图】/【工程管理】命令，从弹出的界面“工程管理”列表中选择“新建工程”命令，如图 8-2 所示。

在弹出的界面中，选择当前工程存储的位置，并输入名称，单击“保存”按钮，如图 8-3 所示。

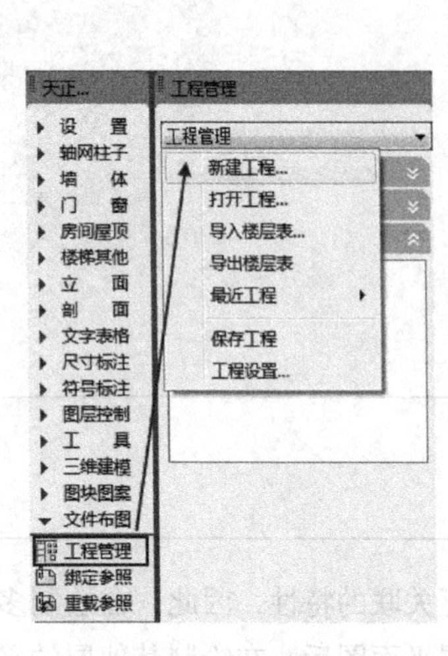

图 8-2 工程管理

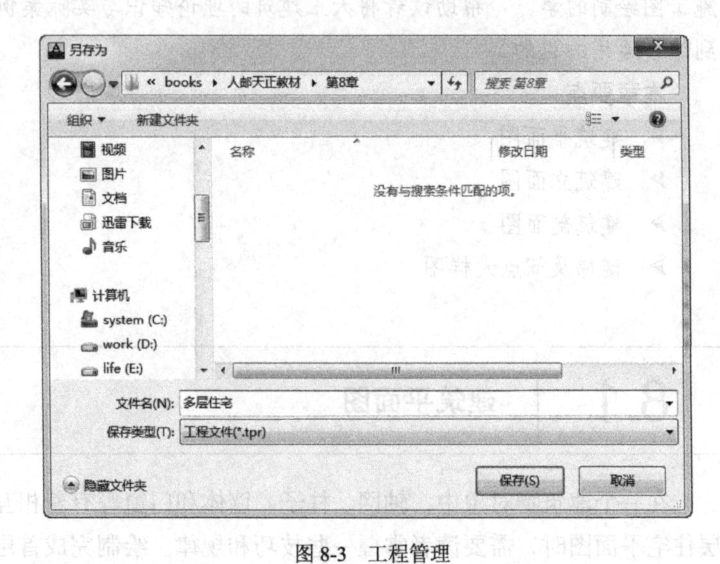

图 8-3 工程管理

技巧说明：工程新建完成后，有关本工程建筑项目的其他文件都存储到工程管理所在的文件夹中，如平面图、立面图、剖面图等，由工程文件（*.tpr）进行自动管理。

8.1.2 轴网柱子

创建首层平面图中的轴网和柱子对象。

1. 直线轴网

执行【轴网柱子】/【绘制轴网】命令，在弹出的“绘制轴网”对话框中，按照表 8-1 提供的数据绘制建筑轴网，如图 8-4 所示。

表 8-1 **轴网数据**（单位：mm）

直线轴网	上开间	4200，5700，2600，5700，4200，2600，5700，4200
	下开间	
	左进深	1800，4400，1400，4000，1200
	右进深	

单击“确定”按钮后，根据命令行提示，输入“0，0”并按【Enter】键，置入直线轴网对象，如图 8-5 所示。

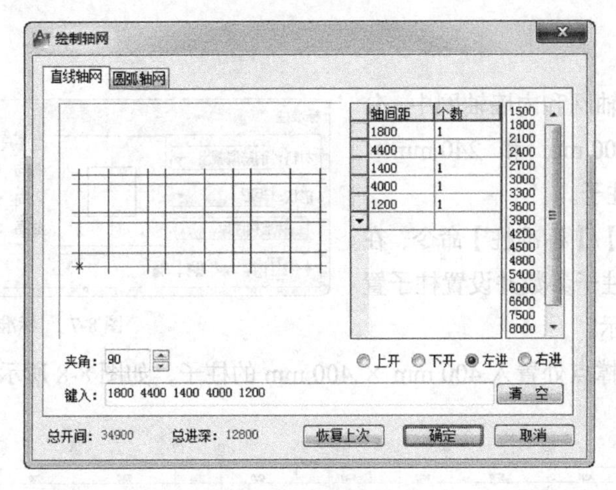

图 8-4 直线轴网

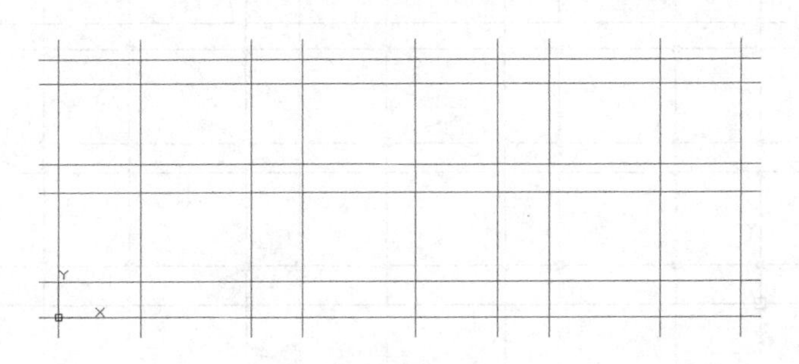

图 8-5 直线轴网

2. 轴网标注

执行【轴网柱子】/【轴网标注】命令，对轴网对象进行尺寸标注，根据命令行的提示依次单击轴网的起始边和终止边，完成轴网标注，如图 8-6 所示。

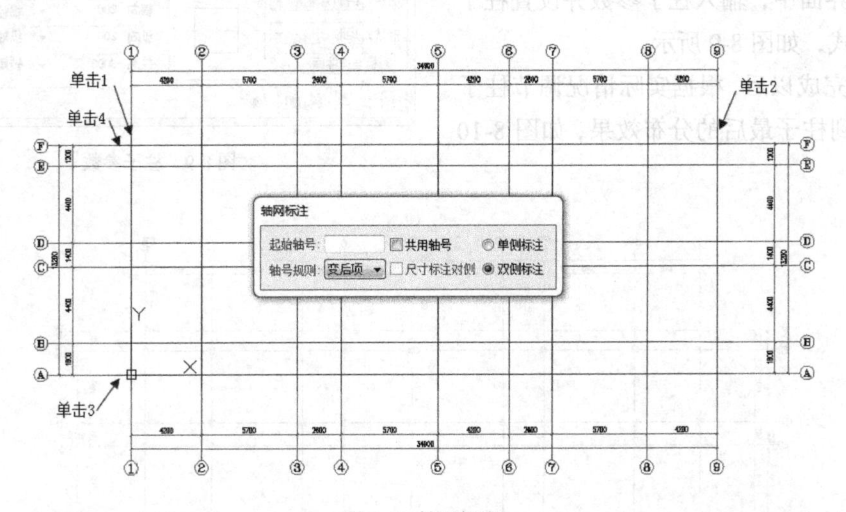

图 8-6 轴网标注

技巧说明：当生成轴网对象以后，其默认的线型为细实线，用户可以执行【轴网柱子】/【轴改线型】命令，将轴线切换到点画线效果。

3. 柱子置入

在平面图的外墙轴网和内墙轴网中，分别置入 400 mm × 400 mm 和 240 mm × 240 mm 两种规格的柱子。

执行【轴网柱子】/【标准柱】命令，在弹出的界面中，输入柱子参数并设置柱子置入方式，如图 8-7 所示。

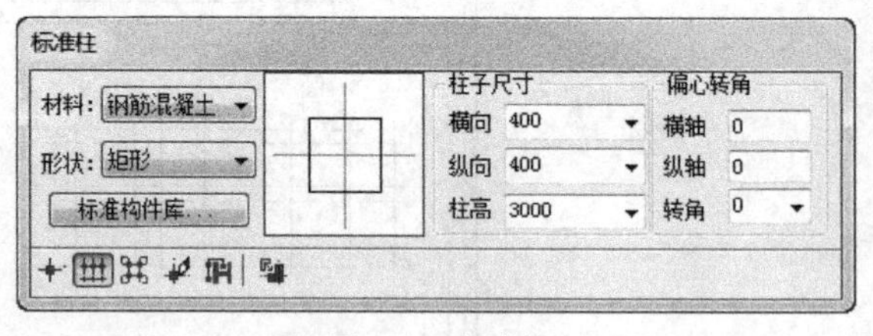

图 8-7　标准柱

在平面图中的支撑点处置入 400 mm × 400 mm 的柱子，如图 8-8 所示。

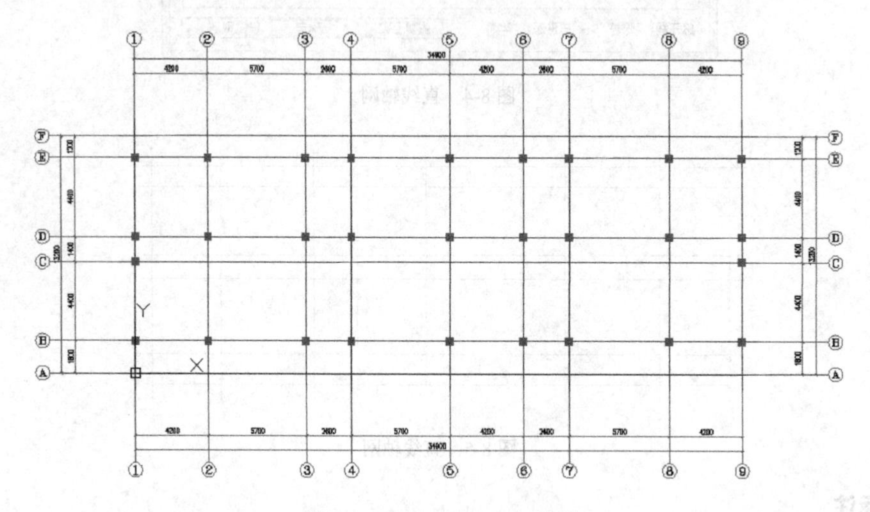

图 8-8　400 mm×400 mm 柱子

再次执行【轴网柱子】/【标准柱】命令，在弹出的界面中，输入柱子参数并设置柱子的置入方式，如图 8-9 所示。

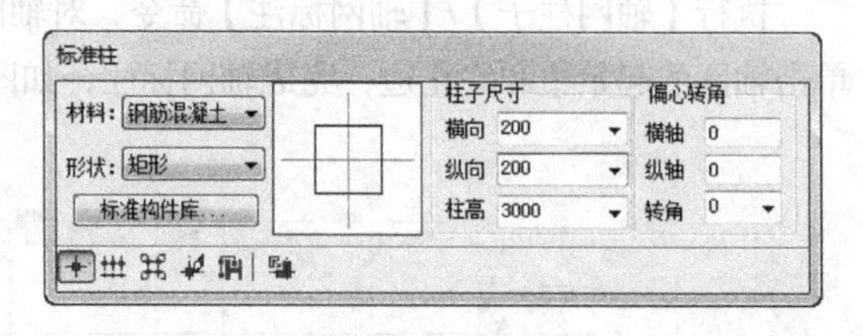

图 8-9　柱子参数

插入完成以后，根据实际情况调节柱子位置，得到柱子最后的分布效果，如图 8-10 所示。

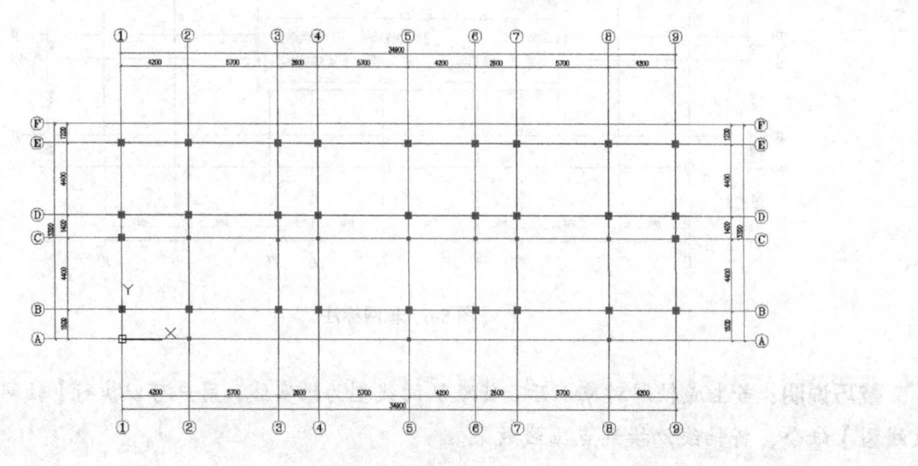

图 8-10　柱子分布

8.1.3 墙体生成

轴网柱子创建完成以后，可以通过“单线变墙”的方法快速生成建筑墙体。

1. 墙体生成

执行【墙体】/【单线变墙】命令，在弹出的“单线变墙”对话框中，设置内、外墙的参数，并选中“轴网生墙”选项，如图 8-11 所示。

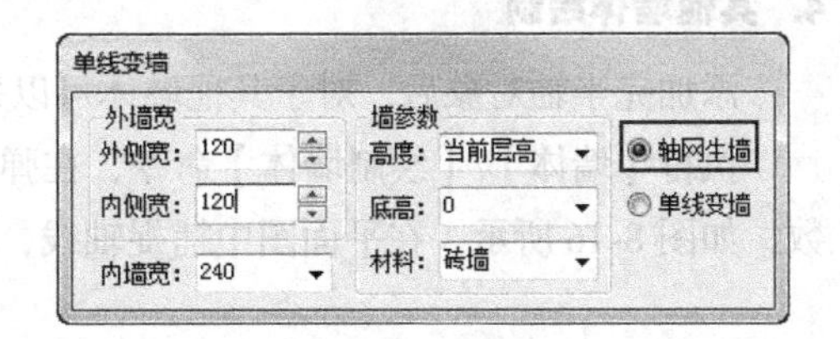

图 8-11　单线变墙

在视图中选择所有轴网对象，从而生成墙体对象，根据首层平面图的墙体分布情况，调节墙段的实际位置，如图 8-12 所示。

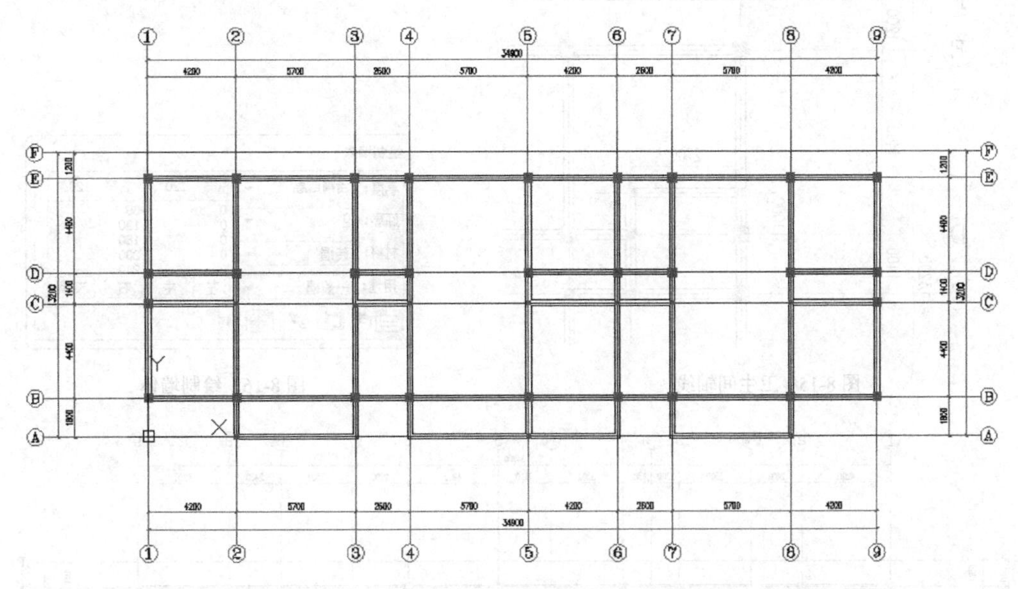

图 8-12　墙体生成

2. 添加半轴

对于直线轴网的其他区域，添加半轴对象，方便生成内部空间的墙体。

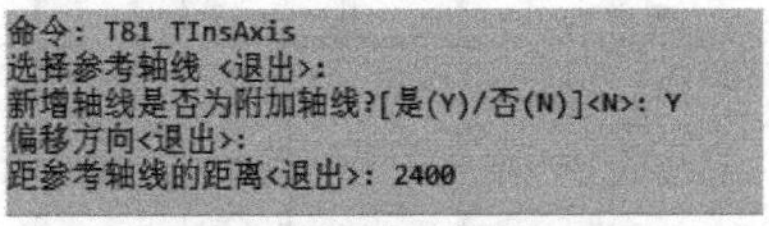

执行【轴网柱子】/【添加轴线】命令，根据命令行提示，选择参考轴线和确定偏移方向和距离，如图 8-13 所示。

```
命令: T81_TInsAxis
选择参考轴线 <退出>:
新增轴线是否为附加轴线?[是(Y)/否(N)]<N>: Y
偏移方向<退出>:
距参考轴线的距离<退出>: 2400
```

图 8-13　添加轴线命令行

用同样的方法生成 2 轴、3 轴、4 轴和 7 轴的半轴效果，如图 8-14 所示。

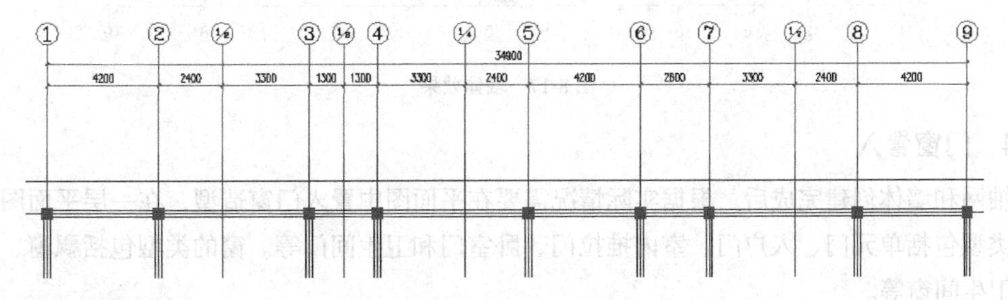

图 8-14　半轴效果

3. 辅助轴线

在一层平面图中，需要对卫生间处的墙体单独创建轴线，可以通过“偏移”命令来实现，如图 8-15 所示。

4. 其他墙体绘制

添加完半轴对象后，对于其他墙体可以采取“绘制墙体”的方法逐段完成。

执行【墙体】/【绘制墙体】命令，在弹出的“绘制墙体”对话框中，根据需要设置墙体参数，如图 8-16 所示。在平面图中捕捉轴线，完成最后的墙体效果，如图 8-17 所示。

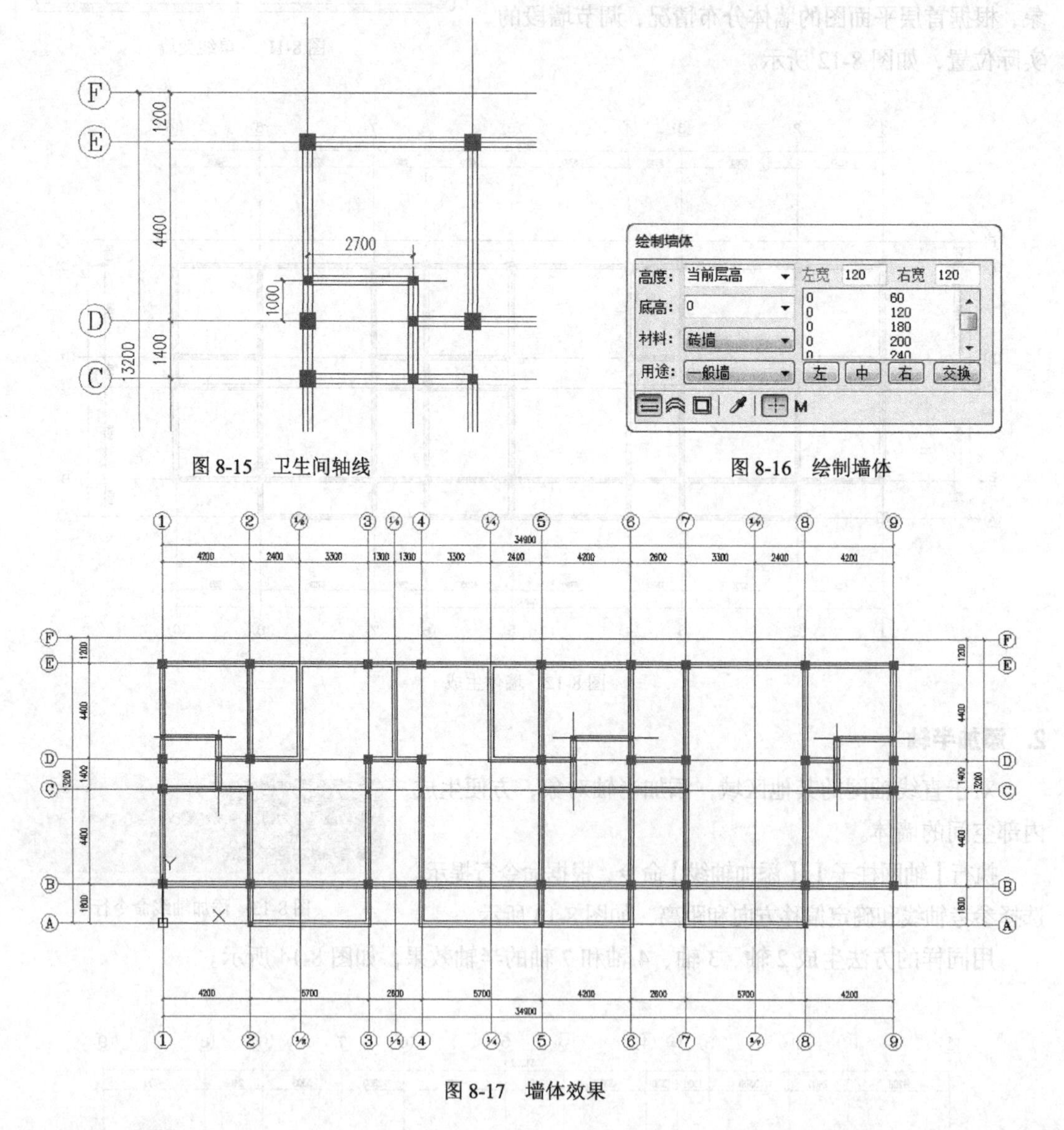

图 8-15　卫生间轴线

图 8-16　绘制墙体

图 8-17　墙体效果

8.1.4　门窗置入

轴网和墙体创建完成后，根据实际情况需要在平面图中置入门窗造型，在一层平面图中，门的类型包括单元门、入户门、室内推拉门、卧室门和卫生间门等。窗的类型包括飘窗、厨房窗和卫生间窗等。

1. 单元门

执行【门窗】/【门窗】命令，在弹出的“门窗”对话框中，设置参数并选择置入方式，如图 8-18 所示。鼠标指针靠近墙体处时，单击鼠标左键，根据命令行提示完成置入，如图 8-19 所示。

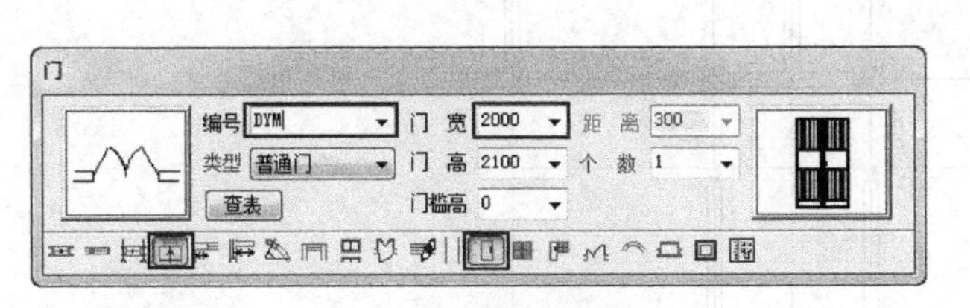

图 8-18　单元门参数

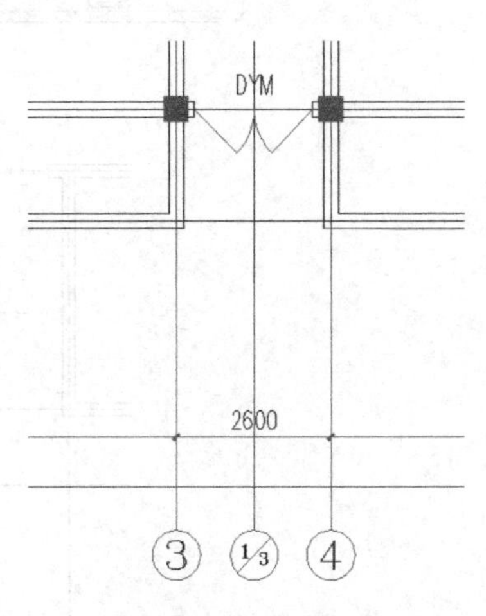

图 8-19　单元门效果

2. 入户门

执行【门窗】/【门窗】命令，在弹出的“门窗”对话框中，设置参数并选择置入方式，如图 8-20 所示。鼠标指针靠近墙体处时，单击鼠标左键，根据命令行提示完成置入，如图 8-21 所示。

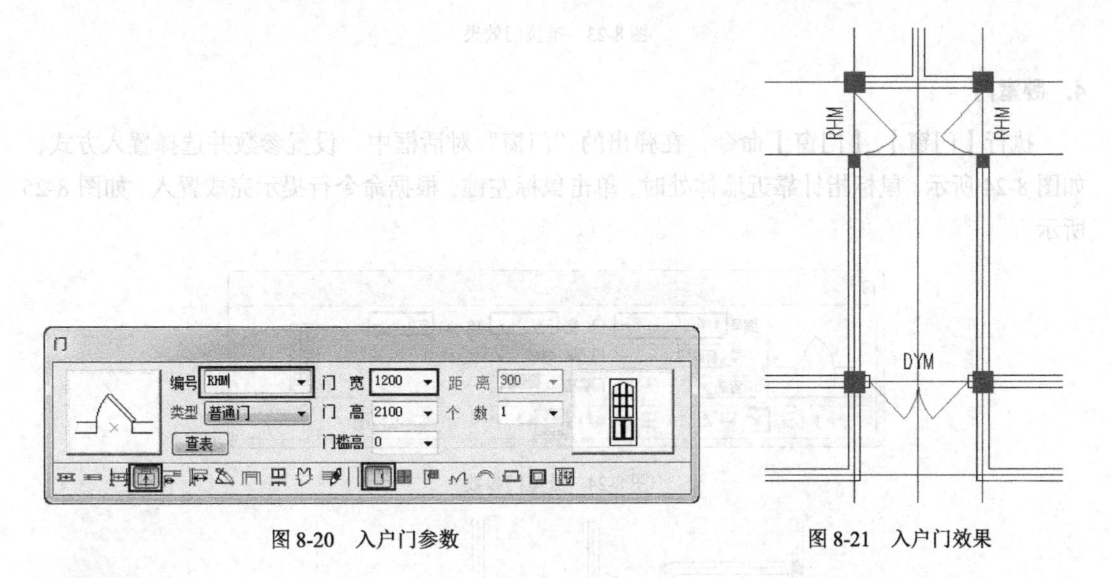

图 8-20　入户门参数

图 8-21　入户门效果

3. 推拉门

在一层平面图中，推拉门总共有两个，分别位于连接客厅与阳台、餐厅与阳台之间的墙体上。

执行【门窗】/【门窗】命令，在弹出的“门窗”对话框中，设置参数并选择置入方式，如图 8-22 所示。鼠标指针靠近墙体处时，单击鼠标左键，根据命令行提示完成置入，如图 8-23 所示。

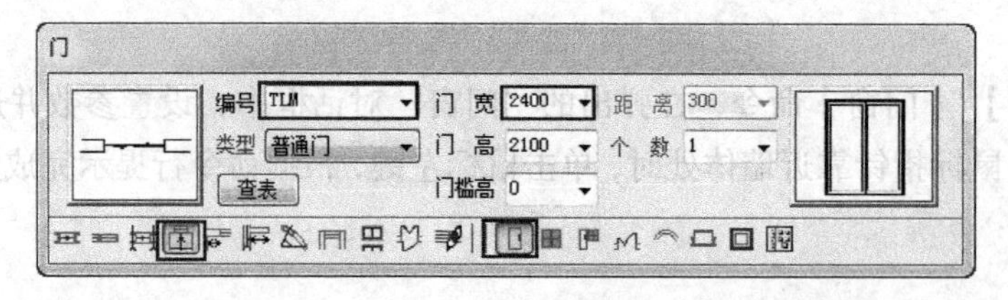

图 8-22 推拉门参数

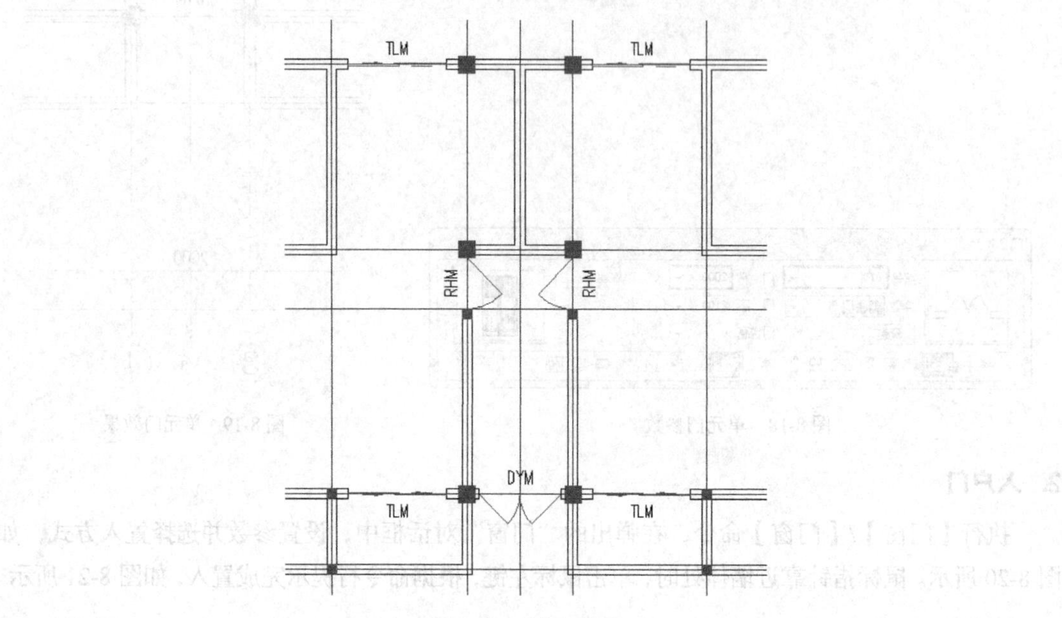

图 8-23 推拉门效果

4. 卧室门

执行【门窗】/【门窗】命令，在弹出的“门窗”对话框中，设置参数并选择置入方式，如图 8-24 所示。鼠标指针靠近墙体处时，单击鼠标左键，根据命令行提示完成置入，如图 8-25 所示。

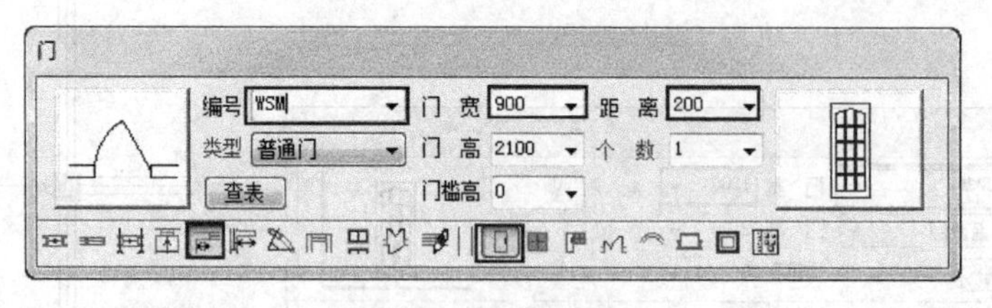

图 8-24 卧室门参数

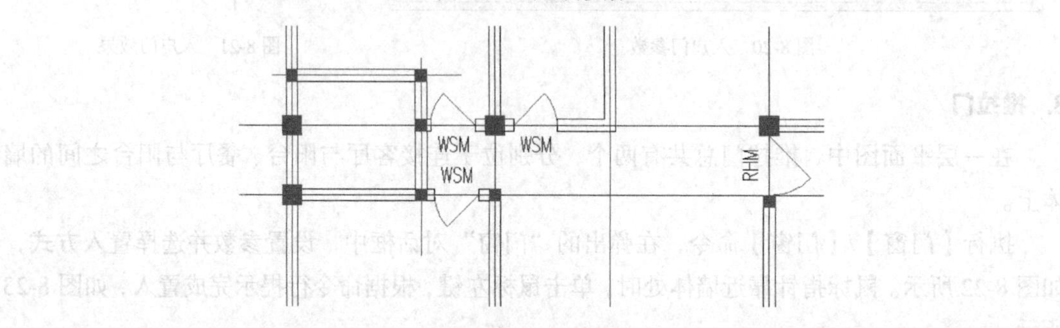

图 8-25 卧室门效果

5. 卫生间门

执行【门窗】/【门窗】命令，在弹出的“门窗”对话框中，设置参数并选择置入方式，如图 8-26 所示。鼠标指针靠近墙体处时，单击鼠标左键，根据命令行提示完成置入，如图 8-27 所示。

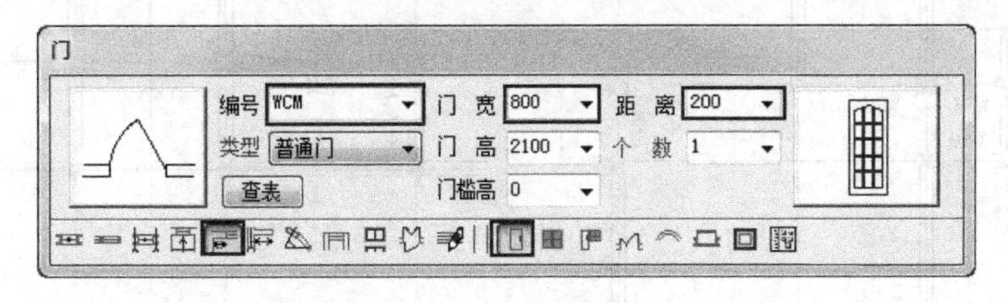

图 8-26　卫生间门参数

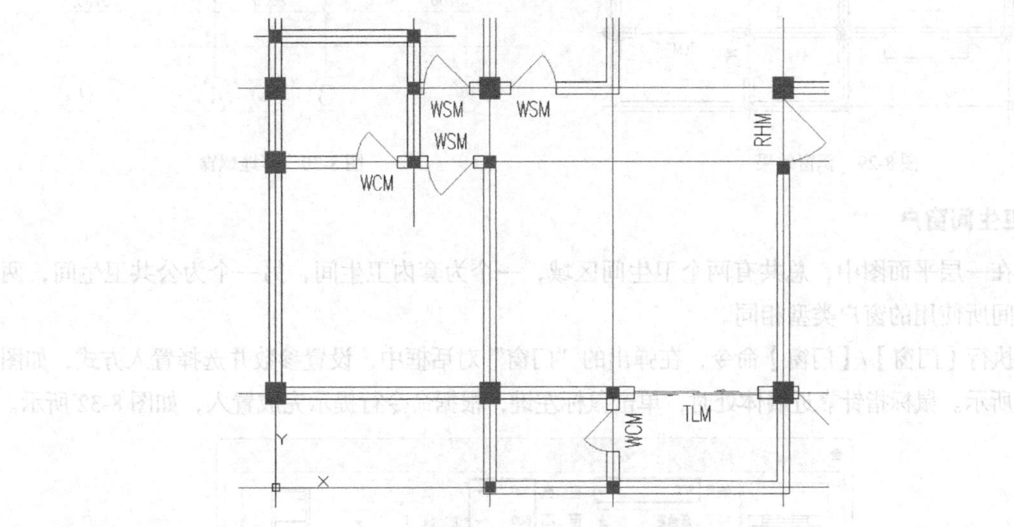

图 8-27　卫生间门效果

6. 飘窗

在一层平面图中，每个住户有三个普通飘窗和一个阳台落地窗。普通的飘窗可以通过“凸窗”来实现，阳台落地窗可以通过将墙体工具中的“转为幕墙”的方式实现。

执行【门窗】/【门窗】命令，在弹出的“门窗”对话框中，设置参数并选择置入方式，如图 8-28 所示。鼠标指针靠近墙体处时，单击鼠标左键，根据命令行提示完成置入，如图 8-29 所示。

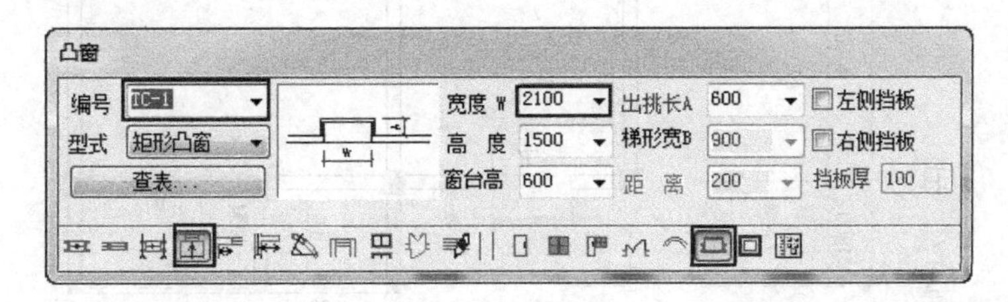

图 8-28　飘窗参数

7. 落地窗

选择阳台落地窗所在的墙段，执行【墙体】/【转为幕墙】命令，即可实现落地窗效果，如图 8-30 所示。

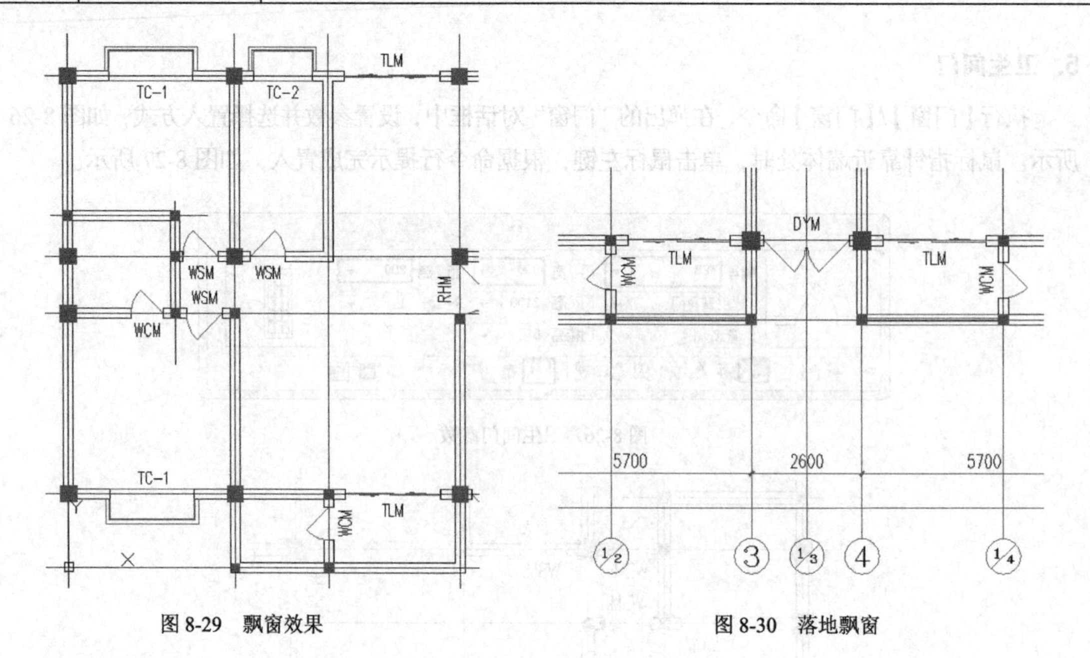

图 8-29 飘窗效果　　　　图 8-30 落地飘窗

8. 卫生间窗户

在一层平面图中，总共有两个卫生间区域，一个为套内卫生间，另一个为公共卫生间，两个空间所使用的窗户类型相同。

执行【门窗】/【门窗】命令，在弹出的“门窗”对话框中，设置参数并选择置入方式，如图 8-31 所示。鼠标指针靠近墙体处时，单击鼠标左键，根据命令行提示完成置入，如图 8-32 所示。

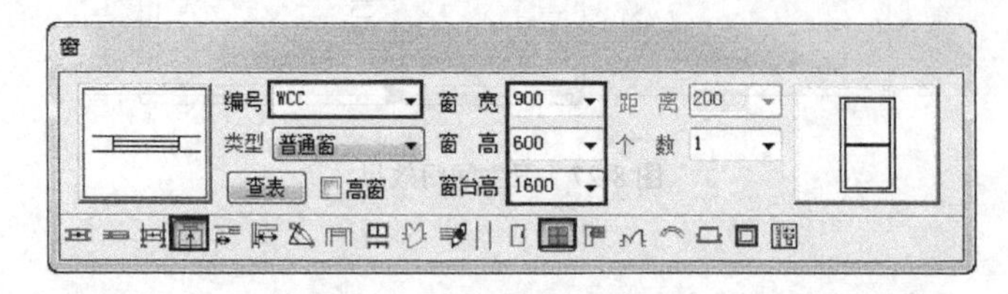

图 8-31 卫生间窗户

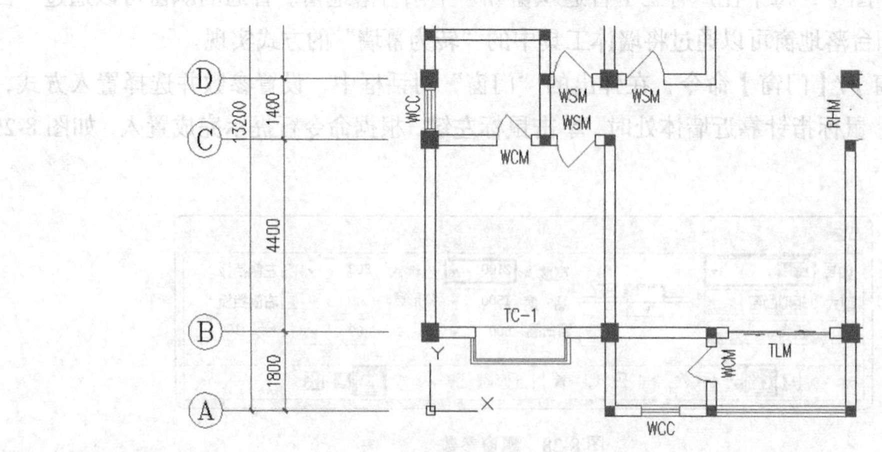

图 8-32 卫生间窗户效果

9. 厨房窗户

在一层平面图中，厨房中的窗户总共有两类造型，左侧对称户型中的两个窗户为同一类别，右侧户型中的窗户为单独一个类别。

执行【门窗】/【门窗】命令，在弹出的“门窗”对话框中，设置参数并选择置入方式，如图 8-33 所示。鼠标指针靠近墙体处时，单击鼠标左键，根据命令行提示完成置入，如图 8-34 所示。

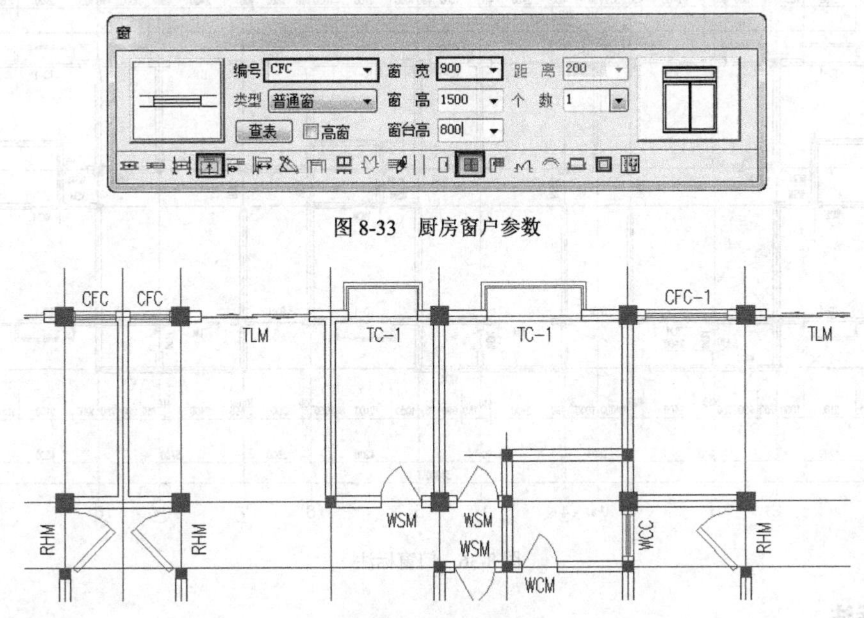

图 8-33　厨房窗户参数

图 8-34　厨房窗户效果

8.1.5　门窗标注

在平面图中，门窗创建完成之后，需要进行相应的尺寸标注，如门窗标注、内门标注等。

1. 门窗标注

执行【尺寸标注】/【门窗标注】命令，根据命令行的提示，依次单击两点，并选择尺寸标注所在的位置，如图 8-35 所示，再次框选整个墙段上的所有门窗，完成门窗的尺寸标注，如图 8-36 所示。

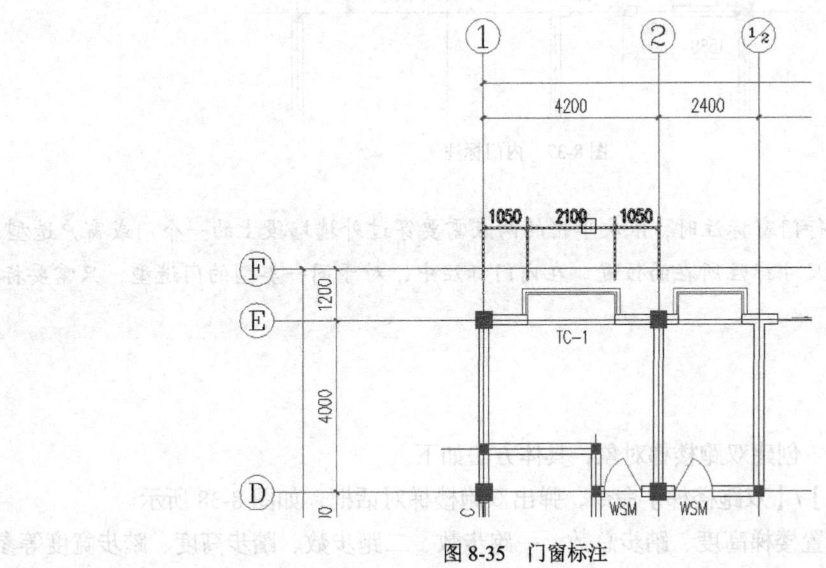

图 8-35　门窗标注

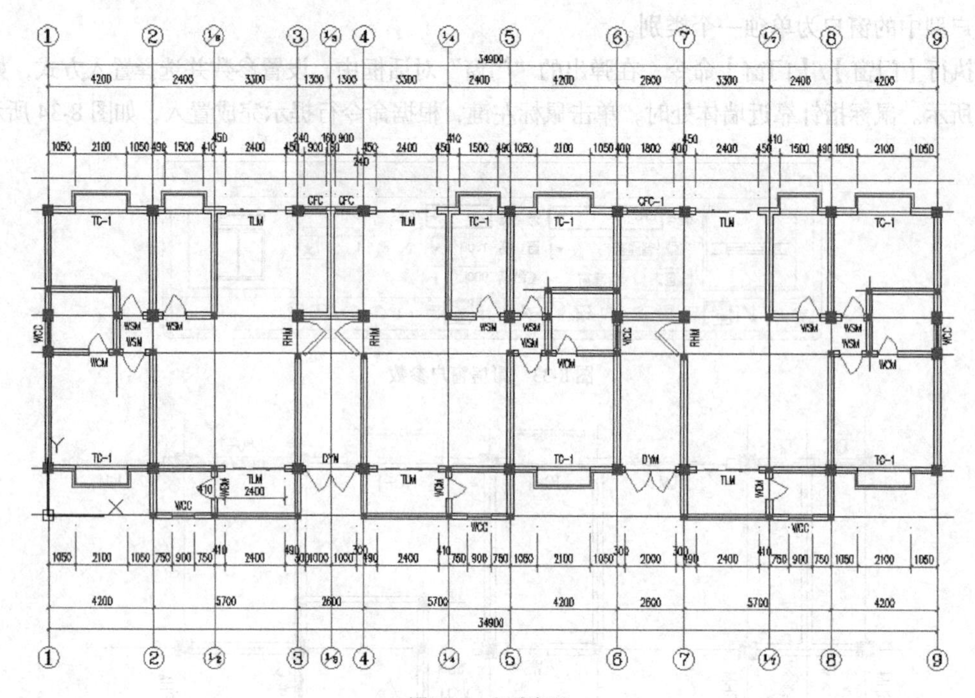

图 8-36 门窗标注

2. 内门标注

在一层平面图中，对于内墙中的门需要通过内门标注的方式进行尺寸标注。

执行【尺寸标注】/【内门标注】命令，根据命令行的提示依次单击两点，穿过需要进行标注的内门对象，完成内门标注，如图 8-37 所示。

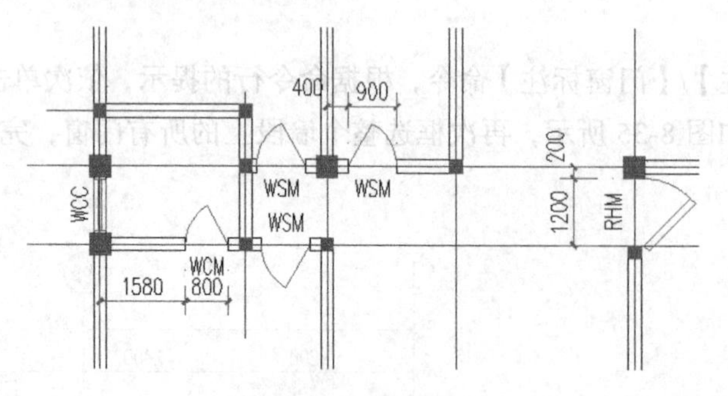

图 8-37 内门标注

技巧说明：在进行门窗标注时，依次单击的两点需要穿过外墙墙段上的一个门或窗户造型，而且第二点的位置为尺寸标注所在的位置。在内门标注中，对于同一类型的门造型，只需要标注一次即可。

8.1.6 双跑楼梯

在首层平面图中，创建双跑楼梯对象，具体方法如下。

执行【楼梯其他】/【双跑楼梯】命令，弹出双跑楼梯对话框，如图 8-38 所示。

在对话框中，设置楼梯高度、踏步总数、一跑步数、二跑步数、踏步高度、踏步宽度等参数，单击“梯间宽”按钮，在平面图中依次单击双跑楼梯所在的两个墙角位置，设置上楼位置和层类型，单击“确定”按钮，在平面图中单击置入双跑楼梯，如图 8-39 所示。

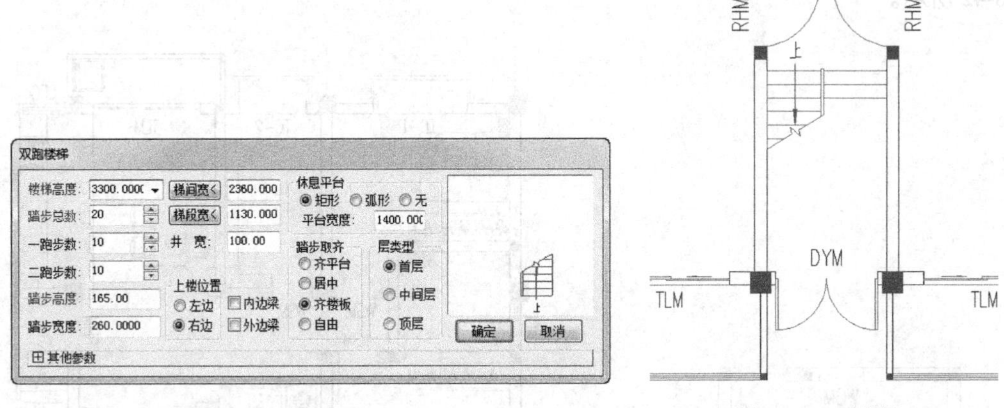

图 8-38 双跑楼梯　　图 8-39 双跑楼梯

8.1.7 图块布置

通过前面的基本绘制，平面图中的常规构件对象基本完成，对于内部空间的规划，需要通过平面图块来表示。如用沙发组合、电视机来表示客厅空间，用床和衣柜来表示卧室空间。

1. 卧室布置

将卧室所在的图形区域局部放大，执行【图块图案】/【通用图库】命令，在弹出的天正图库管理系统中，选择床图块对象，如图 8-40 所示。

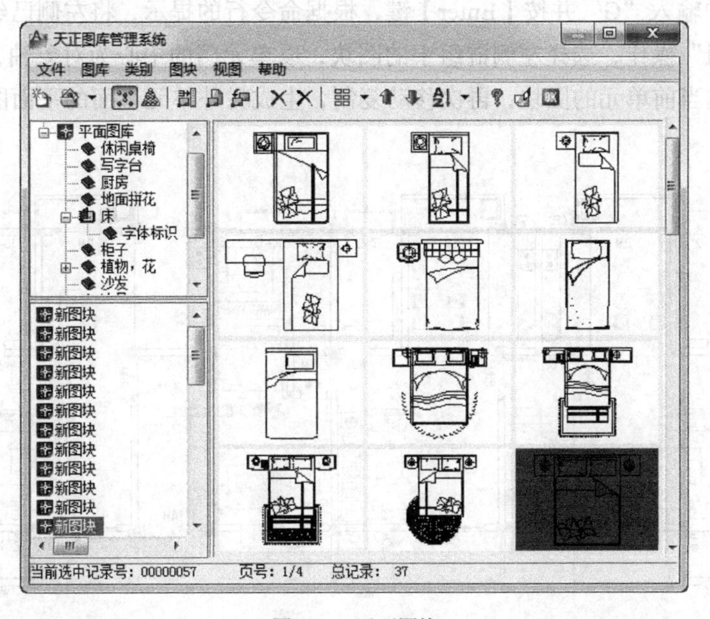

图 8-40 天正图块

双击图块，在弹出的界面中设置尺寸参数，在平面图卧室区域单击置入床图块，如图 8-41 所示。

2. 其他图块

采用与卧室图块相同的布置方法，在当前平面图中置入左侧空间中的所有图块对象，如图 8-42 所示。

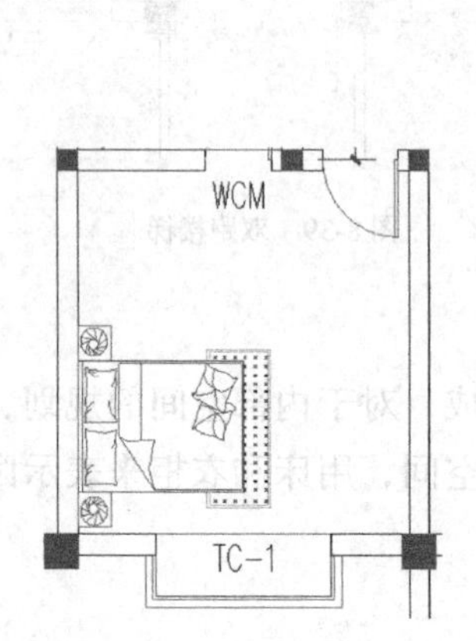

图 8-41 床图块

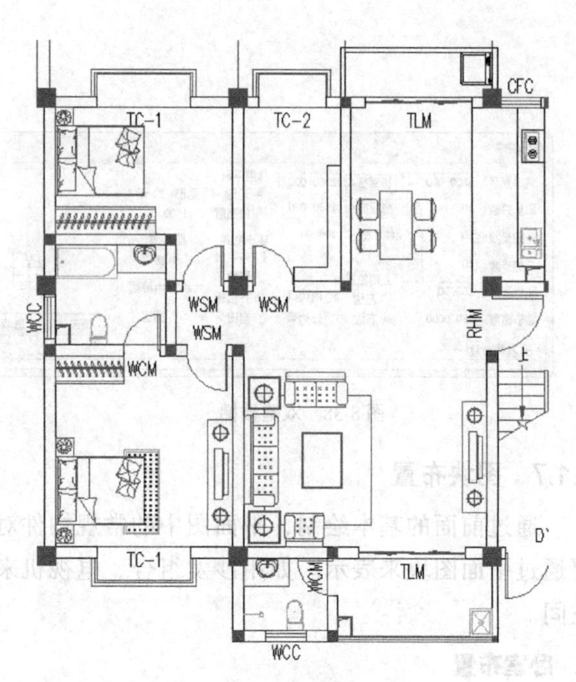

图 8-42 左侧图块

3. 群组复制

在命令行中输入“G”并按【Enter】键，根据命令行的提示，将左侧已经布置完成的图块，执行“群组”操作，选择左侧群组中的图块，以单元门的中心为对象轴，执行“镜像复制”操作，生成当前单元的图块，再次移动复制，生成另外单元里面的平面图块，如图 8-43 所示。

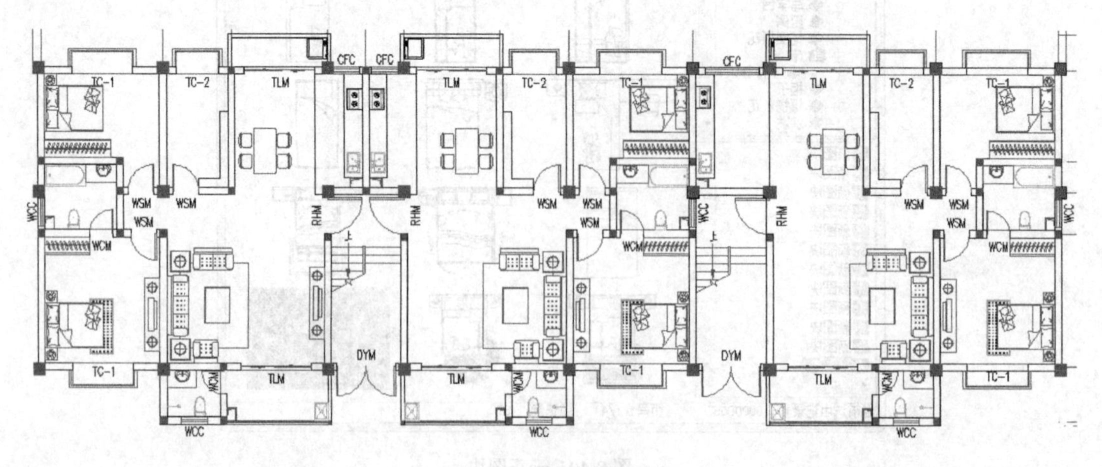

图 8-43 图块布置结果

8.1.8 其他楼层平面图

在进行多层住宅建筑绘制时，不同的楼层之间有很多共同的因素，如轴网、柱子、墙体、门窗和楼梯等对象。因此，在绘制其他楼层时，相同的对象可以直接采用，方便快捷地生成其他楼层平面图。

1. 文件另存为

打开已经绘制完成的首层平面图文件，按【Ctrl+Shift+S】组合键，将当前文件执行图形“另存为”操作，取名为“二层平面图”，如图 8-44 所示。

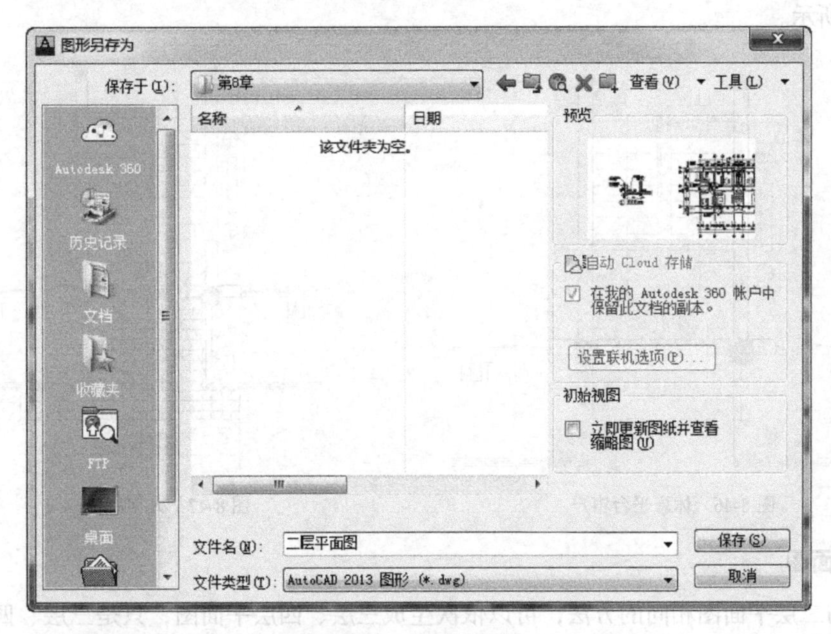

图 8-44 图形另存为

此时，首层平面图和二层平面图文件里面的内容是完全一样的，只是文件名称不同。针对首层平面图与二层平面图不同的部分（如楼梯、单元门部分）进行重新绘制。

2. 双跑楼梯更改

打开二层平面图文件，双击平面图中的双跑楼梯对象，在弹出的楼梯对话框中，更改“层类型”参数，如图 8-45 所示。

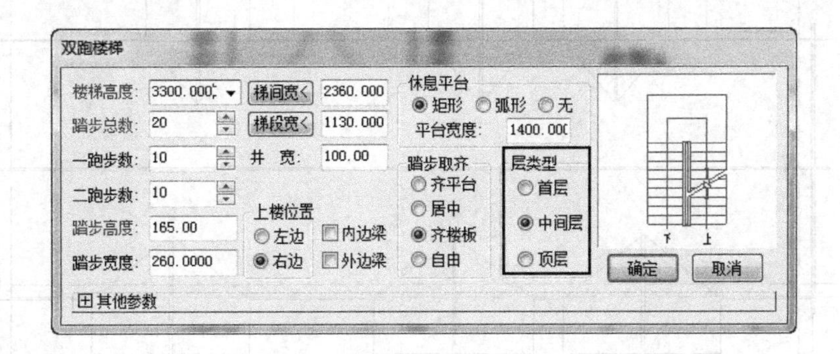

图 8-45 层类型

3. 单元门改造

对于二层以上的平面图，需要将单元门对象去除，同时需要补充墙体造型，添加休息平台窗户造型。

将单元门对象选中，按【Delete】键，将其删除，执行【门窗】/【门窗】命令，在平面图中创建休息平台窗户造型，如图 8-46 所示。

4. 单元门屋顶

在二层平面图中，需要绘制单元门“人字屋顶”的平面造型。

在平面图中，绘制人字屋顶平面区域，并填充“弯瓦屋面”图案，生成人字屋顶平面造型，如图 8-47 所示。

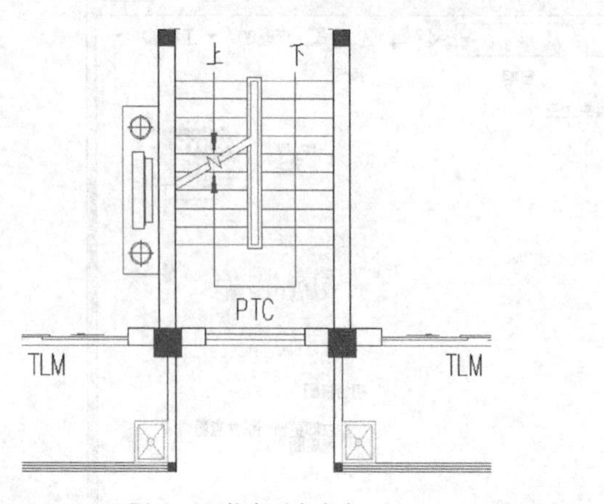

图 8-46　休息平台窗户

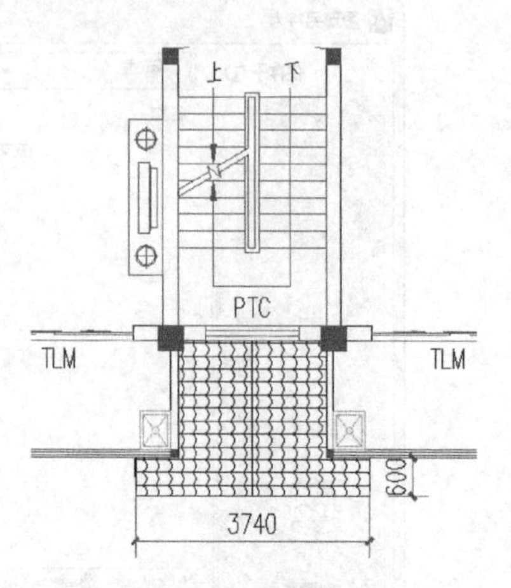

图 8-47　人字屋顶

5. 其他平面图

采用与二层平面图相同的方法，可以依次生成三层、四层平面图，只是三层、四层平面图不再需要“人字屋顶”造型，在此不再赘述。

6. 屋顶平面图

打开四层平面图文件，在此基础上创建“人字坡顶”，并在阳台落地窗和北阳台位置添加“老虎窗”对象，生成屋顶平面图，如图 8-48 所示。

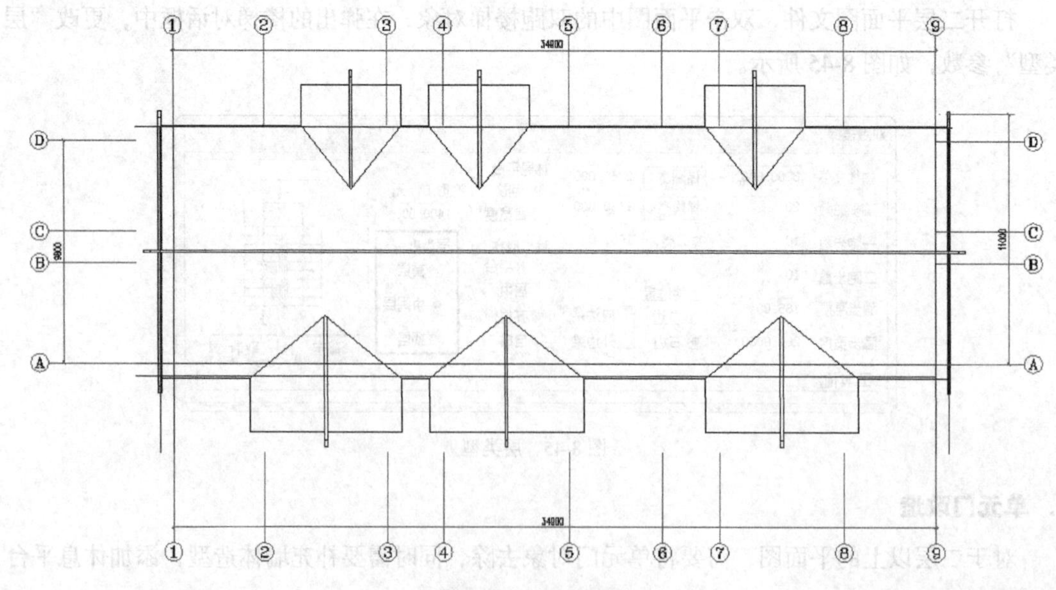

图 8-48　屋顶平面图

8.2 建筑立面图

在多层住宅建筑设计的立面图中，需要表达建筑的垂直观看效果和外墙皮所用的建筑材料。

建筑立面图包括立面生成和立面装饰两部分内容。

8.2.1 立面生成

1. 工程管理

执行【文件布图】/【工程管理】命令，在弹出界面的下拉列表中选择工程文件并将其打开，如图 8-49 所示。

2. 添加平面图

单击选择工程管理界面中的平面图，单击鼠标右键，选择“添加图纸”命令，依次将各个平面图添加完成，如图 8-50 所示。

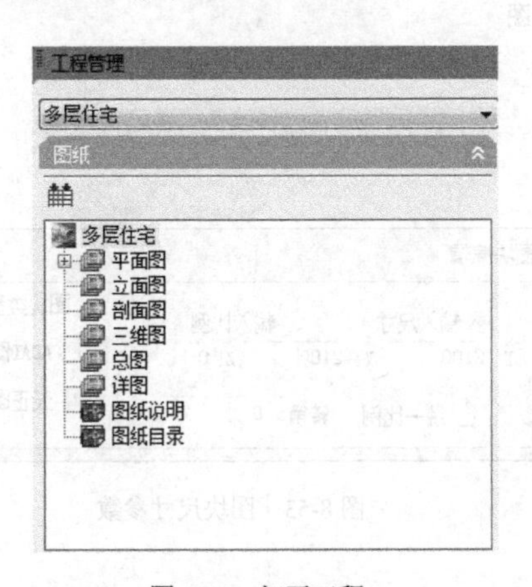

图 8-49 打开工程

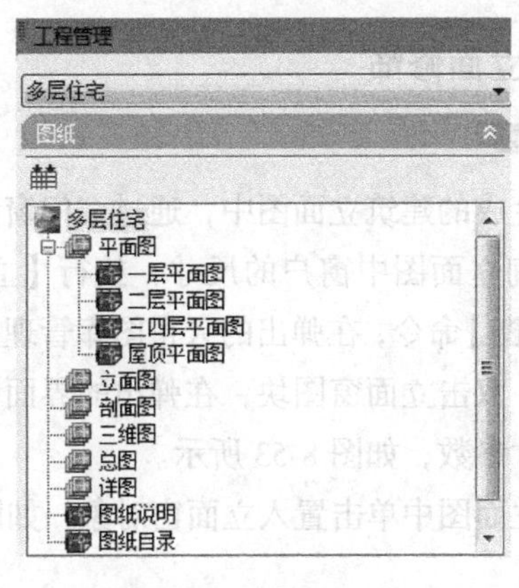

图 8-50 添加平面图

3. 楼层表

单击工程管理中的“楼层”选项，将其展开，输入层号并选择对应的平面图文件，如图 8-51 所示。

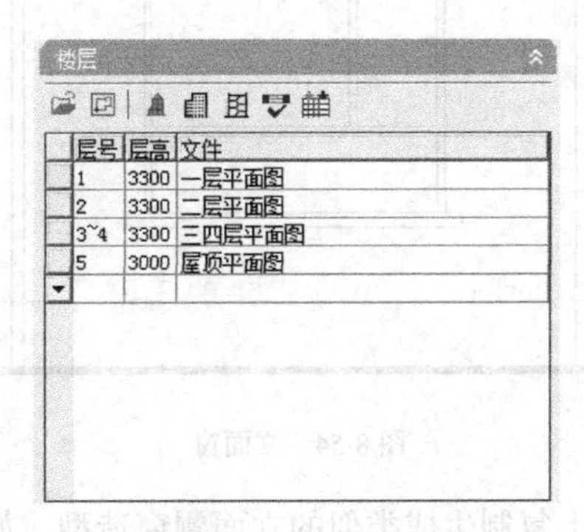

层号	层高	文件
1	3300	一层平面图
2	3300	二层平面图
3~4	3300	三四层平面图
5	3000	屋顶平面图

图 8-51 楼层表

4. 立面生成

在工程管理界面中，双击“平面图”选项中的“一层平面图”文件将其打开，执行【立面】/【建筑立面】命令，根据命令行提示，选择正立面方向，依次单击选择需要出现在立面图中的轴线，生成建筑立面图，如图 8-52 所示。

图 8-52　立面图

8.2.2　立面修饰

1. 立面窗

在生成的建筑立面图中，通过“门窗参数”命令查询立面图中窗户的尺寸，执行【立面】/【立面门窗】命令，在弹出的天正图库管理系统对话框中，双击立面窗图块，在弹出的界面中设置图块尺寸参数，如图 8-53 所示。

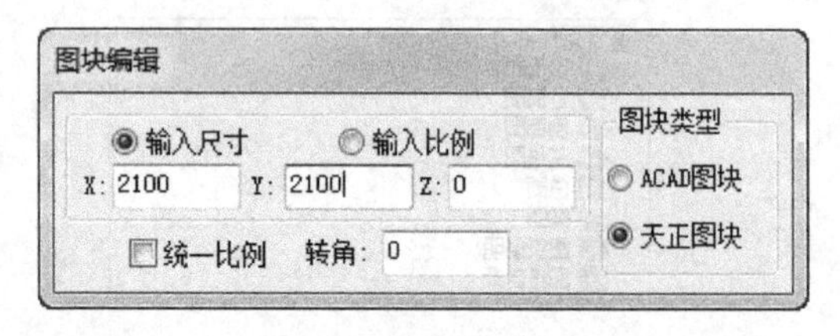

图 8-53　图块尺寸参数

在立面图中单击置入立面窗对象，如图 8-54 所示。

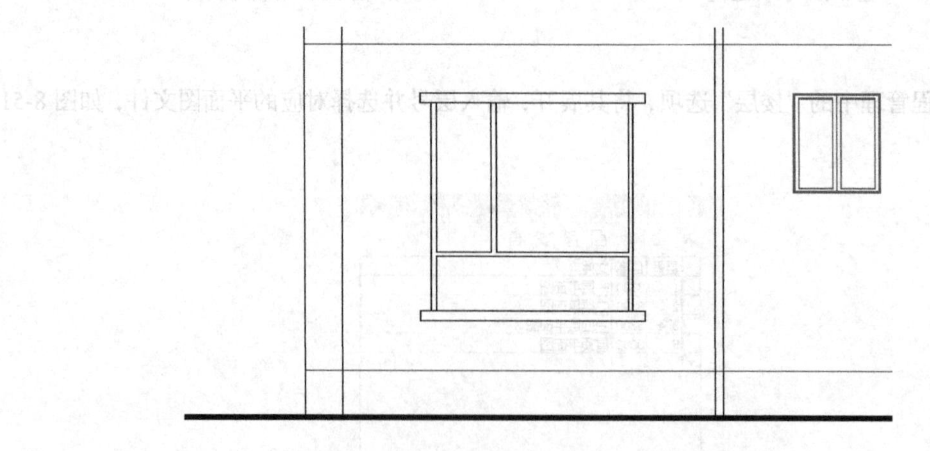

图 8-54　立面窗

选择立面窗，在垂直方向上复制生成类似的立面飘窗造型，如图 8-55 所示。

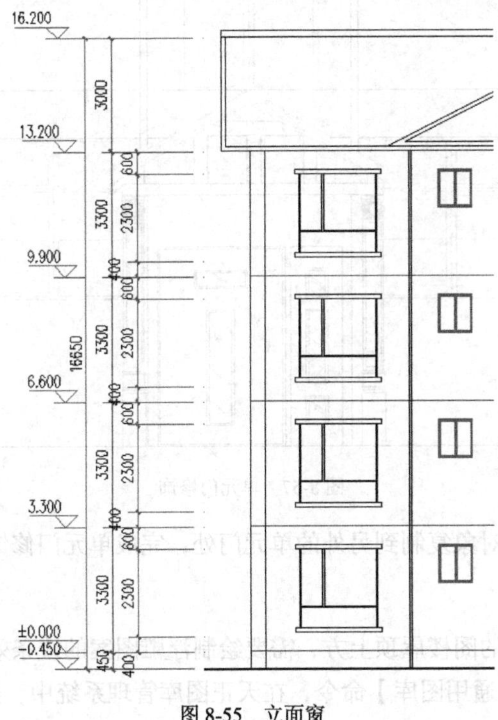

图 8-55　立面窗

2. 其他立面窗

采用类似的方法，对当前立面图中的窗户进行修饰，完成立面窗修饰效果，如图 8-56 所示。

图 8-56　立面窗

3. 立面门修饰

在正立面图中，需要对单元门的样式进行修饰。单元门是一个带有“人字坡顶”的子母门对象造型。

执行【图块图案】/【通用图库】命令，在弹出的天正图库管理系统中，选择单元门图案，在立面图中单击置入，如图 8-57 所示。

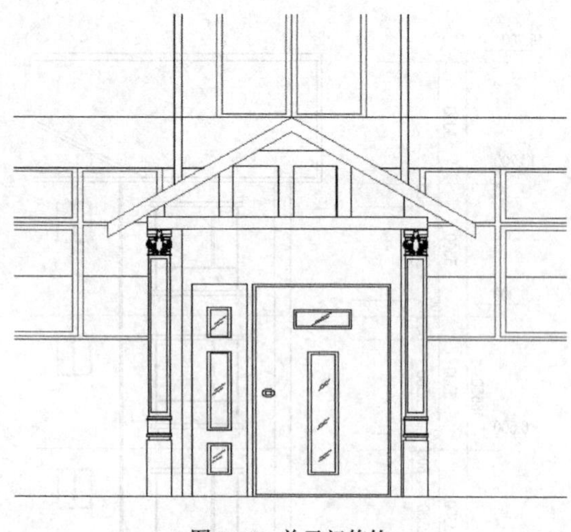

图 8-57 单元门修饰

将当前单元门的图形对象复制到另外的单元门处，完成单元门修饰操作。

4. 立面浮雕图案

在立面图阳台所对应的阁楼屋顶上方，需要绘制浮雕图案的线条效果。

执行【图块图案】/【通用图库】命令，在天正图库管理系统中，选择浮雕图案，添加到立面图中，如图 8-58 所示。

图 8-58 浮雕图案

5. 屋顶图案填充

在立面图中，对于屋顶区域填充“西班牙屋面”图案。

在命令行中输入“H”并按【Enter】键，在弹出的图案填充界面中，选择填充图案，设置图案角度和比例，完成图案填充，如图 8-59 所示。

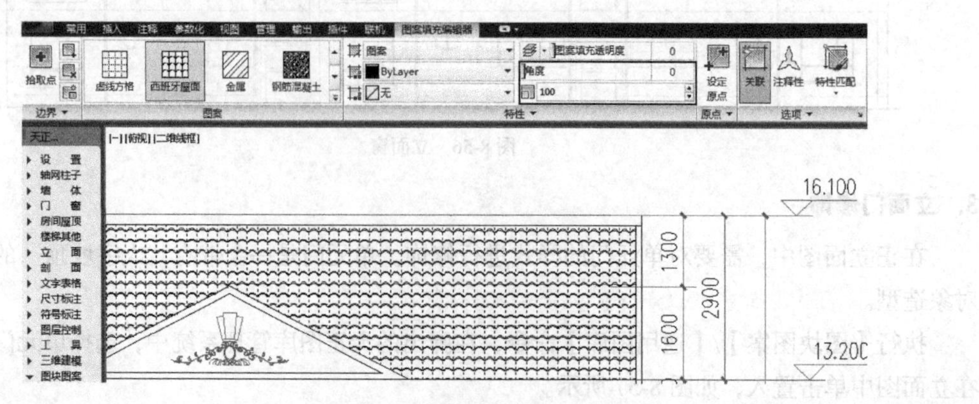

图 8-59 图案填充

6. 墙砖修饰

在立面图中，沿飘窗位置向上绘制距离窗上沿 500 mm 的直线，生成层间线线条，如图 8-60 所示。

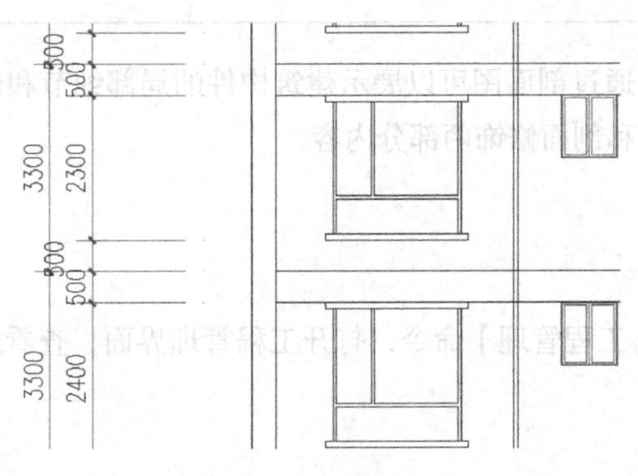

图 8-60 墙砖区域

在命令行中输入“H”并按【Enter】键，在图案填充选项中进行图案填充，如图 8-61 所示。

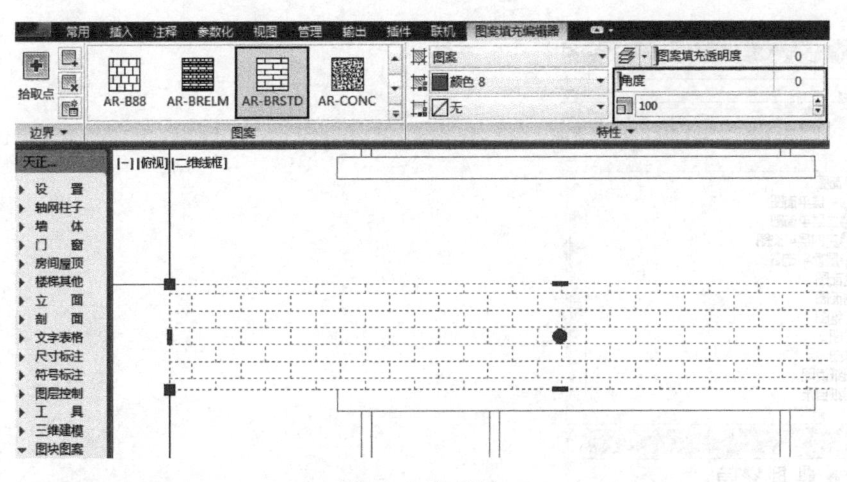

图 8-61 墙砖填充

用同样的方式，对其他需要墙砖平铺的区域进行填充，完成建筑立面图的装饰效果，如图 8-62 所示。

图 8-62 立面填充

8.3 建筑剖面图

在进行建筑设计时，通过剖面图可以展示建筑构件的局部细节和建筑物的内部空间结构。建筑剖面图包括剖面生成和剖面修饰两部分内容。

8.3.1 剖面生成

1. 工程管理

执行【文件布图】/【工程管理】命令，打开工程管理界面，查看载入文件和楼层表信息，如图 8-63 所示。

2. 绘制剖切线

双击工程管理界面中的“一层平面图”文件，将其打开，执行【符号标注】/【剖切符号】命令，在弹出的对话框中，设置剖切编号和剖切线类型，如图 8-64 所示。

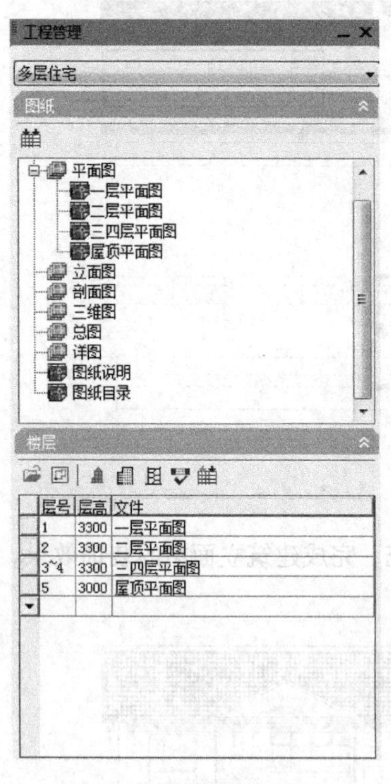

图 8-63　工程管理和楼层表

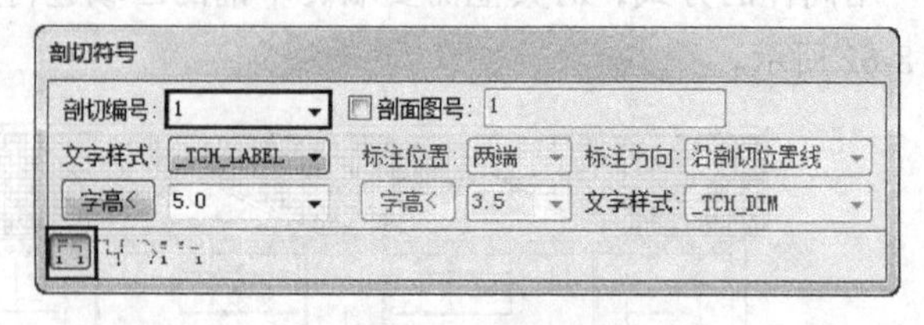

图 8-64　剖切符号

在平面图中，根据命令行提示依次单击剖切符号的定位点，完成剖切线绘制，如图 8-65 所示。

3. 建筑剖面

执行【剖面】/【建筑剖面】命令，根据命令行提示，单击选择剖切线，单击选择要在剖面上出现的轴线，单击鼠标右键或按【Enter】键，在弹出的对话框中输入文件名并选择存储位置，单击“保存”按钮，生成建筑剖面图，如图 8-66 所示。

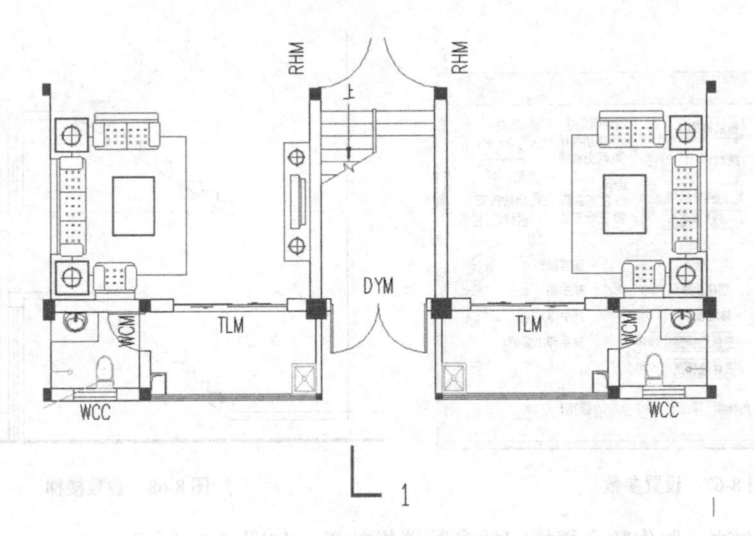

图 8-65　剖切线

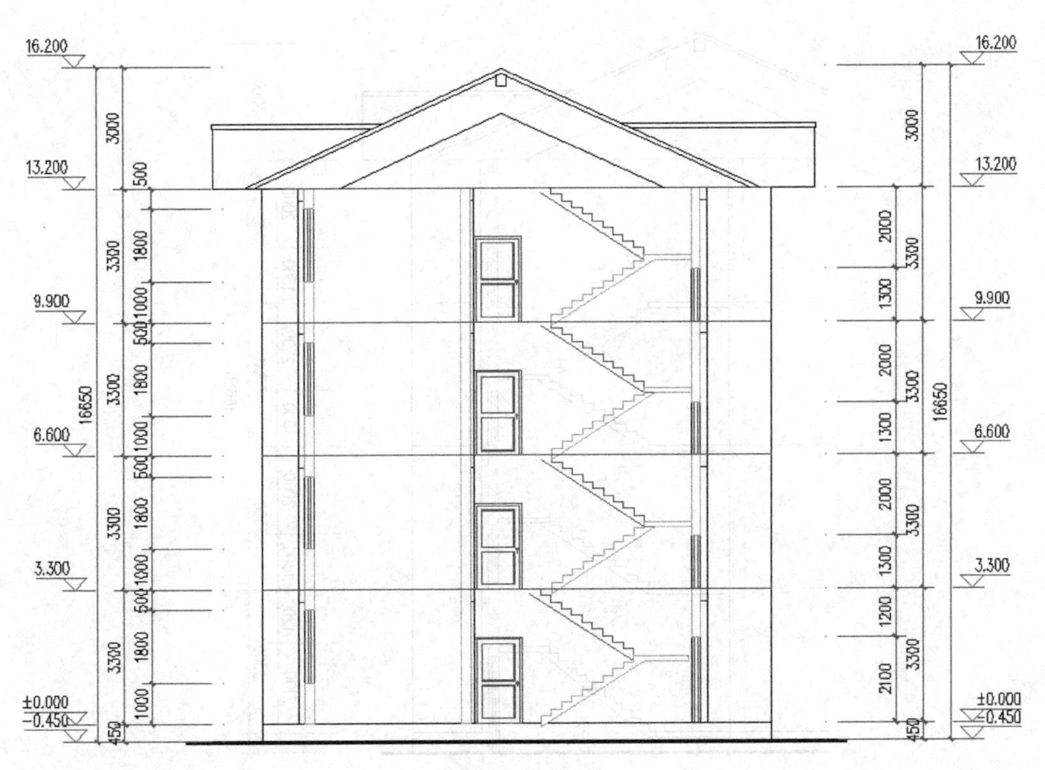

图 8-66　1—1 剖面

8.3.2　剖面修饰

建筑剖面创建完成以后，需要对其进行修饰才能符合建筑设计的规范。

1. 参数楼梯

执行【剖面】/【参数楼梯】命令，在弹出的参数楼梯对话框中，根据剖面楼梯的参数进行设置，如图 8-67 所示。

根据基点选择的位置，在剖面图中单击置入剖面楼梯，如图 8-68 所示。

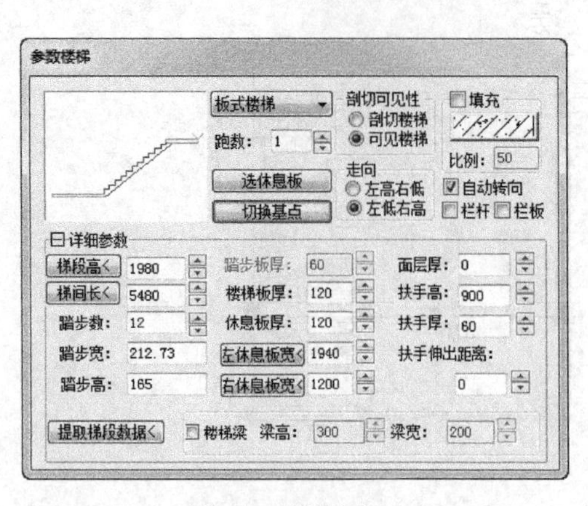

图 8-67　设置参数

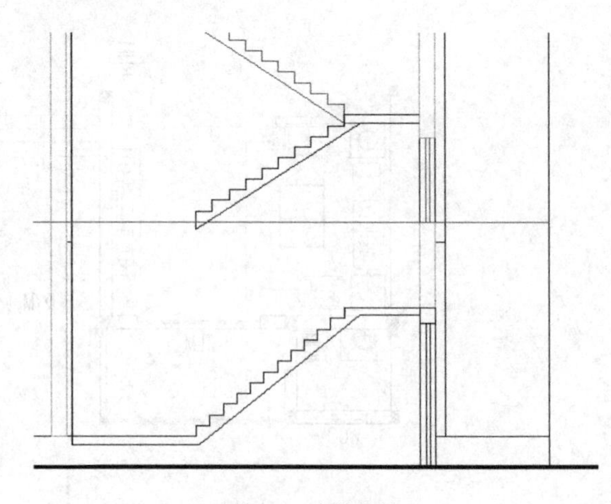

图 8-68　参数楼梯

用同样的方法，制作整个楼梯间的参数楼梯效果，如图 8-69 所示。

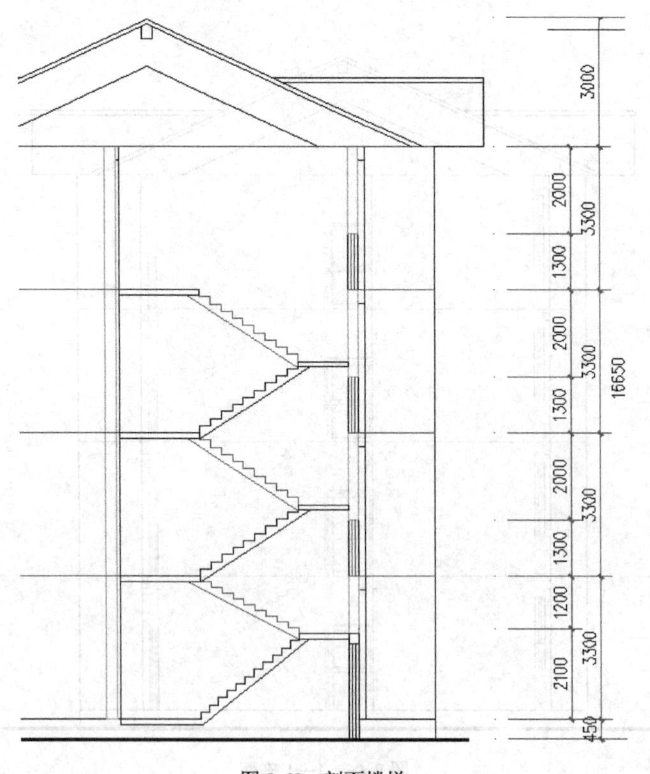

图 8-69　剖面楼梯

2. 横梁剖截面

在剖面图中，绘制 240 mm × 240 mm 的矩形，作为休息平台和楼梯的横梁剖截面，如图 8-70 所示。

3. 参数栏杆

执行【剖面】/【参数栏杆】命令，在弹出的对话框中设置参数，如图 8-71 所示。

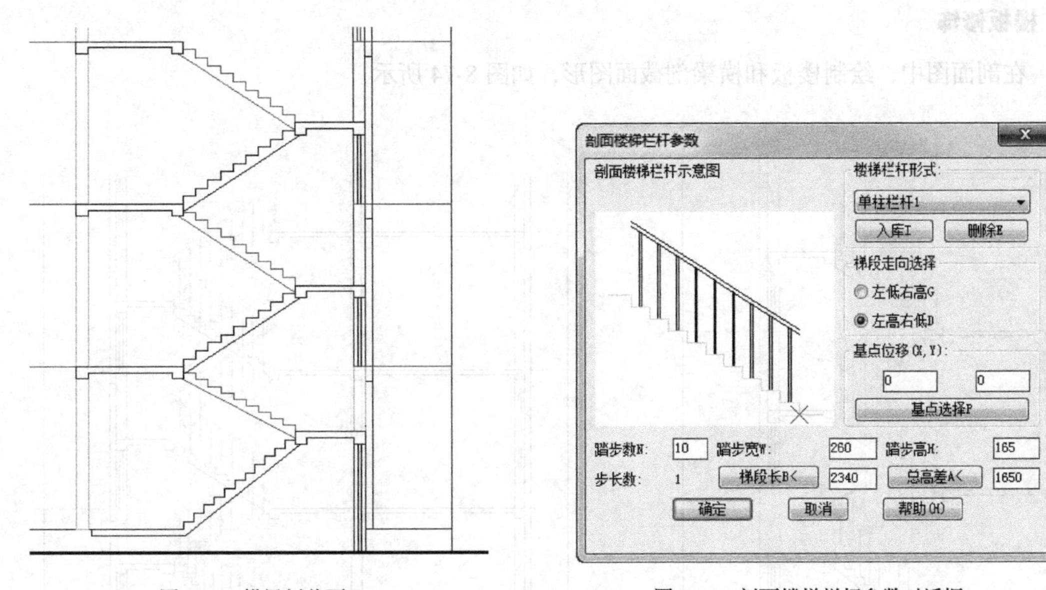

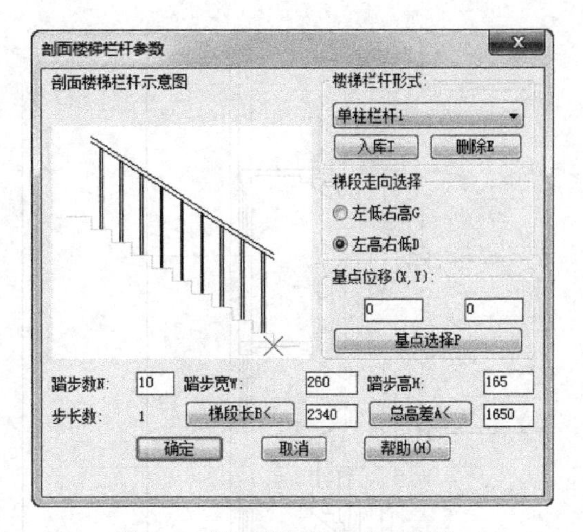

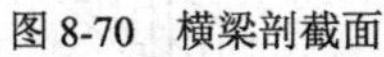

图 8-70 横梁剖截面

图 8-71 剖面楼梯栏杆参数对话框

在剖面图中，依次创建参数栏杆对象，如图 8-72 所示。

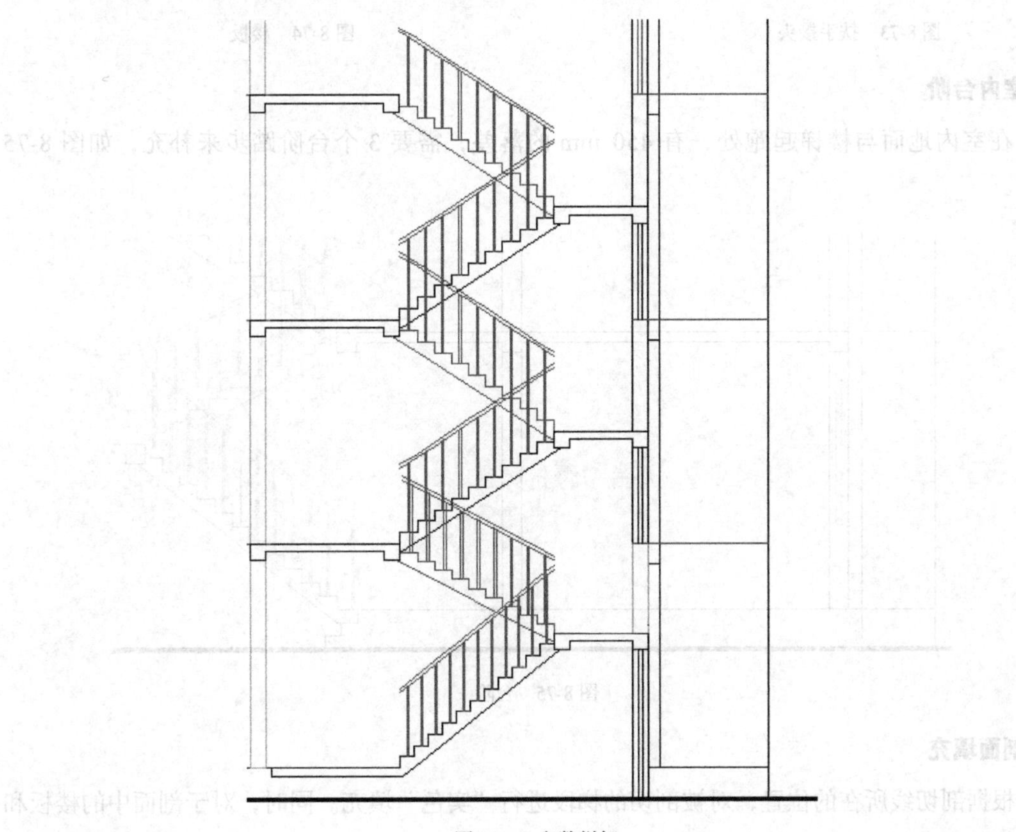

图 8-72 参数栏杆

4. 扶手接头

执行【剖面】/【扶手接头】命令，根据命令行提示，完成扶手接头操作，如图 8-73 所示。

5. 楼板修饰

在剖面图中，绘制楼板和横梁剖截面图形，如图 8-74 所示。

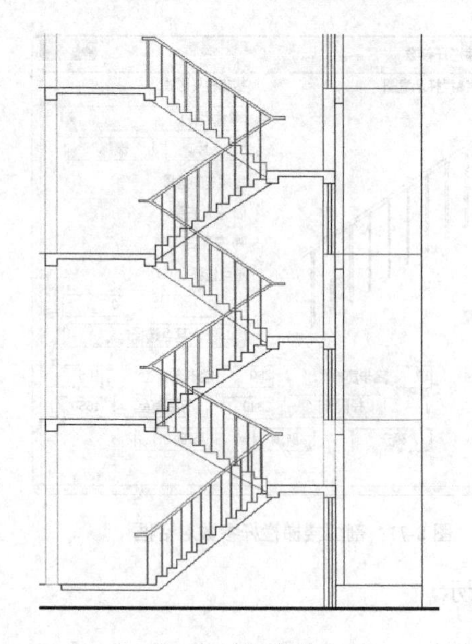

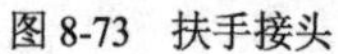

图 8-73 扶手接头

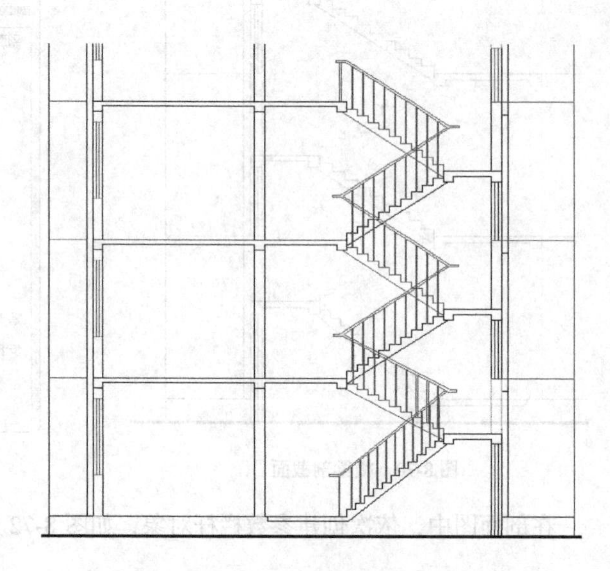

图 8-74 楼板

6. 室内台阶

在室内地面与楼梯起跑处，有 450 mm 的落差，需要 3 个台阶踏步来补充，如图 8-75 所示。

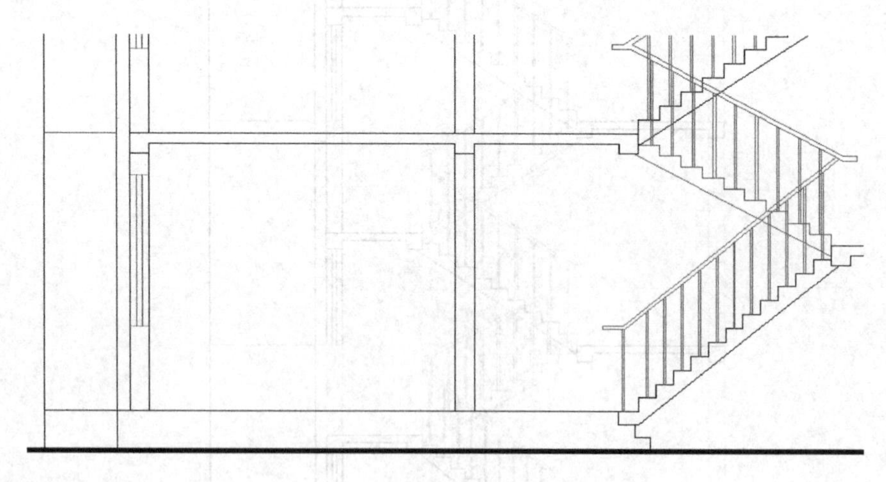

图 8-75 台阶

7. 剖面填充

根据剖切线所在的位置，对被剖切的梯段进行“实色”填充。同时，对于剖面中的楼板和横梁剖截面进行“实色”填充，如图 8-76 所示。

8. 屋顶剖面填充

根据剖切线的位置，需要对剖面的屋顶以及顶部的圈梁进行填充，同时，还需要对老虎窗的屋顶进行“西班牙屋面”的图案填充。

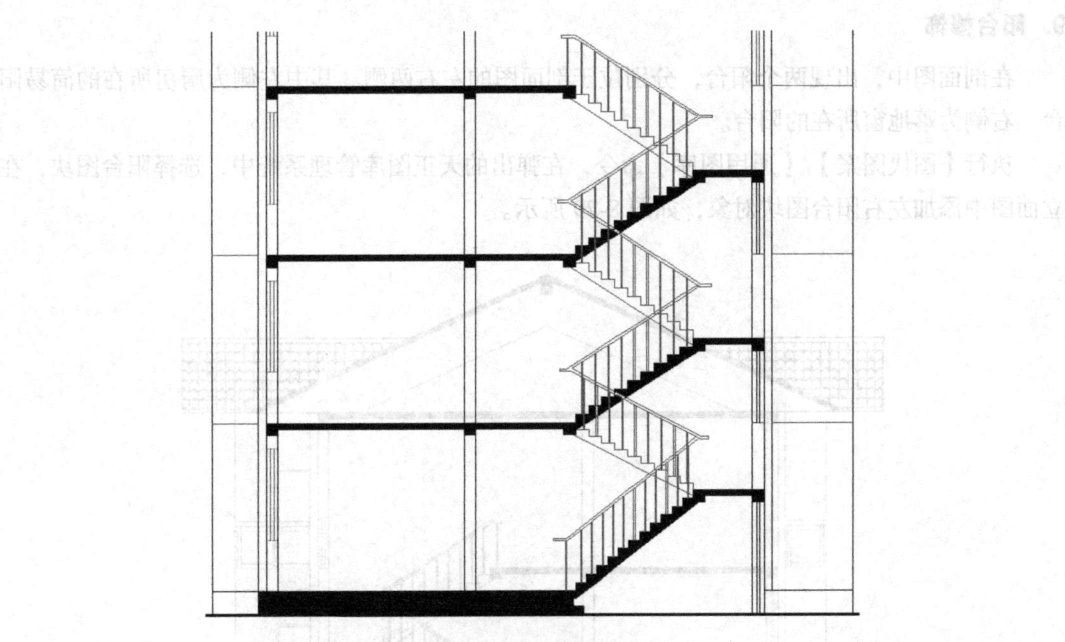

图 8-76　剖面填充

在命令行中输入“H”并按【Enter】键，对剖面的屋顶区域进行“实色”填充，如图 8-77 所示。

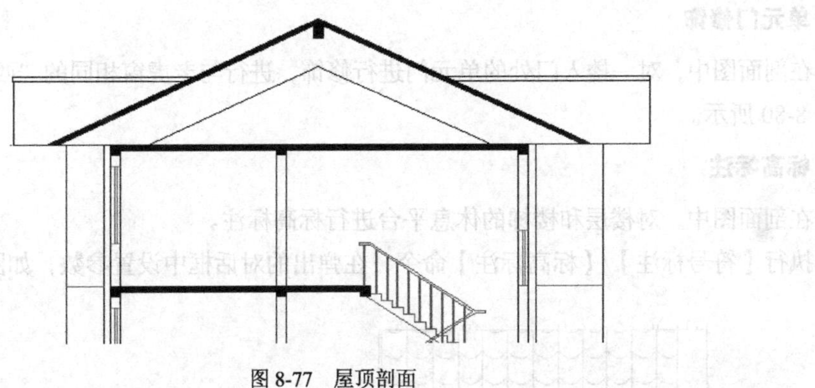

图 8-77　屋顶剖面

在命令行中输入“H”并按【Enter】键，对老虎窗的屋顶进行“西班牙屋面”图案填充，如图 8-78 所示。

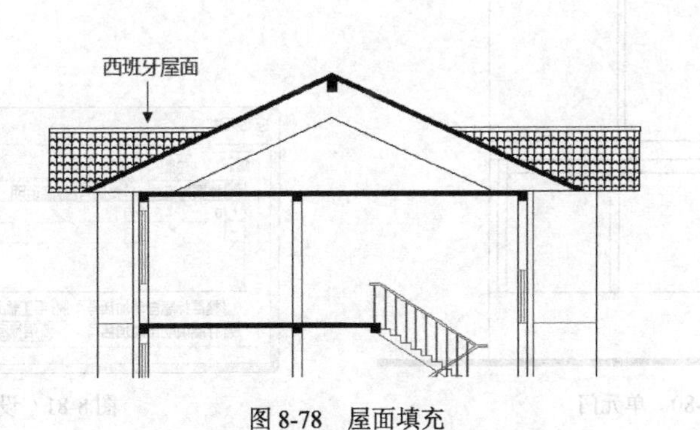

图 8-78　屋面填充

9. 阳台修饰

在剖面图中，出现两个阳台，分别位于剖面图的左右两侧。其中左侧为厨房所在的简易阳台，右侧为落地窗所在的阳台。

执行【图块图案】/【通用图库】命令，在弹出的天正图库管理系统中，选择阳台图块，在立面图中添加左右阳台图块对象，如图 8-79 所示。

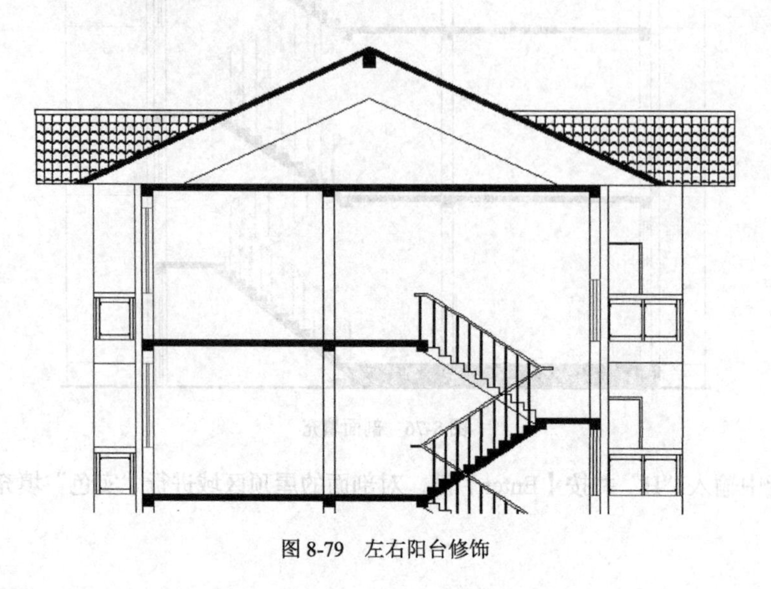

图 8-79　左右阳台修饰

10. 单元门修饰

在剖面图中，对一楼入门处的单元门进行修饰，进行与老虎窗相同的“西班牙屋面”填充，如图 8-80 所示。

11. 标高标注

在剖面图中，对楼层和楼梯的休息平台进行标高标注。

执行【符号标注】/【标高标注】命令，在弹出的对话框中设置参数，如图 8-81 所示。

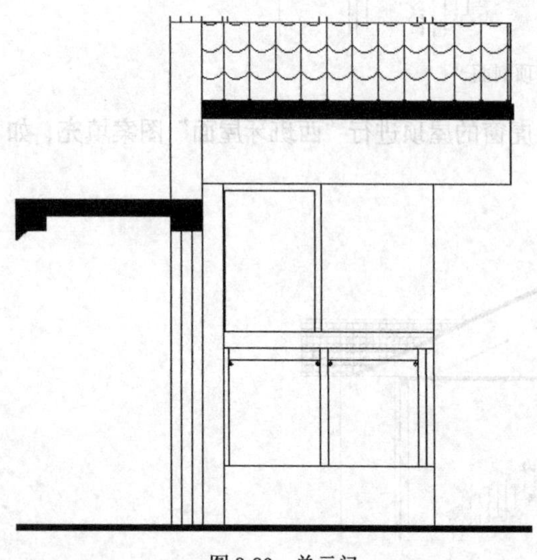

图 8-80　单元门

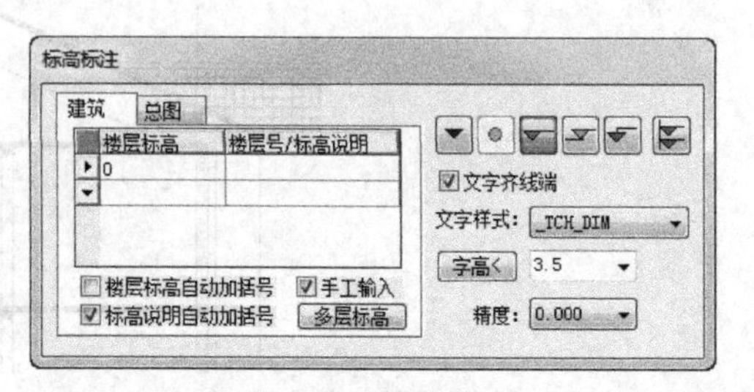

图 8-81　设置参数

在剖面图的下方台阶处单击，再次单击选择方向，依次标注各个楼层的楼板和休息平台位置，完成标高标注，如图 8-82 所示。

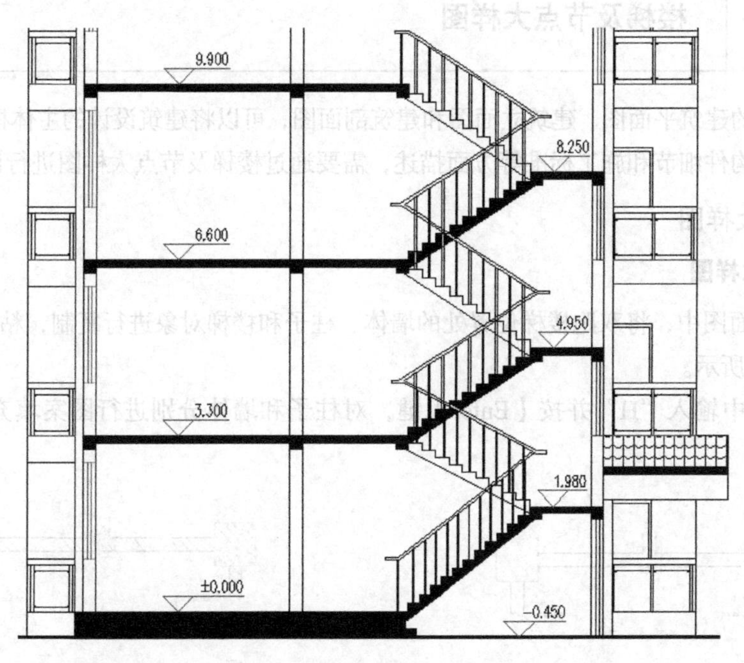

图 8-82 标高标注

12. 尺寸标注

在剖面图中，依次执行“快速标注”和“外包尺寸”命令，对两侧阳台的窗高和横梁进行尺寸标注，完成剖面图的修饰，如图 8-83 所示。

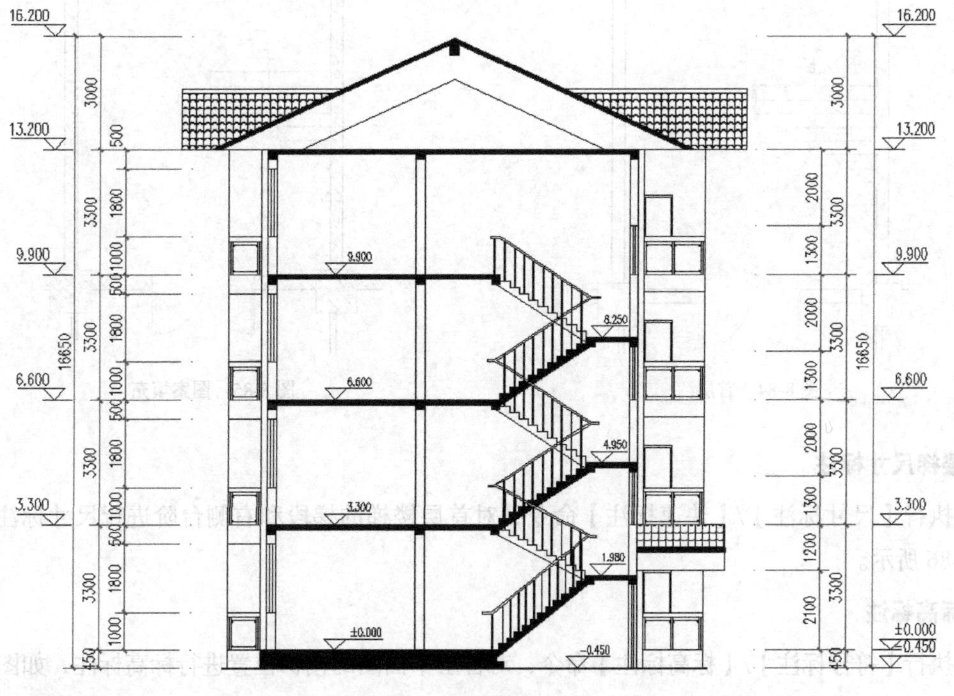

图 8-83 剖面修饰结果

8.4 楼梯及节点大样图

通过前面的建筑平面图、建筑立面图和建筑剖面图，可以将建筑设计的主体模块表达清楚。对于建筑物的构件细节和施工标准等方面描述，需要通过楼梯及节点大样图进行说明。

8.4.1 楼梯大样图

1. 首层楼梯大样图

在一层平面图中，将双跑楼梯位置处的墙体、柱子和楼梯对象进行复制，粘贴到新建文件中，如图 8-84 所示。

在命令行中输入“H”并按【Enter】键，对柱子和墙体分别进行图案填充，如图 8-85 所示。

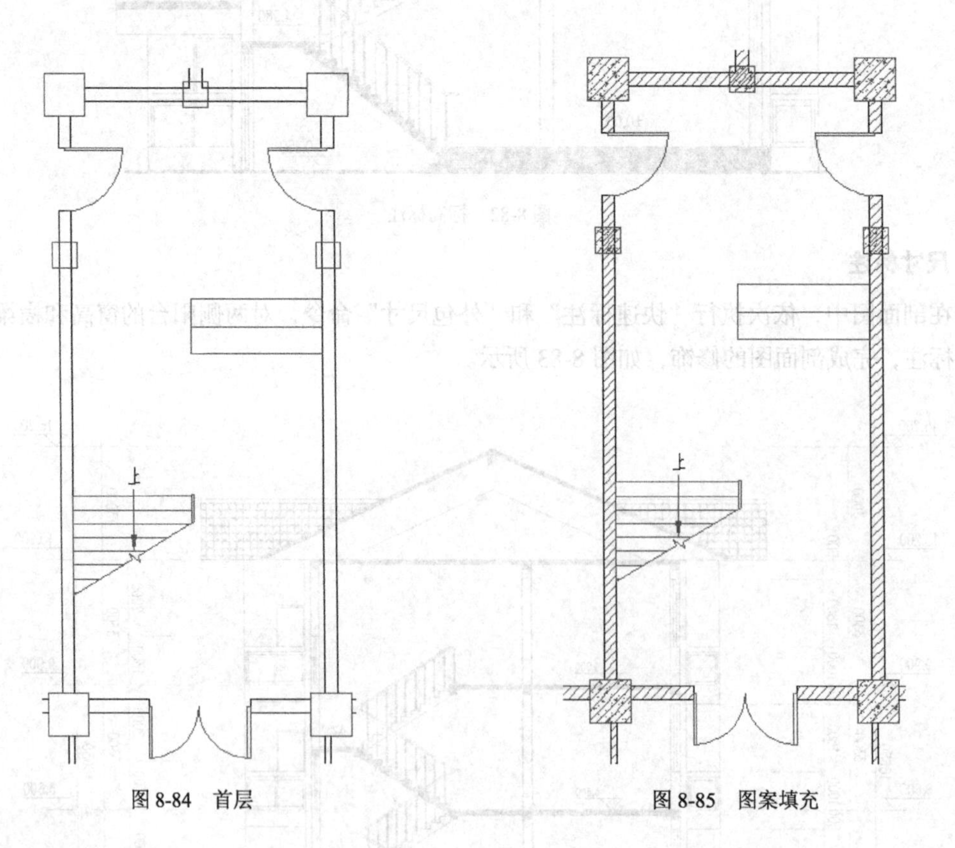

图 8-84　首层　　　　图 8-85　图案填充

2. 楼梯尺寸标注

执行【尺寸标注】/【快速标注】命令，对首层楼梯的梯段和右侧台阶进行尺寸标注，如图 8-86 所示。

3. 标高标注

执行【符号标注】/【标高标注】命令，对首层平面图的楼梯位置进行标高标注，如图 8-87 所示。

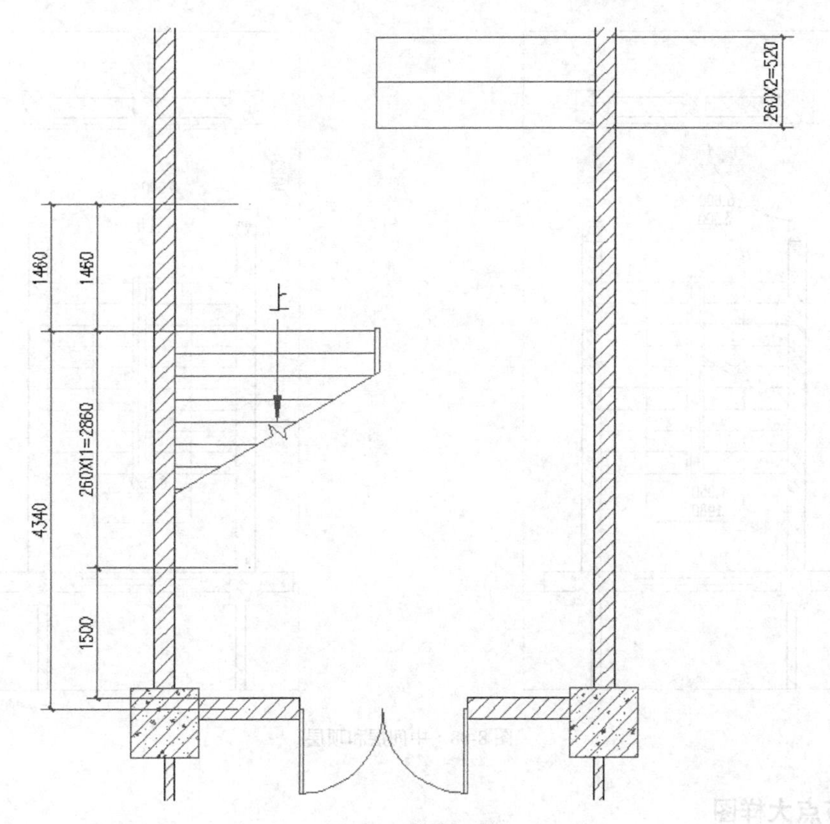

图 8-86 楼梯标注

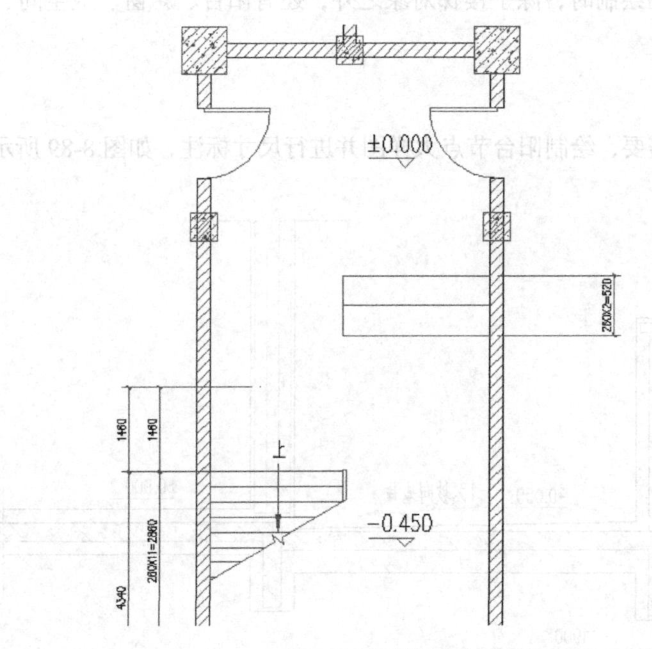

图 8-87 标高标注

4. 中间层和顶层

采用类似的方法，对中间层和顶层楼梯间绘制节点和进行标注，如图 8-88 所示。

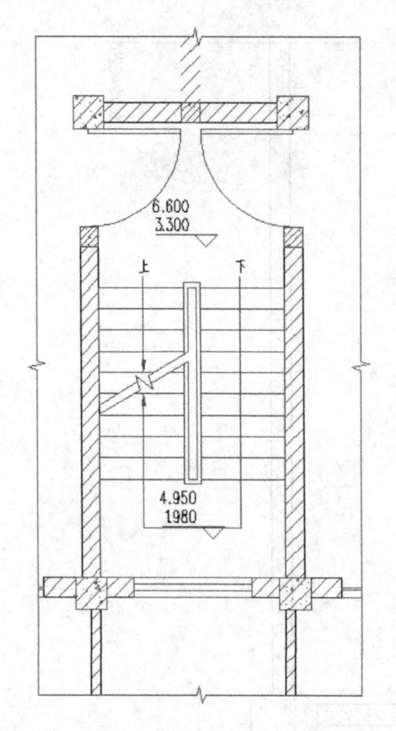

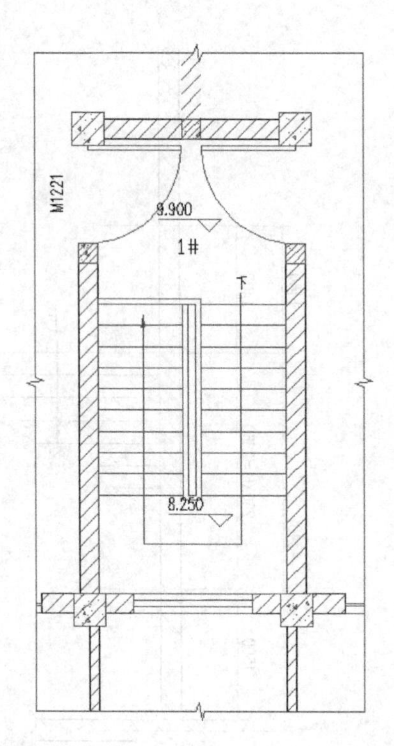

图 8-88　中间层和顶层

8.4.2　节点大样图

在进行建筑大样图绘制时，除了楼梯对象之外，还有阳台、飘窗、卫生间、门窗等节点对象需要用详图来表达。

1. 阳台节点

根据建筑设计的需要，绘制阳台节点大样图并进行尺寸标注，如图 8-89 所示。

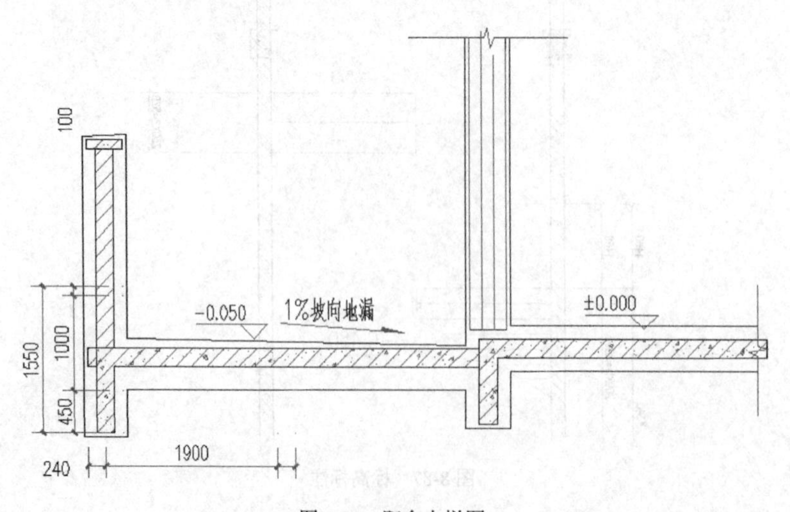

图 8-89　阳台大样图

执行【符号标注】/【索引符号】命令，对阳台大样图进行索引标注，如图 8-90 所示。

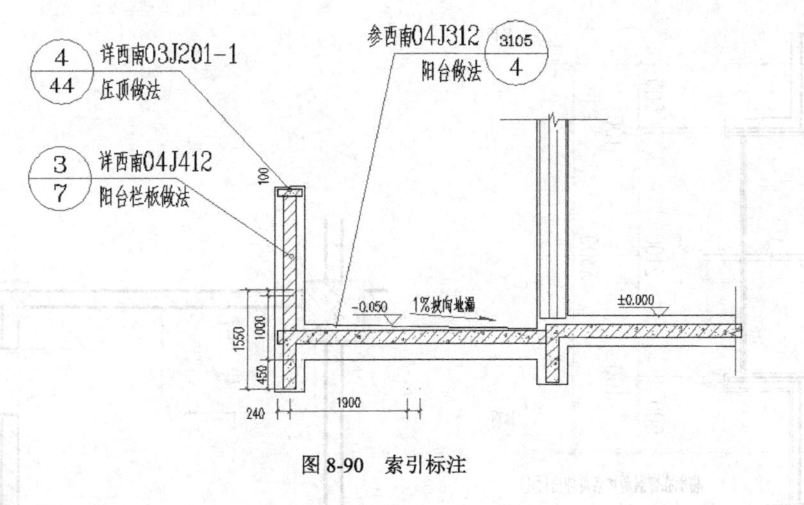

图 8-90 索引标注

2. 飘窗大样图

首先，在首层平面图中，沿飘窗所在的位置绘制剖切线，获得剖面图，选择飘窗区域，将其他部分去除，得到飘窗大样图，如图 8-91 所示。

其次，执行【尺寸标注】/【快速标注】命令，对飘窗剖面图进行尺寸标注，如图 8-92 所示。

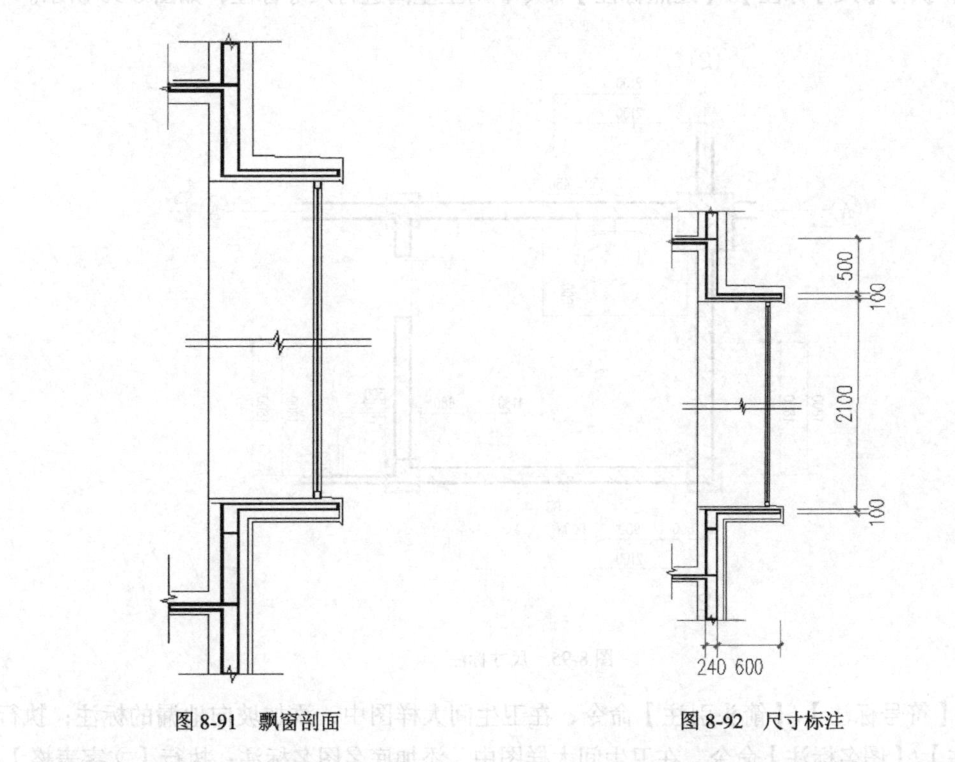

图 8-91 飘窗剖面　　图 8-92 尺寸标注

最后，通过单行文字输入相关的文字说明，通过“图名标注”添加节点大样图名称，如图 8-93 所示。

3. 卫生间大样图

首先，打开首层平面图，将卫生间所在的墙体复制并粘贴到新建文件中，如图 8-94 所示。

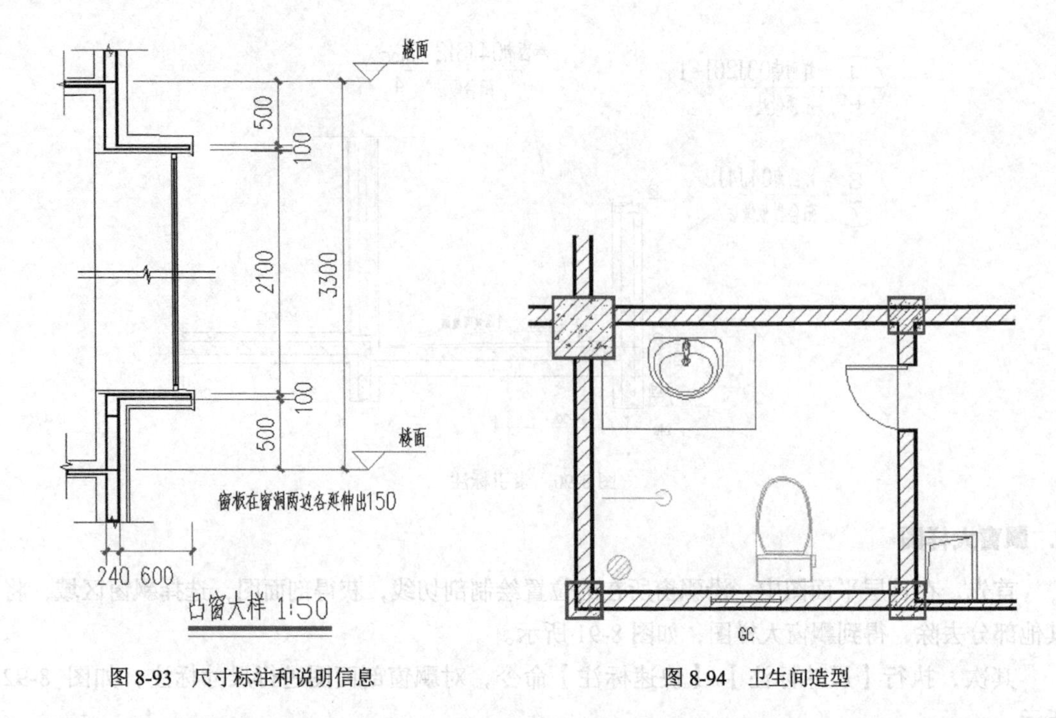

图 8-93　尺寸标注和说明信息　　图 8-94　卫生间造型

其次，执行【尺寸标注】/【逐点标注】命令，对卫生间进行尺寸标注，如图 8-95 所示。

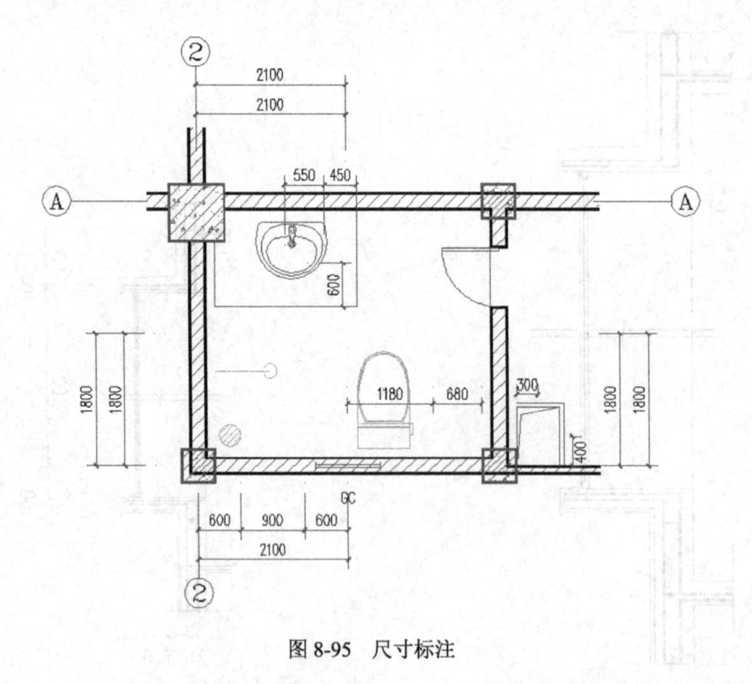

图 8-95　尺寸标注

执行【符号标注】/【箭头引注】命令，在卫生间大样图中，添加坡向地漏的标注；执行【符号标注】/【图名标注】命令，在卫生间大样图中，添加底名图名标注；执行【文字表格】/【单行文字】命令，在卫生间大样图中，添加“卫生间 2”和“管道井”文字注释，如图 8-96 所示。

最后，执行【符号标注】/【索引标注】命令，在弹出的索引标注对话框中设置参数，如图 8-97 所示。

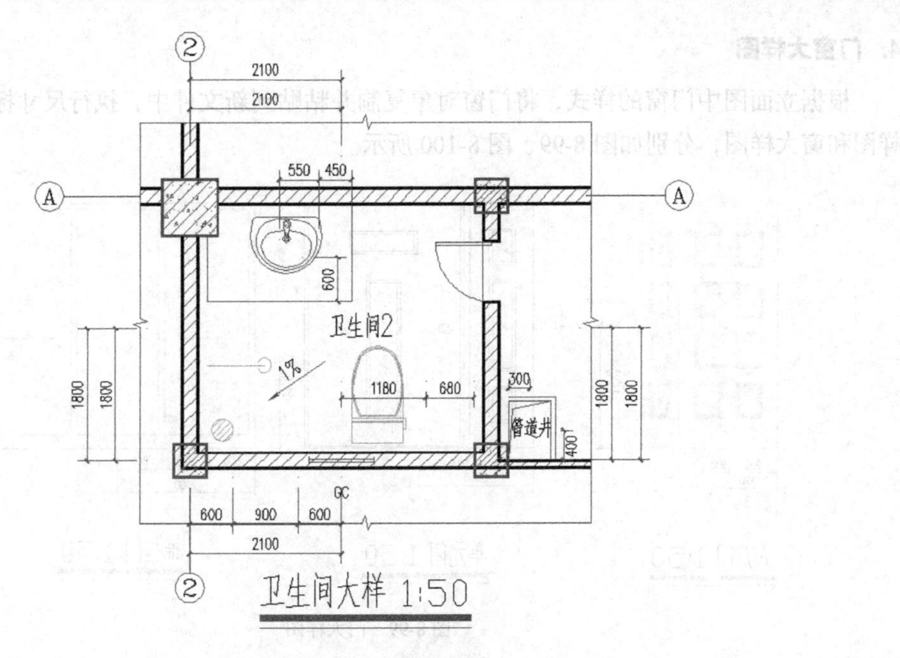

图 8-96　文字和注释

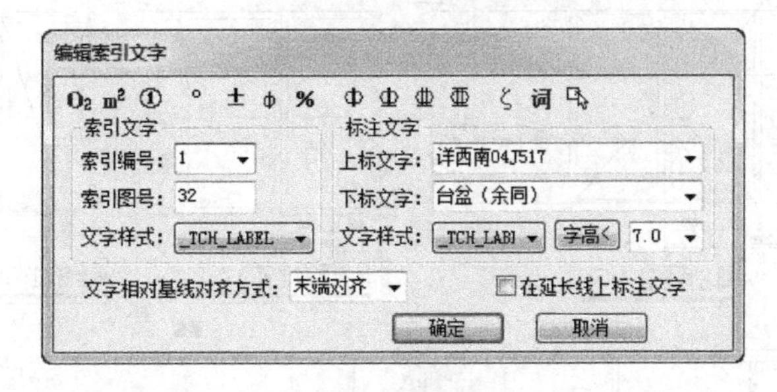

图 8-97　设置参数

在大样图的左上角单击选择起点，再次单击选择定位点，最后单击选择结束点，完成索引标注。采用同样的方法，依次完成其他的索引标注，如图 8-98 所示。

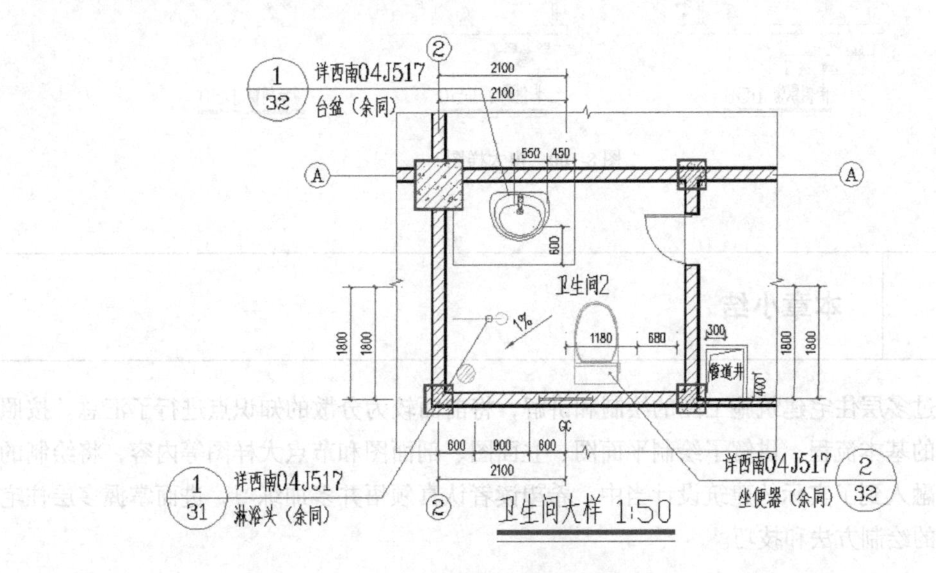

图 8-98　卫生间大样图

4. 门窗大样图

根据立面图中门窗的样式，将门窗对象复制并粘贴到新文件中，执行尺寸标注，生成门大样图和窗大样图，分别如图 8-99、图 8-100 所示。

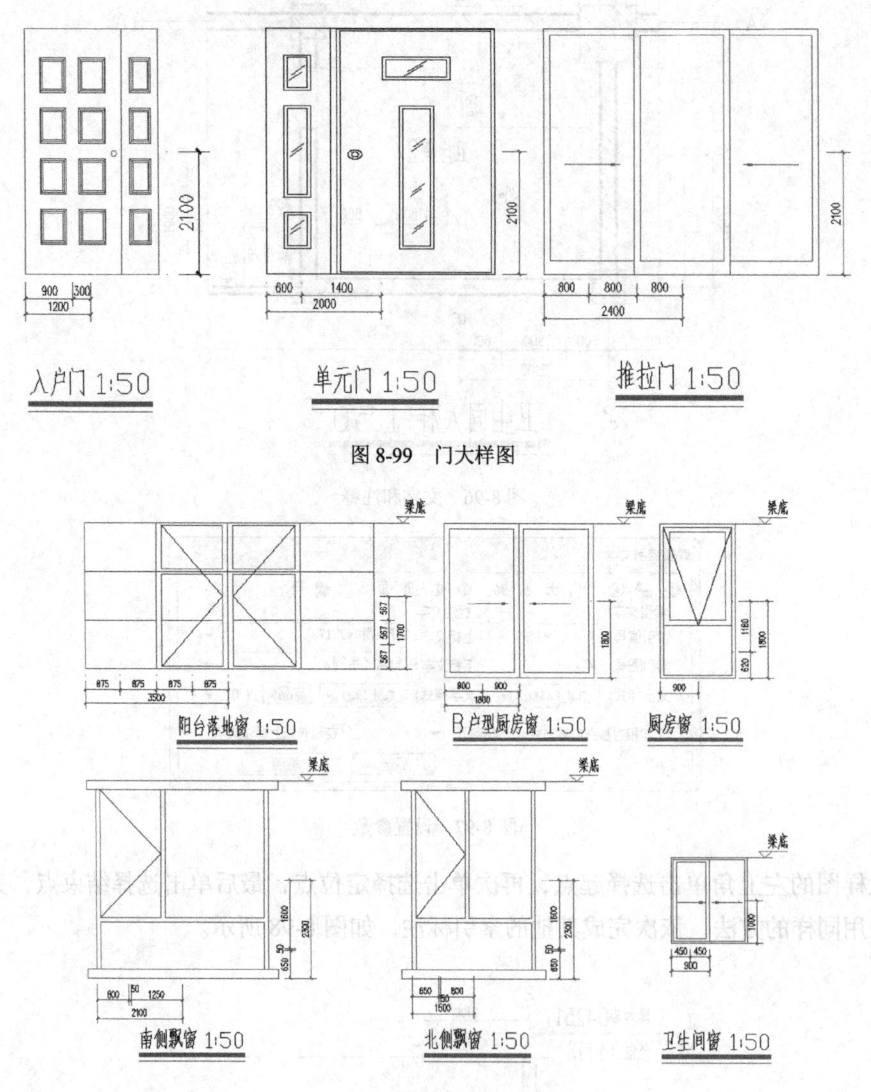

图 8-99　门大样图

图 8-100　窗大样图

8.5　本章小结

本章通过多层住宅建筑施工图的绘制和讲解，将前面较为分散的知识点进行了汇总。按照建筑图绘制的基本流程，讲解了绘制平面图、立面图、剖面图和节点大样图等内容，将绘制的规范和标准融入到了实际的建筑设计当中。希望读者认真领悟并多加练习，进而掌握多层住宅建筑施工图的绘制方法和技巧。

第 9 章
商业建筑施工图

商业建筑设计与住宅建筑设计有所不同，住宅设计讲究空间的格局和分布，体现建筑设计以人为本的原则；商业建筑设计讲究空间利用率和通透性，还需要注意消防安全设计和公摊的控制。在进行商业建筑设计时，还需要考虑当前建筑的层数、用途、性质、朝向、环境等综合因素。

本章要点：

- 建筑平面图
- 建筑立面图
- 建筑剖面图
- 楼梯及节点大样图

9.1 建筑平面图

本章案例为某小区内部的三层幼儿园建筑，根据小区内部提供的空地，确定上下水位置和电路等管线后，进行合理的建筑设计。

本章案例参考的文件，在“光盘/章节配套/第 9 章”中，请读者参阅。

一楼为幼儿园小班使用，除了常规的设计之外，还需要考虑到消防通道和无障碍通道的设计，一层平面图完成结果如图 9-1 所示。

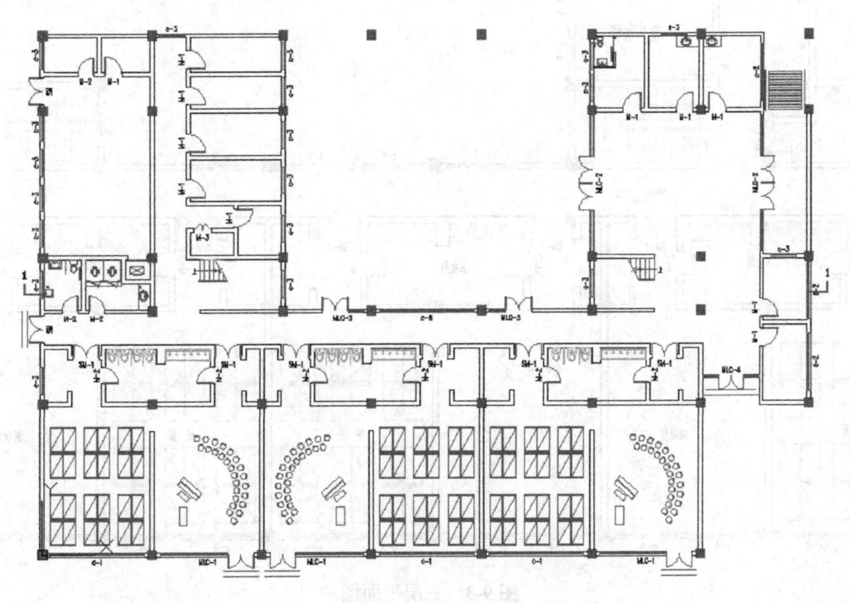

图 9-1　一层平面图

二楼为幼儿园中班使用，建筑设计时根据幼儿园中班学生活泼好动的特点，要考虑到室内空间的安全，二层平面图完成结果如图 9-2 所示。

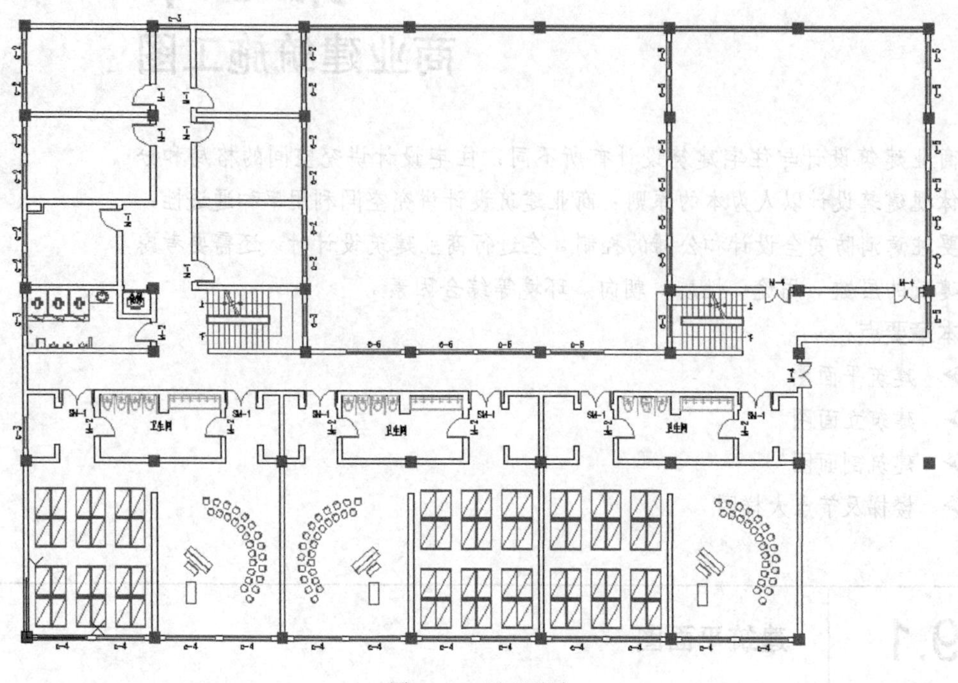

图 9-2　二层平面图

三楼为幼儿园大班使用，为整个建筑的顶层，以存放教学资料和教学设备为主，顶层设计时，需要体现绿色节能的特点，应考虑到太阳能热水器的位置，三层平面图完成结果如图 9-3 所示。

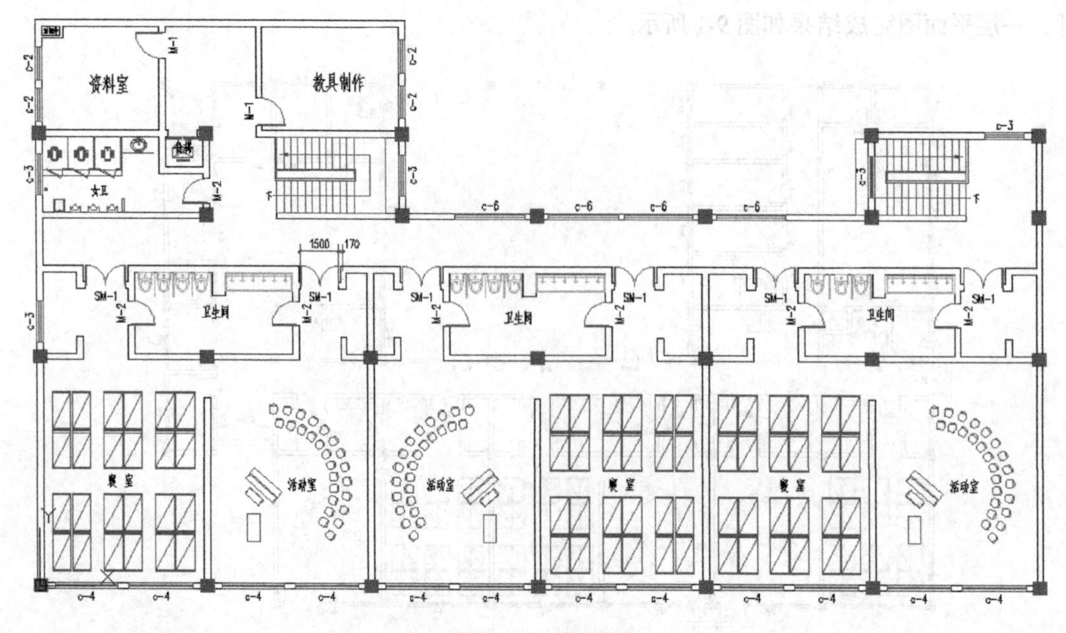

图 9-3　三层平面图

9.1.1 工程管理

在正式绘制多层住宅建筑施工图时，需要创建工程管理。工程管理用于管理整个工程项目当中的所有相关元素，如平面图、立面图、剖面图等，通过工程管理可以方便地打开和切换图形文件，以及生成图纸目录等。

新建工程方法如下。

启动天正建筑软件，执行【文件布图】/【工程管理】命令，在弹出的界面中，从“工程管理”列表中选择“新建工程”命令，如图 9-4 所示。

在弹出的对话框中，选择当前工程存储的位置并输入名称，单击“保存”按钮，如图 9-5 所示。

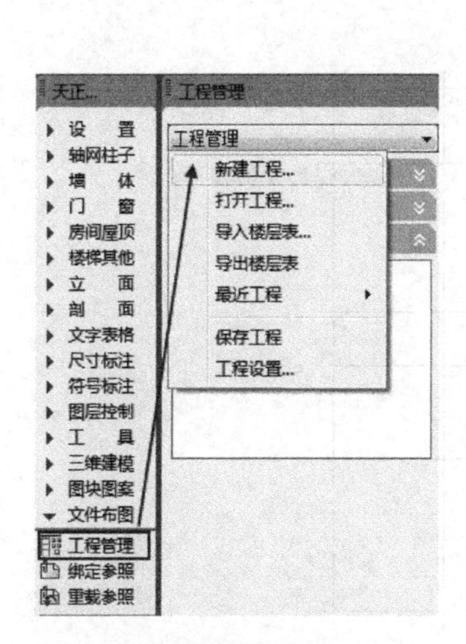

图 9-4 新建工程

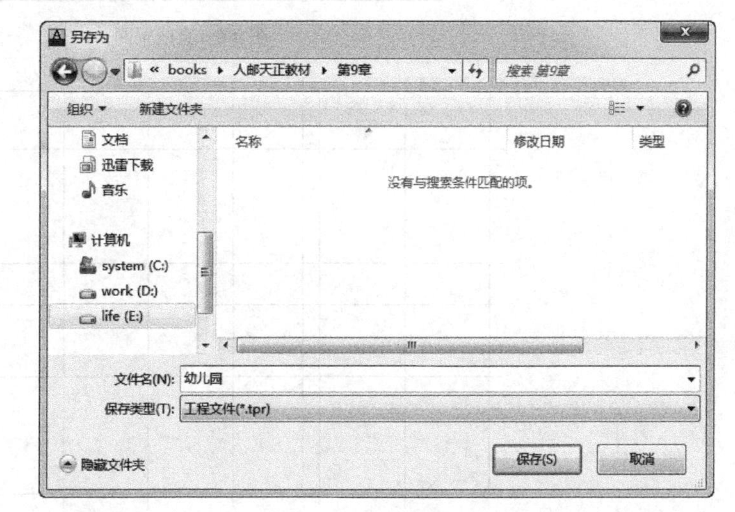

图 9-5 工程管理

技巧说明：工程新建完成后，有关本建筑项目的其他文件都存储到工程管理所在的文件夹中，如平面图、立面图、剖面图等，由工程文件（*.tpr）进行自动管理。

9.1.2 轴网柱子

创建首层平面图中的轴网和柱子对象。

1. 直线轴网

执行【轴网柱子】/【绘制轴网】命令，在弹出的“绘制轴网”对话框中，按照表 9-1 提供的数据绘制建筑轴网，如图 9-6 所示。

表 9-1 轴网数据 （单位：mm）

<table>
<tr><td rowspan="4">直线轴网</td><td>上开间</td><td>6300，7500，5100，6300，6300，6300，6300</td></tr>
<tr><td>下开间</td><td>6300，6300，6300，6300，6300，6300，6300</td></tr>
<tr><td>左进深</td><td rowspan="2">8400，5200，3000，8200，4200</td></tr>
<tr><td>右进深</td></tr>
</table>

单击“确定”按钮后，根据命令行提示，输入“0，0”并按【Enter】键，置入直线轴网对象，如图 9-7 所示。

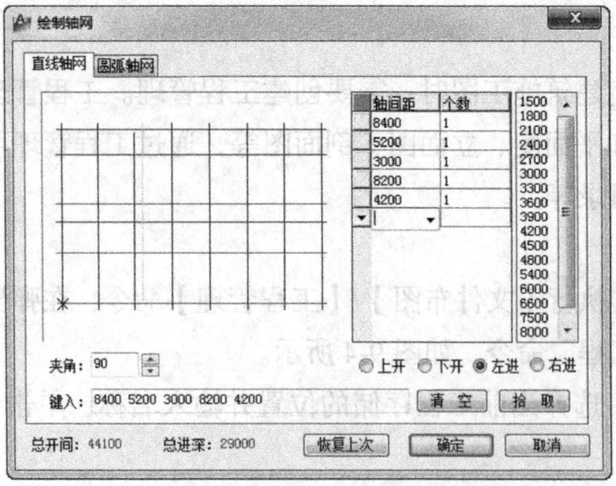

图 9-6　直线轴网

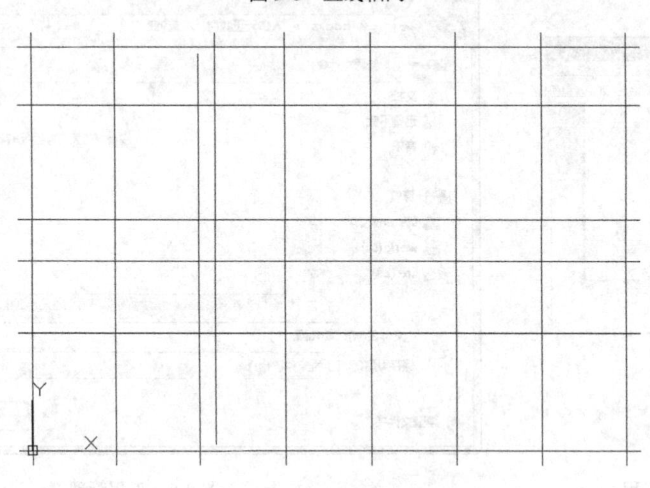

图 9-7　直线轴网

2. 轴网标注

执行【轴网柱子】/【轴网标注】命令，将创建的轴网进行轴网标注，根据命令行的提示依次单击轴网的起边和终边，完成轴网标注，如图 9-8 所示。

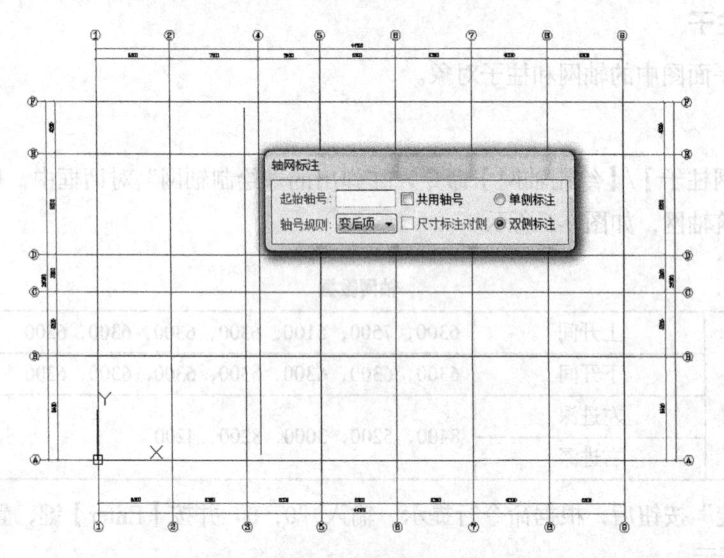

图 9-8　轴网标注

技巧说明：当生成轴网对象以后，其默认的线型为细实线，用户可以执行【轴网柱子】/【轴改线型】命令，将轴线切换到点画线效果。

3. 层高设置

在平面图置入柱子或创建墙体对象之前，需要先设置“当前层高”参数，在此之后生成的柱子或墙体等对象，高度与当前层高保持一致。

执行【设置】/【天正选项】命令，在弹出的界面中设置当前层高参数，如图 9-9 所示。

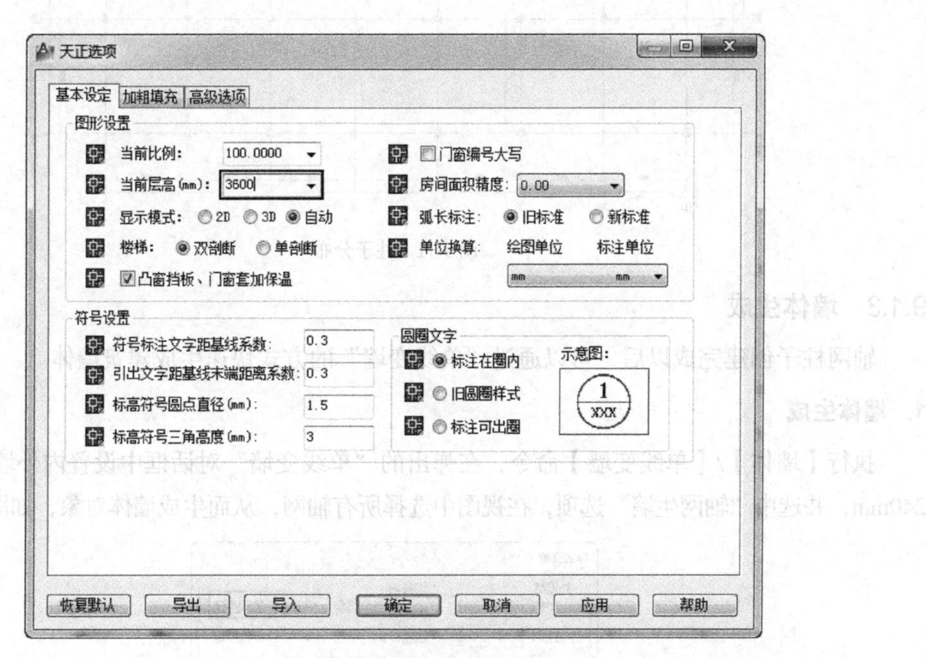

图 9-9 设置层高

4. 柱子置入

在平面图的外墙轴网和内墙轴网中，置入 500mm × 500mm 的柱子。

执行【轴网柱子】/【标准柱】命令，在弹出的界面中，输入参数并设置置入方式，如图 9-10 所示。

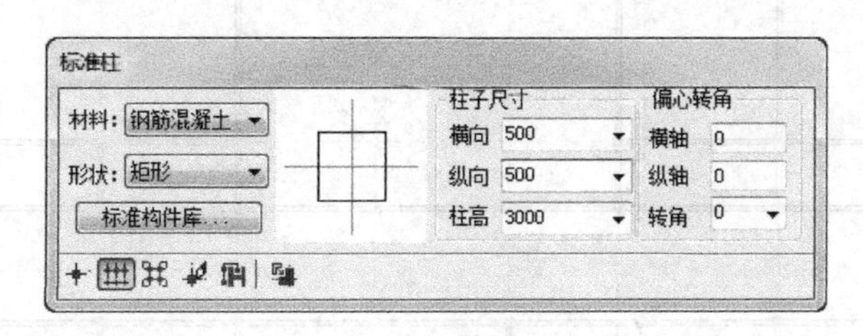

图 9-10 标准柱

柱子插入完成以后，根据实际情况调节位置，将“填充”效果打开，得到最后柱子分布效果，如图 9-11 所示。

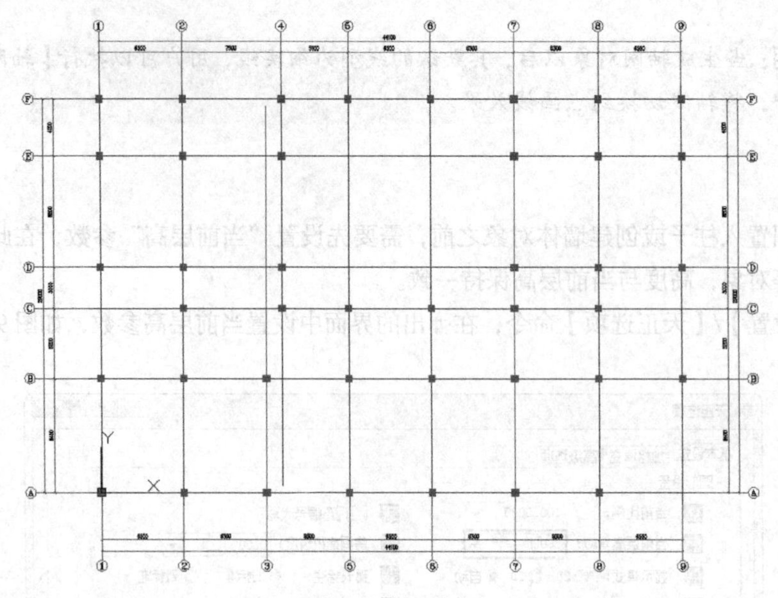

图 9-11　柱子分布

9.1.3　墙体生成

轴网柱子创建完成以后，可以通过“单线变墙”的方式快速生成建筑墙体。

1. 墙体生成

执行【墙体】/【单线变墙】命令，在弹出的“单线变墙”对话框中设置内外墙的厚度均为240mm，并选中“轴网生墙”选项，在视图中选择所有轴网，从而生成墙体对象，如图 9-12 所示。

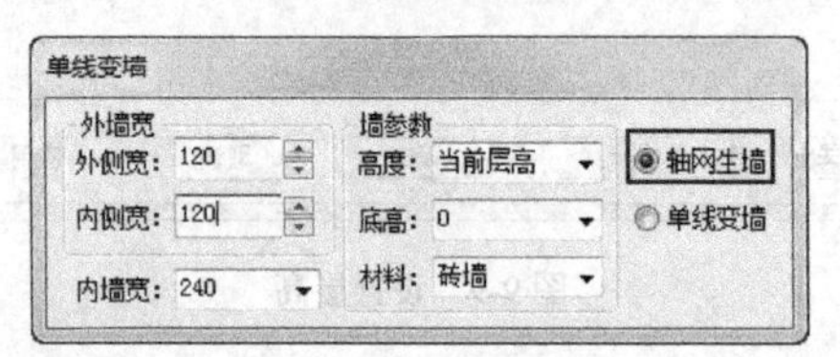

图 9-12　单线变墙

根据首层平面图的墙体分布情况，调节墙段的实际位置，如图 9-13 所示。

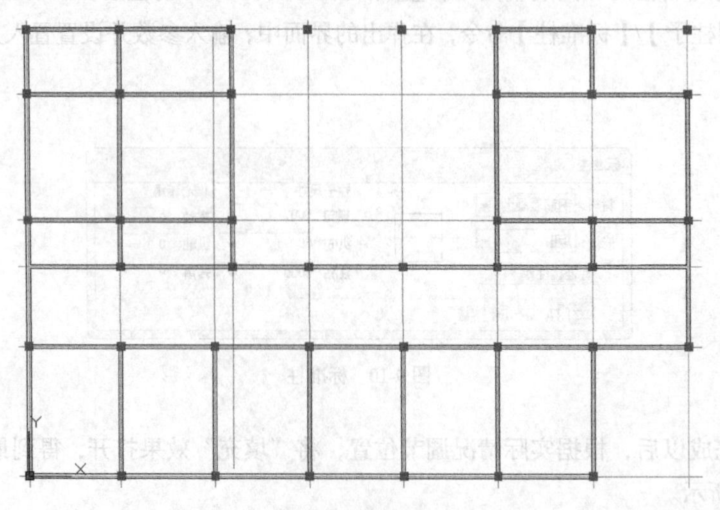

图 9-13　墙体生成

2. 绘制墙体

通过“绘制墙体”和“净距偏移”等命令，生成内部的其他墙体，如图 9-14 所示。

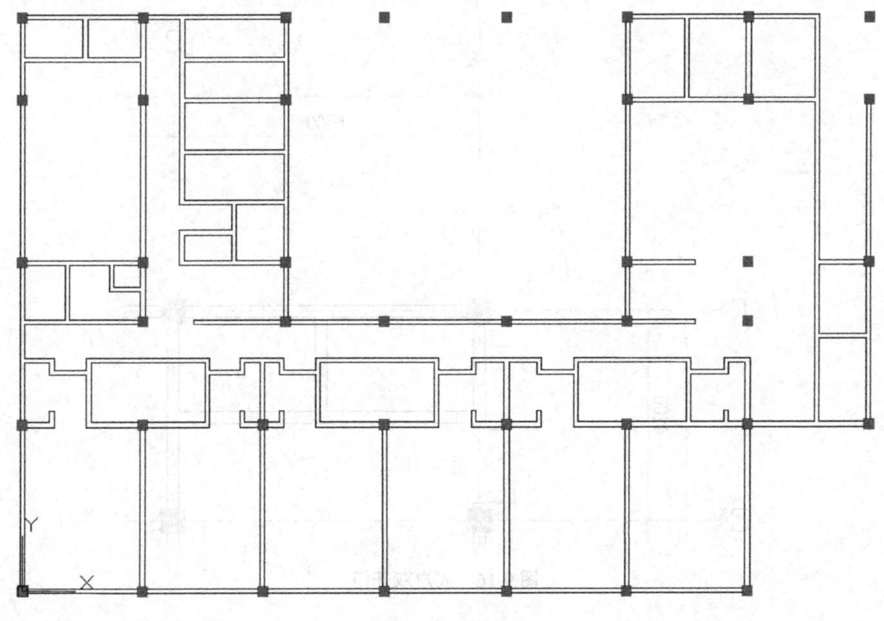

图 9-14　墙体结果

9.1.4　门置入

轴网和墙体创建完成后，根据实际情况需要在平面图中置入门窗造型，根据商业平面图的特点，分析确定当前建筑图中门的类别和参数。

在当前平面图中，门的造型总共包括 7 类门。

1. 入户双开门

执行【门窗】/【门窗】命令，在弹出的“门窗”对话框中，设置参数并选择置入方式，如图 9-15 所示。置入完成后的单元门效果，如图 9-16 所示。当前平面图中入户双开门共有两个造型。

图 9-15　单元门参数

2. 活动室门连窗

在当前平面图中，活动室的门连窗共有三组，需要置入门和窗造型后，通过“组合门窗”命令将其完成。

执行【门窗】/【门窗】命令，根据弹出的对话框，依次置入宽度为 3900mm 的窗户造型和宽度为 1500mm 的双开门造型，如图 9-17 所示。

执行【门窗】/【组合门窗】命令，依次单击“C-1”和“SM-1”两个编号，单击鼠标右键或按【Enter】键，在命令行中输入新的编号 MLC-1 并按【Enter】键，生成组合门窗效果，如图 9-18 所示。

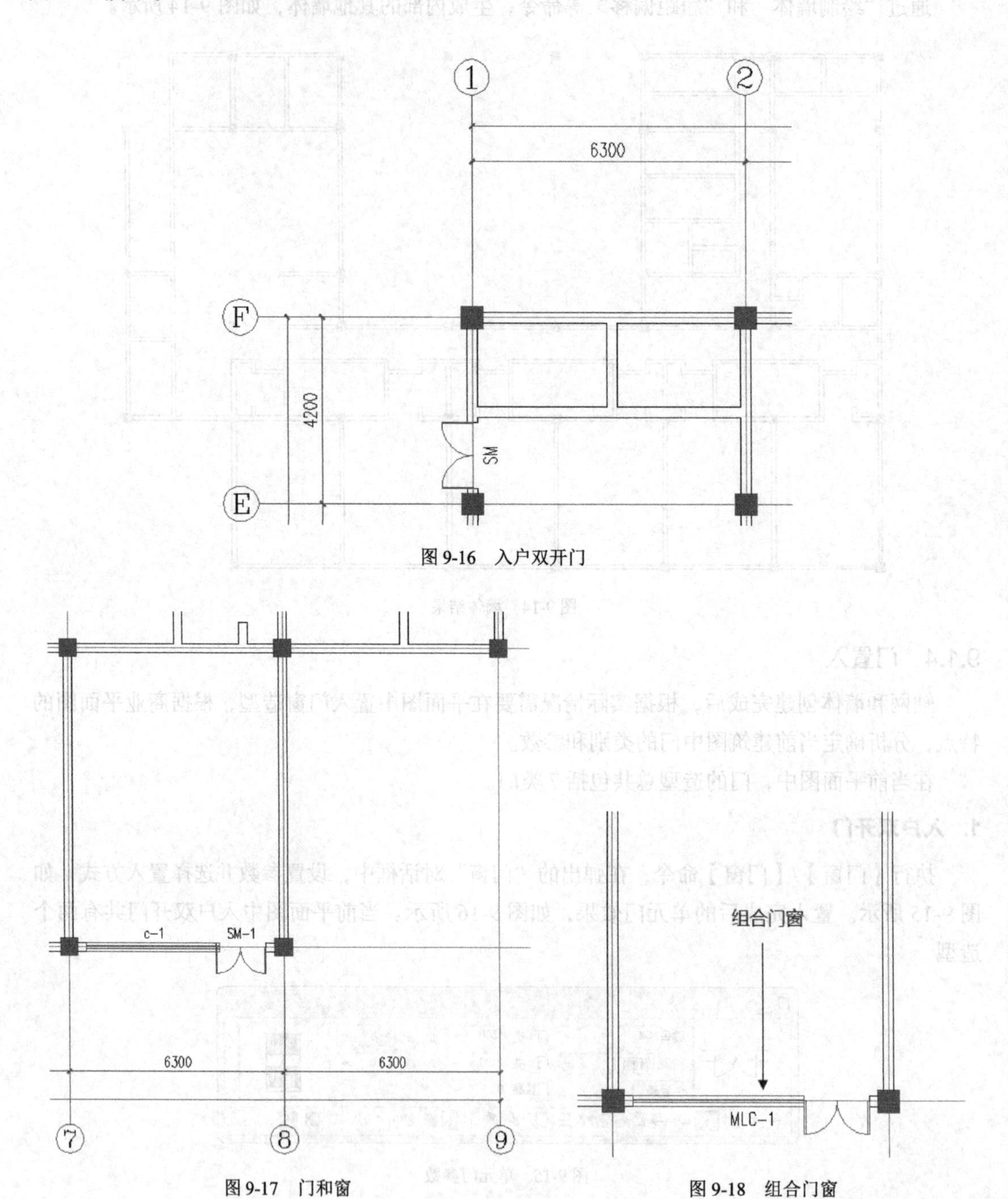

图 9-16 入户双开门

图 9-17 门和窗

图 9-18 组合门窗

用同样的方法，对另外两个活动室的门和窗进行组合操作，生成编号为“MLC－1”的造型，如图 9-19 所示。

3. 入园门厅的门连窗

在一层平面图的右上方，入园门厅的区域有两组对称的门连窗造型，置入和生成的方法与活动室的门连窗类似，在此不再赘述，如图 9-20 所示。

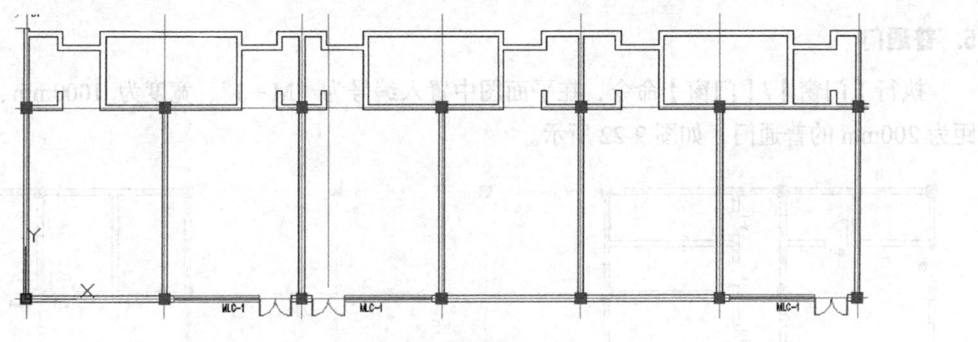

图 9-19 活动室

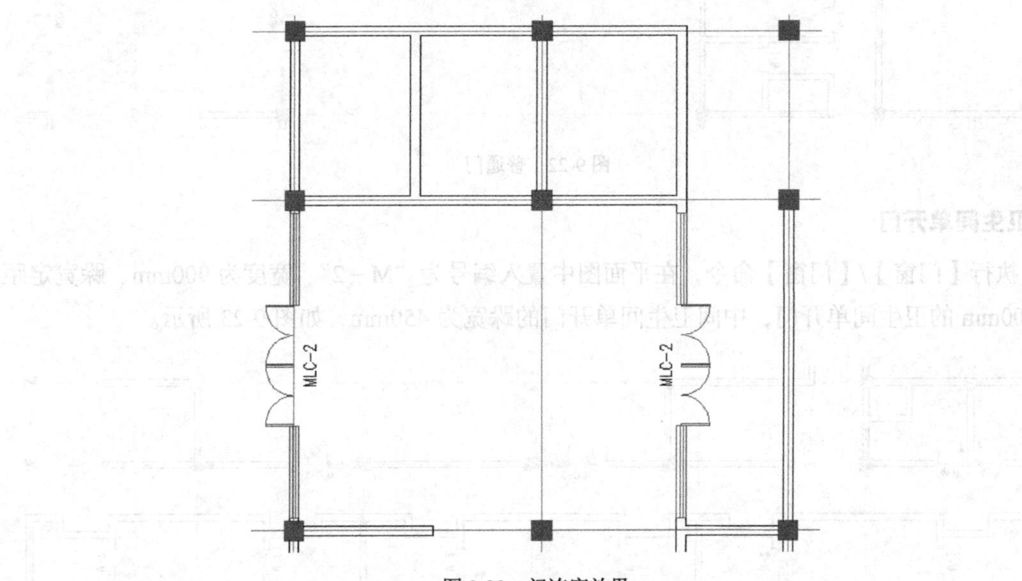

图 9-20 门连窗效果

4. 北面门连窗

在一层平面图的正上方，正厅的两侧各有一组门连窗造型，置入和生成的方法与活动室的门连窗类似，在此不再赘述，如图 9-21 所示。

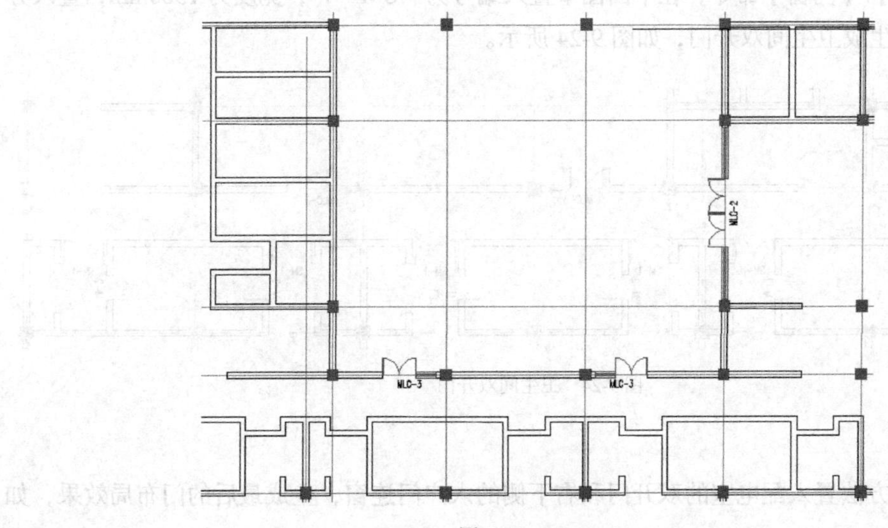

图 9-21 MLC－3

5. 普通门

执行【门窗】/【门窗】命令，在平面图中置入编号为“M－1”、宽度为 1000mm、跺宽定距为 200mm 的普通门，如图 9-22 所示。

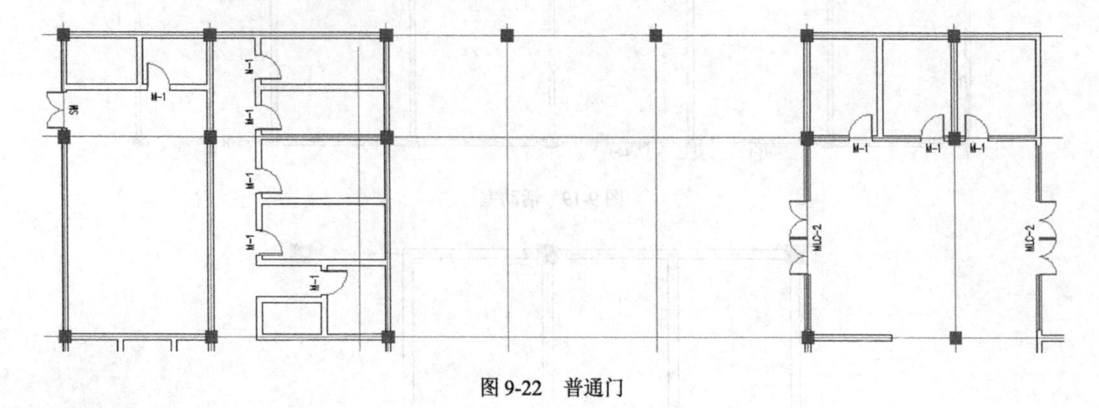

图 9-22　普通门

6. 卫生间单开门

执行【门窗】/【门窗】命令，在平面图中置入编号为“M－2”、宽度为 900mm、跺宽定距为 200mm 的卫生间单开门，中间卫生间单开门的跺宽为 450mm，如图 9-23 所示。

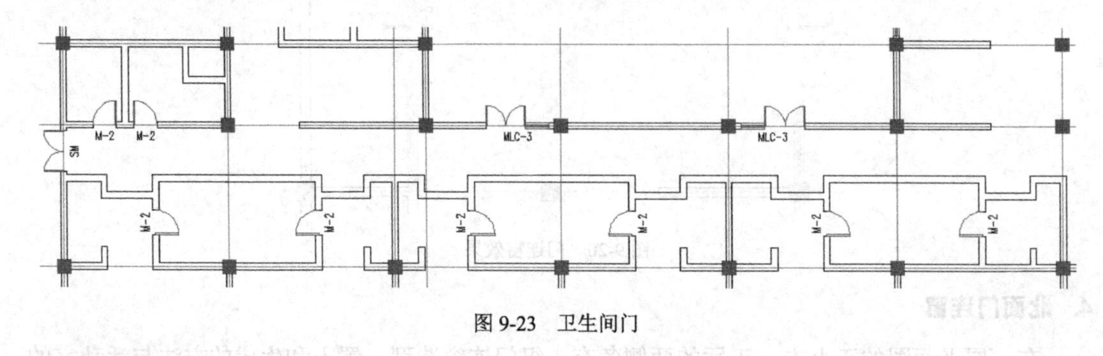

图 9-23　卫生间门

7. 卫生间双开门

执行【门窗】/【门窗】命令，在平面图中置入编号为“SM－1”，宽度为 1500mm，置入方式为墙段中间，生成卫生间双开门，如图 9-24 所示。

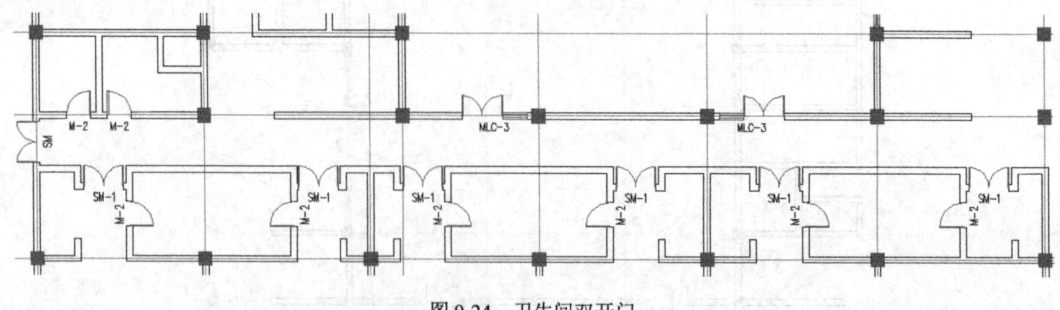

图 9-24　卫生间双开门

8. 门布局效果

采取类似的方法置入配电室的双开门和右下侧的入户门连窗，生成最后的门布局效果，如图 9-25 所示。

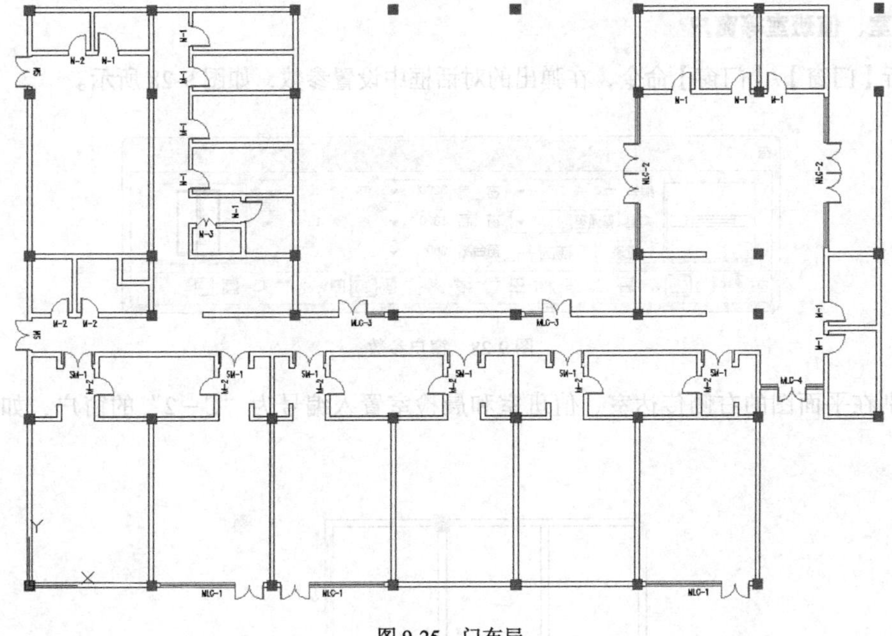

图 9-25　门布局

9.1.5　窗户置入

在当前平面图中，窗户造型共分为三类，主要用于寝室、门卫室、值班室和其他空间的窗户造型。

1. 寝室组合窗

执行【门窗】/【门窗】命令，在弹出的对话框中设置参数，如图 9-26 所示。

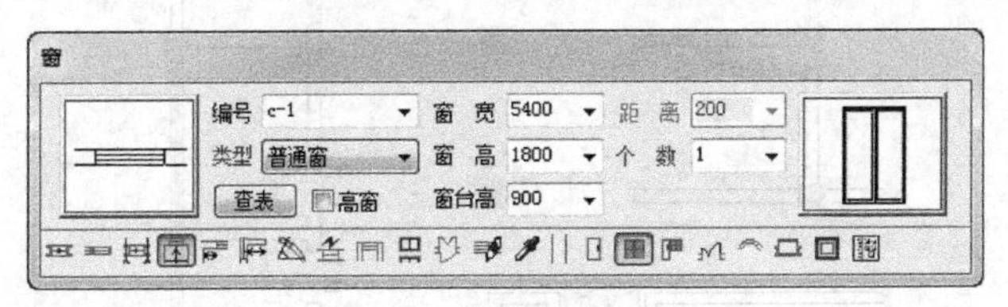

图 9-26　窗户参数

分别在平面图下方的 3 个寝室和北侧墙中间置入编号为“C－1”的组合窗户造型，如图 9-27 所示。

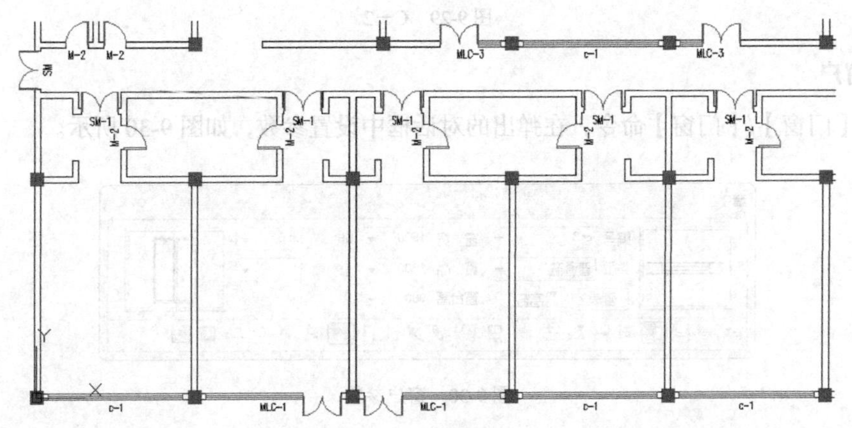

图 9-27　组合窗户

2. 传达室、值班室等窗户

执行【门窗】/【门窗】命令，在弹出的对话框中设置参数，如图 9-28 所示。

图 9-28　窗户参数

分别在平面图的右侧传达室、值班室和晨检室置入编号为“C－2”的窗户，如图 9-29 所示。

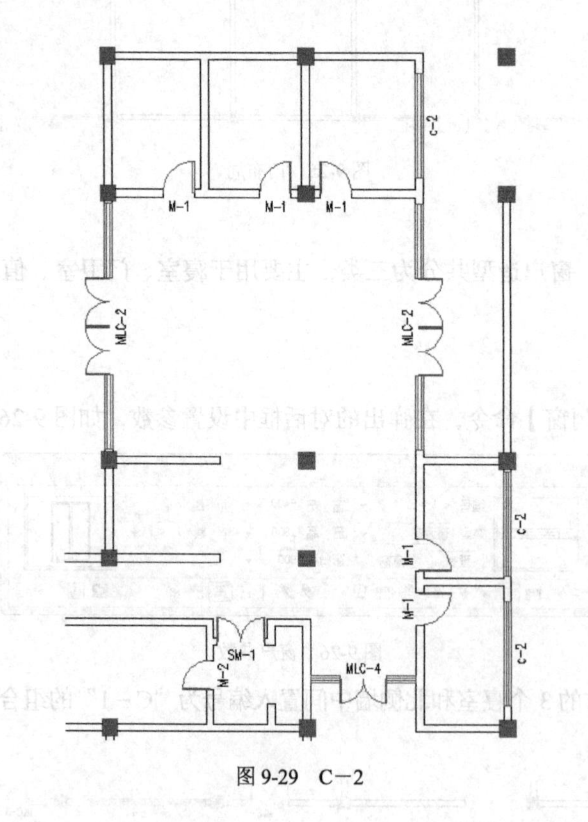

图 9-29　C－2

3. 其他窗户

执行【门窗】/【门窗】命令，在弹出的对话框中设置参数，如图 9-30 所示。

图 9-30　窗户参数

分别在平面图的墙体上置入编号为“C－3”的窗户造型，如图 9-31 所示。

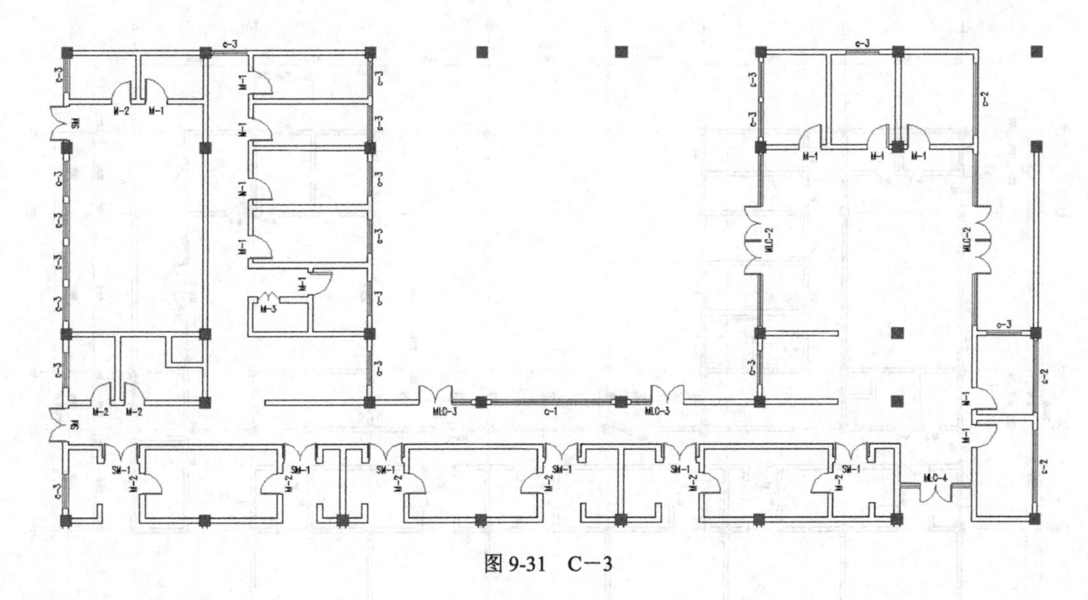

图 9-31　C－3

9.1.6　门窗标注

门窗对象创建完成以后，需要对其进行门窗标注。门窗标注主要包括两部分，外侧门窗标注和内门标注。

1. 门窗标注

执行【尺寸标注】/【门窗标注】命令，在平面图中依次单击两点并穿过外墙墙体，根据命令行提示完成平面图下方的尺寸标注，如图 9-32 所示。

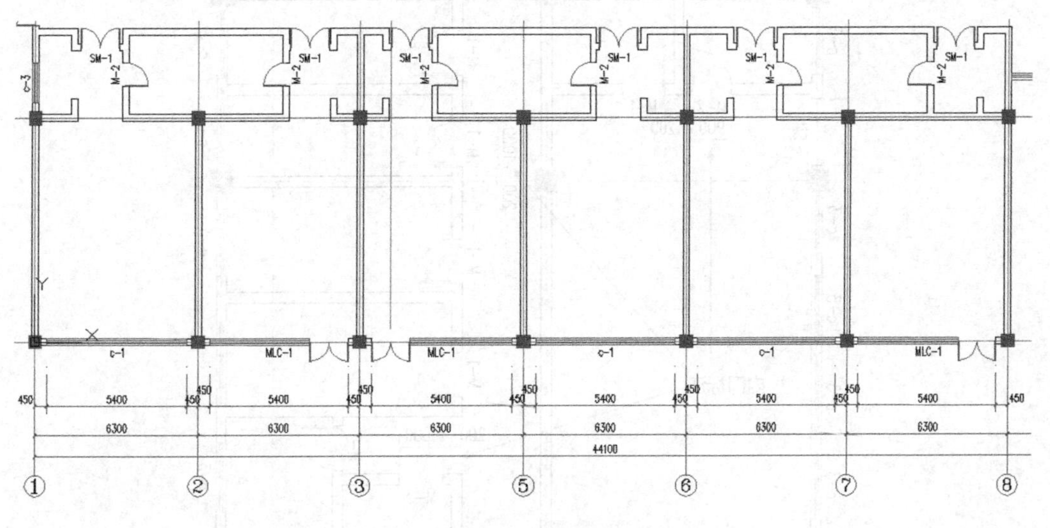

图 9-32　单侧标注

用同样的方法标注其他墙体上的门窗尺寸，如图 9-33 所示。

2. 内门标注

执行【尺寸标注】/【内门标注】命令，根据命令行提示对内墙中的门进行标注，如图 9-34 所示。在进行内门标注时，对于同一编号的内门对象，只需要标注一次即可。

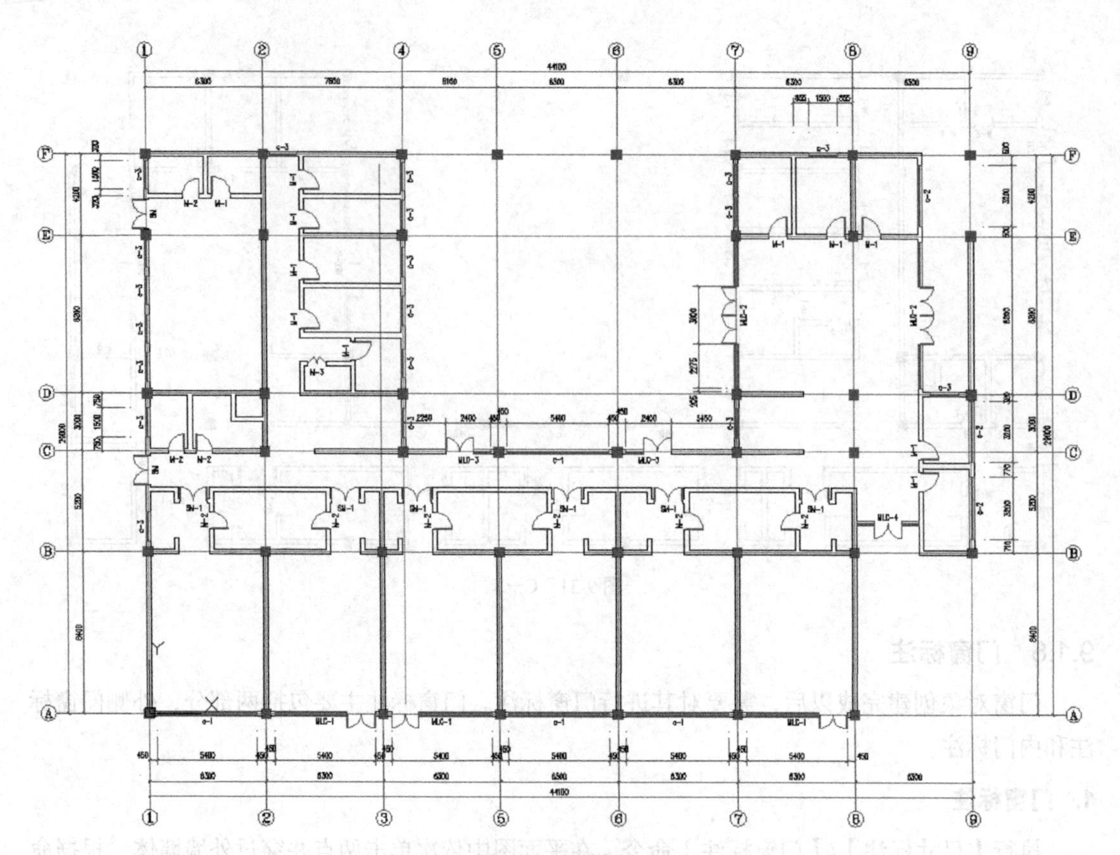

图 9-33 外墙标注

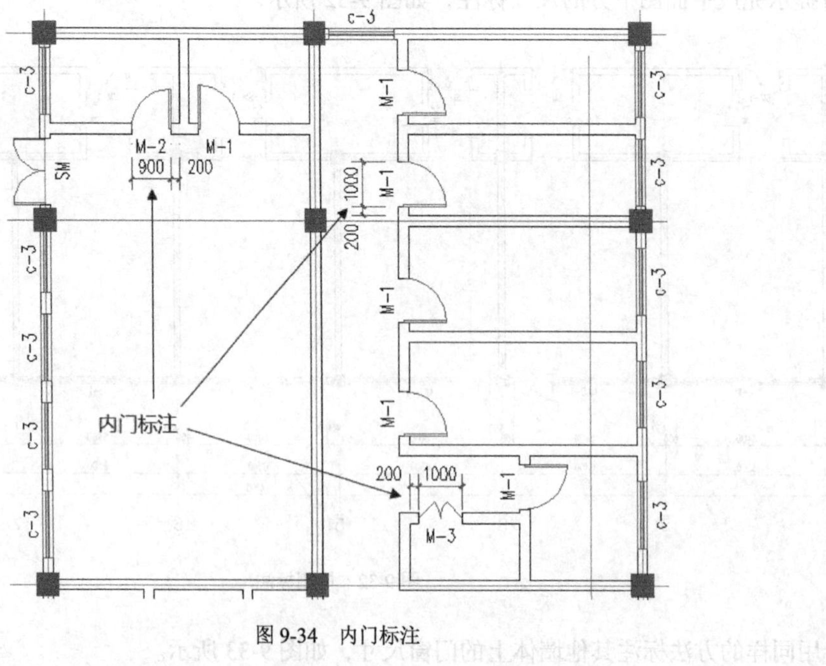

图 9-34 内门标注

9.1.7 楼梯其他

在首层平面图中，根据实际需要添加双跑楼梯、电梯、台阶、无障碍通道和散水五类构件造型。

1. 双跑楼梯

执行【楼梯其他】/【双跑楼梯】命令，在弹出的双跑楼梯对话框中设置参数，如图 9-35 所示。

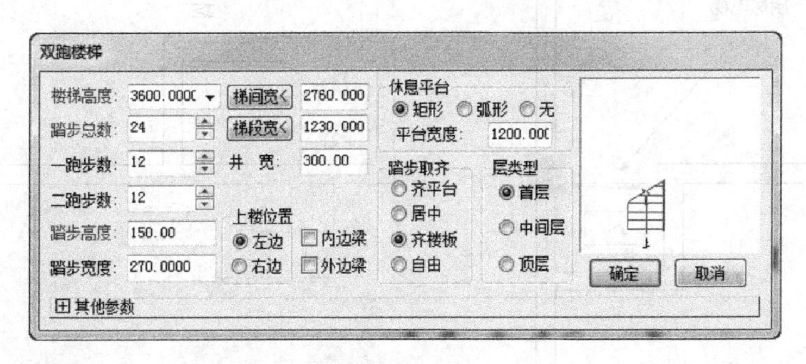

图 9-35 参数

根据命令行的提示，更改基点并旋转梯段，在平面图中单击置入双跑楼梯对象，如图 9-36 所示。

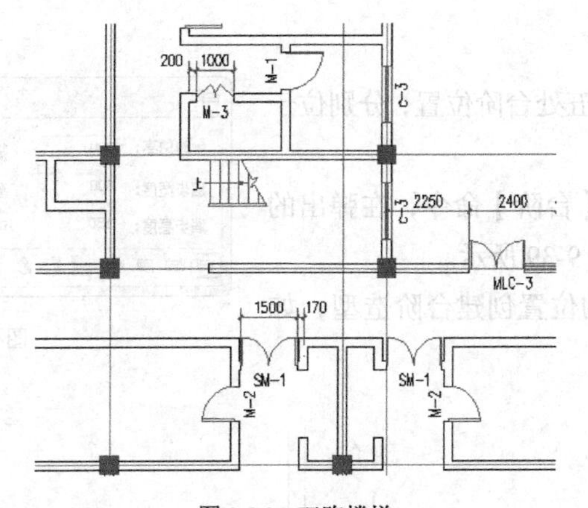

图 9-36 双跑楼梯

在对话框中，更改"上楼位置"后，在另外的楼梯间中置入双跑楼梯，如图 9-37 所示。

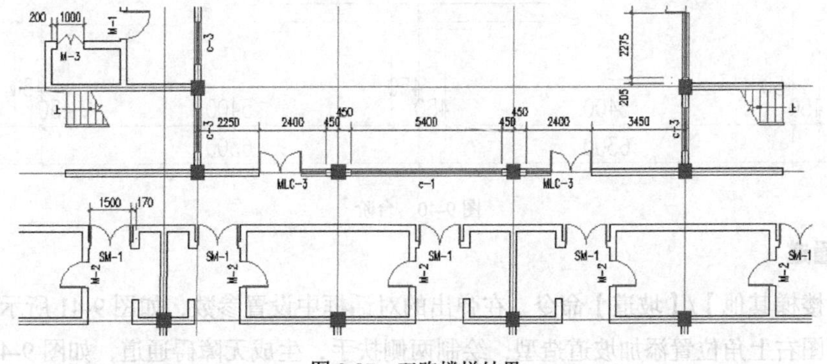

图 9-37 双跑楼梯结果

2. 电梯

执行【楼梯其他】/【电梯】命令，在弹出的对话框中设置参数，根据命令行提示，在平面图中创建电梯对象，如图 9-38 所示。

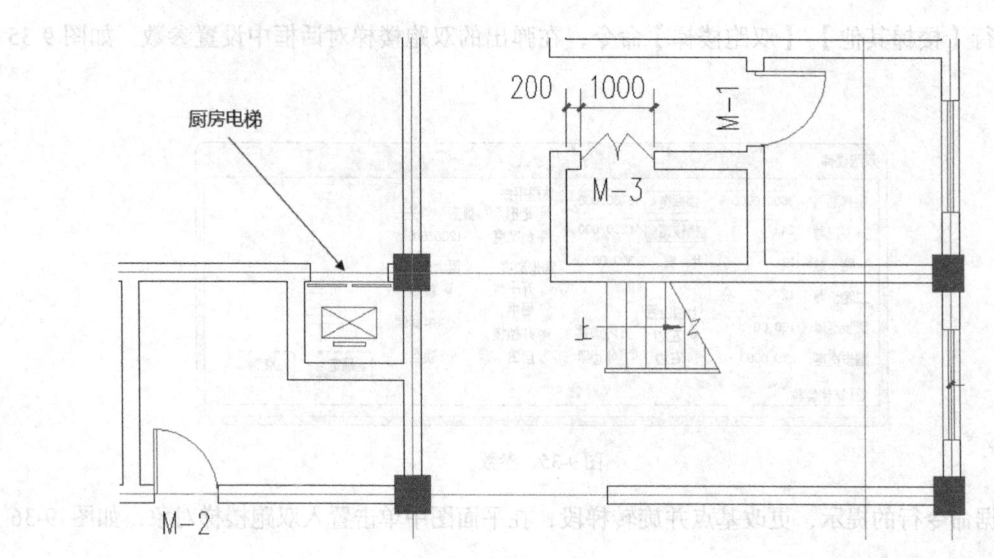

图 9-38　电梯

3. 台阶

在平面图中，总共有五处台阶位置，分别位于外墙双开入户门的位置。

执行【楼梯其他】/【台阶】命令，在弹出的对话框中设置参数，如图 9-39 所示。

依次在双开入户门的位置创建台阶造型，如图 9-40 所示。

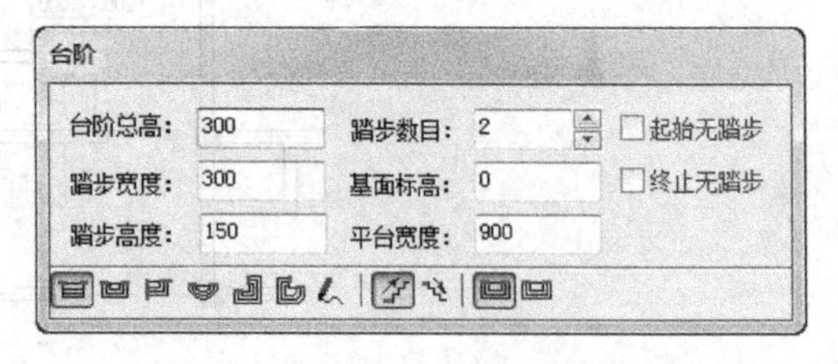

图 9-39　参数

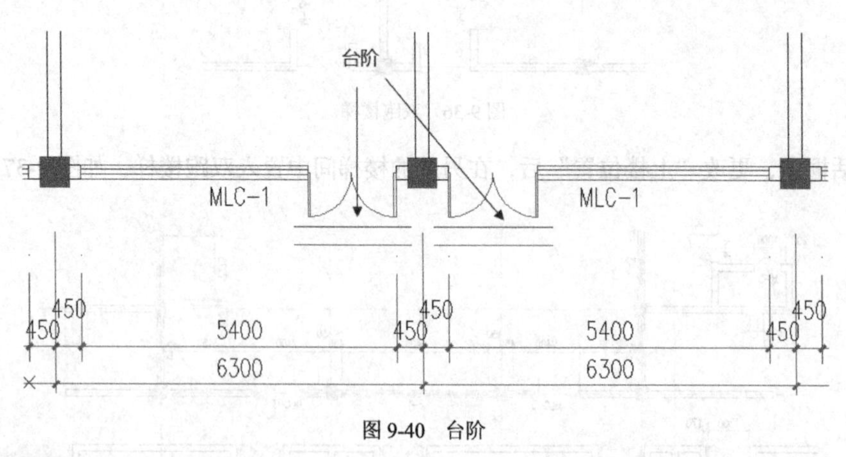

图 9-40　台阶

4. 无障碍通道

执行【楼梯其他】/【坡道】命令，在弹出的对话框中设置参数，如图 9-41 所示。

在平面图右上角位置添加坡道造型，绘制两侧扶手，生成无障碍通道，如图 9-42 所示。

注意事项：在进行公共商业建筑设计时，考虑到行动不便人员的需求，需要设计专门的无障碍通道，以体现“以人为本”的建筑设计理念。

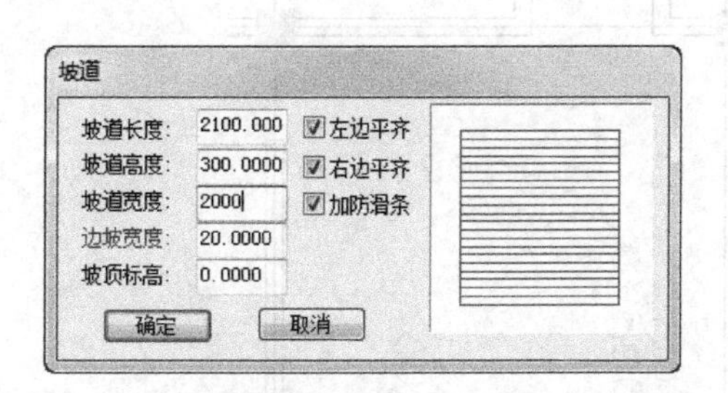

图 9-41　参数

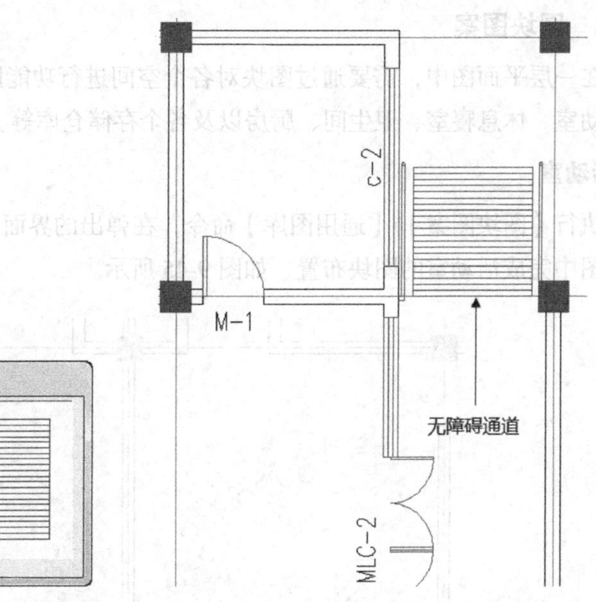

图 9-42　无障碍通道

5. 散水

在建筑物的首层建筑中，需要添加室外的散水造型。

执行【楼梯其他】/【散水】命令，在弹出的对话框中设置参数，如图 9-43 所示。

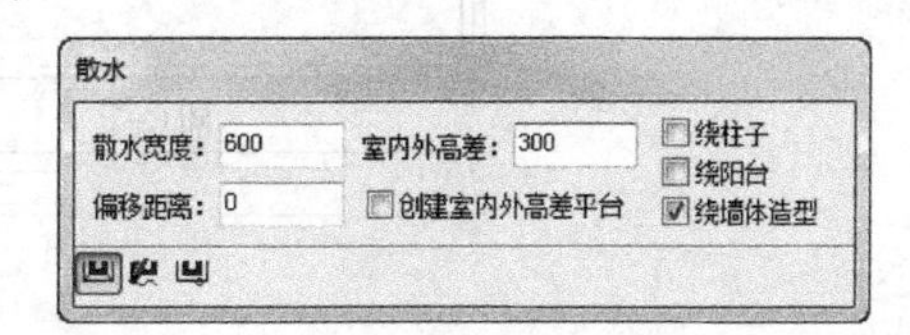

图 9-43　设置参数

在平面图中依次框选建筑物的所有墙体造型，生成散水造型，对于台阶和无障碍通道需要手动调节，生成最后的散水效果，如图 9-44 所示。

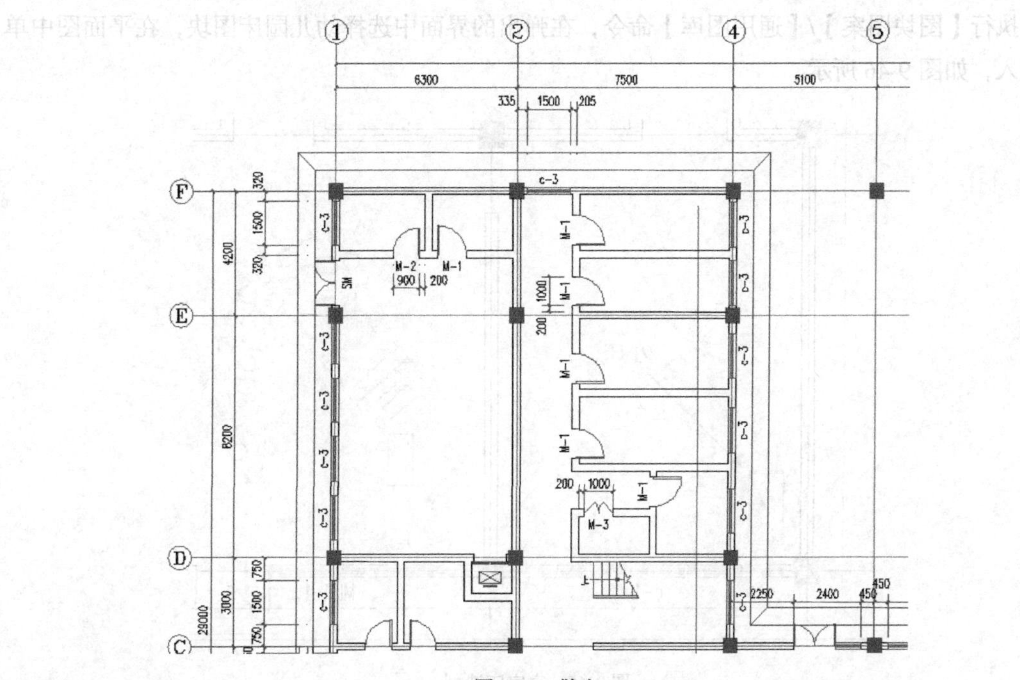

图 9-44　散水

9.1.8　图块图案

在一层平面图中，需要通过图块对各个空间进行功能区布置。在幼儿园建筑设计中，需要有活动室、休息寝室、卫生间、厨房以及各个存储仓库等。

1. 活动室

执行【图块图案】/【通用图库】命令，在弹出的界面中选择活动室所使用的图块对象，在平面图中完成活动室的图块布置，如图 9-45 所示。

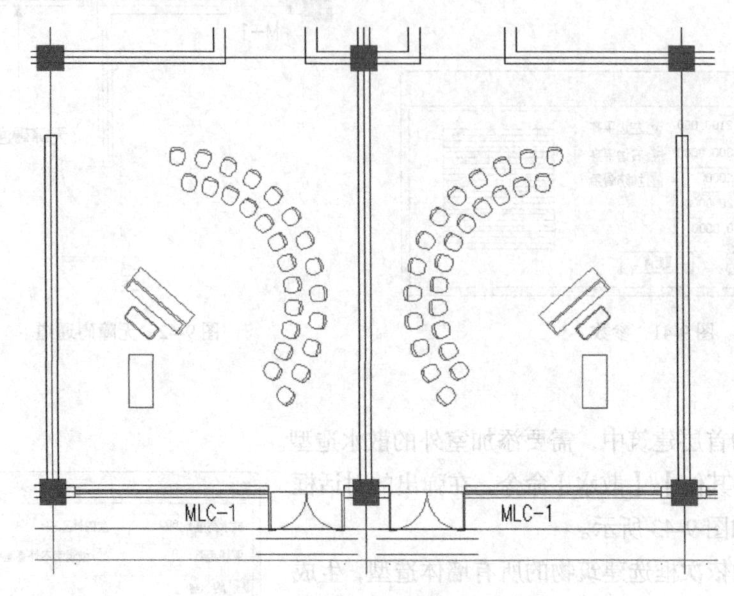

图 9-45　活动室

2. 寝室

执行【图块图案】/【通用图库】命令，在弹出的界面中选择幼儿园床图块，在平面图中单击置入，如图 9-46 所示。

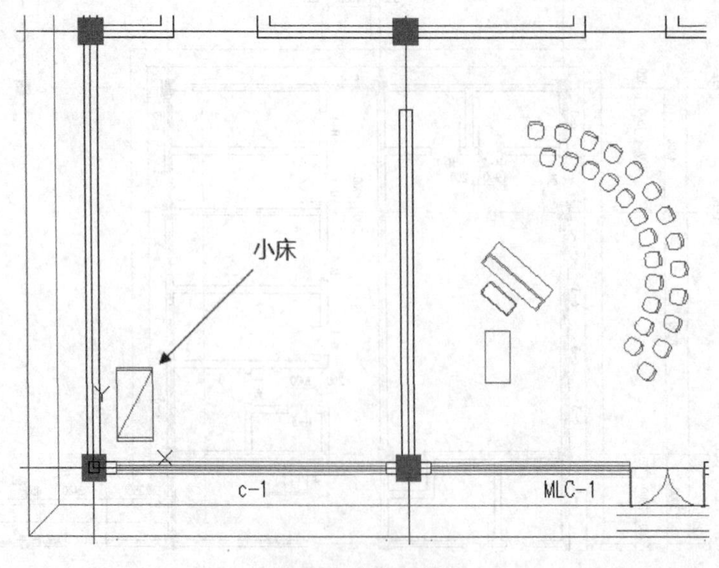

图 9-46　寝室床造型

选择置入的床对象，通过“阵列复制”生成寝室空间的床的分布，完成寝室图块布置，如图 9-47 所示。

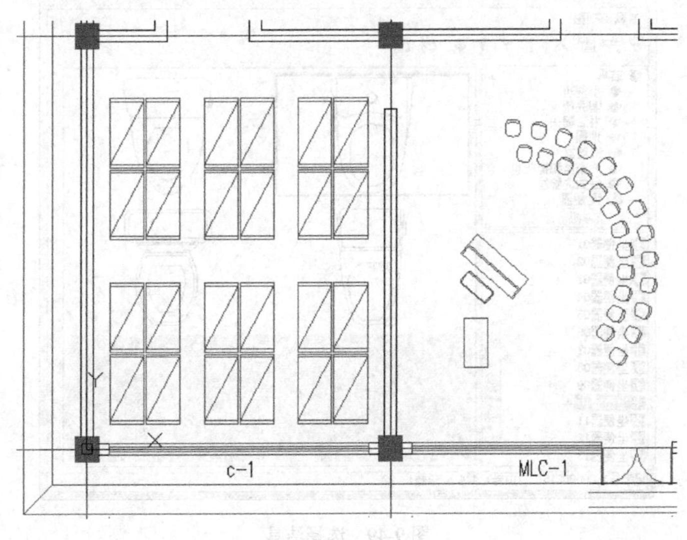

图 9-47 寝室

3. 其他图块

在一层平面图的庭院处布置花坛图块造型，完成图块布置，如图 9-48 所示。

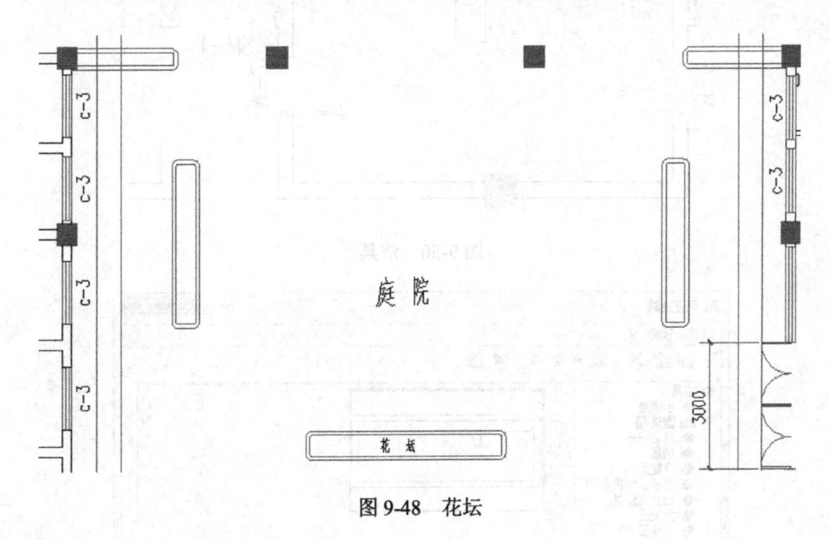

图 9-48 花坛

9.1.9 布置洁具

1. 公共卫生间

执行【房间屋顶】/【房间布置】/【布置洁具】命令，在弹出的对话框中选择洁具，如图 9-49 所示。

双击洁具对象，在弹出的对话框中设置参数，依次单击生成多个洁具。再次执行【房间屋顶】/【房间布置】/【布置隔板】命令，根据命令行提示，完成隔板布置，如图 9-50 所示。

2. 盥洗槽

执行【房间屋顶】/【房间布置】/【布置洁具】命令，在弹出的图块对话框中选择洁具，如

图 9-51 所示。

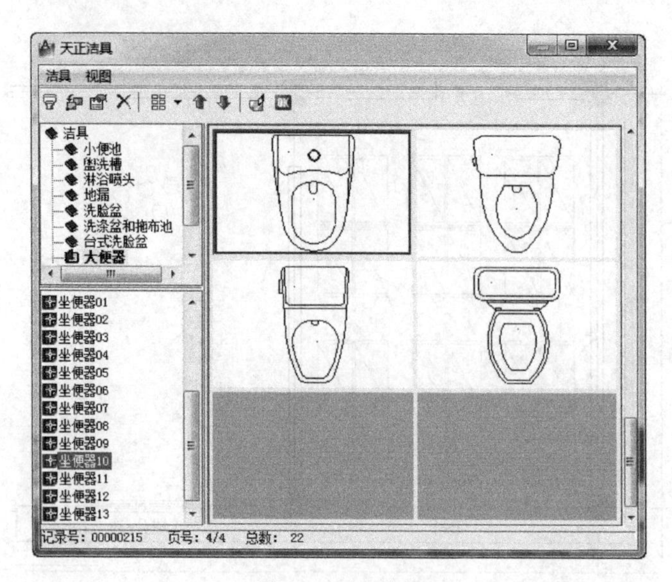

图 9-49　选择洁具

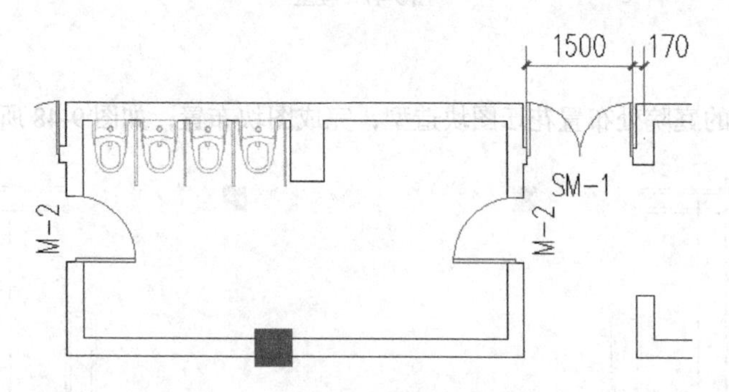

图 9-50　洁具

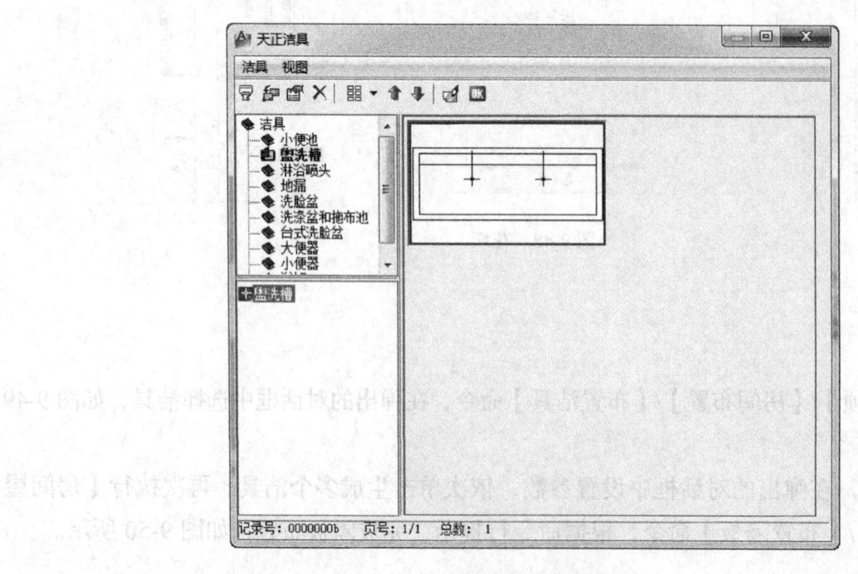

图 9-51　盥洗槽

双击图块对象，根据命令行的提示，完成洁具图块的置入，如图 9-52 所示。

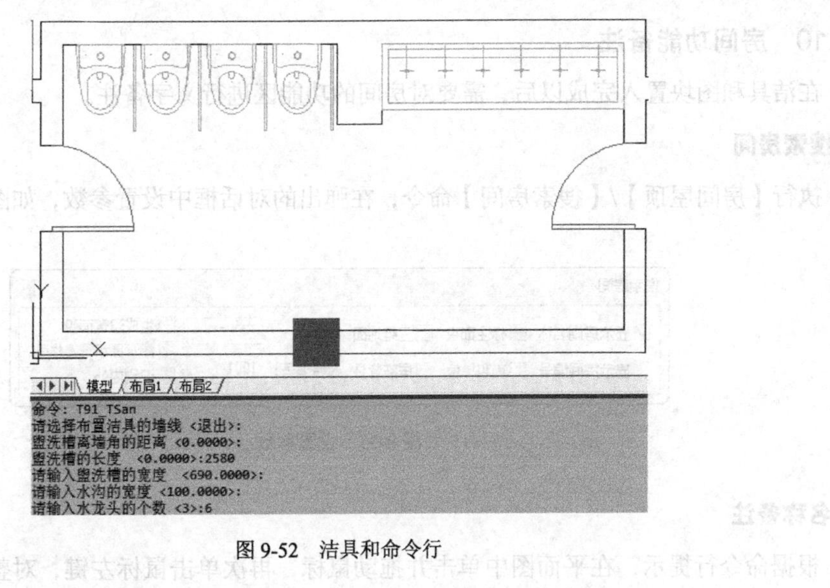

图 9-52　洁具和命令行

3. 洗脸盆

在一层平面图的晨检室、医务室和隔离室中，需要安装洗脸盆造型。

执行【房间屋顶】/【房间布置】/【布置洁具】命令，在弹出的图块对话框中选择“洗脸盆”造型，根据命令行提示，安装洗脸盆造型，如图 9-53 所示。

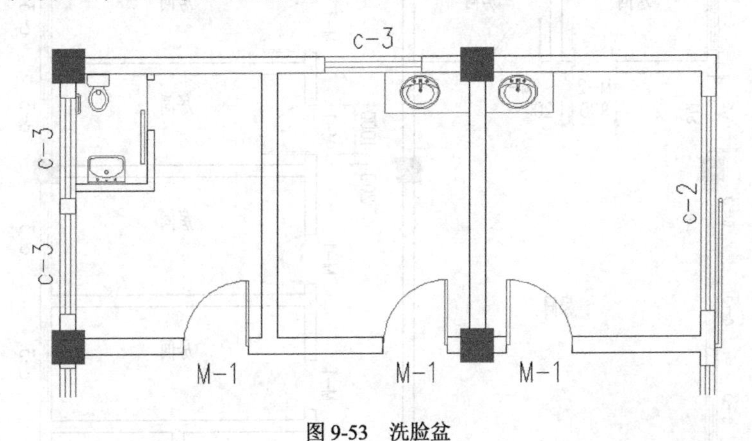

图 9-53　洗脸盆

4. 职工卫生间

在一层平面图的左侧区域，对职工卫生间的洁具进行布置，完成洁具布置，如图 9-54 所示。

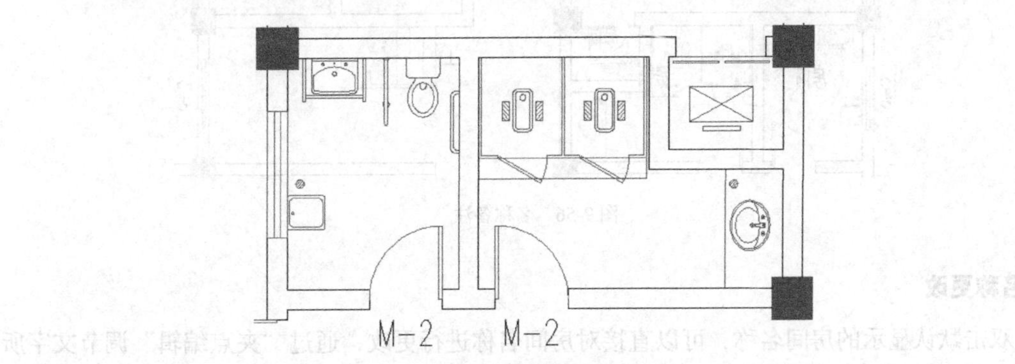

图 9-54　职工卫生间

9.1.10 房间功能备注

在洁具和图块置入完成以后，需要对房间的功能区进行文字备注。

1. 搜索房间

执行【房间屋顶】/【搜索房间】命令，在弹出的对话框中设置参数，如图 9-55 所示。

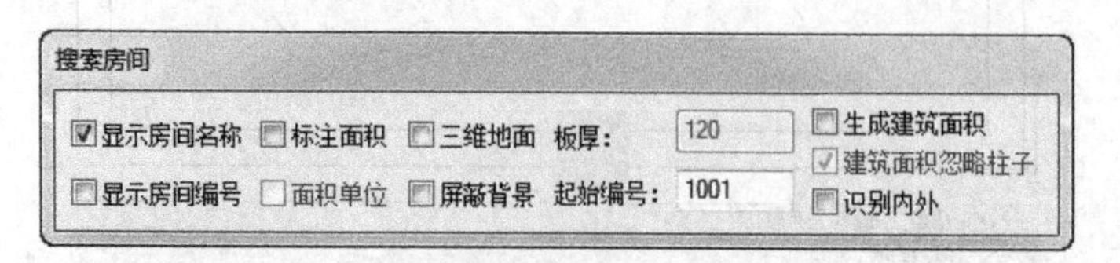

图 9-55　设置参数

2. 名称备注

根据命令行提示，在平面图中单击并拖动鼠标，再次单击鼠标左键，对整个建筑物进行框选，单击鼠标右键或按【Enter】键，完成名称备注，如图 9-56 所示。

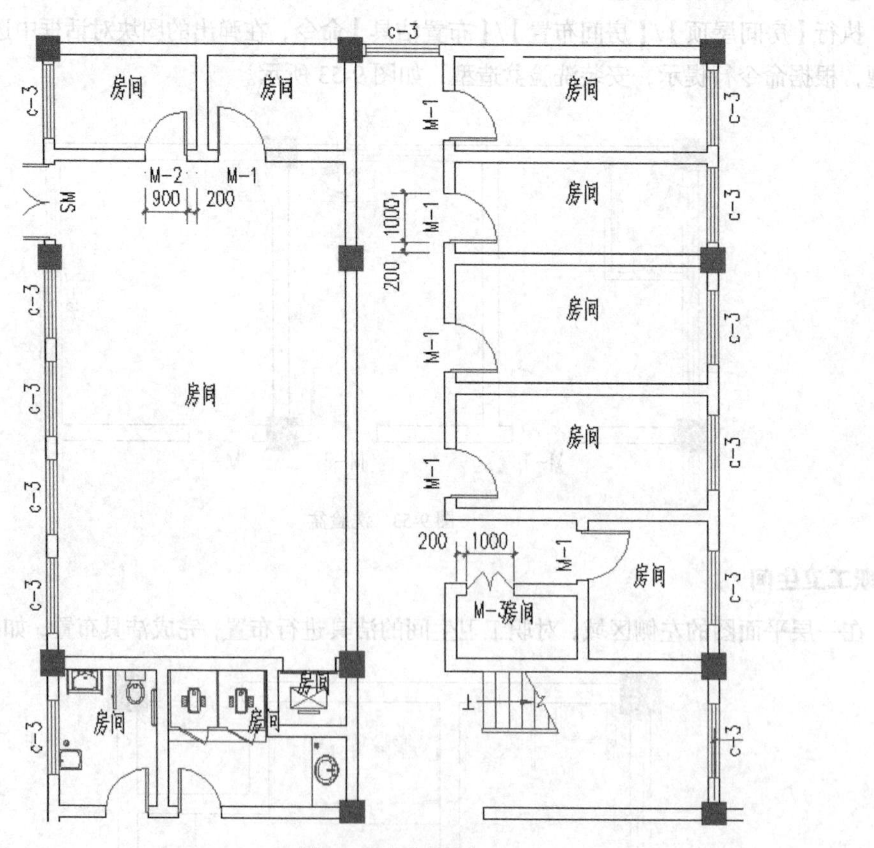

图 9-56　名称备注

3. 名称更改

双击默认显示的房间名称，可以直接对房间名称进行更改，通过“夹点编辑”调节文字所在的位置，完成功能区名称备注，如图 9-57 所示。

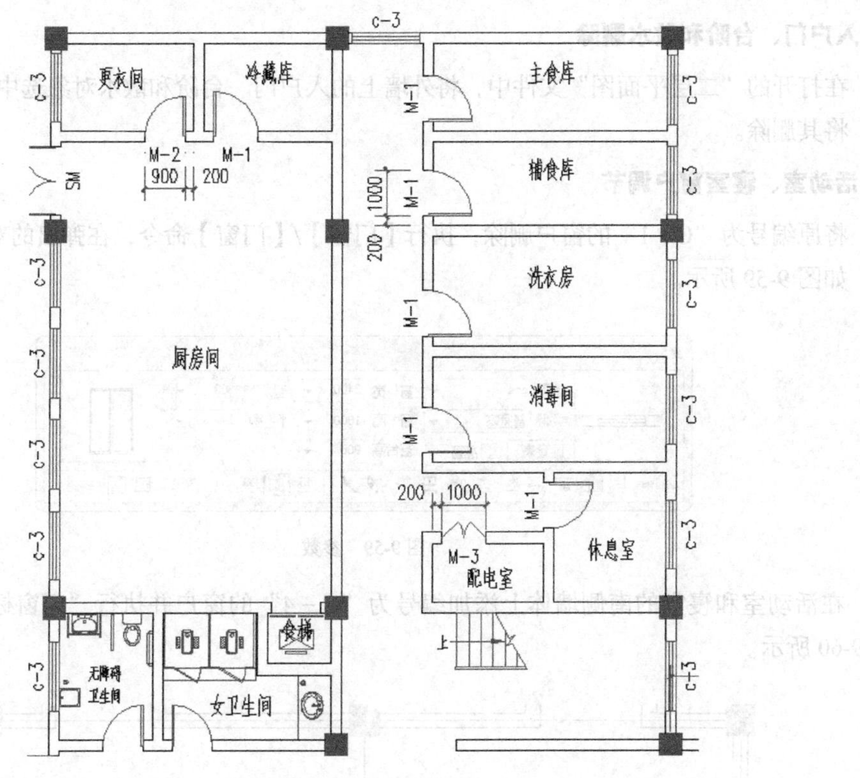

图 9-57 名称更改

9.1.11 二层平面图

一层平面图创建完成以后，根据一层和二层建筑的特点，对一层平面图的部分构件进行更改，可以快速生成二层平面图。

1. 另存为

按【Ctrl+Shift+S】组合键，对当前文件执行“另存为”操作，将文件名更改为“二层平面图”，生成二层平面图文件。

2. 更改楼梯

打开存储的“二层平面图”文件，双击双跑楼梯造型，在弹出的对话框中，将“层类型”改为中间层，如图 9-58 所示。

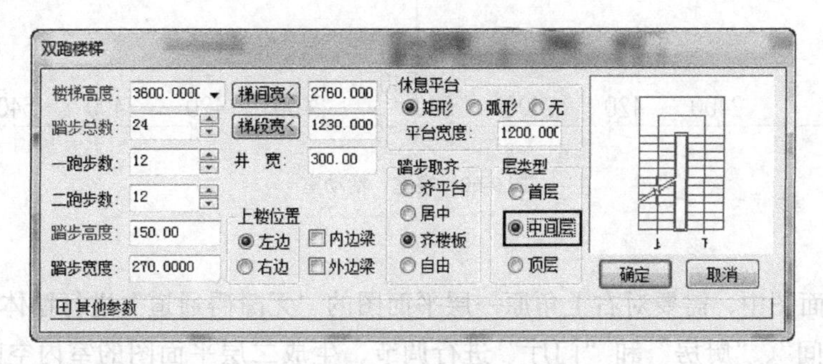

图 9-58 层类型

单击“确定”按钮，退出对话框，用同样的方法更改另外的双跑楼梯层类型。

3. 入户门、台阶和散水删除

在打开的“二层平面图”文件中，将外墙上的入户门、台阶和散水对象选中，按【Delete】键，将其删除。

4. 活动室、寝室窗户调节

将原编号为“C－1”的窗户删除，执行【门窗】/【门窗】命令，在弹出的对话框中设置参数，如图9-59所示。

图9-59 参数

在活动室和寝室的南侧墙体上添加编号为“C－4”的窗户并执行“门窗标注”命令，如图9-60所示。

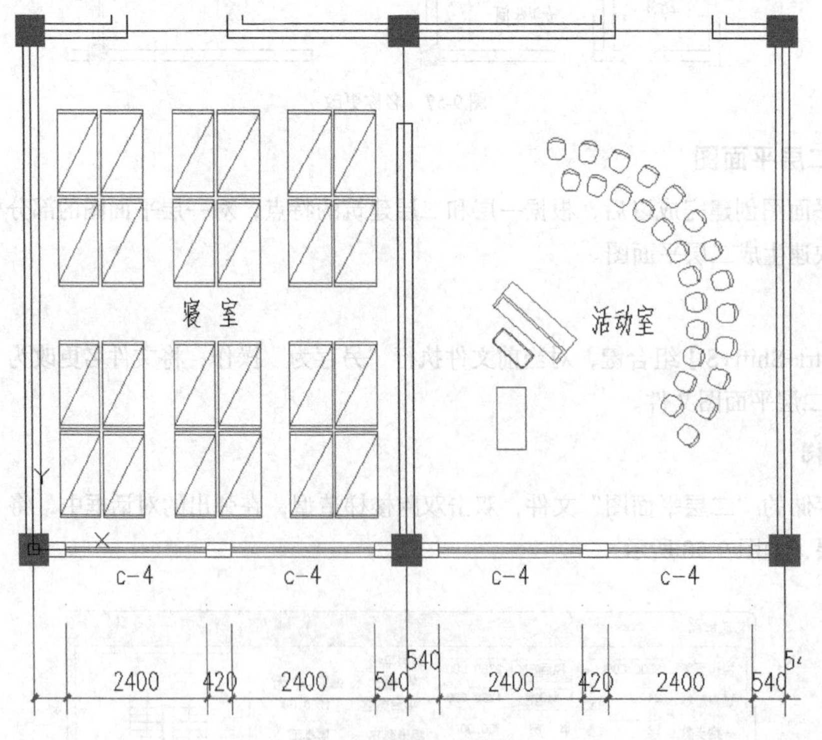

图9-60 寝室、活动室

5. 墙体调整

在二层平面图中，需要对右上角原一层平面图的“无障碍通道”进行墙体调节，还需要对“职工卫生间”、“厨房”和“门厅”进行调节，生成二层平面图的室内空间，如图9-61所示。

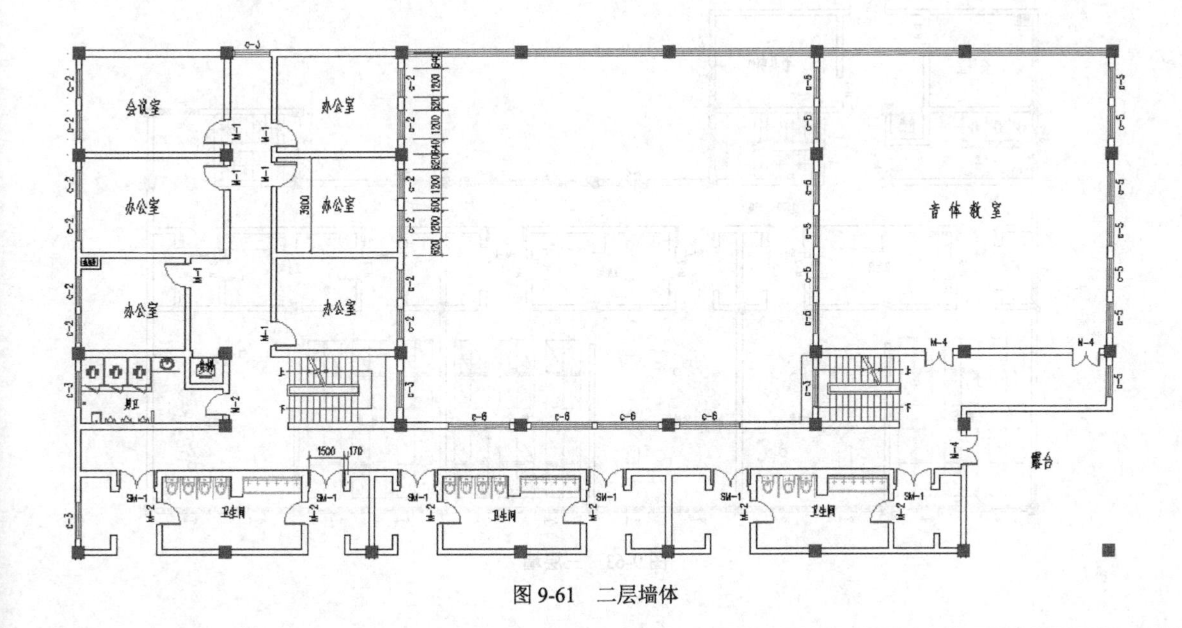

图 9-61　二层墙体

9.1.12　三层平面图

根据幼儿园建筑设计的思路，三层楼造型只有中间部分有墙体。采取与“二层平面图”类似的方法，生成三层平面图，针对不同的区域进行调整。

1. 另存为

按【Ctrl+Shift+S】组合键，对当前文件执行“另存为”操作，将文件名更改为“三层平面图”，生成三层平面图文件。

2. 更改楼梯

打开三层平面图文件，双击双跑楼梯对象，在弹出的对话框中，更改层类型为“顶层”，如图 9-62 所示。

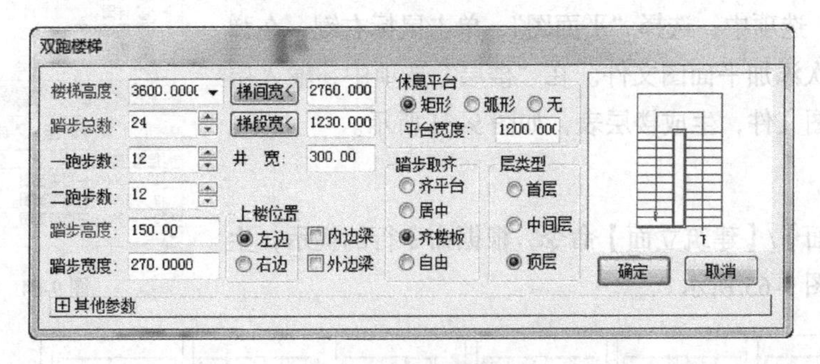

图 9-62　更改层类型

单击“确定”按钮，退出对话框，用同样的方法更改另外的双跑楼梯层类型。

3. 墙体调整

根据三层建筑设计的特点，对平面图中的墙体对象进行调整，生成三层平面图墙体造型，如图 9-63 所示。

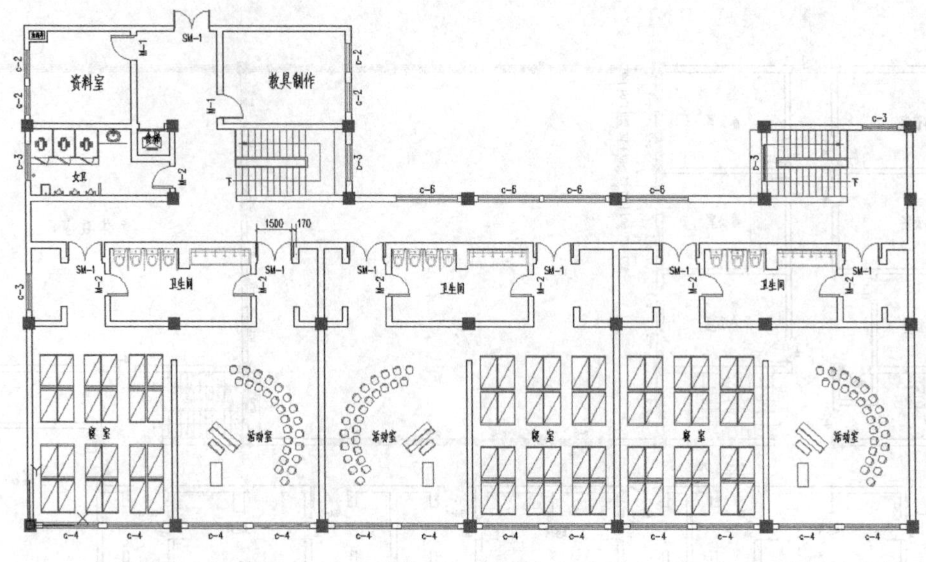

图 9-63　三层墙

9.2 建筑立面图

在商业建筑设计的立面图中，需要表达建筑的垂直观看效果和外墙皮所用的建筑材料。幼儿园建筑的二层有一个露台，三层的墙体与二层相比，也有一个平台空间，因此，需要通过建筑立面图表达房顶的实际造型。

建筑立面图包括立面生成和立面修饰两部分内容。

9.2.1　立面生成

1. 楼层表

打开一层平面图文件，执行【文件布图】/【工程管理】命令，在“图纸”选项中，选择“平面图”，单击鼠标右键，在弹出的界面中依次添加平面图文件。在“楼层”选项中，输入层号，选择平面图文件，生成楼层表，如图 9-64 所示。

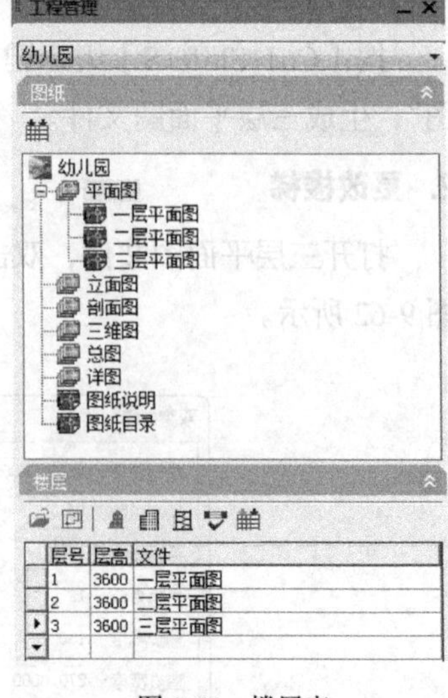

图 9-64　楼层表

2. 建筑立面

执行【立面】/【建筑立面】命令，根据命令行的提示，生成正立面，如图 9-65 所示。

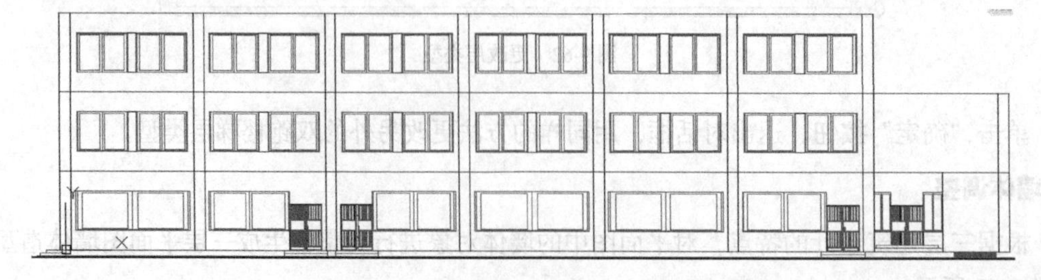

图 9-65　正立面

9.2.2 立面修饰

建筑立面生成后，需要对立面进行修饰。立面修饰主要包括立面门、立面窗、立面墙体材料、立面屋顶等方面。

1. 立面窗

执行【立面】/【门窗参数】命令，在立面图中单击选择需要查询尺寸的立面窗对象，通过命令行查看尺寸信息。

执行【立面】/【立面窗】命令，在弹出的立面图块中双击选择新的立面窗对象，在立面图中单击置入窗户造型，将原窗户删除，如图 9-66 所示。

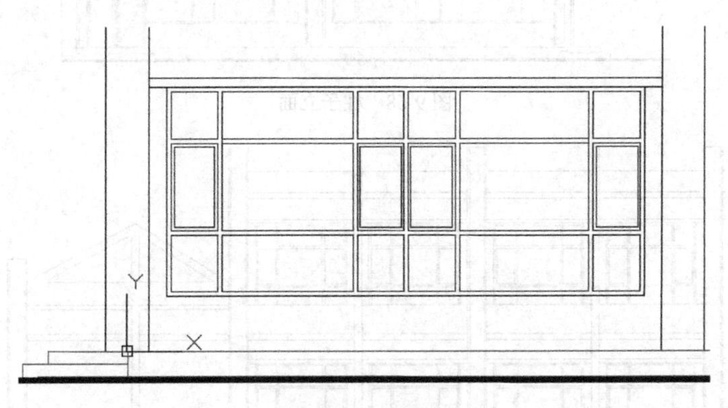

图 9-66 立面窗

采用同样的方法，生成整个建筑立面的门窗造型，如图 9-67 所示。

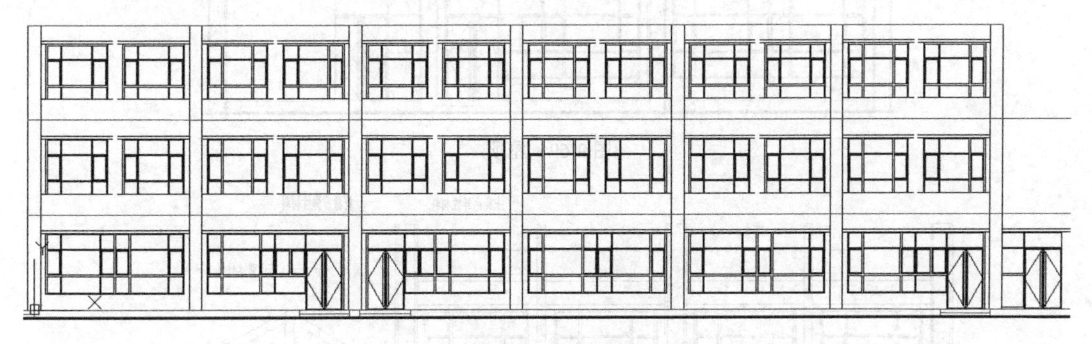

图 9-67 立面门窗

2. 立面柱修饰

在生成的立面图中，需要对柱子进行修饰，如图 9-68 所示。

3. 立面屋顶

在幼儿园建筑立面图中，右侧需要单独对尖屋顶进行处理，生成立面屋顶效果，如图 9-69 所示。

4. 立面填充

在命令行中输入“H”并按【Enter】键，在弹出的界面中选择“LINE”对窗口下方进行线条填充，采用同样的方法，对立面柱子填充“松散材料”图案，通过“箭头引注”进行文字注释，如图 9-70 所示。

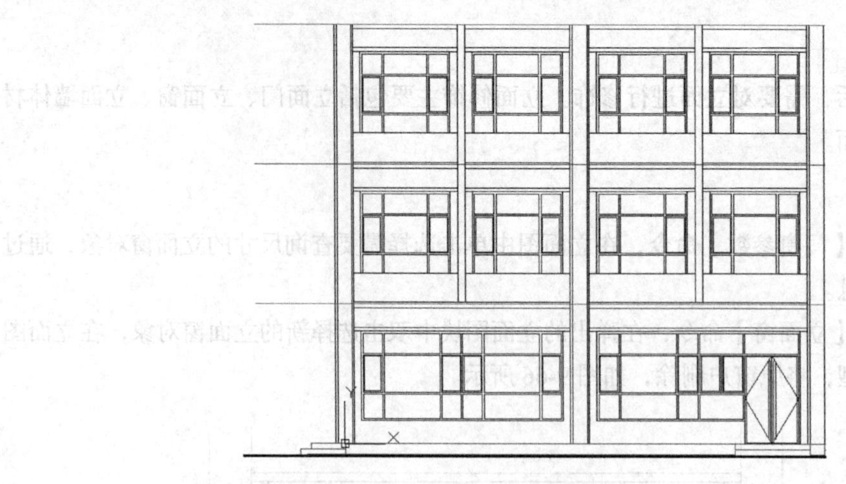

图 9-68 柱子立面

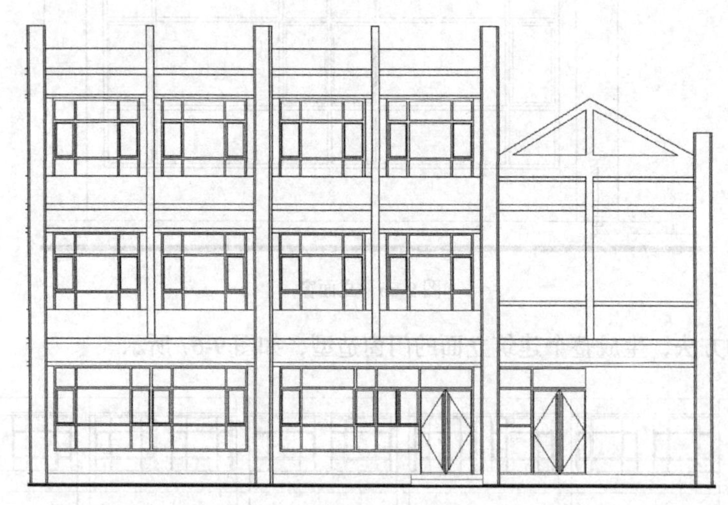

图 9-69 屋顶

图 9-70 立面填充和注释

9.2.3 其他立面

根据幼儿园建筑的特点，按照上述方法生成左立面和右立面，并根据实际需要完成立面修饰。

1. 左立面

执行【立面】/【建筑立面】命令，根据命令行提示，完成左立面，如图 9-71 所示。

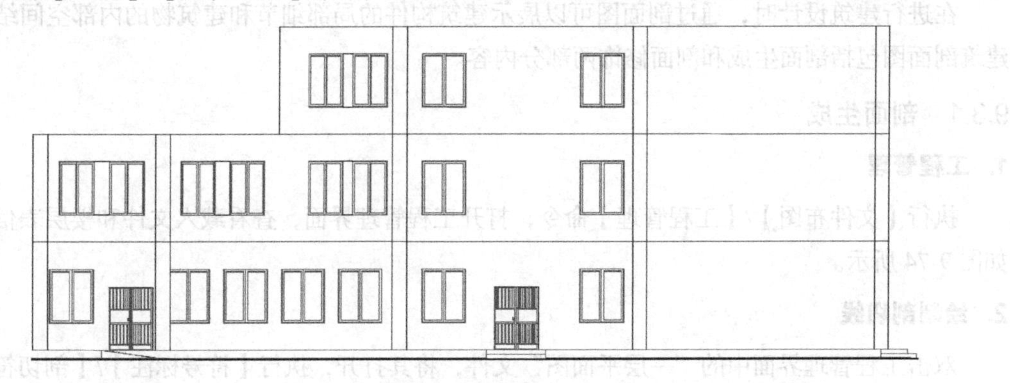

图 9-71 左立面

使用“立面门窗”和“立面参数”等命令，对左立面进行修饰，如图 9-72 所示。

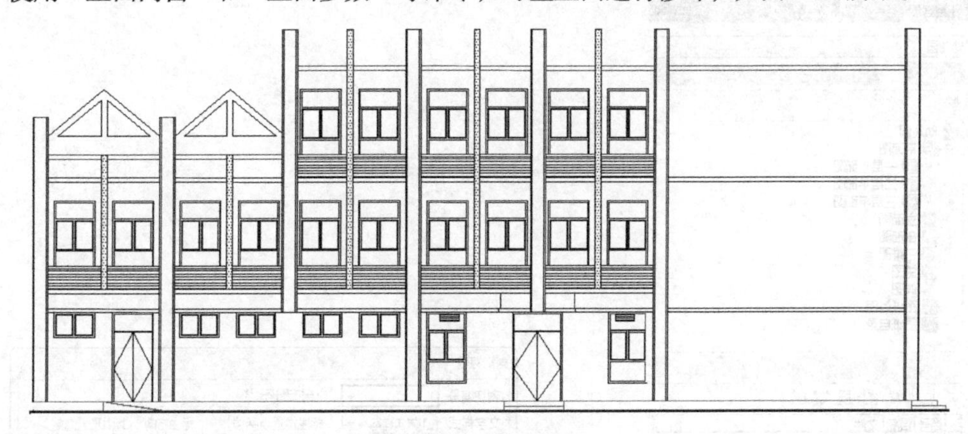

图 9-72 左立面修饰

2. 右立面

采用同样的方法生成右立面并进行修饰，在此不再赘述，如图 9-73 所示。

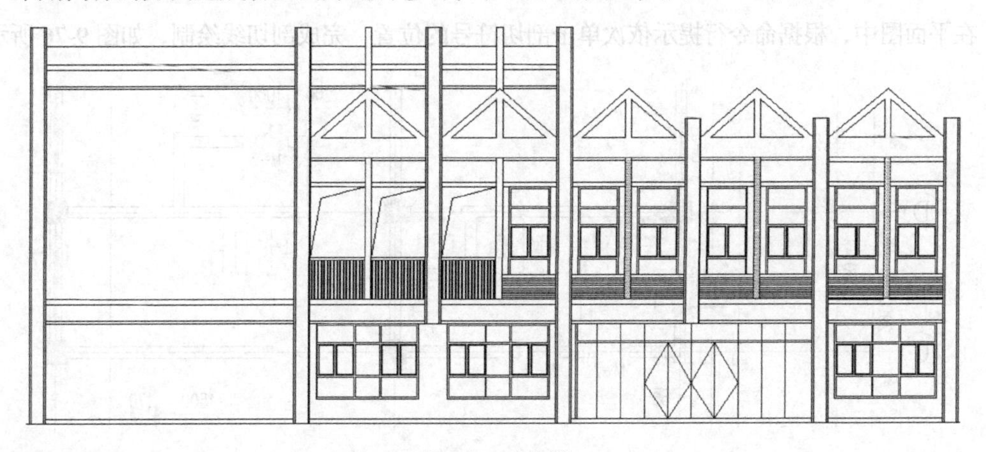

图 9-73 右立面

9.3 建筑剖面图

在进行建筑设计时，通过剖面图可以展示建筑构件的局部细节和建筑物的内部空间结构。建筑剖面图包括剖面生成和剖面修饰两部分内容。

9.3.1 剖面生成

1. 工程管理

执行【文件布图】/【工程管理】命令，打开工程管理界面，查看载入文件和楼层表信息，如图 9-74 所示。

2. 绘制剖切线

双击工程管理界面中的“一层平面图”文件，将其打开，执行【符号标注】/【剖切符号】命令，在弹出的界面中设置参数，如图 9-75 所示。

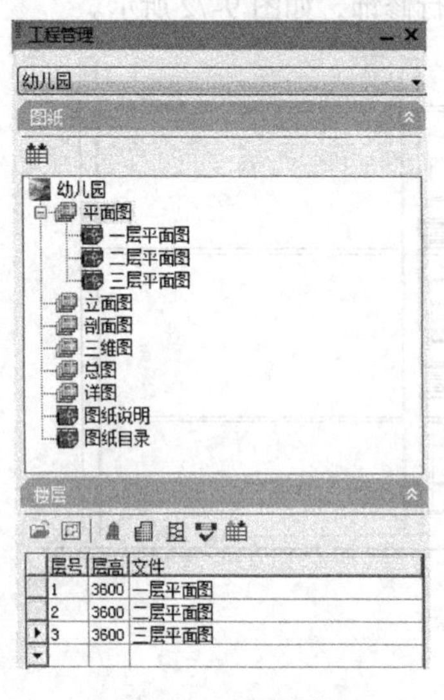

图 9-74　工程管理

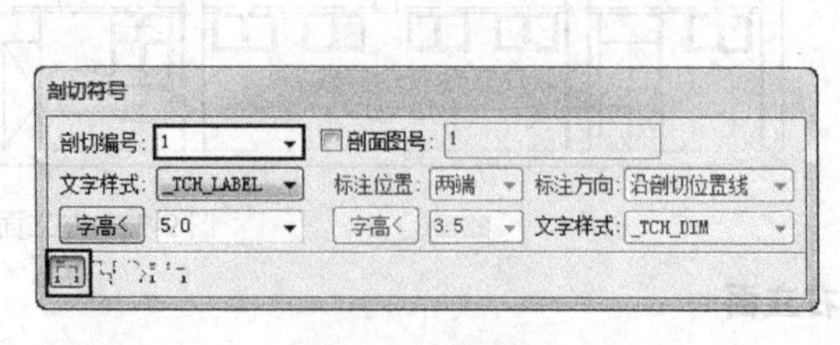

图 9-75　剖切符号

在平面图中，根据命令行提示依次单击剖切符号的位置，完成剖切线绘制，如图 9-76 所示。

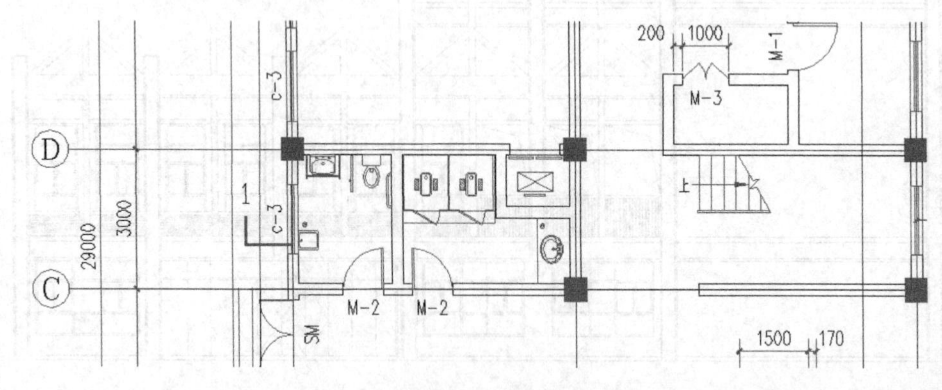

图 9-76　剖切线

3. 建筑剖面

执行【剖面】/【建筑剖面】命令，根据命令行提示，单击选择剖切线，单击选择要在剖面上出现的轴线，单击鼠标右键或按【Enter】键，在弹出的对话框中输入文件名并选择存储位置，单击“保存”按钮，生成建筑剖面图，如图 9-77 所示。

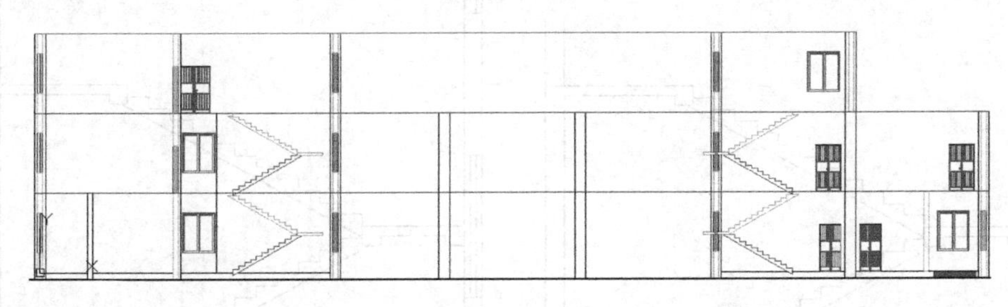

图 9-77　剖面

9.3.2　剖面修饰

建筑剖面创建完成以后，需要对其进行修饰才能符合建筑设计的规范。由于幼儿园建筑需要将楼梯的样式和尺寸进行详细的剖面说明，因此，该建筑的剖面修饰以双跑楼梯为核心进行。

1. 参数楼梯

执行【剖面】/【参数楼梯】命令，在弹出的参数楼梯对话框中，根据剖面楼梯的参数进行设置，如图 9-78 所示。

根据基点选择的位置，在剖面图中单击置入剖面楼梯，如图 9-79 所示。

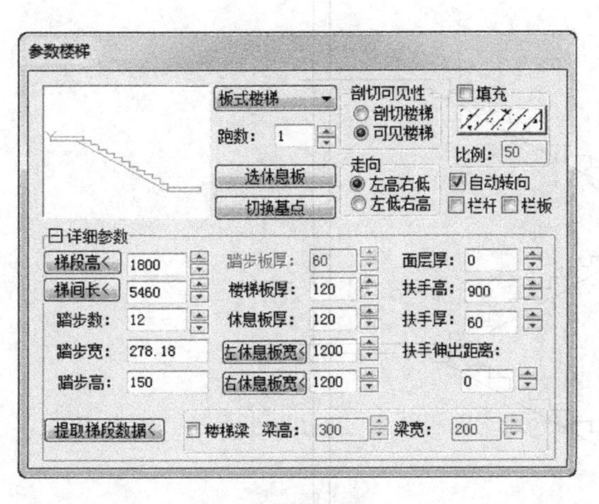

图 9-78　设置参数

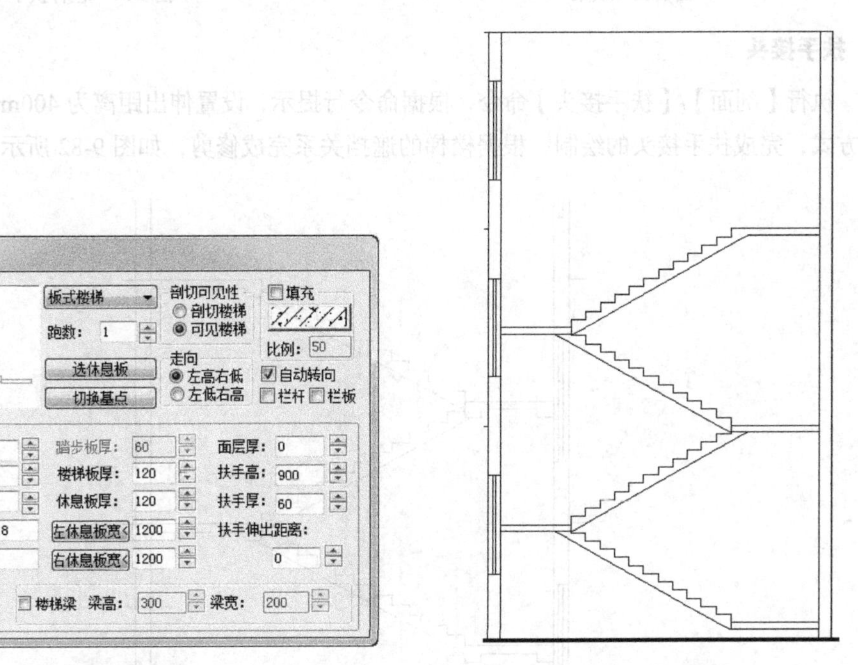

图 9-79　参数楼梯

2. 横梁剖截面

在剖面图中，绘制 240mm×240mm 矩形，作为休息平台和楼梯的横梁剖截面图形，如图 9-80 所示。

3. 参数栏杆

执行【剖面】/【参数栏杆】命令，在弹出的对话框中设置参数，如图 9-81 所示。

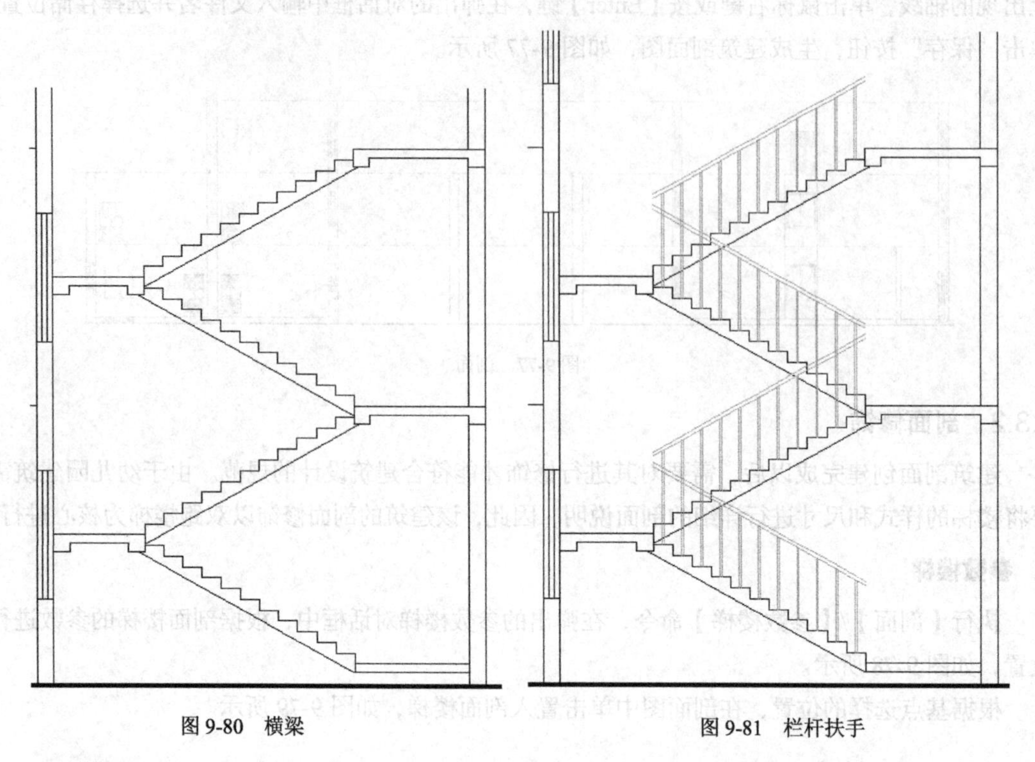

图 9-80　横梁　　　　图 9-81　栏杆扶手

4. 扶手接头

执行【剖面】/【扶手接头】命令，根据命令行提示，设置伸出距离为 400mm 并设置增加栏杆方式，完成扶手接头的绘制，根据楼梯的遮挡关系完成修剪，如图 9-82 所示。

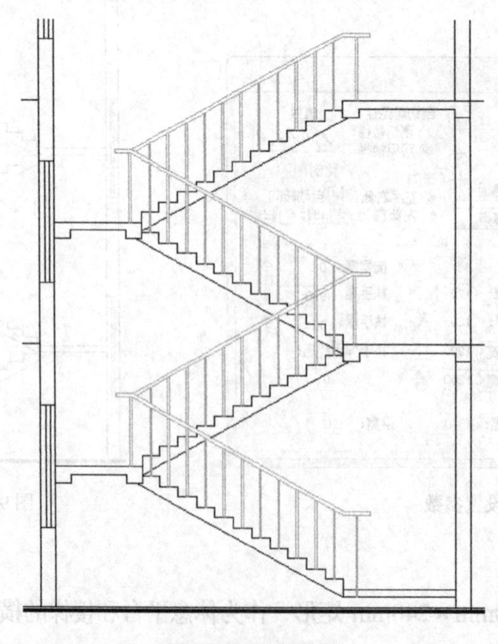

图 9-82　扶手接头

5. 双线楼板

执行【剖面】/【双线楼板】命令，对楼梯间以外的其他层间线生成双线楼板，对于楼板与墙体连接处，添加240mm×240mm的矩形作为横梁对象，如图9-83所示。

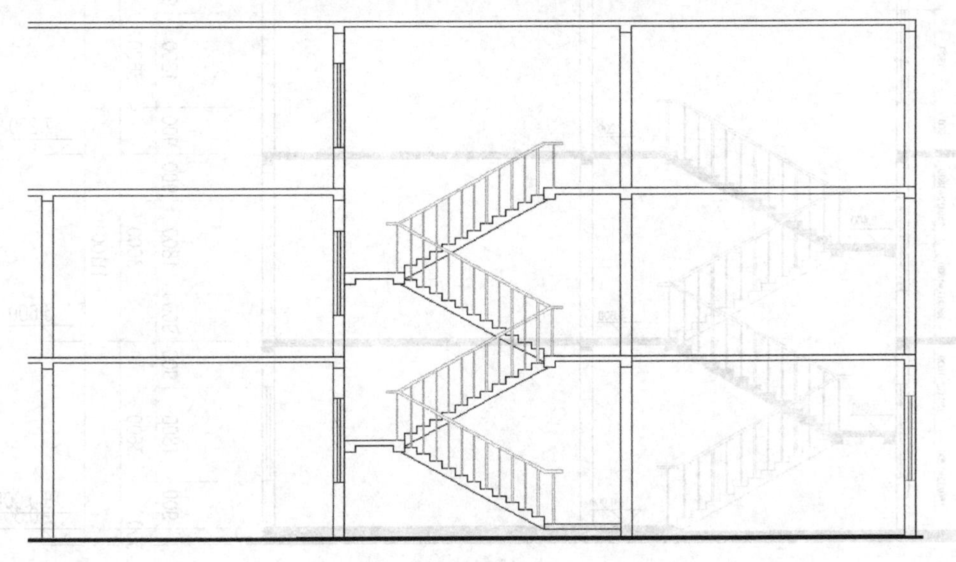

图9-83 楼板

6. 剖面填充

在命令行中输入“H”并按【Enter】键，对楼梯的剖切区域、楼板和横梁进行“SOLID”填充，如图9-84所示。

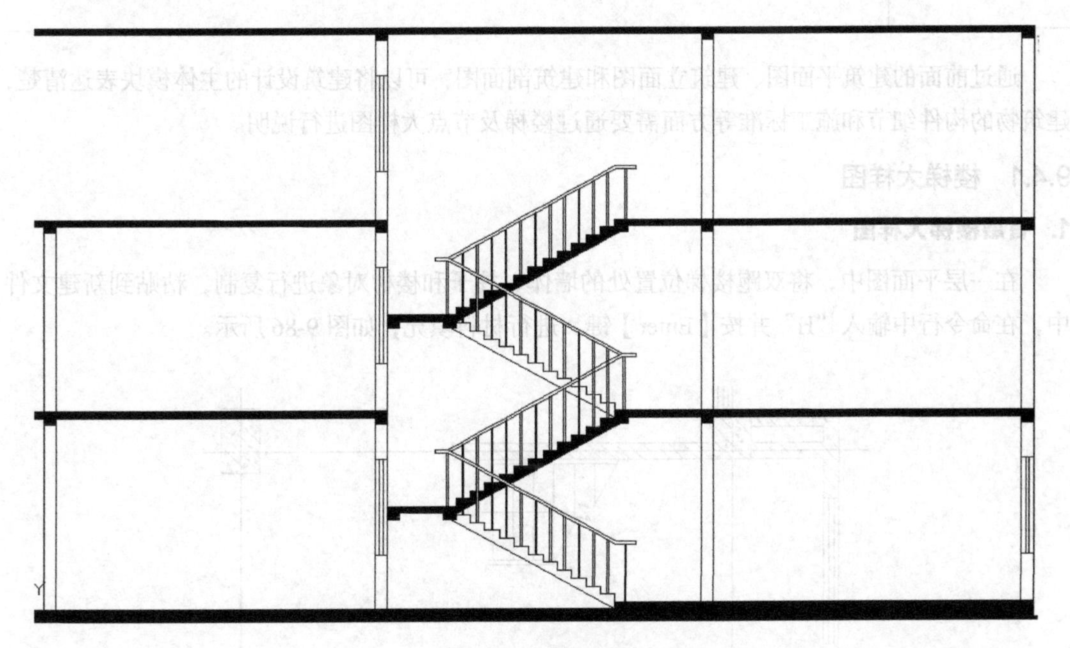

图9-84 剖面填充

7. 调节尺寸标注

在剖面图中，对于完成的剖面进行尺寸标注，通过“标高标注”注明参照点的标高，生成最后的剖面效果，如图 9-85 所示。

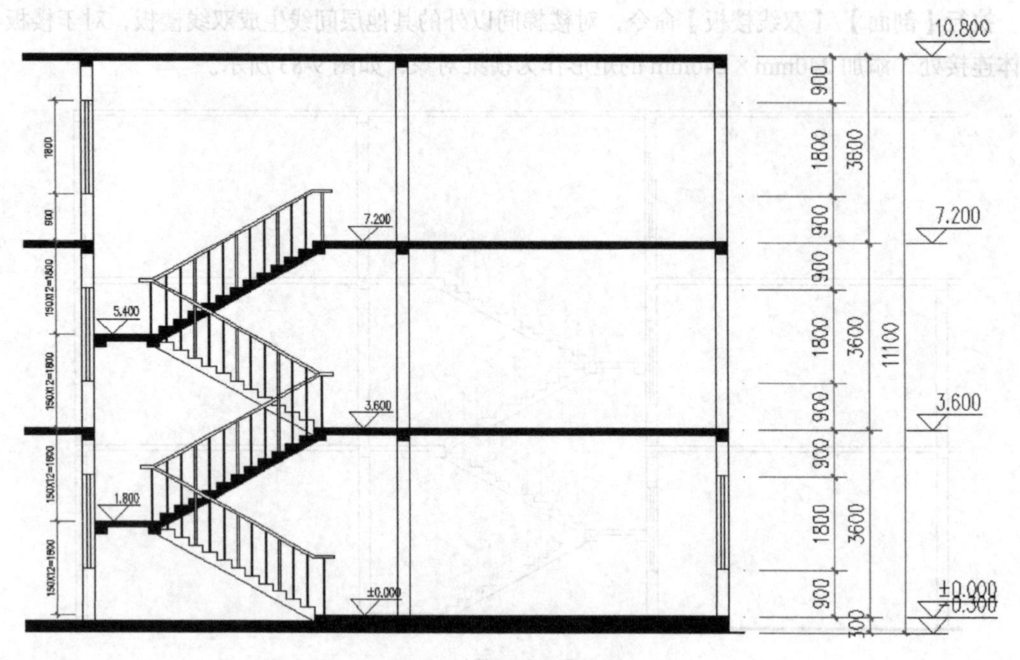

图 9-85　剖面修饰（部分）

9.4　楼梯及节点大样图

通过前面的建筑平面图、建筑立面图和建筑剖面图，可以将建筑设计的主体模块表达清楚，建筑物的构件细节和施工标准等方面需要通过楼梯及节点大样图进行说明。

9.4.1　楼梯大样图

1. 首层楼梯大样图

在一层平面图中，将双跑楼梯位置处的墙体、柱子和楼梯对象进行复制，粘贴到新建文件中，在命令行中输入“H”并按【Enter】键，进行材料填充，如图 9-86 所示。

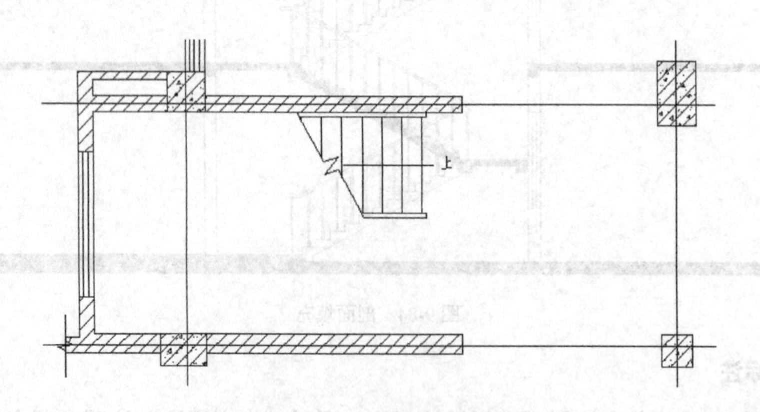

图 9-86　首层及图案填充

2. 楼梯尺寸标注

执行【尺寸标注】/【快速标注】命令，对首层楼梯的梯段和右侧台阶进行尺寸标注，执行【符号标注】/【图名标注】命令，对当前剖面图进行图名标注，如图 9-87 所示。

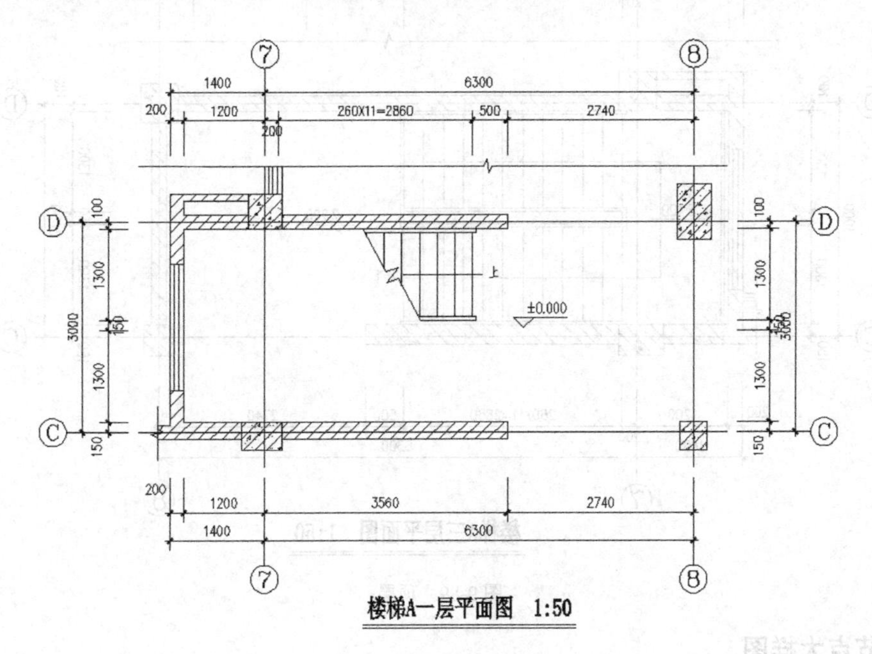

图 9-87 楼梯大样图

3. 其他层楼梯大样图

采用类似的方法，对中间层和顶层的楼梯进行绘制、图案填充、尺寸标注和符号标注等操作，如图 9-88、图 9-89 所示。

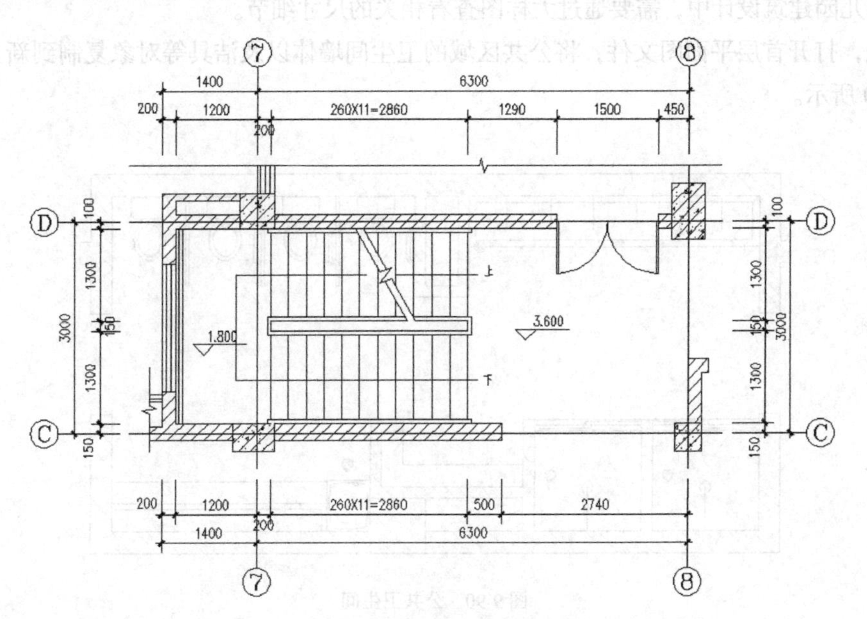

图 9-88 中间层

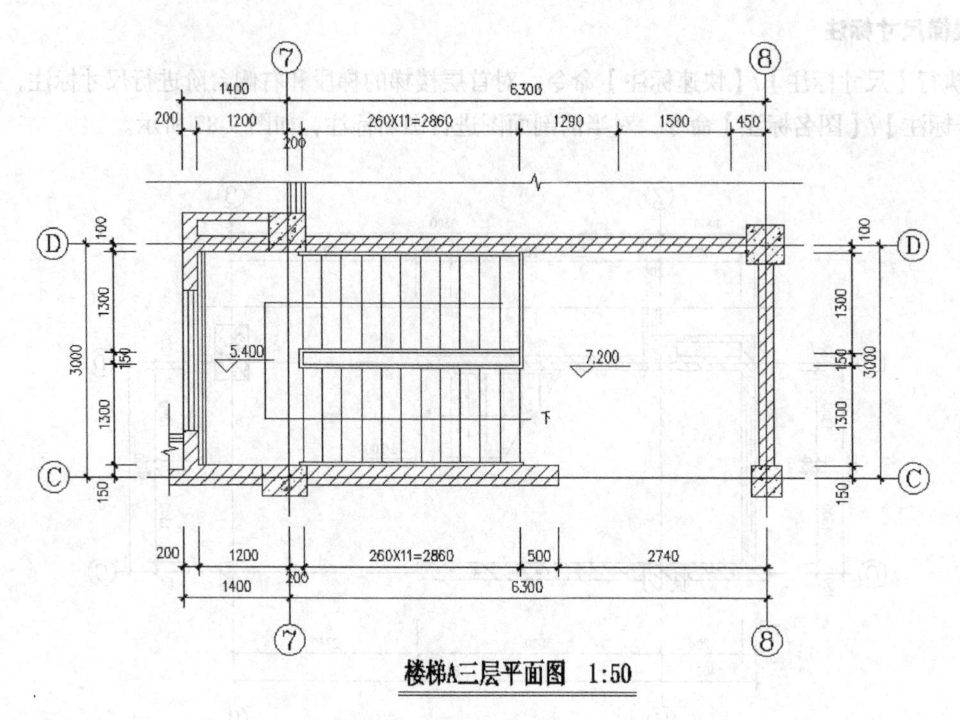

图 9-89 顶层

9.4.2 节点大样图

在进行建筑大样图绘制时，除了楼梯对象之外，还有卫生间、门窗等节点对象需要详图来表达。

1. 公共卫生间

在幼儿园建筑设计中，需要通过大样图查看相关的尺寸细节。

首先，打开首层平面图文件，将公共区域的卫生间墙体以及洁具等对象复制到新文件中，如图 9-90 所示。

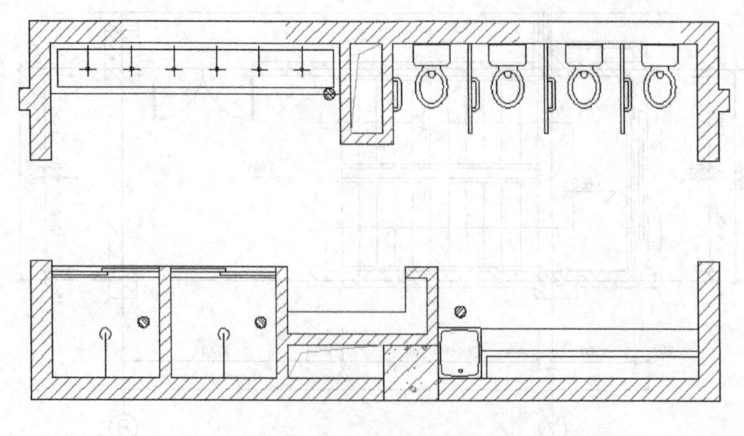

图 9-90 公共卫生间

其次，执行【尺寸标注】/【逐点标注】命令，对卫生间进行尺寸标注，如图 9-91 所示。

最后，执行【符号标注】/【箭头引注】命令，在卫生间大样图中，添加坡向地漏的标注，执行【符号标注】/【图名标注】命令，在卫生间大样图中，添加底部图名标注，执行【文字表格】/【单行文字】命令，在卫生间大样图中，添加“盥洗室”、“毛巾架”和“卫生间”文字注释，如图 9-92 所示。

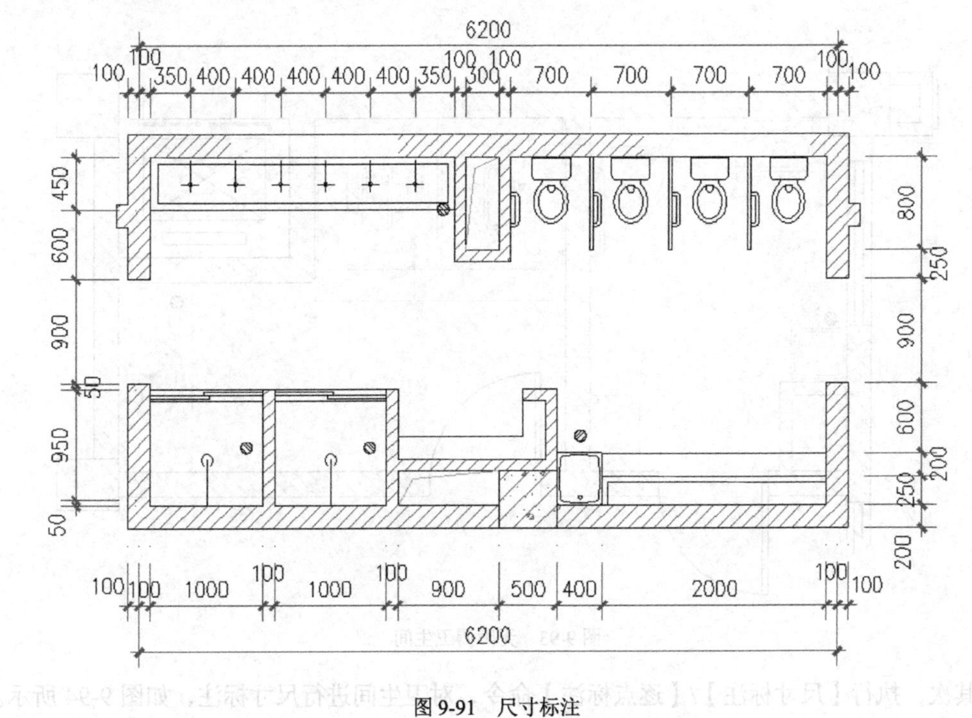

图 9-91　尺寸标注

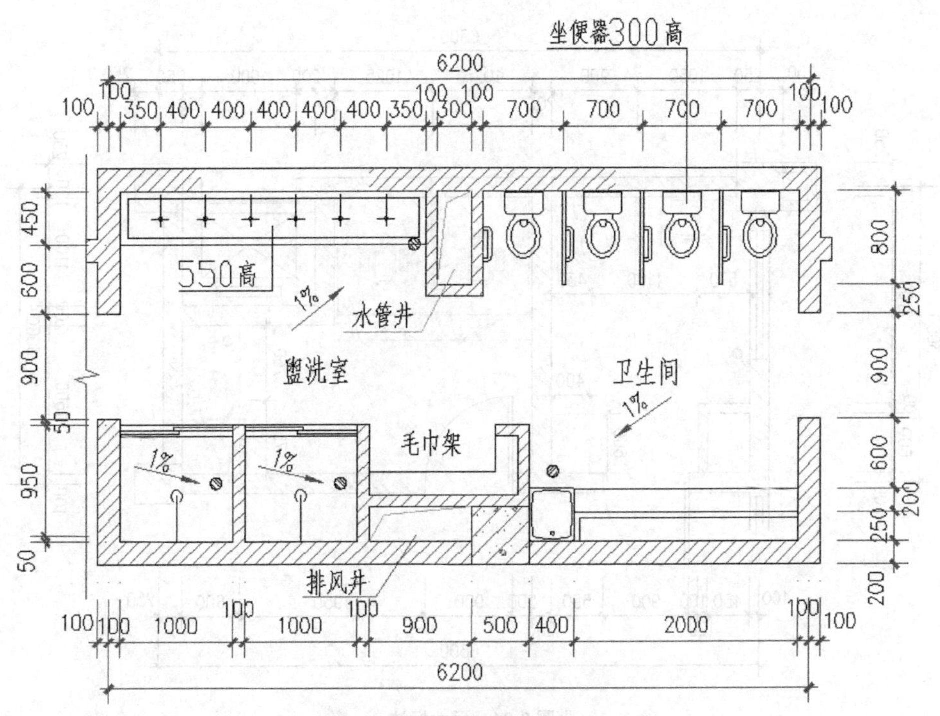

图 9-92　卫生间

2. 无障碍卫生间

首先，在首层平面图中，将无障碍卫生间的墙以及洁具造型复制到新文件中，如图 9-93 所示。

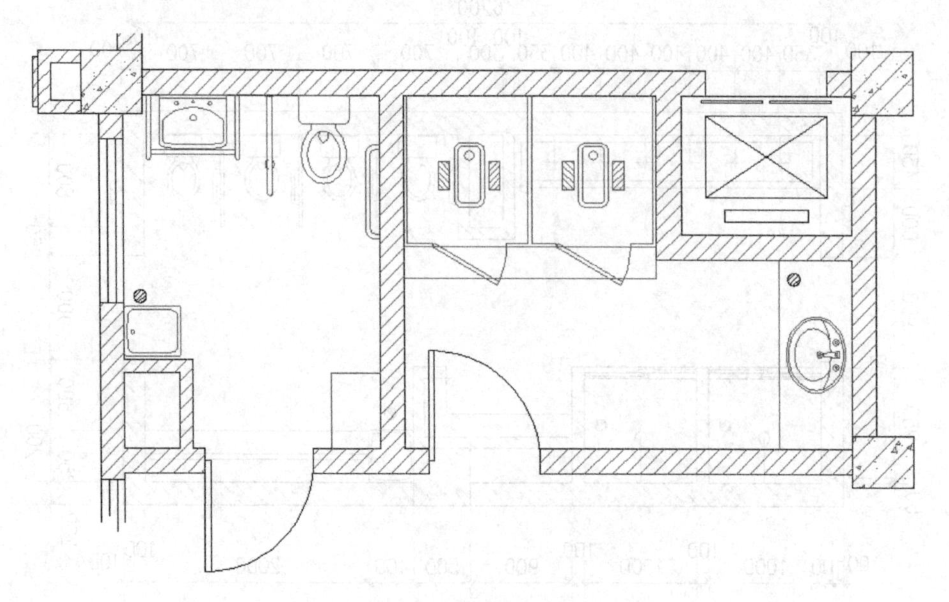

图 9-93 无障碍卫生间

其次，执行【尺寸标注】/【逐点标注】命令，对卫生间进行尺寸标注，如图 9-94 所示。

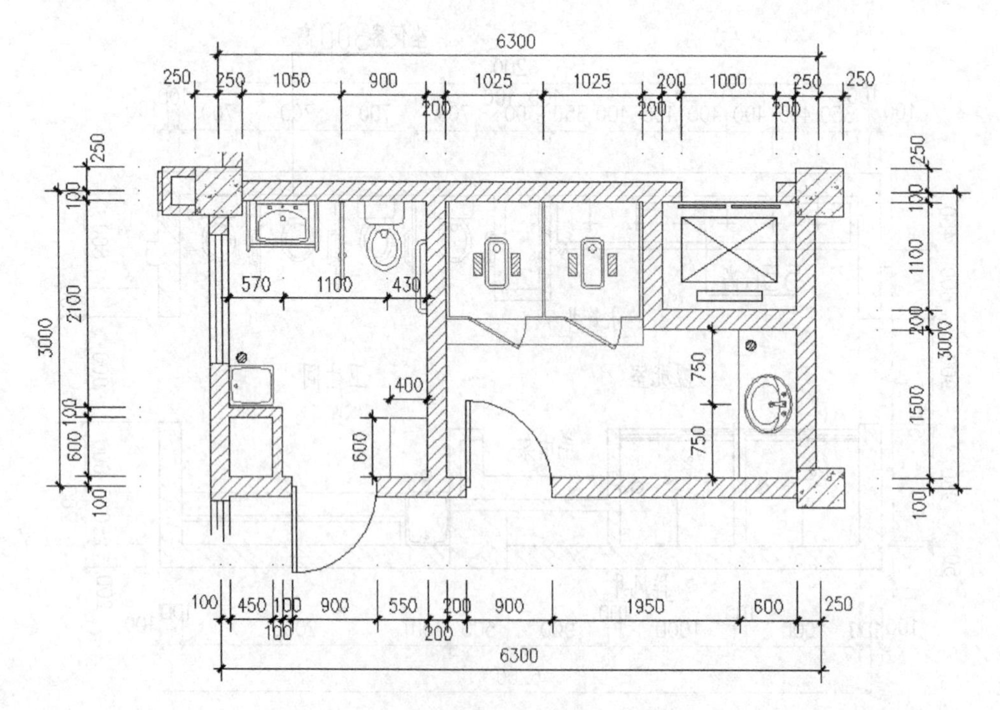

图 9-94 尺寸标注

最后，采取与公共卫生间类似的方法，进行文字说明和符号标注，完成无障碍卫生间的大样图，如图 9-95 所示。

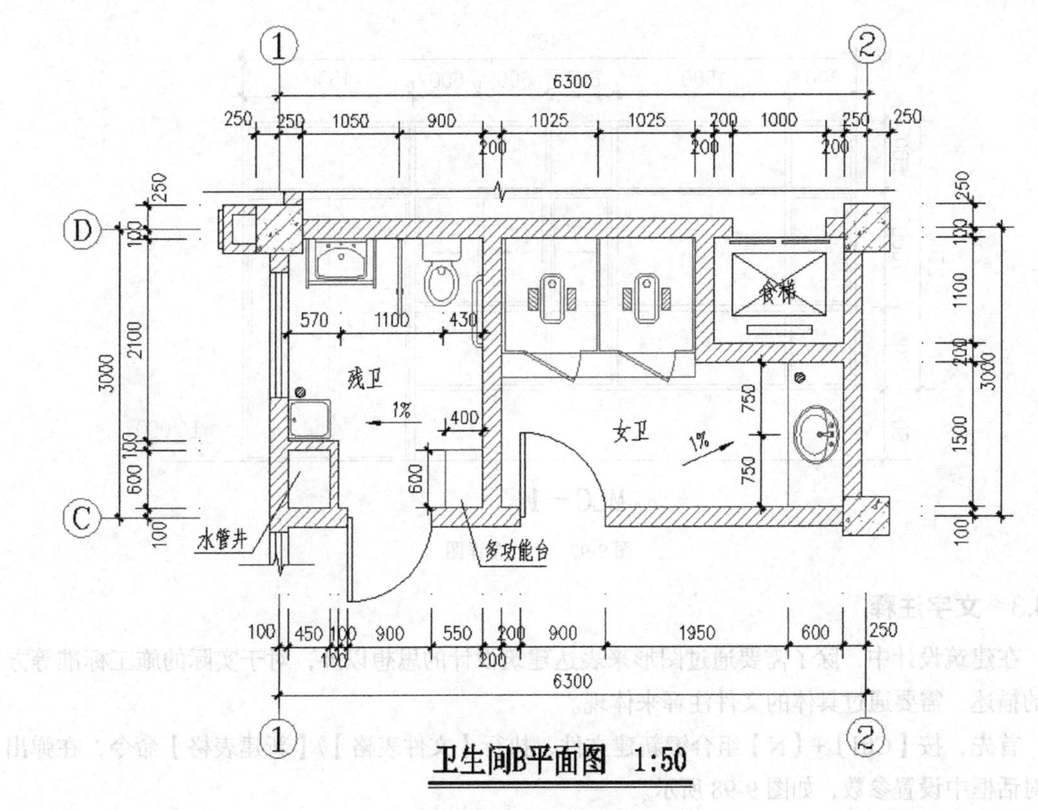

图 9-95 无障碍卫生间

3. 门窗大样图

根据立面图中门窗的样式，将门窗对象复制并粘贴到新文件中，执行尺寸标注，生成门和窗详图，如图 9-96、图 9-97 所示。其他门窗绘制的方法类似，在此不再赘述。

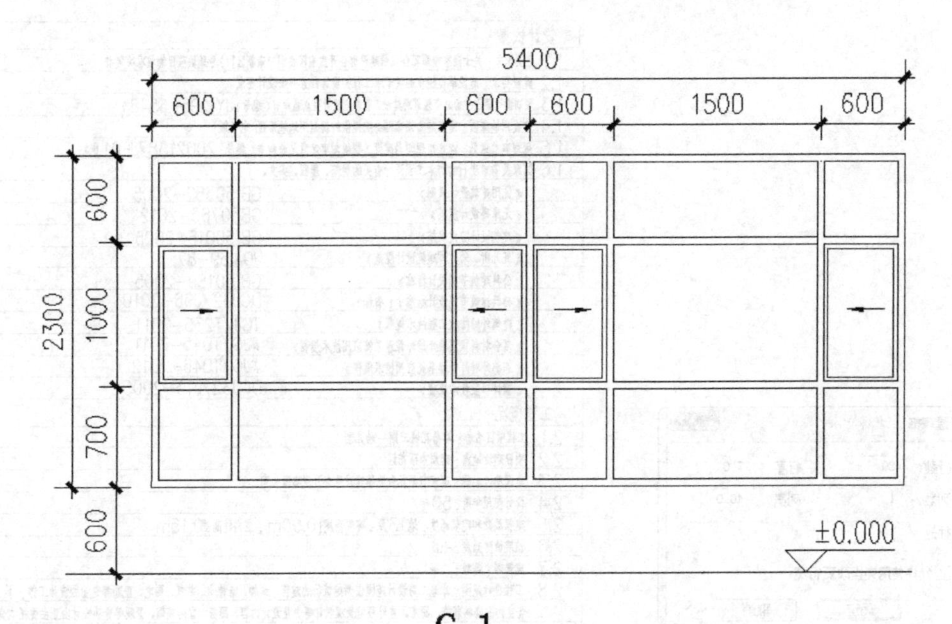

图 9-96 窗户详图

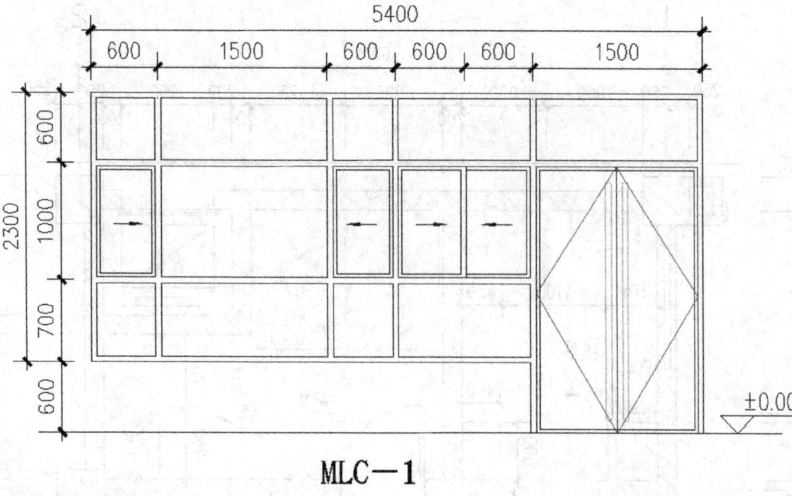

MLC－1

图 9-97 门连窗详图

9.4.3 文字注释

在建筑设计中，除了需要通过图形来表达建筑设计的思想以外，对于实际的施工标准等方面的描述，需要通过具体的文件注释来体现。

首先，按【Ctrl】+【N】组合键新建文件，执行【文件表格】/【新建表格】命令，在弹出的对话框中设置参数，如图 9-98 所示。

单击“确定”按钮后，在工作区域中单击置入表格。

其次，执行【文字表格】/【多行文字】命令，在弹出的多行文字编辑器中，输入文字内容，设置“页宽”和“字高”参数，单击“确定”按钮，完成文字内容的输入，如图 9-99 所示。

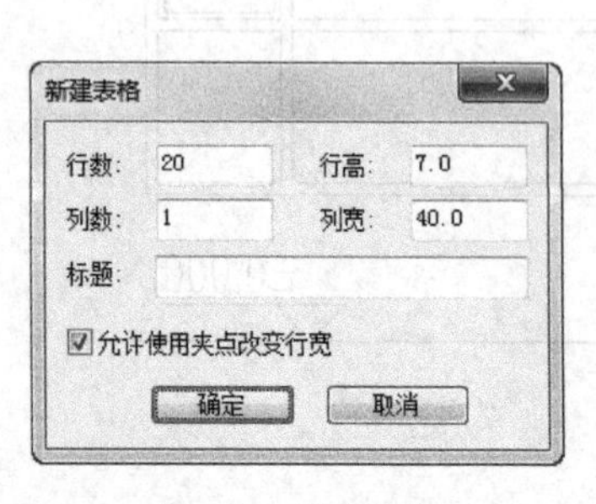

图 9-98 新建表格

1 设计依据：	
1.1 立项批文：关于南京市雨花台城镇建设综合开发有限公司宁南新区10号地块项目的核准决定书	
1.2 建设要求：建设单位提出的关于本工程的设计任务书或设计要求	
1.3 规划设计要点：南京市规划局建设工程规划设计要点通知书（编号：JY1995-6548）	
1.4 建设用地范围：南京建力勘察测绘院提供的规划用地地形图（电子版）	
1.5 规划审批意见：南京市规划局建设工程规划审定意见通知书（编号：20021387JF01号）	
1.6 国家及省市现行的与本工程设计有关的规范、规程、条文。	
《民用建筑设计通则》	GB 50352-2005
《无障碍设计规范》	GB50763-2012
《建筑设计防火规范》	GB 50016-2006
《托儿所、幼儿园建筑设计规范》	JGJ 39-87
《公共建筑节能设计标准》	GB 50189-2005
《公共建筑节能设计标准》（省标）	DGJ32/J96-2010
《建筑外墙防水工程技术规程》	TGJ/T235-2011
《复合材料保温板外墙外保温系统应用技术规程》	苏JG/T045-2011
《岩棉外墙外保温系统应用技术规程》	苏JG/T046-2012
《预拌砂浆技术规程》	DGJ32/J13-2005
2 工程概况：	
2.1 工程项目名称：翠岛花城三期一幼儿园	
2.2 项目建设地点：南京市雨花区	
2.3 建设单位名称：南京市雨花台城镇建设综合开发有限公司	
2.4 设计使用年限：50年	
2.5 建筑层数和建筑高度：地上3层，建筑高度10.90m，室内外高差0.15m。	
2.6 抗震设防烈度：七度	
2.7 建筑耐火等级：二级	
2.8 工程设计范围：本施工图设计范围仅为建筑物的建筑、结构、给排水、电气、弱电、暖通等专业的设计工作，不	
含室内中高档装饰、厨房、室外环境景观设计等专业设计内容，厨房、室内装饰、景观等专项设计由业主委托有资	
质单位二次设计，设计文件需由我院专业设计人员认可。	

图 9-99 设计说明（部分）

最后，在输入文字说明时，如果需要表格对象，则需要在多行文字中预留出相关的空格，置入完文字对象后，通过线条绘制简单表格即可，如图 9-100 所示。

15 本工程选用图集

序号	图集名称	图集号	序号	图集名称	图集号
01	施工说明	苏J01-2005	05	室外工程	苏J08-2006
02	平屋面	苏J03-2006	06	建筑无障碍设计	03J926
03	楼梯	苏J05-2006	07		
04	卫生间、洗池	苏J06-2006	08		

图 9-100 表格

9.4.4 图纸目录

建筑的各个平面图、立面图、剖面图、节点大样图等绘制完成后，需要通过“图纸目录”命令根据工程管理中的图形文件自动生成图纸目录，方便图纸打印输出后图形文件的查阅和管理。

1. 工程管理

执行【文件布图】/【工程管理】命令，打开“幼儿园”工程，在“立面图”、“剖面图”、“详图”等选项中，依次单击鼠标右键选择“添加图纸”命令，将对应的文件添加进来，如图 9-101 所示。

2. 图纸目录

执行【工程管理】/【图纸目录】命令，弹出图纸目录对话框，如图 9-102 所示。

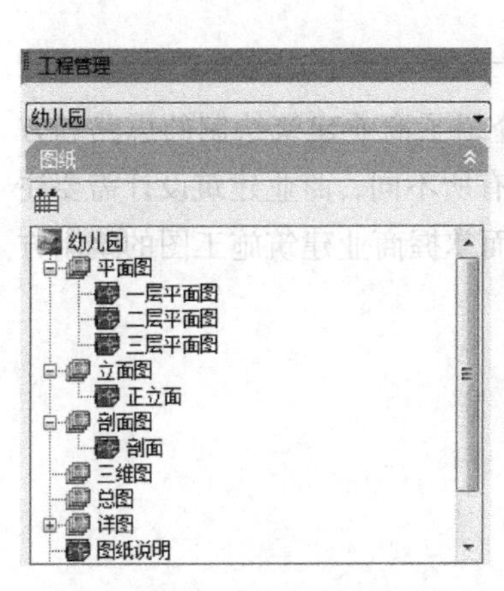

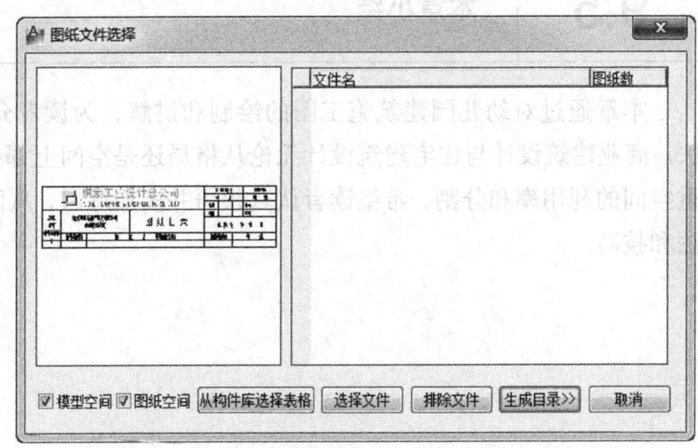

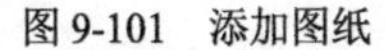
图 9-101 添加图纸

图 9-102 图纸目录

单击“选择文件”按钮，在弹出的对话框中依次选择需要出现在目录中的文件，单击“生成目录”按钮，在工作区域中单击选择置入的位置，如图 9-103 所示。

注意事项：在选择文件时，选择的顺序将影响到生成目录列表的顺序，因此，通常按总平面图、施工说明、平面图（一层平面图、二层平面图等）、立面图、剖面图、节点大样图等顺序进行选择。

山东大学建筑规划设计研究院有限公司 （建筑）专业图纸目录				设　计		共 1 页	第 1 页
				制　表		版　号	1
				专业负责		日　期	2013.12.20
建设单位	南京市雨花台城镇建设综合开发有限公司	项目编号	2012-B09	项目负责		审　核	
项目名称	翠岛花城三期幼儿园	设计阶段	施工图	校　对		批　准	

序号	图　号	图 纸 名 称	张数 本设计	张数 其他设计	图纸规格	备　注
01	建总施－01	总平面图；消防总平面图			A1	
02	建施－02-X1	施工说明（一）			A1	
03	建施－03-X1	施工说明（二）			A1	
04	建施－04-X1	一层平面图			A1	
05	建施－05-X1	二层平面图			A1	
06	建施－06-X1	三层平面图			A1	
07	建施－07	屋顶平面图			A1	
08	建施－08	Ⓐ-Ⓐ立面图　Ⓐ-Ⓐ立面图 Ⓐ-Ⓐ立面图			A1	
09	建施－09	Ⓐ-Ⓐ立面图　1－1剖面图 2－2,3－3,4－4剖面图			A1+	
10	建施－10	楼梯大样图			A1	
11	建施－11	卫生间大样图；节点大样图			A1	
12	建施－12	墙身大样图一			A1	
13	建施－13-X1	门窗表 门窗大样			A1	

图 9-103　图纸目录

9.5 本章小结

本章通过对幼儿园建筑施工图的绘制和讲解，为读者介绍了商业建筑绘制的思路和方法。商业建筑设计与住宅建筑设计无论从格局还是空间上都有所不同，商业建筑设计需要注重空间的利用率和分割，希望读者认真领悟并多加练习，从而掌握商业建筑施工图的绘制方法和技巧。